T0213279

Mathématiques
et
Applications

Directeurs de la collection:
J. Garnier et V. Perrier

78

More information about this series at http://www.springer.com/series/2966

Djalil Chafaï · Florent Malrieu

Recueil de Modèles
Aléatoires

 Springer

Djalil Chafaï
CEREMADE
Université Paris-Dauphine
Paris
France

Florent Malrieu
Faculté des Sciences et Techniques
Université François Rabelais
Tours
France

ISSN 1154-483X
Mathématiques et Applications
ISBN 978-3-662-49767-8
DOI 10.1007/978-3-662-49768-5

ISSN 2198-3275   (electronic)

ISBN 978-3-662-49768-5   (eBook)

Library of Congress Control Number: 2016939593

Mathematics Subject Classification (2010): 60-01, 60C05, 60F05, 60F15, 60F20, 60J05, 60J20, 60J27, 60J60, 60J80, 60J75, 60K25, 60K30, 60K35, 60K37, 60G09, 60G15, 60G35, 60G40, 60G42, 60G44, 60G46, 60G55, 60G70

This Springer imprint is published by Springer Nature
The registered company is Springer-Verlag GmbH Berlin Heidelberg

Avant-propos

« . . . I prefer concrete things and I don't like to learn more about abstract stuff than I absolutely have to. . . . ». Marc Kac (1914 – 1984), in *Enigmas of Chance : An Autobiography* (1985, chapitre 5 page 112).

Ce recueil est une collection accumulée au fil du temps que nous souhaitons partager avec plaisir et enthousiasme. Il a été conçu pour être consulté ponctuellement, au hasard, en feuilletant les pages, en consultant la table des matières ou l'index. Ce type de document nous semble utile dans un univers scientifique hyperspécialisé laissant peu de place à l'ouverture et à l'éclectisme.

Le premier public visé est celui des enseignants-chercheurs en probabilités, débutants ou confirmés. Ce recueil a pour but de les aider à enrichir leur culture probabiliste en excitant leur curiosité. Nous espérons qu'il les inspirera pour la conception de leur enseignement de master ou l'encadrement de stages d'ouverture à la recherche. De nombreux chapitres peuvent également bénéficier directement à des étudiants de master ou préparant l'agrégation.

Le parti pris de cet ouvrage est de polariser la rédaction par les modèles plutôt que par les outils, et de consacrer chaque chapitre à un modèle. Bien que parfois reliés, les chapitres sont essentiellement autonomes. Ils ne contiennent pas ou peu de rappels de cours. Nous fournissons toutefois en fin d'ouvrage, juste avant la bibliographie, une liste de références conseillées concernant les théorèmes limites, les martingales à temps discret, les chaînes de Markov à espace d'états au plus dénombrable, et les bases du calcul stochastique. En tête de chaque chapitre sont proposées des listes de mots-clés et d'outils utilisés, ainsi qu'une indication du degré de difficulté (de une à trois étoiles). L'introduction et surtout la section «Pour aller plus loin» de chaque chapitre ont pour but de mettre en perspective le thème abordé et de proposer des références bibliographiques.

Ce recueil ne prétend pas constituer une référence sur des modèles probabilistes en biologie, informatique, ingénierie, ou physique, et prétend encore moins fournir des solutions pour les praticiens de ces domaines d'application. Les modèles considérés dans ce recueil ne sont souvent qu'inspirés des applications, et le traitement ne concerne en général que des versions considérablement simplifiées. Cela est déjà beaucoup !

Ce recueil puise sa source dans les cours de Master de mathématiques appliquées et de préparation à l'épreuve de modélisation de l'agrégation de mathématiques, que nous avons dispensés aux étudiants des universités de Toulouse, Rennes, Marne-la-Vallée, Paris-Dauphine, et Tours. La qualité du texte, aussi bien sur le fond que sur la forme, doit beaucoup à nos tous premiers lecteurs, petits et grands. Grand merci, donc, à nos anciens étudiants ! Grand merci également à Arnaud Guyader et à Bernard Bercu pour leur relecture substantielle. Grand merci aussi à Jürgen Angst, Amine Asselah, Jean-Baptiste Bardet, Charles Bordenave, Raphaël Butez, Marie-Line Chabanol, Bertrand Cloez, Yan Doumerc, Olivier Durieu, Lucas Gerin, Hélène Guérin, Bénédicte Haas, Igor Kortchemski, Jamal Najim, Julien Poisat, Justin Salez, Pierre Tarrès, Marie-Noémie Thai, Frédérique Watbled, et Pierre-André Zitt pour leur aide. Ce recueil a également bénéficié des relectures attentives et constructives de plusieurs rapporteurs anonymes. Nous sommes enfin reconnaissants à Sylvie Méléard de nous avoir incités à transformer un polycopié en un livre, puis d'avoir mené un solide travail éditorial. Malgré tout, et comme toute œuvre humaine, ce recueil reste limité et imparfait. Un erratum sera disponible sur Internet, ainsi que les programmes ayant fourni les illustrations.

Bonne lecture !

Djalil Chafaï et Florent Malrieu
Vincennes et Saint-Avertin, automne 2015

$$(\Omega, \mathcal{F}, \mathbb{P})$$

Toutes les variables aléatoires de ce recueil sont définies sur cet espace.

Table des matières

1

Pile, face, coupons

Mots-clés. Combinatoire ; loi discrète ; distance en variation totale ; loi des petits nombres ; convergence abrupte ; loi de Gumbel.

Outils. Loi des grands nombres ; théorème limite central ; inégalité de Markov.

Difficulté. *

Ce chapitre est consacré au *jeu de pile ou face* et au problème du *collectionneur de coupons*, deux objets probabilistes importants qu'il est bon de connaître et savoir reconnaître. Ce chapitre contient également une étude de la distance en variation totale pour les mesures de probabilité discrètes.

1.1 Jeu de pile ou face

Le jeu de pile ou face consiste en des lancers successifs d'une pièce de monnaie qui donnent à chaque fois soit pile (succès, codé 1) soit face (échec, codé 0). On modélise cela par une suite $(X_n)_{n\geqslant 1}$ de variables aléatoires indépendantes et identiquement distribuées de loi de Bernoulli Ber(p) :

$$\mathbb{P}(X_n = 1) = 1 - \mathbb{P}(X_n = 0) = p \in [0, 1].$$

Le nombre de succès dans les n premiers lancers

$$S_n = X_1 + \cdots + X_n$$

est une variable aléatoire à valeurs dans $\{0, 1, \ldots, n\}$ qui suit la loi binomiale Bin(n, p) de taille n et de paramètre p, donnée pour tout $k = 0, 1, \ldots, n$ par

$$\mathbb{P}(S_n = k) = \binom{n}{k} p^k (1-p)^{n-k} = \frac{n!}{k!(n-k)!} p^k (1-p)^{n-k}.$$

© Springer-Verlag Berlin Heidelberg 2016
D. Chafaï and F. Malrieu, *Recueil de Modèles Aléatoires*,
Mathématiques et Applications 78, DOI 10.1007/978-3-662-49768-5_1

La moyenne et la variance de S_n sont donnés par

$$\mathbb{E}(S_n) = np \quad \text{et} \quad \text{Var}(S_n) = np(1-p).$$

Le temps T du premier succès, qui est aussi le nombre de lancers pour obtenir un premier succès, est donné par

$$T := \inf\{n \geqslant 1 : X_n = 1\}$$

Si $p > 0$, T suit la loi géométrique $\text{Geo}(p)$ sur $\mathbb{N}^*$ de paramètre p donnée par

$$\mathbb{P}(T = k) = (1-p)^{k-1}p, \quad k \in \mathbb{N}^*.$$

On a $T \equiv \infty$ si $p = 0$ et $\mathbb{P}(T < \infty) = 1$ sinon. De plus

$$\mathbb{E}(T) = \frac{1}{p} \quad \text{et} \quad \text{Var}(T) = \frac{1-p}{p^2}.$$

Le nombre d'échecs avant le premier succès

$$T' := \inf\{n \geqslant 0 : X_{n+1} = 1\} = T - 1$$

suit la loi géométrique $\text{Geo}_\mathbb{N}(p)$ sur $\mathbb{N}$ et de paramètre p donnée par

$$\mathbb{P}(T' = k) = \mathbb{P}(T - 1 = k) = (1-p)^k p, \quad k \in \mathbb{N},$$

et on a

$$\mathbb{E}(T') = \mathbb{E}(T) - 1 = \frac{1-p}{p} \quad \text{et} \quad \text{Var}(T') = \text{Var}(T) = \frac{1-p}{p^2}.$$

Pour tout $r \in \mathbb{N}^*$, le nombre de lancers T_r nécessaires pour obtenir r succès est défini par récurrence par

$$T_1 := T \quad \text{et} \quad T_{r+1} := \inf\{n > T_r : X_n = 1\}.$$

Les variables aléatoires $T_1, T_2 - T_1, T_3 - T_2, \ldots$ sont indépendantes et identiquement distribuées de loi géométrique $\text{Geo}(p)$. La variable aléatoire T_r suit la loi de Pascal ou loi binomiale-négative $\text{Geo}(p)^{*r}$. On a pour tout $k \geqslant r$,

$$\mathbb{P}(T_r = k) = \sum_{\substack{k_1 \geqslant 1, \ldots, k_r \geqslant 1 \\ k_1 + \cdots + k_r = k}} (1-p)^{k_1 - 1}p \cdots (1-p)^{k_r - 1}p = (1-p)^{k-r}p^r \binom{k-1}{r-1}$$

et

$$\mathbb{E}(T_r) = r\mathbb{E}(T) = \frac{r}{p} \quad \text{et} \quad \text{Var}(T_r) = r\text{Var}(T) = r\frac{1-p}{p^2}.$$

Le *processus de Bernoulli* $(S_n)_{n \geqslant 0}$ a des trajectoires constantes par morceaux, avec des sauts d'amplitude $+1$, et les temps de saut sont donnés par $(T_r)_{r \geqslant 1}$ (temps inter-sauts i.i.d. géométriques). Il constitue le processus de comptage de tops espacés par des durées indépendantes de même loi géométrique, analogue discret du *processus de Poisson*. Comme S_n est une somme de variables indépendantes, $(S_n)_{n \geqslant 0}$ est une chaîne de Markov sur $\mathbb{N}$ de noyau $\mathbf{P}(x, y) = p\mathbb{1}_{y=x+1} + (1-p)\mathbb{1}_{y=x}$, et $(S_n - np)_{n \geqslant 0}$ est une *martingale*.

Par la *loi des grands nombres* (LGN) et le *théorème limite central* (TLC)

$$\frac{S_n}{n} \xrightarrow[n \to \infty]{\text{p.s.}} p \quad \text{et} \quad \frac{\sqrt{n}}{\sqrt{p(1-p)}}\left(\frac{S_n}{n} - p\right) \xrightarrow[n \to \infty]{\text{loi}} \mathcal{N}(0, 1).$$

Cela permet notamment de construire un intervalle de confiance asymptotique pour p appelé *intervalle de Wald*, qui est cependant peu précis.

Remarque 1.1 (Intervalle de Clopper-Pearson). *Il est également possible de confectionner des intervalles de confiance pour p non asymptotiques, comme celui de Clopper-Pearson par exemple, basé sur la correspondance Beta-binomiale. Soit $U_1, \ldots, U_n$ des v.a.r. i.i.d. de loi uniforme sur $[0, 1]$. Notons $U_{(1,n)} \leqslant \cdots \leqslant U_{(n,n)}$ leur réordonnement croissant. Alors pour tout $k = 1, \ldots, n$ la v.a.r. $U_{(k,n)}$ suit la loi $\mathrm{Beta}(k, n-k+1)$ sur $[0,1]$ de densité*

$$t \in [0, 1] \mapsto \frac{t^{k-1}(1-t)^{n-k}}{\mathrm{Beta}(k, n-k+1)}, \quad \text{où} \quad \mathrm{Beta}(a, b) := \int_0^1 s^{a-1}(1-s)^{b-1} \, ds,$$

et

$$\mathbb{P}(S_n \geqslant k) = \mathbb{P}(\mathbb{1}_{\{U_1 \leqslant p\}} + \cdots + \mathbb{1}_{\{U_n \leqslant p\}} \geqslant k) = \mathbb{P}(U_{(k,n)} \leqslant p).$$

On déduit de cette identité une expression exacte de la probabilité que S_n appartienne à un intervalle donné. Notons que comme S_n est discrète, ses quantiles sont aussi discrets, ce qui empêche de fabriquer un intervalle exact de niveau $\alpha \in [0, 1]$ arbitraire, et suggère de procéder à un lissage.

Remarque 1.2 (Motifs répétés et lois du zéro-un). *Lorsque $0 < p < 1$, le lemme de Borel-Cantelli (cas indépendant) entraîne que toute suite finie de 0 et de 1 apparaît presque sûrement une infinité de fois dans la suite $X_1, X_2, \ldots$ L'indépendance est capitale. Un singe éternel tapant sur un clavier finira toujours par écrire les œuvres complètes de William Shakespeare! Alternativement, on peut déduire ce résultat de la nature géométrique du temps d'apparition du premier succès dans un jeu de pile ou face obtenu en découpant le jeu de pile ou face en blocs successifs de même longueur que la chaîne recherchée.*

Remarque 1.3 (Jeu de pile ou face et loi uniforme sur $[0, 1]$). *Si U est une variable aléatoire sur $[0, 1]$ et si $U = \sum_{n=1}^{\infty} b_n 2^{-n}$ est son écriture en base 2, alors U suit la loi uniforme sur $[0, 1]$ si et seulement si les bits $(b_n)_{n \geqslant 1}$ de son écriture en base 2 sont des v.a.r. i.i.d. de Bernoulli de paramètre $1/2$.*

Remarque 1.4 (Algorithme de débiaisage de von Neumann). *Soit $(X_n)_{n \geqslant 1}$ une suite de variables aléatoires de Bernoulli indépendantes et de paramètre $0 < p < 1$ inconnu. On fabrique la suite $(Y_n)_{n \geqslant 1}$ de variables aléatoires indépendantes et de même loi sur $\{0, 1, 2\}$ comme suit*

$$\underbrace{X_1 X_2}_{Y_1} \underbrace{X_3 X_4}_{Y_2} \cdots$$

en posant $Y_n = 0$ si $(X_{2n-1}, X_{2n}) = (0,1)$, $Y_n = 1$ si $(X_{2n-1}, X_{2n}) = (1,0)$, et $Y_n = 2$ sinon. La suite $(Z_n)_{n \geq 1}$ obtenue à partir de $(Y_n)_{n \geq 1}$ en effaçant les 2 est constituée de variables aléatoires de Bernoulli indépendantes de paramètre $1/2$. La production de chaque terme de la suite $(Z_n)_{n \geq 1}$ nécessite un nombre aléatoire géométrique de termes de la suite $(X_n)_{n \geq 1}$.

1.2 Approximation binomiale-gaussienne

Soit $(X_n)_{n \geq 1}$ des v.a.r. i.i.d. de moyenne m et variance $0 < \sigma^2 < \infty$, et $S_n = X_1 + \cdots + X_n$. Le théorème limite central indique que pour tout $t \in \mathbb{R}$,

$$\lim_{n \to \infty} \mathbb{P}\left(\frac{S_n - nm}{\sqrt{n}\sigma} \leq t \right) = \int_{-\infty}^{t} \frac{1}{\sqrt{2\pi}} e^{-\frac{x^2}{2}} \, dx.$$

Le théorème limite central de Berry-Esseen raffine ce résultat asymptotique en fournissant une borne quantitative uniforme : si $X_1, X_2, \ldots$ sont de Bernoulli de paramètre $p \in \,]0, 1[$, on a $m := \mathbb{E}(X_1) = p$, $\sigma^2 := \mathbb{E}((X - m)^2) = p(1 - p)$, $\tau^3 := \mathbb{E}(|X_1 - m|^3) = p(1 - p)(1 - 2p(1 - p))$, et

$$\sup_{t \in \mathbb{R}} \left| \mathbb{P}\left(S_n \leq \sqrt{np(1-p)}t + np \right) - \int_{-\infty}^{t} \frac{e^{-\frac{x^2}{2}}}{\sqrt{2\pi}} \, dx \right|$$

$$\leq \frac{\tau^3}{\sqrt{n}\sigma^3} = \frac{1 - 2p(1 - p)}{\sqrt{p(1 - p)}\sqrt{n}}.$$

Cette approximation de la loi binomiale par la loi gaussienne est d'autant meilleure que $(1 - 2p(1 - p))/\sqrt{np(1 - p)}$ est petit. À n fixé, cette borne est minimale pour $p = 1/2$ mais explose quand p se rapproche de 0 ou de 1. Pour ces régimes extrêmes, il est plus approprié d'utiliser une approximation par la loi de Poisson, abordée dans la section 1.4.

Lorsque $X_1, X_2, \ldots$ sont des variables de Bernoulli de paramètre $p \in \,]0, 1[$, le TLC suggère d'approcher la loi binomiale $\text{Bin}(n, p)$ de S_n par la loi gaussienne $\mathcal{N}(nm, n\sigma^2)$ lorsque n est grand. Le *théorème limite central de de Moivre et Laplace* précise que pour tous $-\infty < a < b < +\infty$,

$$\lim_{n \to \infty} \sqrt{n} \sup_{k \in I_n(a,b)} \left| \mathbb{P}(S_n = k) - \frac{\exp\left(-\frac{(k-np)^2}{2np(1-p)} \right)}{\sqrt{2\pi np(1-p)}} \right| = 0$$

où

$$I_n(a, b) = \left\{ 0 \leq k \leq n : \frac{k - np}{\sqrt{np(1-p)}} \in [a, b] \right\},$$

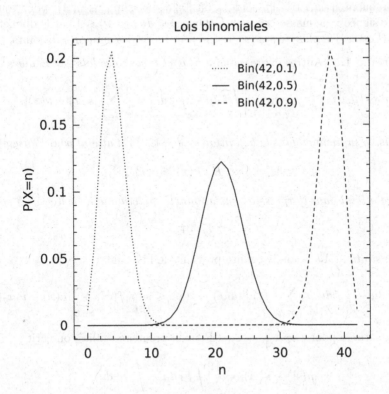

Fig. 1.1. Lois binomiales de même taille, pour trois valeurs du second paramètre, illustrant la pertinence de l'approximation de la loi binomiale par une loi gaussienne et par une loi de Poisson selon les cas.

qui redonne le TLC par intégration :

$$\lim_{n\to\infty} \mathbb{P}\left(\frac{S_n - np}{\sqrt{np(1-p)}} \in [a,b] \right) = \frac{1}{\sqrt{2\pi}} \int_a^b e^{-\frac{x^2}{2}}\, dx.$$

1.3 Distance en variation totale

Dans toute cette section, E est un ensemble au plus dénombrable muni de la topologie et de la tribu discrètes $\mathcal{P}(E)$. L'ensemble des lois sur E est un espace métrique complet pour la *distance en variation totale*

$$d_{\mathrm{VT}}(\mu, \nu) := \sup_{A \subset E} |\mu(A) - \nu(A)|.$$

Notons que $d_{\mathrm{VT}}(\mu, \nu) = \|\mu - \nu\|_{\mathrm{VT}}$ où $\|\eta\|_{\mathrm{VT}} := \sup_{A \subset E} |\eta(A)|$ pour toute mesure signée η de masse finie sur E. On a $0 \leqslant d_{\mathrm{VT}}(\mu, \nu) \leqslant 1$ car le diamètre de $[0, 1]$ est 1. De plus $d_{\mathrm{VT}}(\mu, \nu) = 1$ si μ et ν ont des supports disjoints.

Théorème 1.5 (Autres expressions). *Si μ et ν sont des lois sur E alors*[1]

$$d_{\mathrm{VT}}(\mu, \nu) = \frac{1}{2} \sup_{f:E \to [-1,1]} \left| \int f \, d\mu - \int f \, d\nu \right| = \frac{1}{2} \sum_{x \in E} |\mu(x) - \nu(x)|.$$

De plus, le supremum dans la définition de $d_{\mathrm{VT}}(\cdot, \cdot)$ est atteint pour l'ensemble

$$A_* = \{x \in E : \mu(x) \geqslant \nu(x)\},$$

et il est atteint dans l'expression variationnelle fonctionnelle de $d_{\mathrm{VT}}(\cdot, \cdot)$ pour

$$f = \mathbb{1}_{A_*} - \mathbb{1}_{A_*^c}.$$

Démonstration. La seconde égalité provient de l'inégalité

$$\left| \int f \, d\mu - \int f \, d\nu \right| \leqslant \sum_{x \in E} |f(x)||\mu(x) - \nu(x)| \leqslant \sup_{x \in E} |f(x)| \sum_{x \in E} |\mu(x) - \nu(x)|$$

qui est saturée pour $f = \mathbb{1}_{A_*} - \mathbb{1}_{A_*^c}$. Pour la première égalité, on écrit

$$|\mu(A) - \nu(A)| = \frac{1}{2} \left| \int f_A \, d\mu - \int f_A \, d\nu \right|$$

où $f = \mathbb{1}_A - \mathbb{1}_{A^c}$, ce qui donne

$$|\mu(A) - \nu(A)| \leqslant \frac{1}{2} \sup_{f:E \to [-1,1]} \left| \int f \, d\mu - \int f \, d\nu \right| = \frac{1}{2} \sum_{x \in E} |\mu(x) - \nu(x)|$$

qui est saturée pour $A = A_*$ car, par définition de A_*,

$$2|\mu(A_*) - \nu(A_*)| = \mu(A_*) - \nu(A_*) + \nu(A_*^c) - \mu(A_*^c)$$
$$= \sum_{x \in A_*} |\mu(x) - \nu(x)| + \sum_{x \in A_*^c} |\mu(x) - \nu(x)|.$$

$\square$

Théorème 1.6 (Convergence en loi). *Si $(X_n)_{n \geqslant 1}$ sont des variables aléatoires sur E et si μ_n désigne la loi de X_n, alors pour toute loi μ sur E, les propriétés suivantes sont équivalentes :*

1. $\lim_{n \to \infty} \int f \, d\mu_n = \int f \, d\mu$ *pour toute fonction bornée $f : E \to \mathbb{R}$;*
2. $\lim_{n \to \infty} \mu_n(x) = \mu(x)$ *pour tout $x \in E$;*

---

1. En particulier on a $2\|\cdot\|_{\mathrm{VT}} = \|\cdot\|_{\ell^1(E,\mathbb{R})}$.

3. $\lim_{n \to \infty} d_{\mathrm{VT}}(\mu_n, \mu) = 0$.

Lorsqu'elles ont lieu on dit que (X_n) converge en loi vers μ quand $n \to \infty$.

Toute fonction $E \to \mathbb{R}$ est continue pour la topologie discrète sur E.

Démonstration. Pour déduire *1.* de *3.* il suffit d'utiliser l'expression variationnelle fonctionnelle de $d_{\mathrm{VT}}(\cdot, \cdot)$. Pour déduire *2.* de *1.* on peut prendre $f = \mathbb{1}_{\{x\}}$. Pour déduire *3.* de *2.* on observe que pour tout $A \subset E$,

$$\sum_{x \in E} |\mu_n(x) - \mu(x)| = \sum_{x \in A} |\mu_n(x) - \mu(x)| + \sum_{x \in A^c} |\mu_n(x) - \mu(x)|.$$

Grâce à *2.*, si A est fini, alors pour tout $\varepsilon > 0$, il existe un entier $N = N(A, \varepsilon)$ tel que le premier terme du membre de droite est majoré par ε pour tout $n \geqslant N$. Le second terme du membre de droite peut se contrôler comme suit :

$$\sum_{x \in A^c} |\mu_n(x) - \mu(x)| \leqslant \sum_{x \in A^c} \mu_n(x) + \sum_{x \in A^c} \mu(x).$$

Puisqu'on a

$$\sum_{x \in A^c} \mu_n(x) = \sum_{x \in A} \mu(x) - \sum_{x \in A} \mu_n(x) + \sum_{x \in A^c} \mu(x),$$

on obtient

$$\sum_{x \in A^c} |\mu_n(x) - \mu(x)| \leqslant \sum_{x \in A} |\mu_n(x) - \mu(x)| + 2 \sum_{x \in A^c} \mu(x).$$

Puisque $\mu \in \mathcal{P}$, pour tout $\varepsilon' > 0$, on peut choisir A fini tel que $\mu(A^c) \leqslant \varepsilon'$. Ainsi, on obtient

$$\lim_{n \to \infty} \sum_{x \in E} |\mu_n(x) - \mu(x)| = 0,$$

qui n'est rien d'autre que *3.* d'après le théorème 1.5. $\qquad\qquad\square$

Remarque 1.7 (Dispersion à l'infini). *Si $(\mu_n)_{n \geqslant 1}$ sont des lois sur E et $\mu(x) := \lim_{n \to \infty} \mu_n(x)$ alors μ n'est pas forcément une loi, sauf si E est fini. En effet, lorsque E est infini, il peut se produire un phénomène de dispersion de masse à l'infini. Un contre-exemple est fourni par $E = \mathbb{N}$ et μ_n qui affecte la masse $1/n$ aux singletons $\{1\}, \ldots, \{n\}$, ce qui donne μ identiquement nulle.*

Théorème 1.8 (Minimum). *Si μ et ν sont des lois sur E alors*

$$d_{\mathrm{VT}}(\mu, \nu) = 1 - \sum_{x \in E} (\mu(x) \wedge \nu(x)).$$

En particulier, $d_{\mathrm{VT}}(\mu, \nu) = 1$ ssi μ et ν ont des supports disjoints.

Démonstration. Rappelons que $a \wedge b = \min(a, b)$. Il suffit d'écrire

$$\sum_{x \in E} (\mu(x) \wedge \nu(x)) = \frac{1}{2} \sum_{x \in E} (\mu(x) + \nu(x) - |\mu(x) - \nu(x)|) = 1 - d_{\mathrm{VT}}(\mu, \nu).$$

□

Théorème 1.9 (Couplage). *Si μ et ν sont des lois sur E alors*

$$d_{\mathrm{VT}}(\mu, \nu) = \inf_{(X,Y)} \mathbb{P}(X \neq Y)$$

où l'infimum porte sur les couples de variables aléatoires sur $E \times E$ de lois marginales μ et ν. De plus, il existe un couple de ce type pour lequel l'égalité est atteinte c'est-à-dire que l'infimum est un minimum.

Le théorème 1.9 est souvent utilisé de la manière suivante : on construit explicitement grâce au contexte un couple (X, Y) de variables aléatoires tel que $X \sim \mu$ et $Y \sim \nu$, et on en déduit que $d_{\mathrm{VT}}(\mu, \nu) \leqslant \mathbb{P}(X \neq Y)$.

Démonstration. Soit (X, Y) un couple de v.a. sur $E \times E$ de lois marginales μ et ν. Comme $\mathbb{P}(X = x, Y = x) \leqslant \mu(x) \wedge \nu(x)$ pour tout $x \in E$,

$$1 - d_{\mathrm{VT}}(\mu, \nu) = \sum_{x \in E} (\mu(x) \wedge \nu(x)) \geqslant \sum_{x \in E} \mathbb{P}(X = x, Y = x) = \mathbb{P}(X = Y).$$

Il suffit donc de construire un couple (X, Y) pour lequel l'égalité est atteinte. Posons $p = 1 - d_{\mathrm{VT}}(\mu, \nu) \in [0, 1]$ et distinguons trois cas.

— *Cas où $p = 0$.* On prend (X, Y) avec X et Y indépendantes de lois respectives μ et ν. Puisque $d_{\mathrm{VT}}(\mu, \nu) = 1$, μ et ν ont des supports disjoints, d'où $\mathbb{P}(X = Y) = \sum_{x \in E} \mu(x)\nu(x) = 0$;

— *Cas où $p = 1$.* Alors $d_{\mathrm{VT}}(\mu, \nu) = 0$, d'où $\mu = \nu$. On prend (X, Y) où $X \sim \mu$ et $Y = X$;

— *Cas où $0 < p < 1$.* Soit U, V, W des variables aléatoires de lois

$$p^{-1}(\mu \wedge \nu), \quad (1-p)^{-1}(\mu - (\mu \wedge \nu)), \quad (1-p)^{-1}(\nu - (\mu \wedge \nu)).$$

Notons que $p = \sum_{x \in E} (\mu(x) \wedge \nu(x))$ (théorème 1.8). Soit B une v.a. de loi de Bernoulli $\mathrm{Ber}(p)$ indépendante du triplet (U, V, W). Posons $(X, Y) = (U, U)$ si $B = 1$ et $(X, Y) = (V, W)$ si $B = 0$. On a alors $X \sim \mu$ et $Y \sim \nu$, et puisque les lois de V et W ont des supports disjoints, on a $\mathbb{P}(V = W) = 0$, et donc $\mathbb{P}(X = Y) = \mathbb{P}(B = 1) = p$.

□

1.4 Approximation binomiale-Poisson

Si S_n suit la loi binomiale $\mathrm{Bin}(n, p)$ alors pour tout $k \in \mathbb{N}$, on a,

$$\mathbb{P}(S_n = k) - e^{-np}\frac{(np)^k}{k!} = \left(\frac{n}{n(1-p)}\cdots\frac{n-k+1}{n(1-p)}(1-p)^n - e^{-np}\right)\frac{(np)^k}{k!}.$$

Ceci montre que si p dépend de n avec $\lim_{n\to\infty} np = \lambda$ alors la loi de S_n tend vers $\mathrm{Poi}(\lambda)$. La distance en variation totale permet de quantifier cette convergence en loi : l'*inégalité de Le Cam* du théorème 1.10 ci-dessous donne

$$\sum_{k=0}^{\infty}\left|\mathbb{P}(S_n = k) - e^{-np}\frac{(np)^k}{k!}\right| \leqslant 2np^2,$$

utile si np^2 est petit. Si par exemple $p = \lambda/n$ alors $np = \lambda$ et $np^2 = \lambda^2/n$.

Théorème 1.10 (Inégalité de Le Cam). *Soient $X_1, \ldots, X_n$ des variables aléatoires indépendantes de lois de Bernoulli $\mathrm{Ber}(p_1), \ldots, \mathrm{Ber}(p_n)$. Soit μ_n la loi de $S_n = X_1 + \cdots + X_n$ et soit $\nu_n = \mathrm{Poi}(p_1 + \cdots + p_n)$ la loi de Poisson de même moyenne que S_n. Alors on a*

$$d_{\mathrm{VT}}(\mu_n, \nu_n) \leqslant p_1^2 + \cdots + p_n^2.$$

Démonstration. On établit par récurrence sur n que si $\alpha_1, \ldots, \alpha_n$ et $\beta_1, \ldots, \beta_n$ sont des lois de probabilité sur $\mathbb{N}$ alors on a l'inégalité sous-additive

$$d_{\mathrm{VT}}(\alpha_1 * \cdots * \alpha_n, \beta_1 * \cdots * \beta_n) \leqslant d_{\mathrm{VT}}(\alpha_1, \beta_1) + \cdots + d_{\mathrm{VT}}(\alpha_n, \beta_n).$$

On établit ensuite que $d_{\mathrm{VT}}(\mathrm{Ber}(p), \mathrm{Poi}(p)) \leqslant p^2$, et on exploite le semi-groupe de convolution des lois de Poisson : $\mathrm{Poi}(a) * \mathrm{Poi}(b) = \mathrm{Poi}(a+b)$.   □

L'inégalité $\ell^2 - \ell^1 - \ell^\infty$ suivante

$$p_1^2 + \cdots + p_n^2 \leqslant (p_1 + \cdots + p_n)\max_{1\leqslant k\leqslant n} p_k$$

permet de retrouver la *loi des petits nombres* : si $(X_{n,k})_{1\leqslant k\leqslant n}$ est un tableau triangulaire de variables aléatoires indépendantes de lois de Bernoulli avec $X_{n,k} \sim \mathrm{Ber}(p_{n,k})$ pour tous $n \geqslant k \geqslant 1$, et si

$$\lim_{n\to\infty} p_{n,1} + \cdots + p_{n,n} = \lambda \quad \text{et} \quad \lim_{n\to\infty}\max_{1\leqslant k\leqslant n} p_{n,k} = 0,$$

alors $X_{n,1} + \cdots + X_{n,n}$ converge en loi vers $\mathrm{Poi}(\lambda)$ quand $n \to \infty$.

1.5 Problème du collectionneur de coupons

Le problème du *collectionneur de coupons* est dans la même boîte à outils que le jeu de pile ou face ou le jeu de dé, auquel il est intimement relié. Un grand nombre de situations concrètes cachent un collectionneur de coupons ou une de ses variantes. Nous nous limitons ici à sa version la plus simple.

Il faut jouer un nombre de fois (aléatoire) géométrique à pile ou face pour voir apparaître les deux côtés de la pièce. Si on remplace la pièce de monnaie par un dé à $r \geqslant 2$ faces, combien de fois faut-il lancer le dé pour voir apparaître les r faces différentes ? On modélise cela, pour un entier fixé $r \geqslant 2$, en considérant la variable aléatoire

$$T := \min\{n \geqslant 1 : \{X_1, \ldots, X_n\} = \{1, \ldots, r\}\}$$
$$= \min\{n \geqslant 1 : \mathrm{card}\{X_1, \ldots, X_n\} = r\}$$

où $(X_n)_{n \geqslant 1}$ est une suite de variables aléatoires i.i.d. de loi uniforme sur $\{1, \ldots, r\}$. La variable aléatoire T est le premier instant où les r faces du dé sont apparues. Ce temps dépend bien entendu de r mais, par souci de simplicité, nous omettrons cette dépendance dans la notation. Le nom collectionneur de coupons provient des coupons à collectionner présents dans certains paquets de céréales.

Théorème 1.11 (Combinatoire). *On a $T \geqslant r$, et pour tout $n \geqslant r$,*

$$\mathbb{P}(T = n) = \frac{r!}{r^n} \begin{Bmatrix} n-1 \\ r-1 \end{Bmatrix}$$

où la notation en accolades désigne le nombre de Stirling de seconde espèce, qui est le nom donné en combinatoire au nombre de manières de partitionner un ensemble à $n-1$ éléments en $r-1$ sous-ensembles non vides.

Démonstration. On a $X_T \notin \{X_1, \ldots, X_{T-1}\}$ car le coupon qui termine la collection n'a forcément jamais été vu auparavant. Si on fixe $n \geqslant r$, l'événement $\{T = n\}$ correspond à choisir le type du dernier coupon puis à répartir les $n-1$ coupons restants sur les $r-1$ types restants. Le résultat désiré en découle car la loi des types est uniforme. □

Bien qu'explicite, le théorème 1.11 n'est malgré tout pas très parlant. Le résultat intuitif suivant va beaucoup nous aider à étudier la variable T.

Lemme 1.12 (Décomposition). *On a $T = G_1 + \cdots + G_r$ où $G_1, \ldots, G_r$ sont des variables aléatoires indépendantes avec*

$$G_i \sim \mathrm{Geo}(\pi_i), \quad \pi_i := \frac{r-i+1}{r}, \quad 1 \leqslant i \leqslant r.$$

En particulier, on a $\mathbb{P}(T < \infty) = 1$, et de plus

$$\mathbb{E}(T) = r(\log(r) + \gamma) + o_{r \to \infty}(r) \quad et \quad \mathrm{Var}(T) = \frac{\pi^2}{6} r^2 + o_{r \to \infty}(r^2),$$

où $\gamma = \lim_{n \to \infty}(\sum_{i=1}^{n} 1/i - \log(n)) \approx 0.577$ est la constante d'Euler.

Démonstration. On pose $G_1 \equiv 1$ et pour tout $1 < i \leqslant r$,

$$G_i = \min\{n \geqslant 1 : X_{G_{i-1}+n} \notin \{X_1, \ldots, X_{G_{i-1}}\}\}.$$

On a $\text{card}(\{X_1, \ldots, X_{G_i}\}) = i$ pour tout $1 \leqslant i \leqslant n$. Les variables aléatoires $G_1, G_1 + G_2, \ldots, G_1 + \cdots + G_r$ sont les temps d'apparition des r premiers succès dans un jeu de pile ou face spécial dans lequel la probabilité de gagner change après chaque succès : cette probabilité vaut successivement

$$\pi_1 = 1, \ \pi_2 = \frac{r-1}{r}, \ \pi_3 = \frac{r-2}{r}, \ \ldots, \ \pi_r = \frac{1}{r}.$$

La décroissance de cette suite traduit le fait qu'il est de plus en plus difficile d'obtenir un coupon d'un nouveau type au fil de la collection.

Calculons à présent les moments de T. La linéarité de l'espérance donne

$$\mathbb{E}(T) = \sum_{i=1}^{r} \mathbb{E}(G_i) = \sum_{i=1}^{r} \frac{1}{\pi_i}$$

$$= \sum_{i=1}^{r} \frac{r}{r-i+1} = r \sum_{i=1}^{r} \frac{1}{i} = r(\log(r) + \gamma + o(1)).$$

D'autre part, l'indépendance des v.a. $G_1, \ldots, G_r$ (exercice !) donne

$$\text{Var}(T) = \sum_{i=1}^{r} \text{Var}(G_i) = \sum_{i=1}^{r} \frac{1 - \pi_i}{\pi_i^2}$$

$$= r \sum_{i=1}^{r-1} \frac{r-i}{i^2} = \frac{\pi^2}{6} r^2 - r(\log(r) + \gamma) + o(r^2).$$

$\square$

Théorème 1.13 (Queue de distribution). *Pour tout $n \geqslant 1$,*

$$\mathbb{P}(T > n) = \sum_{k=1}^{r} (-1)^{k-1} \binom{r}{k} \left(1 - \frac{k}{r}\right)^n.$$

Démonstration. On a

$$\{T > n\} = E_{n,1} \cup \cdots \cup E_{n,r} \quad \text{où} \quad E_{n,i} := \{X_1 \neq i, \ldots, X_n \neq i\}.$$

Si $i_1, \ldots, i_k \in \{1, \ldots, r\}$ sont deux à deux distincts, alors, en notant

$$R = \{1, \ldots, r\} \setminus \{i_1, \ldots, i_k\},$$

on a

$$\mathbb{P}(E_{n,i_1} \cap \cdots \cap E_{n,i_k}) = \mathbb{P}(X_1 \in R) \cdots \mathbb{P}(X_n \in R)$$

$$= \left(\frac{r-k}{r}\right)^n = \left(1 - \frac{k}{r}\right)^n.$$

On utilise enfin le *principe d'inclusion-exclusion* ou *crible de Poincaré*[2]. □

Il est délicat de déduire le comportement de la queue de T en fonction de n et r à partir du théorème 1.13 en raison de l'alternance des signes.

Théorème 1.14 (Déviation). *Pour tout réel $t > 0$,*

$$\mathbb{P}(T > rt + r\log(r)) = \mathbb{P}\left(\frac{T - r\log(r)}{r} > t\right) \leqslant e^{-t+\varepsilon_r}$$

où $\varepsilon_r = (rt + r\log(r) - \lfloor rt + r\log(r)\rfloor)/r \in [0, 1/r[$.

Démonstration. Pour tout entier $n \geqslant 1$, on peut écrire

$$\mathbb{P}(T > n) = \mathbb{P}(\cup_{i=1}^r E_{n,i}) \leqslant \sum_{i=1}^r \mathbb{P}(E_{n,i}) \quad \text{où} \quad E_{n,i} := \{X_1 \neq i, \dots, X_n \neq i\}.$$

Comme $\mathbb{P}(E_{n,i}) = (1 - 1/r)^n \leqslant e^{-n/r}$, on choisit $n = \lfloor rt + r\log(r)\rfloor$. □

Pour $\alpha > 0$ et r fixés, on peut choisir t assez grand pour que $e^{-t+\varepsilon_r} \leqslant \alpha$, par exemple $t = -\log(\alpha) + 1/r$, ce qui donne l'intervalle de prédiction non asymptotique $[r, r\log(r) - r\log(\alpha) + 1]$ de niveau $1 - \alpha$ pour T.

Théorème 1.15 (Comportement asymptotique).

$$\frac{T}{r\log(r)} \xrightarrow[r\to\infty]{\mathbb{P}} 1.$$

Démonstration. Fixons $\varepsilon > 0$. Par l'inégalité de Markov et le lemme 1.12,

$$\mathbb{P}\left(\left|\frac{T}{r\log(r)} - 1\right| > \varepsilon\right) \leqslant \frac{\mathbb{E}((T - r\log(r))^2)}{\varepsilon^2 r^2 \log(r)^2}$$

$$= \frac{\mathrm{Var}(T) + (\mathbb{E}(T) - r\log(r))^2}{\varepsilon^2 r^2 \log(r)^2}$$

$$= \mathcal{O}\left(\frac{1}{\log(r)^2}\right).$$

□

Il s'agit d'une preuve par *méthode du second moment*. Dans le même esprit, une méthode du quatrième moment est utilisée pour le théorème 11.6.

La borne établie dans la preuve du théorème précédent n'est pas sommable en r et ne permet donc pas de démontrer une convergence presque sûre en utilisant le lemme de Borel-Cantelli, qui n'aurait de sens qu'avec un espace de

---

2. $\mathbb{P}(\cup_{k=1}^n A_k) = \sum_{j=1}^n (-1)^{j+1} \sum_{k_1 < \dots < k_j} \mathbb{P}(A_{k_1} \cap \dots \cap A_{k_j})$.

probabilité unique valable pour tout r. D'autre part, la borne établie permet d'obtenir un intervalle de prédiction non asymptotique : pour $\alpha = 0.05$, r fixé, et t bien choisi, on a $\mathbb{P}(|T - r\log(r)|/r > t) = \mathcal{O}(1/t^2) = \alpha$. L'intervalle de prédiction est de largeur $2rt$, et se dégrade quand t croît (α diminue).

Le théorème suivant affirme que les fluctuations asymptotiques dans la convergence précédente suivent une loi de Gumbel.

Théorème 1.16 (Fluctuations asymptotiques). *On a*

$$\frac{T - r\log(r)}{r} = \log(r)\left(\frac{T}{r\log(r)} - 1\right) \xrightarrow[r\to\infty]{\text{loi}} \text{Gumbel}$$

où la loi de Gumbel a pour fonction de répartition $t \in \mathbb{R} \mapsto e^{-e^{-t}}$.

La figure 1.2 illustre ce résultat.

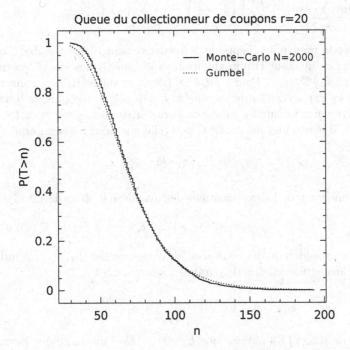

Fig. 1.2. Approximations de la queue de distribution de la variable aléatoire T par celle de $r\log(r) + rG$ où G suit la loi de Gumbel en vertu du théorème 1.16, ainsi que par une méthode de Monte-Carlo avec N tirages en utilisant la représentation de T en somme de variables aléatoires géométriques indépendantes.

Démonstration. Il suffit d'établir que pour tout $t \in \mathbb{R}$ on a

$$\lim_{r \to \infty} \mathbb{P}(T > r\log(r) + tr) = S(t) := 1 - e^{-e^{-t}}.$$

Fixons $t \in \mathbb{R}$ et supposons que r est assez grand pour que $r\log(r) + tr > r$. Introduisons l'entier $n_{t,r} = \lceil r\log(r) + tr \rceil$. Le théorème 1.13 donne

$$\mathbb{P}(T > r\log(r) + tr) = \mathbb{P}(T > n_{t,r}) = \sum_{k=1}^{r} (-1)^{k-1} \binom{r}{k} \left(1 - \frac{k}{r}\right)^{n_{t,r}}.$$

Comme $\binom{r}{k} \leqslant r^k/k!$ et $1 - u \leqslant e^{-u}$ pour tout $u \geqslant 0$, on a

$$\binom{r}{k} \left(1 - \frac{k}{r}\right)^{n_{t,r}} \xrightarrow[r \to \infty]{\leqslant} \frac{e^{-tk}}{k!}.$$

Enfin, par convergence dominée, on obtient

$$\lim_{r \to \infty} \sum_{k=1}^{r} (-1)^{k-1} \binom{r}{k} \left(1 - \frac{k}{r}\right)^{n_{t,r}} = \sum_{k=1}^{\infty} (-1)^{k-1} \frac{e^{-tk}}{k!} = S(t).$$

Ceci achève la preuve du théorème. Alternativement, il est possible d'établir le théorème en utilisant l'approximation exponentielle des lois géométriques. Posons $H_k := \frac{1}{r} G_{r-k+1}$. Pour tout $k \geqslant 1$ fixé, la suite $(H_k)_{r \geqslant k}$ converge en loi vers la loi exponentielle de paramètre k. On dispose de plus de la version quantitative suivante sur les fonctions caractéristiques : pour tout $t \in \mathbb{R}$ et tout $k \geqslant 1$, il existe une constante $C > 0$ telle que pour r assez grand,

$$\left|\mathbb{E}(e^{itH_k}) - \mathbb{E}(e^{itE_k})\right| \leqslant \frac{C}{rk}$$

où E_k est une v.a.r. de loi exponentielle de paramètre k. En utilisant l'inégalité

$$|a_1 \cdots a_r - b_1 \cdots b_r| \leqslant |a_1 - b_1| + \cdots + |a_r - b_r|, \quad a, b \in \{z \in \mathbb{C} : |z| \leqslant 1\}^r,$$

il vient, en considérant des variables aléatoires réelles $E_1, \ldots, E_r$ indépendantes de lois exponentielles de paramètres respectifs $1, \ldots, r$,

$$\left|\mathbb{E}(e^{it\frac{T}{r}}) - \mathbb{E}(e^{it(E_1 + \cdots + E_r)})\right| \leqslant C \frac{\log(r)}{r}.$$

Le lemme de Rényi 11.3 indique que $E_1 + \cdots + E_r$ a même loi que la variable aléatoire $\max(F_1, \ldots, F_r)$ où $F_1, \ldots, F_r$ sont des v.a.r. i.i.d. de loi exponentielle de paramètre 1, puis on utilise la convergence en loi vers la loi de Gumbel de la suite de v.a.r. $(\max(F_1, \ldots, F_r) - \log(r))_{r \geqslant 1}$. $\qquad \square$

Le théorème 1.16 fournit un intervalle de prédiction asymptotique pour la variable aléatoire T : pour tous réels $b \geqslant a$,

$$\lim_{r \to \infty} \mathbb{P}(T \in [r\log(r) + ra, r\log(r) + rb]) = e^{-e^{-b}} - e^{-e^{-a}}.$$

La loi de Gumbel est très concentrée, et sa fonction de répartition fait apparaître une montée abrupte de 0 à 1. Cela donne un *phénomène de seuil*[3] pour la variable aléatoire T. La quantité $\mathbb{P}(T > n)$ passe abruptement de ≈ 1 à ≈ 0 autour de $n = r \log(r)$ si $r \gg 1$:

Théorème 1.17 (Convergence abrupte en $n = r \log(r)$). *Pour tout réel $c > 0$,*

$$\mathbb{P}(T > r \log(r) + rc) \leqslant e^{-c + \varepsilon_r} \quad \text{où} \quad 0 \leqslant \varepsilon_r < 1/r.$$

Si $(c_r)_{r \in \mathbb{N}^*}$ est une suite qui tend vers l'infini, alors

$$\lim_{r \to \infty} \mathbb{P}(T > r \log(r) - rc_r) = 1.$$

Démonstration. La première majoration provient du théorème 1.14. D'autre part, le théorème 1.16 affirme que $(T - r \log(r))/r$ converge en loi vers la loi de Gumbel quand $r \to \infty$, ce qui donne, grâce au fait que $c_r \to \infty$,

$$\mathbb{P}(T > r \log(r) - rc_r) = \mathbb{P}\left(\frac{T - r \log(r)}{r} > -c_r\right) \xrightarrow[r \to \infty]{} 1.$$

$\square$

1.6 Pour aller plus loin

Notre étude du jeu de pile ou face fait l'impasse sur un certain nombre de propriétés remarquables, comme la loi de l'arc–sinus et les principes d'invariance, abordées dans le livre de William Feller [Fel68, Fel71]. Ce livre contient également une preuve du théorème de Berry-Esseen, à base d'analyse de Fourier. Un joli *problème de la plus longue sous-suite commune* à deux jeux de pile ou face est étudié dans le livre d'optimisation combinatoire randomisée de Michael Steele [Ste97]. L'article [Ste94] de Michael Steele sur l'approximation par la loi de Poisson est bien éclairant. On trouvera également dans le livre [BHJ92] de Andrew Barbour, Lars Holst, et Svante Janson une version renforcée de l'inégalité de Le Cam, obtenue par Barbour et Eagleson en utilisant la méthode d'intégration par parties de Louis Chen et Charles Stein :

$$d_{\mathrm{VT}}\left(\mathrm{Ber}(p_1) * \cdots * \mathrm{Ber}(p_n), \mathrm{Poi}(p_1 + \cdots + p_n)\right)$$
$$\leqslant (1 - e^{-(p_1 + \cdots + p_n)}) \frac{p_1^2 + \cdots + p_n^2}{p_1 + \cdots + p_n}.$$

À titre de comparaison, une version inhomogène du théorème limite central de Berry-Esseen, tirée du livre de William Feller, affirme que si $(X_n)_{n \geqslant 1}$ sont des variables aléatoires indépendantes alors en notant $S_n = X_1 + \cdots + X_n$, $\sigma_k^2 = \mathbb{E}(|X_k - \mathbb{E}(X_k)|^2)$, $\tau_k^3 = \mathbb{E}(|X_k - \mathbb{E}(X_k)|^3)$, on a

---

3. «*Threshold phenomenon*» en anglais.

$$\sup_{x \in \mathbb{R}} \left| \mathbb{P} \left(\frac{S_n - \mathbb{E}(S_n)}{\sqrt{\mathrm{Var}(S_n)}} \leqslant x \right) - \frac{1}{\sqrt{2\pi}} \int_{-\infty}^{x} e^{-\frac{t^2}{2}} \, dt \right|^2 \leqslant \frac{(\tau_1^3 + \cdots + \tau_n^3)^2}{(\sigma_1^2 + \cdots + \sigma_n^2)^3}.$$

D'autre part, on peut voir la distance en variation totale $d_{\mathrm{VT}}(\cdot, \cdot)$ comme une *distance de Wasserstein* (couplage). Pour le voir, on observe tout d'abord que $\mathbb{P}(X \neq Y) = \mathbb{E}(d(X, Y))$ pour la distance atomique $d(x, y) = \delta_{x \neq y}$, d'où, en notant $\Pi(\mu, \nu)$ l'ensemble des lois sur $E \times E$ de lois marginales μ et ν,

$$d_{\mathrm{VT}}(\mu, \nu) = \min_{\pi \in \Pi(\mu, \nu)} \int_{E \times E} d(x, y) \, d\pi(x, y).$$

Le problème du collectionneur de coupons est notamment abordé dans le livre de William Feller [Fel68, Fel71], le livre de Rejeev Motwani et Prabhakar Raghavan [MR95], et dans les articles de Lars Holst[Hol01] et de Aristides Doumas et Vassilis Papanicolaou [DP13]. Donald Newman et Lawrence Shepp on montré dans [NS60] que si on impose que chaque type soit observé m fois, alors le temps de complétion de la collection vaut en moyenne

$$r \log(r) + (m - 1)r \log(\log(r)) + \mathcal{O}(r).$$

D'autres variantes se trouvent dans le livre de Claude Bouzitat, Gilles Pagès, Frédérique Petit, et Fabrice Carrance [BPPC99]. Le théorème 1.16 révélant une fluctuation asymptotique de loi de Gumbel a été obtenu par Paul Erdős et Alfréd Rényi [ER61a]. Une analyse du cas non uniforme associé à une probabilité discrète $(p_1, \ldots, p_r)$ est menée dans un article de Lars Holst [Hol01]. Lorsque r n'est pas connu, on dispose de l'estimateur

$$\widehat{r}_n := \mathrm{card}\{X_1, \ldots, X_n\}.$$

Si $e_1, \ldots, e_r$ est la base canonique de $\mathbb{R}^r$ alors le vecteur aléatoire

$$C_n := (C_{n,1}, \ldots, C_{n,r}) := e_{X_1} + \cdots + e_{X_n}$$

de $\mathbb{N}^r$ suit la loi multinomiale de taille n et de paramètre $(p_1, \ldots, p_r)$, et on a

$$\widehat{r}_n = \sum_{i=1}^{r} \mathbb{1}_{\{C_{n,i} > 0\}} = r - \sum_{i=1}^{r} \mathbb{1}_{\{C_{n,i} = 0\}}.$$

En particulier,

$$\mathbb{E}(\widehat{r}_n) = r - \sum_{i=1}^{r} \mathbb{P}(C_{n,i} = 0) = r - \sum_{i=1}^{r} (1 - p_i)^n.$$

Notons enfin que comme les r types sont ordonnés, la variable aléatoire $\max(X_1, \ldots, X_n)$ est un estimateur du bord droit r du support $\{1, \ldots, r\}$.

Le collectionneur de coupons est un cas particulier du problème du recouvrement abordé dans l'article [Ald91] de David Aldous, dans le livre de David

Aldous et James Fill [AF01], dans le cours de Amir Dembo [Dem05], et le livre de David Levin, Yuval Peres, et Elizabeth Wilmer [LPW09] : si $(X_n)_{n \geqslant 1}$ est une suite de variables aléatoires, pas nécessairement indépendantes ou de même loi, et prenant leurs valeurs dans un même ensemble fini E, alors le *temps de recouvrement*[4] de E est $T := \inf\{n \geqslant 1 : \{X_1, \ldots, X_n\} = E\}$.

4. En anglais : *covering time*.

2

Marches aléatoires

Mots-clés. Marche aléatoire ; temps de sortie ; ruine du joueur ; problème de Dirichlet ; fonction harmonique ; champ libre gaussien.

Outils. Combinatoire ; chaîne de Markov ; martingale ; loi multinomiale ; transformée de Fourier ; groupe symétrique ; collectionneur de coupons.

Difficulté. *

Les marches aléatoires constituent des objets probabilistes incontournables, d'une richesse et d'une diversité surprenante. Ce chapitre en présente quelques aspects simples, en liaison notamment avec le caractère markovien.

2.1 Marche aléatoire simple sur la droite

La marche aléatoire simple sur la droite $\mathbb{Z}$ est la suite $(X_n)_{n \geqslant 0}$ de variables aléatoires définie par la relation récursive (ou autorégressive)

$$X_{n+1} = X_n + \varepsilon_{n+1} = X_0 + \varepsilon_1 + \cdots + \varepsilon_{n+1}$$

pour tout $n \geqslant 0$, où $(\varepsilon_n)_{n \geqslant 1}$ est une suite de v.a.r. i.i.d. de loi de Rademacher, indépendante de X_0. On pose

$$p := \mathbb{P}(\varepsilon_n = 1) = 1 - \mathbb{P}(\varepsilon_n = -1) \in]0, 1[.$$

La suite $(X_n)_{n \geqslant 0}$ est une chaîne de Markov d'espace d'états $\mathbb{Z}$ et de noyau de transition donné pour tous $x, y \in \mathbb{Z}$ par

$$\mathbf{P}(x, y) = p \mathbb{1}_{\{y=x+1\}} + (1-p) \mathbb{1}_{\{y=x-1\}}$$

et la matrice $\mathbf{P}$ est tridiagonale. Une variable aléatoire B suit la loi de Bernoulli $(1-p)\delta_0 + p\delta_1$ si et seulement si la variable aléatoire $2B - 1$ suit la loi de Rademacher $(1-p)\delta_{-1} + p\delta_1$. Ainsi, pour tout $n \geqslant 0$,

© Springer-Verlag Berlin Heidelberg 2016
D. Chafaï and F. Malrieu, *Recueil de Modèles Aléatoires*,
Mathématiques et Applications 78, DOI 10.1007/978-3-662-49768-5_2

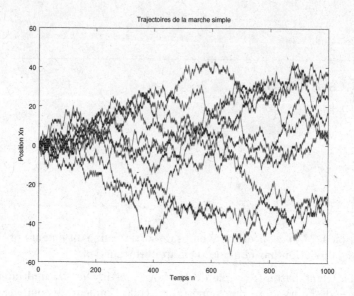

Fig. 2.1. Trajectoires issues de 0 de la marche aléatoire simple sur $\mathbb{Z}$.

$$\frac{X_n - X_0 + n}{2} \sim \mathrm{Bin}(n, p).$$

Théorème 2.1 (Récurrence). *La marche aléatoire simple sur $\mathbb{Z}$ est récurrente nulle si $p = 1/2$ (marche aléatoire simple symétrique) et transitoire si $p \neq 1/2$ (marche aléatoire simple asymétrique).*

Démonstration. Rappelons qu'un état x est récurent lorsque la marche issue de x y revient p.s. ou de manière équivalente lorsque cette chaîne visite une infinité de fois x. Un critère utile est le suivant : l'état x est récurrent si et seulement si $\sum_n \mathbf{P}^n(x, x) = \infty$. La chaîne est de période 2 et donc $\mathbf{P}^{2n+1}(x, x) = 0$ pour tout $n \geqslant 0$. Comme la chaîne est irréductible, tous les états ont même nature, et on peut donc se ramener à l'état 0. La formule binomiale donne

$$\mathbf{P}^{2n}(0, 0) = \mathbb{P}(X_{2n} = 0 \mid X_0 = 0) = \binom{2n}{n} p^n (1-p)^n.$$

La formule de Stirling $n! \sim \sqrt{2\pi n}(n/e)^n$ donne, en notant $\rho = 4p(1-p)$,

$$\mathbf{P}^{2n}(0, 0) \sim \frac{\rho^n}{\sqrt{\pi n}}.$$

À présent, si $p = 1/2$ alors $\rho = 1$ et la chaîne est récurrente tandis que si $p \neq 1/2$ alors $\rho < 1$ et la chaîne est transitoire. Lorsque $p = 1/2$ la mesure de comptage est symétrique (car la matrice $\mathbf{P}$ est symétrique) donc invariante, et comme il ne s'agit pas d'une mesure finie, la chaîne est récurrente nulle.

On peut alternativement traiter le cas $p \neq 1/2$ avec un peu plus d'intuition probabiliste. En effet, la loi forte des grands nombres affirme qu'on a presque sûrement $X_n = X_0 + n(2p - 1 + o_{n \to \infty}(1))$, donc $X_n \to +\infty$ p.s. si $p > 1/2$ et $X_n \to -\infty$ p.s. si $p < 1/2$, ce qui interdit toute récurrence. $\square$

Le théorème suivant permet d'étudier le problème de la *ruine d'un joueur* qui gagne 1 Euro avec probabilité p et perd 1 Euro avec probabilité $1 - p$. La fortune initiale est x et le joueur quitte le jeu lorsqu'il possède $a < x$ Euros (ruine) ou $b > x$ Euros (gain). On adopte la notation conditionnelle traditionnelle $\mathbb{P}_x(\cdot) := \mathbb{P}(\cdot \mid X_0 = x)$ et $\mathbb{E}_x(\cdot) = \mathbb{E}(\cdot \mid X_0 = x)$.

Théorème 2.2 (Sortie de boîte[1] ou ruine du joueur). *Soient $a < b$ dans $\mathbb{Z}$, et les temps d'arrêt τ_a, τ_b, et τ définis par*

$$\tau_a = \inf\{n \geqslant 0 : X_n = a\}, \quad \tau_b = \inf\{n \geqslant 0 : X_n = b\}, \quad et \quad \tau = \min(\tau_a, \tau_b).$$

Alors pour tout $x \in [a, b] \cap \mathbb{Z}$, il existe $c > 0$ tel que $\mathbb{E}_x(e^{c\tau}) < \infty$. En particulier $\mathbb{E}_x(\tau) < \infty$ et donc $\mathbb{P}_x(\tau < \infty) = 1$. De plus, en posant $\rho = \dfrac{1-p}{p}$,

$$\mathbb{P}_x(X_\tau = a) = \begin{cases} \dfrac{\rho^b - \rho^x}{\rho^b - \rho^a} & si \; p \neq \frac{1}{2}, \\[3mm] \dfrac{b - x}{b - a} & si \; p = \frac{1}{2}, \end{cases}$$

et

$$\mathbb{E}_x(\tau) = \begin{cases} \dfrac{x - a}{1 - 2p} - \dfrac{(b - a)}{1 - 2p} \dfrac{\rho^x - \rho^a}{\rho^b - \rho^a} & si \; p \neq \frac{1}{2}, \\[3mm] (b - x)(x - a) & si \; p = \frac{1}{2}. \end{cases}$$

Si $p = 1/2$ alors la chaîne est récurrente et visite presque sûrement chaque état une infinité de fois et donc $\mathbb{P}_x(\tau_a < \infty) = 1$ et $\mathbb{P}_x(\tau_b < \infty) = 1$ pour tout $a \leqslant x \leqslant b$. En revanche, si $p \neq 1/2$ alors la chaîne est transitoire et les temps d'atteinte de a ou de b ne sont plus finis presque sûrement (selon la probabilité p et le point de départ x). On le voit bien dans les formules du théorème 2.2 en faisant tendre a ou b vers l'infini. Le temps de sortie τ de $[a, b]$ est identique en loi au temps d'absorption T par $\{a, b\}$ de la chaîne $Y = (Y_n)_{n \geqslant 0}$ d'espace d'états fini $\{a, \ldots, b\}$ de mêmes transitions que $(X_n)_{n \geqslant 0}$ mais avec absorption en a et b. Comme pour Y, les états a et b sont récurrents et tous les autres (en nombre fini) transitoires, et comme presque sûrement la chaîne Y ne visite qu'un nombre fini de fois chaque état transitoire, on en déduit que $\mathbb{P}_x(\tau < \infty) = \mathbb{P}_x(T < \infty) = 1$ pour tout $a \leqslant x \leqslant b$.

Démonstration. Montrons que $\mathbb{E}_x(\tau) < \infty$ pour tout $a \leqslant x \leqslant b$. Il suffit d'obtenir une majoration géométrique pour la queue de la loi de τ. Il serait

---

1. Quoi de plus naturel pour un ivrogne modélisé par la marche aléatoire.

possible de procéder par couplage, comme pour le modèle de Wright-Fisher, voir remarque 12.7. Pour tout $a \leqslant x \leqslant b$, il existe un chemin ℓ_x de longueur $|\ell_x| \leqslant (b - a)$ qui mène de x à a ou b. On a

$$\mathbb{P}_x(\tau > (b - a)) \leqslant \mathbb{P}(X_{1:|\ell_x|} \neq \ell_x)$$
$$= 1 - \mathbb{P}(X_{1:|\ell_x|} = \ell_x)$$
$$\leqslant 1 - \min(p, 1 - p)^{|\ell_x|}.$$

Si $\eta = \max_{a < x < b}(1 - \min(p, 1 - p)^{|\ell_x|}) < 1$ alors on obtient, par récurrence, pour tout $k \geqslant 1$, en utilisant l'indépendance conditionnelle du passé et du futur sachant le présent,

$$\mathbb{P}_x(\tau > k(b - a))$$
$$= \sum_{a < y < b} \mathbb{P}_x(\tau > k(b - a), X_{(k-1)(b-a)} = y, \tau > (k - 1)(b - a))$$
$$= \sum_{a < y < b} \mathbb{P}_y(\tau > (b - a))\mathbb{P}_x(X_{(k-1)(b-a)} = y, \tau > (k - 1)(b - a))$$
$$\leqslant \eta \mathbb{P}_x(\tau > (k - 1)(b - a)) \leqslant \eta \eta^{k-1} = \eta^k.$$

Comme $\eta < 1$ on obtient que $\mathbb{E}_x(e^{c\tau}) < \infty$ pour un réel $c > 0$, et en particulier tous les moments de τ sont finis sous $\mathbb{P}_x$ et $\mathbb{P}_x(\tau < \infty) = 1$. Calculons

$$r(x) := \mathbb{P}_x(X_\tau = a).$$

On a pour tout $a < x < b$

$$r(x) = \mathbb{P}_x(X_\tau = a \mid X_1 = x + 1)p + \mathbb{P}_x(X_\tau = a \mid X_1 = x - 1)(1 - p)$$
$$= pr(x + 1) + (1 - p)r(x - 1).$$

L'ensemble des solutions de cette récurrence linéaire d'ordre deux est un espace vectoriel qui contient la solution constante 1. Si $p \neq 1/2$ alors ρ^x est aussi solution, linéairement indépendante de 1, et donc les solutions sont de la forme $A + B\rho^x$ avec A et B constantes. Les conditions aux bords $r(a) = 1$, $r(b) = 0$ fixent A et B, ce qui donne l'unique solution

$$r(x) = \frac{\rho^b - \rho^x}{\rho^b - \rho^a}.$$

Si $p = 1/2$ alors $\rho = 1$ et les deux solutions fondamentales précédentes sont confondues. Cependant, on observe que dans ce cas, x est également solution, linéairement indépendante de 1, et donc les solutions sont de la forme $A + Bx$ où A et B sont des constantes. Les conditions aux bords $r(a) = 1$ et $r(b) = 0$ fixent A et B, ce qui donne l'unique solution

$$r(x) = \frac{b - x}{b - a}.$$

Calculons à présent

$$R(x) := \mathbb{E}_x(\tau).$$

En conditionnant selon X_1 on obtient pour tout $a < x < b$ la récurrence linéaire (la méthode est valable pour toute chaîne de Markov, idem pour $r(x)$)

$$R(x) = pR(x+1) + (1-p)R(x-1) + 1.$$

La présence du second membre 1 fait rechercher des solutions particulières. Si $p \neq 1/2$ alors $x/(1-2p)$ est solution particulière, et les solutions de l'équation sont de la forme $R(x) = x/(1-2p) + A + B\rho^x$. Les conditions aux bords $R(a) = 0$ et $R(b) = 0$ donnent enfin

$$R(x) = \frac{x-a}{1-2p} - \frac{(b-a)}{1-2p} \frac{\rho^b - \rho^x}{\rho^b - \rho^a}.$$

Si $p = 1/2$ alors $-x^2$ est solution particulière, et les solutions sont de la forme $-x^2 + A + Bx$. Les conditions aux bords $R(a) = R(b) = 0$ donnent enfin

$$R(x) = (b-x)(x-a).$$

On peut de même calculer les fonctions suivantes :

$$F(x,s) = \mathbb{E}_x(s^\tau), \quad G(x,s) = \mathbb{E}_x(s^\tau \mathbb{1}_{X_\tau = a}), \quad \text{et} \quad G(x,s) = \mathbb{E}_x(s^\tau \mathbb{1}_{X_\tau = b})$$

qui, pour $a \leqslant x \leqslant b$ et $s \in\ ]-1, 1[$, vérifient la relation de récurrence

$$r(x) = psr(x+1) + (1-p)sr(x-1)$$

avec les conditions aux bords respectives suivantes :

$$F(a,s) = F(b,s) = 1, \quad G(a,s) = 1 = 1 - G(b,s), \quad H(a,s) = 0 = 1 - H(b,s).$$

On peut alors retrouver l'expression de $\mathbb{E}_x(\tau)$ en dérivant la fonction génératrice. Les expressions explicites de F, G et H sont toutefois assez lourdes. $\quad\square$

Remarque 2.3 (Les théorèmes limites à la rescousse). *Voici un autre argument pour établir que $\mathbb{P}_x(\tau < \infty) = 1$. Posons $m = 2p - 1$ et $\sigma^2 = 4p(1-p)$. Si $m \neq 0$ alors par la loi des grands nombres, presque sûrement $(X_n)_{n \geqslant 1}$ tend vers $+\infty$ si $m > 0$ et vers $-\infty$ si $m < 0$, et donc $\mathbb{P}_x(\tau < \infty) = 1$. Si $m = 0$ alors pour tout $n \geqslant 1$, en posant $I_n = \frac{1}{\sqrt{n}}\ ]a, b[$, on a*

$$\mathbb{P}_x(\tau = \infty) \leqslant \mathbb{P}(a < X_n < b) = \mathbb{P}\left(\frac{X_n}{\sqrt{n}} \in I_n\right).$$

Or $(n^{-1/2}X_n)_{n \geqslant 1}$ converge en loi vers $\mathcal{N}(0, \sigma^2)$ par le théorème limite central. Mais I_n dépend de n. Cependant, comme $(I_n)_{n \geqslant 1}$ est décroissante,

$$\limsup_{n \to \infty} \mathbb{P}\left(\frac{X_n}{\sqrt{n}} \in I_n\right) \leqslant \inf_{n \geqslant 1} \frac{1}{\sqrt{2\pi\sigma^2}} \int_{I_n} e^{-\frac{t^2}{2\sigma^2}}\, dt = 0.$$

Remarque 2.4 (Martingales). *Si* $(Z_n)_{n\geqslant 0}$ *est une chaîne de Markov sur* E *fini de noyau* $\mathbf{P} = \mathbf{L}+\mathbf{I}$ *alors pour toute fonction* $f : E \to \mathbb{R}$, *la suite* $(M_n)_{n\geqslant 0}$ *donnée par* $M_0 = 0$ *et pour tout* $n \geqslant 1$

$$M_n = f(Z_n) - f(Z_0) - \sum_{k=0}^{n-1}(\mathbf{L}f)(Z_k)$$

est une martingale pour la filtration naturelle de la suite $(Z_n)_{n\geqslant 0}$. *La formule ci-dessus peut être vue comme une formule d'Itô discrète. Lorsque* f *est harmonique pour* $\mathbf{L}$, *c'est-à-dire que* $\mathbf{L}f = 0$, *alors* $(f(Z_n) - f(Z_0))_{n\geqslant 0}$ *est une martingale. Il se trouve que le vecteur des probabilités d'atteinte d'un ensemble clos est harmonique. Il est possible de retrouver les formules du théorème 2.2 en utilisant des martingales bien choisies et le théorème d'arrêt. Par exemple, la martingale* $(X_n - n(p - q))_{n\geqslant 0}$ *donne* $\mathbb{E}_0(X_\tau) = (p - q)\mathbb{E}_0(\tau)$ *tandis que la martingale* $(\rho^{X_n})_{n\geqslant 0}$ *donne* $\mathbb{E}_0(\rho^{X_\tau}) = 1$. *Cette méthode à base de martingales s'adapte au cadre des processus à temps et espace d'états continus, et permet notamment d'obtenir des formules pour le temps de sortie pour un processus de diffusion sur* $\mathbb{R}^d$, *voir chapitre 27. D'autre part, les équations satisfaites par les fonctions* r *et* R *dans la preuve du théorème 2.2 sont des cas particuliers du problème de Dirichlet du théorème 2.8.*

Théorème 2.5 (Nombres de Catalan). *Si* $\tau := \inf\{n \geqslant 1 : X_n = 0\}$ *alors*

$$\mathbb{P}_0(\tau = 2n + 2) = \frac{2}{n+1}\binom{2n}{n}p^{n+1}(1 - p)^{n+1}, \quad n \geqslant 0.$$

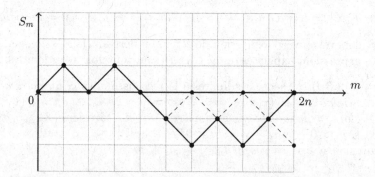

Fig. 2.2. Un chemin de 0 à 0 ne restant pas positif et le chemin de 0 à −2 qui lui est associé dans la preuve du théorème 2.5.

On reconnaît le n^{e} nombre de Catalan $\frac{1}{n+1}\binom{2n}{n}$. Les nombres de Catalan sont également les moments pairs de la loi du demi-cercle, voir chapitre 21.

Démonstration. Sachant $\{X_0 = 0\}$, l'événement $\{\tau = 2n + 2\}$ correspond à une trajectoire de longueur $2n + 2$ partant de 0 et revenant à zéro en restant strictement positive ou strictement négative. Ces deux cas sont équiprobables, d'où le facteur 2 dans le résultat. Dans les deux cas, il y a eu forcément $n + 1$ incréments $+1$ et $n + 1$ incréments -1, d'où

$$\mathbb{P}_0(\tau = 2n + 2) = 2C_n p^{n+1}(1 - p)^{n+1}.$$

où C_n est le nombre de chemins de longueur $2n+2$ partant de zéro et revenant à zéro, et restant strictement positifs. Le premier incrément est forcément $+1$ et le dernier forcément -1 et C_n est égal au nombre de chemins de longueur $2n$ partant de zéro et revenant à zéro et restant positifs. Il y a n incréments $+1$ et n incréments -1. Considérons les chemins partant de zéro et revenant à zéro et contenant n incréments $+1$ et n incréments -1. Il y en a $\binom{2n}{n}$. Si un chemin de ce type n'est pas positif alors juste après la première position négative, modifions tous les incréments en permutant le signe des $+1$ et des -1. Un exemple d'illustration est donné dans la figure 2.2. On obtient de la sorte un chemin avec $n - 1$ incréments $+1$ et $n + 1$ incréments -1, et il s'avère que tous les chemins partant de zéro avec $n - 1$ incréments $+1$ et $n + 1$ incréments -1 s'obtiennent de la sorte, et il y en a $\binom{2n}{n-1}$. Cette bijection donne donc $C_n = \binom{2n}{n} - \binom{2n}{n-1} = \frac{1}{n+1}\binom{2n}{n}$ (formule de Désiré André). $\square$

Théorème 2.6 (du scrutin[2]). *Si* $n = a + b$ *et* $k = a - b$ *avec* $0 \leqslant b \leqslant a$ *alors*

$$\mathbb{P}(S_1 > 0, \ldots, S_n > 0 \mid S_0 = 0, S_n = k) = \frac{k}{n} = \frac{a - b}{a + b}.$$

Le théorème 2.6 indique que lors d'une élection avec deux candidats A et B et n votants, dans laquelle A obtient a votes et B obtient $b \leqslant a$ votes, la probabilité que A soit devant B tout le long du dépouillement des n bulletins de vote est $(a - b)/(a + b)$.

Démonstration. Notons tout d'abord que $0 \leqslant k \leqslant n$ et $(n+k, n-k) = 2(a, b)$. Soit $P_{n,k}$ l'ensemble des chemins de la marche aléatoire simple, de longueur n, partant de $(0, 0)$ et finissant en (n, k). Tous ces chemins possèdent exactement a incréments $+1$ et b incréments -1. Ils sont donc au nombre de $\binom{a+b}{a}$. Soit $P_{n,k}^+$ l'ensemble de ces chemins strictement positifs aux temps $1, \ldots, n$. On a

$$\mathbb{P}(S_1 > 0, \ldots, S_n > 0 \mid S_0 = 0, S_n = k) = \mathrm{card}(P_{n,k}^+) \frac{p^a (1 - p)^b}{\mathbb{P}(S_n = k \mid S_0 = 0)}.$$

D'un autre côté $\mathbb{P}(S_n = k \mid S_0 = 0) = \mathrm{card}(P_{n,k}) \, p^a (1 - p)^b$ et donc

$$\mathbb{P}(S_1 > 0, \ldots, S_n > 0 \mid S_0 = 0, S_n = k) = \frac{\mathrm{card}(P_{n,k}^+)}{\mathrm{card}(P_{n,k})}.$$

---

2. «*Ballot theorem*» en anglais.

Il est tout à fait remarquable que cette formule ne dépend pas de p. L'ensemble $P_{n,k} \setminus P_{n,k}^+$ est invariant par la réflexion sur la portion du chemin située avant le retour à 0. On reconnaît là l'astuce de la preuve du théorème 2.5. Il en découle que l'ensemble des éléments de $P_{n,k} \setminus P_{n,k}^+$ qui commencent par un incrément $+1$ est en bijection avec l'ensemble des éléments de $P_{n,k} \setminus P_{n,k}^+$ qui commencent par un incrément -1. Or ce dernier est en bijection avec l'ensemble des éléments de $P_{n,k}$ qui commencent par un incrément -1, lui même en bijection avec $P_{n-1,k+1}$. Cela donne $\mathrm{card}(P_{n,k}) - \mathrm{card}(P_{n,k}^+) = 2\mathrm{card}(P_{n-1,k+1})$. Comme $\mathrm{card}(P_{n,k}) = \binom{n}{(n+k)/2}$, on obtient enfin

$$\mathrm{card}(P_{n,k}^+) = \binom{n}{(n+k)/2} - 2\binom{n-1}{(n+k)/2} = \frac{k}{n}\binom{n}{(n+k)/2}.$$

En d'autres termes, $\mathrm{card}(P_{n,k}^+) = (k/n)\mathrm{card}(P_{n,k})$.   □

La formule à base de nombres de Catalan du théorème 2.5 s'écrit

$$2^{2n+2}\mathbb{P}(S_1 > 0, \ldots, S_{2n+1} > 0 \,|\, S_0 = 0, S_{2n+2} = 0)$$
$$= \mathrm{card}(P_{2n+1,1}^+) = \frac{1}{n+1}\binom{2n}{n}.$$

2.2 Marche aléatoire simple symétrique dans l'espace

La marche aléatoire simple symétrique sur $\mathbb{Z}^d$, $d \geqslant 1$, est définie par

$$X_{n+1} = X_n + \varepsilon_{n+1} = X_0 + \varepsilon_1 + \cdots + \varepsilon_{n+1}$$

où $(\varepsilon_n)_{n\geqslant 1}$ est une suite de variables aléatoires i.i.d., indépendantes de la position initiale X_0, et de loi uniforme sur $\{\pm e_1, \ldots, \pm e_d\}$, où $e_1, \ldots, e_d$ est la base canonique de $\mathbb{R}^d$. La suite $(X_n)_{n\geqslant 0}$ est une chaîne de Markov d'espace d'états $\mathbb{Z}^d$ et de noyau de transition

$$\mathbf{P}(x,y) = \frac{1}{2d}\mathbb{1}_{|x-y|_1=1}$$

où $|x|_1 := |x_1| + \cdots + |x_d|$. On parle également de marche aléatoire symétrique aux plus proches voisins pour la norme $|\cdot|_1$. Les incréments $(\varepsilon_n)_{n\geqslant 1}$ sont de loi uniforme sur la sphère unité pour la norme $|\cdot|_1$. En concevant les incréments $\varepsilon_1, \ldots, \varepsilon_n$ comme issus de n jets d'un dé équilibré à $2d$ faces, on voit que $\mathrm{Loi}(X_n - X_0)$ est l'image de la loi multinomiale

$$\left(\frac{1}{2d}\delta_{e_1} + \frac{1}{2d}\delta_{-e_1} + \cdots + \frac{1}{2d}\delta_{-e_d} + \frac{1}{2d}\delta_{e_d}\right)^{*n} = \mathrm{Mul}\left(n, \left(\frac{1}{2d}, \ldots, \frac{1}{2d}\right)\right)$$

par l'application

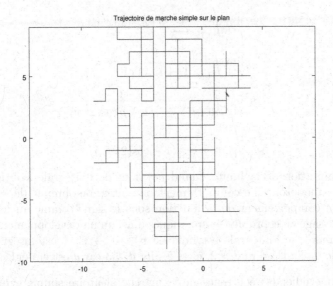

Fig. 2.3. Début de trajectoire de la marche aléatoire simple sur $\mathbb{Z}^2$.

$$(k_1, \ldots, k_{2d}) \in \mathbb{N}^{2d} \mapsto (k_1 - k_2, \ldots, k_{2d-1} - k_{2d}) \in \mathbb{Z}^d.$$

Notons que le temps (aléatoire) au bout duquel la marche aléatoire a emprunté les $2d$ directions qui s'offrent à elle suit la loi du collectionneur de coupons étudiée dans le chapitre 1 avec $r = 2d$.

Théorème 2.7 (Marche aléatoire simple symétrique). *La marche aléatoire simple symétrique sur $\mathbb{Z}^d$ est récurrente nulle si $d \leqslant 2$ et transitoire si $d \geqslant 3$.*

Démonstration. La preuve est basée sur l'analyse de Fourier. Rappelons tout d'abord que pour toute variable aléatoire Z à valeurs dans $\mathbb{Z}^d$ on a

$$\mathbb{P}(Z = z) = \int_{[0,1[^d} e^{2\pi i \langle z, x \rangle} \varphi_Z(x)\, dx \quad \text{où} \quad \varphi_Z(x) = \sum_{z \in \mathbb{Z}^d} e^{-2\pi i \langle z, x \rangle} \mathbb{P}(Z = z).$$

Ensuite, en introduisant un paramètre $\rho \in [0,1[$ pour permuter série et intégrale, on a, en utilisant ce qui précède, la série d'égalités suivante :

$$\sum_{n=0}^{\infty} \mathbf{P}^n(0,0) = \lim_{\rho \uparrow 1} \sum_{n=0}^{\infty} \rho^n \mathbf{P}^n(\varepsilon_1 + \cdots + \varepsilon_n = 0)$$

$$= \lim_{\rho \uparrow 1} \sum_{n=0}^{\infty} \int_{[0,1[^d} \rho^n e^{2\pi i \langle 0, x \rangle} \varphi_{\varepsilon_1 + \cdots + \varepsilon_n}(x)\, dx$$

$$= \lim_{\rho \uparrow 1} \sum_{n=0}^{\infty} \int_{[0,1[^d} \rho^n (\varphi_{\varepsilon_1}(x))^n\, dx$$

$$= \lim_{\rho \uparrow 1} \int_{[0,1[^d} \sum_{n=0}^{\infty} \rho^n (\varphi_{\varepsilon_1}(x))^n \, dx$$

$$= \lim_{\rho \uparrow 1} \int_{[0,1[^d} \frac{1}{1 - \rho \varphi_{\varepsilon_1}(x)} \, dx$$

$$= \lim_{\rho \uparrow 1} \int_{[0,1[^d} \frac{d}{\sum_{k=1}^{d}(1 - \rho \cos(2\pi x_k))} \, dx$$

$$= \int_{[0,1[^d} \frac{d}{\sum_{k=1}^{d}(1 - \cos(2\pi x_k))} \, dx,$$

où la commutation de la limite quand $\rho \uparrow 1$ et de l'intégrale s'obtient par convergence monotone. Le comportement de l'intégrale obtenue dépend uniquement du comportement de la fonction sous le signe somme au voisinage de 0. Un passage en coordonnées sphériques ainsi qu'un développement limité en 0 montrent que l'intégrale est finie ssi $r \geqslant 0 \mapsto r^{d-3}$ est intégrable au voisinage de 0, c'est-à-dire $d > 2$, c'est-à-dire $d \geqslant 3$ car d est entier ! □

On peut étudier la récurrence de la marche aléatoire simple symétrique sur $\mathbb{Z}^d$ $(X_n)_{n \geqslant 0}$ en utilisant la combinatoire, plutôt que l'analyse de Fourier. En effet, la chaîne est irréductible et de période 2 pour tout $d \geqslant 1$ et il suffit donc d'étudier $\sum_n \mathbf{P}^{2n}(0,0)$. La formule multinomiale donne

$$\mathbf{P}^{2n}(0,0) = \frac{1}{(2d)^{2n}} \sum_{\substack{r_1 + \cdots + r_{2d} = n \\ r_1 = r_2, \ldots, r_{d-1} = r_d}} \binom{2n}{r_1, \ldots, r_{2d}}$$

$$= \frac{1}{(2d)^{2n}} \sum_{r_1 + \cdots + r_d = n} \frac{(2n)!}{r_1!^2 \cdots r_d!^2}.$$

Le cas $d = 1$ est déjà traité. Restent les cas $d = 2$ et $d \geqslant 3$.

Cas $d = 2$ (méthode directe). L'identité de Vandermonde[3] donne

$$\mathbf{P}^{2n}(0,0) = \frac{1}{4^{2n}} \sum_{n_1 + n_2 = n} \frac{(2n)!}{n_1!^2 n_2!^2}$$

$$= \frac{(2n)!}{4^{2n} n!^2} \sum_{k=0}^{n} \binom{n}{k}^2$$

$$= \frac{(2n)!}{4^{2n} n!^2} \frac{(2n)!}{n!^2} \underset{n \to \infty}{\sim} \frac{1}{\pi n}$$

qui n'est donc pas sommable, et la chaîne est donc récurrente. La récurrence nulle vient du fait que la mesure de comptage, qui n'est pas finie car $\mathbb{Z}^2$ est infini, est une mesure symétrique et donc invariante.

Cas $d = 2$ (méthode astucieuse). Soient U_n et V_n les projections de X_n sur les première et seconde bissectrices (pentes ± 1). On vérifie que $(U_n)_{n \geqslant 0}$

---

3. Il s'agit de la formule de «convolution» $\binom{n+m}{r} = \sum_{k=0}^{r} \binom{n}{k} \binom{m}{r-k}$.

et $(V_n)_{n \geqslant 0}$ sont des marches aléatoires simples symétriques sur $\frac{1}{\sqrt{2}}\mathbb{Z}$, indépendantes ! De plus, $X_n = 0$ si et seulement si $U_n = V_n = 0$, ce qui donne $\mathbf{P}^{2n}(0,0) \sim \frac{1}{\pi n}$, et la chaîne est donc récurrente. Attention : les composantes de $(X_n)_{n \geqslant 0}$ (abscisse et ordonnée) ne sont pas des marches aléatoires simples sur $\mathbb{Z}$, mais constituent des chaînes de Markov de noyau $\mathbf{Q}(x,y) = \frac{1}{4}\mathbb{1}_{|x-y|=1} + \frac{1}{2}\mathbb{1}_{x=y}$ (il est possible d'établir qu'elles sont récurrentes, mais cela ne conduit à rien de bien utile).

Cas $d = 3$ (méthode directe). La formule du multinôme donne ici

$$\mathbf{P}^{2n}(0,0) = \frac{1}{6^{2n}} \sum_{r_1+r_2+r_3=n} \frac{(2n)!}{r_1!^2 r_2!^2 r_3!^2}$$

$$= \frac{(2n)!}{2^{2n}3^n n!^2} \sum_{r_1+r_2+r_3=n} \binom{n}{r_1\ r_2\ r_3}^2 \left(\frac{1}{3}\right)^n.$$

Si $n = 3m$ alors une petite étude montre que

$$\binom{n}{r_1\ r_2\ r_3} \leqslant \binom{n}{m\ m\ m}$$

et donc, grâce à la formule du trinôme de taille n et de second paramètre $(1/3, 1/3, 1/3)$, on obtient, pour $n = 3m$,

$$\mathbf{P}^{2n}(0,0) \leqslant \frac{(2n)!}{2^{2n}3^n n!^2} \binom{n}{m\ m\ m} \sim \frac{1}{2}\left(\frac{3}{\pi n}\right)^{3/2} = \frac{c}{n^{3/2}}.$$

Ainsi, $\sum_m \mathbf{P}^{6m}(0,0) < \infty$. Comme pour $k = 1, 2$,

$$\frac{1}{6^{2k}}\mathbf{P}^{6m}(0,0) \leqslant \mathbf{P}^{6m+2k}(0,0),$$

il vient,

$$\sum_n \mathbf{P}^{2n}(0,0) = \sum_{k=0,1,2} \sum_m \mathbf{P}^{6m+2k}(0,0) < \infty,$$

et donc la chaîne est transitoire.

Cas $d > 3$ (méthode astucieuse à partir du cas $d = 3$). Soit $X' = (X'_n)_{n \geqslant 0}$ la chaîne projetée sur $\mathbb{Z}^3$ c'est-à-dire constituée par les trois premières coordonnées de $X = (X_n)_{n \geqslant 0}$. Il s'agit d'une chaîne de Markov sur $\mathbb{Z}^3$ de noyau

$$\mathbf{Q} := \left(1 - \frac{d-3}{d}\right)\mathbf{P} + \frac{d-3}{d}\mathbf{I}$$

où $\mathbf{P}$ est le noyau de la marche aléatoire simple symétrique X'' sur $\mathbb{Z}^3$. Un retour à zéro de X s'accompagne toujours d'un retour à zéro de X', et donc si X' est transitoire alors forcément X l'est aussi. Or les trajectoires de X' sont les trajectoires de X'' avec des temporisations géométriques à chaque site, et en particulier, les fréquences asymptotiques de passage sont les mêmes, ce qui fait que la transience de X'' implique celle de X', et donc X est transitoire.

2.3 Problème de Dirichlet et champ libre gaussien

Soit $(X_n)_{n \geqslant 0}$ la marche aléatoire simple sur $\mathbb{Z}^d$, et $\mathbf{P}$ son noyau de transition. Pour toute fonction bornée $f : \mathbb{Z}^d \to \mathbb{R}$ et tout $x \in \mathbb{Z}^d$ on a,

$$\mathbb{E}(f(X_{n+1}) \,|\, X_n = x) - f(x) = (\mathbf{P}f)(x) - f(x) = (\Delta f)(x),$$

où $\Delta := \mathbf{P} - \mathbf{I}$. L'opérateur Δ est le générateur de la marche aléatoire simple symétrique sur $\mathbb{Z}^d$. Il s'agit d'un opérateur laplacien discret, qui calcule l'écart à la moyenne sur les voisins :

$$(\Delta f)(x) = \left(\frac{1}{2d} \sum_{y:|y-x|_1=1} f(y) \right) - f(x) = \frac{1}{2d} \sum_{y:|y-x|_1=1} (f(y) - f(x)).$$

On dit que f est harmonique sur $A \subset \mathbb{Z}^d$ lorsque $\Delta f = 0$ sur A, ce qui signifie qu'en tout point de A la valeur de f est égale à la moyenne de ses valeurs sur les $2d$ voisins. L'opérateur Δ est local en ce sens que $(\Delta f)(x)$ ne dépend que des valeurs de f en x et ses plus proches voisins. Ainsi la valeur de Δf sur A ne dépend que des valeurs de f sur $\bar{A} := A \cup \partial A$ où

$$\partial A := \{ y \notin A : \exists x \in A, |x - y|_1 = 1 \}$$

est le bord extérieur de A. Le problème de Dirichlet consiste à trouver une fonction harmonique sur A dont la valeur sur ∂A est prescrite. Il s'agit en fait d'un problème d'algèbre linéaire, pour lequel le théorème 2.8 ci-dessous fournit une expression probabiliste de la solution utilisant le temps d'atteinte

$$\tau_{\partial A} := \inf\{ n \geqslant 0 : X_n \in \partial A \}.$$

On s'intéresse à la même question sur un ouvert de $\mathbb{R}^d$ pour l'opérateur laplacien classique dans le chapitre 24.

Théorème 2.8 (Problème de Dirichlet). *Soit $A \subset \mathbb{Z}^d$ un ensemble non vide fini. Alors pour tout $x \in A$ on a $\mathbb{P}_x(\tau_{\partial A} < \infty) = 1$. De plus, pour toute fonction $g : \partial A \to \mathbb{R}$, la fonction $f : \bar{A} \to \mathbb{R}$ définie pour tout $x \in \bar{A}$ par*

$$f(x) = \mathbb{E}_x(g(X_{\tau_{\partial A}}))$$

est l'unique solution du système

$$\begin{cases} f = g & \text{sur } \partial A, \\ \Delta f = 0 & \text{sur } A. \end{cases}$$

Lorsque $d = 1$ on retrouve la fonction r étudiée dans la preuve du théorème 2.2 sur la ruine du joueur. D'autre part, d'après la remarque 2.4, l'image d'une chaîne de Markov par une fonction harmonique pour son générateur est une martingale, ce qui explique après coup la formule probabiliste pour la solution du problème de Dirichlet grâce au théorème d'arrêt.

La quantité $f(x) = \mathbb{E}_x(g(\tau_{\partial A})) = \sum_{y \in \partial A} g(y)\mathbb{P}_x(\tau_{\partial A} = y)$ est la moyenne de g pour la loi μ_x sur ∂A, appelée mesure harmonique, définie par

$$\mu_x(y) = \mathbb{P}_x(X_{\tau_{\partial A}} = y), \quad y \in \partial A.$$

On peut également parler de noyau de Poisson discret par analogie avec le problème de Dirichlet sur un ouvert de $\mathbb{R}^d$ (voir chapitre 24).

Démonstration. La propriété $\mathbb{P}_x(\tau_{\partial A} < \infty) = 1$ pour tout $x \in A$ peut être établie en procédant comme dans la remarque 2.3, ou encore comme dans la preuve du théorème 2.2, qui fournit de plus une borne sous-géométrique pour la queue de la loi de τ.

Vérifions que la fonction f proposée est bien solution. Pour tout $x \in \partial A$ on a $\tau_{\partial A} = 0$ sur $\{X_0 = x\}$ et donc $f = g$ sur ∂A. Montrons à présent que $\Delta f = 0$ sur A. On se ramène tout d'abord par linéarité au cas où $g = \mathbb{1}_{\{z\}}$ avec $z \in \partial A$. Ensuite on écrit, pour tout $y \in \bar{A}$,

$$f(y) = \mathbb{P}_y(X_{\tau_{\partial A}} = z) = \sum_{n=0}^{\infty} \mathbb{P}_y(X_n = z, \tau_{\partial A} = n)$$

$$= \mathbb{1}_{y=z} + \mathbb{1}_{y \in A} \sum_{n=1}^{\infty} \sum_{x_1,\ldots,x_{n-1} \in A} \mathbf{P}(y, x_1)\mathbf{P}(x_1, x_2)\cdots\mathbf{P}(x_{n-1}, z).$$

D'autre part, comme $f = 0$ sur $\partial A \setminus \{z\}$ et Δ est local, on a, pour tout $x \in A$,

$$(\mathbf{P}f)(x) = \sum_{y \in \mathbb{Z}^d} \mathbf{P}(x, y)f(y) = \mathbf{P}(x, z)f(z) + \sum_{y \in A} \mathbf{P}(x, y)f(y).$$

Par conséquent, pour tout $x \in A$,

$$(\mathbf{P}f)(x) = \mathbf{P}(x, z)f(z) + \sum_{n=1}^{\infty} \sum_{y, x_1, \ldots, x_{n-1} \in A} \mathbf{P}(x, y)\mathbf{P}(y, x_1)\cdots\mathbf{P}(x_{n-1}, z)$$

$$= \mathbf{P}(x, z)f(z) + (f(x) - (\mathbb{1}_{x=z} + \mathbf{P}(x, z)))$$

$$= f(x)$$

où la dernière égalité vient de $\mathbb{1}_{x=z} = 0$ et $f(z) = 1$. Ainsi on a $\mathbf{P}f = f$ sur A, c'est-à-dire que $\Delta f = 0$ sur A.

Pour établir l'unicité de la solution, on se ramène par linéarité à établir que $f = 0$ est l'unique solution lorsque $g = 0$. Or, si $f : \bar{A} \to \mathbb{R}$ est harmonique sur A, l'interprétation de $(\Delta f)(x)$ comme écart à la moyenne sur les plus proches voisins permet d'établir qu'à la fois le minimum et le maximum de f sur $\bar{A}$ sont (au moins) nécessairement atteints sur le bord ∂A. Or, comme par ailleurs f est nulle sur ∂A, il en découle que f est nulle sur $\bar{A}$.   □

Le théorème 2.8 se généralise de la manière suivante :

Théorème 2.9 (Problème de Dirichlet et fonction de Green). *Si $A \subset \mathbb{Z}^d$ est un ensemble non vide fini alors pour toutes fonctions $g : \partial A \to \mathbb{R}$ et $h : A \to \mathbb{R}$, la fonction $f : \bar{A} \to \mathbb{R}$ définie pour tout $x \in \bar{A}$ par*

$$f(x) = \mathbb{E}_x(g(X_{\tau_{\partial A}}) + \sum_{n=0}^{\tau_{\partial A}-1} h(X_n))$$

est l'unique solution de

$$\begin{cases} f = g & \text{sur } \partial A, \\ \Delta f = -h & \text{sur } A. \end{cases}$$

Lorsque $d = 1$ et $h = 1$ on retrouve la fonction R de la preuve du théorème 2.2. Le théorème 2.8 correspond au cas où $h = 0$. Pour tout $x \in A$ on a

$$f(x) = \sum_{y \in \partial A} g(y) \mathbb{P}_x(\tau_{\partial A} = y) + \sum_{y \in A} h(y) G_A(x, y)$$

où $G_A(x, y)$ est le nombre moyen de passages en y en partant de x et avant de sortir de A, c'est-à-dire

$$G_A(x, y) := \mathbb{E}_x \left(\sum_{n=0}^{\tau_{\partial A}-1} \mathbb{1}_{X_n = y} \right) = \sum_{n=0}^{\infty} \mathbb{P}_x(X_n = y, n < \tau_{\partial A}).$$

On dit que G_A est la *fonction de Green* de la marche aléatoire simple symétrique sur A tuée au bord ∂A. C'est l'inverse de la restriction $-\Delta_A$ de $-\Delta$ aux fonctions sur $\bar{A}$ nulles sur ∂A :

$$G_A = -\Delta_A^{-1}.$$

En effet, si $g = 0$ et $h = \mathbb{1}_{\{y\}}$ alors $f(x) = G_A(x, y)$ d'où $\Delta_A G_A = -\mathbf{I}_A$.

Démonstration du théorème 2.9. Grâce au théorème 2.8 il suffit par linéarité de vérifier que $f(x) = \mathbb{1}_{x \in A} G_A(x, z)$ est solution lorsque $g = 0$ et $h = \mathbb{1}_{\{z\}}$ avec $z \in A$. Or pour tout $x \in A$, grâce à la propriété de Markov,

$$f(x) = \mathbb{1}_{\{x=z\}} + \sum_{n=1}^{\infty} \mathbb{P}_x(X_n = z, n < \tau_{\partial A})$$

$$= \mathbb{1}_{\{x=z\}} + \sum_{y:|x-y|_1=1} \sum_{n=1}^{\infty} \mathbb{P}(X_n = z, n < \tau_{\partial A} \mid X_1 = y) \mathbf{P}(x, y)$$

$$= \mathbb{1}_{\{x=z\}} + \sum_{u:|x-y|_1=1} f(y) \mathbf{P}(x, y).$$

On a bien $f = h + \mathbf{P}f$ sur A, c'est-à-dire $\Delta f = -h$ sur A.   □

Les preuves des théorèmes 2.8 et 2.9 restent valables pour des marches aléatoires asymétriques sur $\mathbb{Z}^d$, à condition de remplacer le générateur Δ de la marche symétrique par le générateur $L := \mathbf{P} - \mathbf{I}$, qui est un opérateur local : $|x - y| > 1 \Rightarrow L(x,y) = \mathbf{P}(x,y) = 0$. Le dépassement de ce cadre nécessite l'adaptation de la notion de bord : $\{y \notin A : \exists x \in A, L(x,y) > 0\}$.

Le *champ libre gaussien* [4] est un modèle d'interface aléatoire lié à la marche aléatoire simple symétrique et au problème de Dirichlet. Soit $A \subset \mathbb{Z}^d$ un sous-ensemble non-vide fini. Une interface est une fonction de hauteur $f : \bar{A} \to \mathbb{R}$ qui associe à chaque site $x \in \bar{A}$ une hauteur $f(x)$, aussi appelée *spin*. Pour simplifier, on impose la condition au bord $f = 0$ sur le bord extérieur ∂A de A. On note $\mathcal{F}_A$ l'ensemble des interfaces f sur $\bar{A}$ nulles sur le bord ∂A, qu'on peut identifier à $\mathbb{R}^A$. L'énergie $H_A(f)$ de l'interface $f \in \mathcal{F}_A$ est définie par

$$H_A(f) = \frac{1}{4d} \sum_{\substack{\{x,y\} \subset \bar{A} \\ |x-y|_1 = 1}} (f(x) - f(y))^2,$$

où on a posé $f = 0$ sur ∂A. L'énergie $H_A(f)$ est d'autant plus petite que l'interface f est «plate». En notant

$$\langle u, v \rangle_A := \sum_{x \in A} u(x)v(x)$$

il vient, pour tout $f \in \mathcal{F}_A$,

$$H_A(f) = \frac{1}{4d} \sum_{x \in A} \sum_{\substack{y \in \bar{A} \\ |x-y|_1 = 1}} (f(x) - f(y))f(x) = \frac{1}{2}\langle -\Delta f, f \rangle_A.$$

Comme $H_A(0) = 0$ et $H_A(f) = 0$ entraîne $f = 0$, la forme quadratique H_A n'est pas dégénérée, et on peut définir une loi gaussienne Q_A sur $\mathcal{F}_A$ favorisant les faibles énergies :

$$Q_A(df) = \frac{1}{Z_A} e^{-H_A(f)} \, df \quad \text{où} \quad Z_A := \int_{\mathcal{F}_A} e^{-H_A(f)} \, df.$$

Cette loi gaussienne, appelée champ libre gaussien, est caractérisée par sa moyenne $m_A : A \to \mathbb{R}$ et sa matrice de covariance $C_A : A \times A \to \mathbb{R}$, données pour tous $x, y \in A$ par

$$m_A(x) := \int f_x \, Q_A(df) = 0$$

et

$$C_A(x,y) := \int f_x f_y \, Q_A(df) - m_A(x)m_A(y) = -(\Delta_A^{-1})(x,y) = G_A(x,y),$$

où f_x désigne l'application coordonnée $f_x : f \in \mathcal{F}_A \mapsto f(x) \in \mathbb{R}$.

---

4. «*Gaussian free field*» (GFF) en anglais.

2.4 Marche aléatoire sur le groupe symétrique

On considère $r \geqslant 2$ cartes à jouer empilées en un paquet vertical, et numérotées de 1 à r. On dit que la carte du dessus est en position 1, etc et que celle du dessous est en position r. On étudie un battage de cartes très simple pour mélanger le paquet de cartes, appelé «*top to random shuffle*» en anglais. Plus précisément, on considère la k-insertion qui consiste à prendre la carte du sommet du paquet et à l'insérer entre la k^{e} et $k+1^{\text{e}}$ positions. La 1-insertion n'a aucun effet. On convient que la r-insertion place la carte du sommet sous le paquet. On choisit d'effectuer des k-insertions successives en utilisant une suite i.i.d. uniforme sur $\{1, \ldots, r\}$ pour choisir k.

Une configuration du paquet est codée par un élément σ du groupe symétrique Σ_r, de sorte que $\sigma(k)$ désigne la position de la carte numéro k. Une k-insertion fait passer de la configuration σ à la configuration $(k, k-1, \ldots, 1)\sigma$ où $(k, k-1, \ldots, 1) \in \mathcal{S}_r$ désigne le k-cycle $k \to k-1 \to \cdots \to 1 \to k$.

En notant X_n la configuration du paquet à l'instant n, on obtient une suite aléatoire $(X_n)_{n \geqslant 0}$ de Σ_r vérifiant pour tout $n \geqslant 0$,

$$X_{n+1} = \varepsilon_{n+1}X_n = \varepsilon_{n+1}\cdots\varepsilon_1 X_0$$

où $(\varepsilon_n)_{n \geqslant 1}$ sont i.i.d. de loi uniforme sur $C := \{(k, k-1, \ldots, 1) : 1 \leqslant k \leqslant r\} \subset \Sigma_r$. La suite $(X_n)_{n \geqslant 0}$ est une marche aléatoire à gauche sur le groupe (non abélien) Σ_r, d'incréments C. C'est aussi une chaîne de Markov d'espace d'états fini Σ_r (de cardinal $r!$) et de noyau

$$\mathbf{P}(\sigma, \sigma') = \frac{\mathbb{1}_C(\sigma'\sigma^{-1})}{|C|} = \frac{\mathbb{1}_C(\sigma'\sigma^{-1})}{r}.$$

1	$\sigma^{-1}(1)$
$\vdots$	$\vdots$
r	$\sigma^{-1}(r)$

Configuration initiale | Configuration après mélange

Fig. 2.4. La carte en position k se déplace en position $\sigma(k)$.

Théorème 2.10 (Convergence en loi). *La chaîne $(X_n)_{n \geqslant 0}$ est récurrente irréductible apériodique. Son unique loi invariante est la loi uniforme sur Σ_r :*

$$\mu = \sum_{\sigma \in \Sigma_r} \frac{1}{|\Sigma_r|}\delta_\sigma = \frac{1}{r!}\sum_{\sigma \in \Sigma_r}\delta_\sigma.$$

La chaîne $(X_n)_{n \geqslant 0}$ converge en loi vers μ quelle que soit la loi initiale $\text{Loi}(X_0)$.

Démonstration. L'ensemble de transpositions spécial

$$\mathcal{T} := \{(r, r-1), \ldots, (2,1), (1,r)\}$$

engendre Σ_r. Comme les k-insertions $(r, r-1, \ldots, 1)$ et $(2,1)$ correspondant à $k = r$ et à $k = 2$ engendrent $\mathcal{T}$, on en déduit qu'elles engendrent Σ_r. Donc C engendre Σ_r et la chaîne est irréductible. Comme l'identité (1) est également une k-insertion $(k = 1)$, la diagonale de la matrice de transition de la chaîne est > 0 et donc la chaîne est apériodique. Comme Σ_r est un groupe, il y a exactement r états qui conduisent à chaque état, donc les colonnes de la matrice de transition ont exactement r entrées non nulles, toutes égales à $1/r$. Ainsi, la transposée de la matrice de transition est également une matrice de transition [5] et donc la loi uniforme est invariante. Or toute chaîne finie récurrente apériodique possède une unique loi invariante vers laquelle elle converge en loi quelle que soit sa loi initiale.   □

On souhaite à présent étudier la vitesse de convergence de la chaîne vers sa loi invariante, partant d'une configuration initiale X_0 fixée. Par invariance par translation, on peut supposer que $X_0 = (1)$, c'est-à-dire que toutes les cartes sont dans l'ordre au départ. Au temps 0 la carte r est en position r (tout en bas du paquet), et subit une remontée pas à pas au fil du temps jusqu'au sommet. Cette remontée est de plus en plus rapide. Pour tout $1 \leqslant k \leqslant r-1$, on note T_k le temps que cette carte passe en position $r - k$ (et $T_0 = 0$). Pour tout $k \geqslant 1$, on a, avec la convention $T_1 + \cdots + T_{k-1} = 0$ si $k = 1$,

$$T_k = \min\{n \geqslant 1 : X_{T_1 + \cdots + T_{k-1} + n} = r - k\}$$
$$= \min\{n \geqslant 1 : X_n(r) = r - k\} - (T_1 + \cdots + T_{k-1}).$$

Au temps $T_1 + \cdots + T_{r-1}$ la carte r est en position 1 (sommet du paquet). La variable aléatoire

$$T := 1 + T_1 + \cdots + T_{r-1}$$

suit la loi du collectionneur de coupons de r coupons de probabilité d'apparition uniforme (chapitre 1). Les variables aléatoires $T_1, \ldots, T_{r-1}$ sont indépendantes avec $T_k \sim \mathrm{Geo}(k/r)$ pour tout $1 \leqslant k \leqslant r-1$. Notons que $T \geqslant r$.

Théorème 2.11 (Bon mélange après remontée). *Le temps T est un* temps fort de stationnarité : *pour tout $n \geqslant 0$, les variables aléatoires X_{T+n} et T sont indépendantes et de plus X_{T+n} suit la loi uniforme μ sur Σ_r.*

Démonstration. La loi uniforme sur Σ_r peut s'obtenir en tirant uniformément sans remise les images de $1, \ldots, r$. D'autre part, la loi uniforme sur Σ_r est invariante par translation.

---

5. Elle est *doublement stochastique* (ou *bistochastique*). L'ensemble des matrices doublement stochastiques $n \times n$ est un polytope (intersection de demi-espaces) convexe et compact à $(n-1)^2$ degrés de liberté. Ses points extrémaux sont les matrices de permutations (Birkhoff et von Neumann). Encore le groupe symétrique !

Au temps T_1, la carte r se trouve pour la première fois en position $r-1$, car la carte numéro 1 a été glissée sous le paquet. Au temps $T_1 + T_2$, la carte r se trouve pour la première fois en position $r-2$ car la carte numéro 2 a été glissée sous ou sur la carte 1. Les numéros des deux cartes sous le paquet sont $1, 2$ ou $2, 1$ avec probabilité $1/2$. Par récurrence, au temps $T_1 + \cdots + T_{r-1} = T-1$, la carte r se trouve au sommet du paquet pour la première fois et les $r-1$ cartes qui sont sous elle ont des numéros répartis uniformément sans remise dans $\{1, \ldots, r-1\}$. Au temps T, la carte r est placée aléatoirement et uniformément dans le paquet à une position entre 1 et r et donc X_T suit la loi uniforme. Comme la probabilité $\mathbb{P}(X_T = \sigma, T = k)$ ne dépend pas de σ, on en déduit que T et X_T sont indépendantes. Or comme la loi μ est invariante, on obtient $X_{T+n} \sim \mu$ pour tout $n \geqslant 0$. $\qquad\square$

Pour bien mélanger le paquet de cartes, on pourrait s'arrêter au temps T. Malheureusement, on ne connaît pas T en pratique ! Alternativement, on pourrait chercher à déterminer une valeur de n, aussi petite que possible, telle que $d_{\mathrm{VT}}(\mathrm{Loi}(X_n), \mu)$ est proche de zéro, où $d_{\mathrm{VT}}(\cdot, \cdot)$ est la distance en variation totale (section 1.3). Il s'avère que pour r assez grand, la quantité $d_{\mathrm{VT}}(\mathrm{Loi}(X_n), \mu)$ passe de 1 à 0 de manière abrupte [6] autour de $n = r\log(r)$. Ce phénomène de convergence abrupte est quantifié par le théorème suivant.

Théorème 2.12 (Convergence abrupte en $n = r\log(r)$). *Pour tout réel $c > 0$,*

$$d_{\mathrm{VT}}\big(\mathrm{Loi}(X_{\lfloor r\log(r)+cr\rfloor}), \mu\big) \leqslant e^{-c+\varepsilon_r} \quad avec \quad 0 \leqslant \varepsilon_r < 1/r.$$

Si $c_r \geqslant 0$ vérifie $\lim_{r \to \infty} c_r = \infty$ et $r\log(r) - rc_r > 0$ pour tout $r \geqslant 1$, alors

$$\lim_{r \to \infty} d_{\mathrm{VT}}\big(\mathrm{Loi}(X_{r\log(r)-rc_r}), \mu\big) = 1.$$

Démonstration. Grâce au théorème 2.11, on a, pour tout $A \subset \Sigma_r$,

$$\mathbb{P}(X_n \in A) = \sum_{k=0}^{n} \mathbb{P}(X_n \in A, T = k) + \mathbb{P}(X_n = \sigma, T > n)$$

$$\leqslant \sum_{k=0}^{n} \mathbb{P}(X_n \in A, T = k) + \mathbb{P}(T > n)$$

$$= \sum_{k=0}^{n} \mathbb{P}(X_{T+n-k} \in A, T = k) + \mathbb{P}(T > n)$$

$$= \sum_{k=0}^{n} \mu(A)\mathbb{P}(T = k) + \mathbb{P}(T > n)$$

$$= \mu(A)\mathbb{P}(T \leqslant n) + \mathbb{P}(T > n)$$

$$\leqslant \mu(A) + \mathbb{P}(T > n).$$

---

6. On parle de « *cutoff phenomenon* » en anglais.

d'où $\mathbb{P}(X_n \in A) - \mu(A) \leqslant \mathbb{P}(T > n)$. Appliqué à A et A^c, cela donne

$$d_{\mathrm{VT}}\left(\mathrm{Loi}(X_n), \mu\right) \leqslant \mathbb{P}(T > n), \quad n \geqslant 0.$$

Le résultat découle du théorème 1.17 sur le collectionneur de coupons.   □

La figure 1.2 illustre le phénomène de convergence abrupte.

2.5 Pour aller plus loin

La marche aléatoire simple sur $\mathbb{Z}^d$, étudiée notamment par George Pólya puis par Frank Spitzer, fait partie des modèles de base des probabilités. Elle fait l'objet d'une attention particulière dans les livres de William Feller [Fel68], Frank Spitzer [Spi70], Peter G. Doyle et Laurie Snell [DS84], et de James Norris [Nor98a]. La démonstration du théorème 2.7 est tirée d'un article [CF51] de Kai Lai Chung et Wolfgang Heinrich Johannes Fuchs. Cette analyse de Fourier peut être poussée plus loin, comme expliqué par exemple dans les livres de Gregory Lawler et Vlada Limic [Law13, LL10]. L'astuce combinatoire de Désiré André se trouve dans [And87].

Les nombres de Catalan interviennent très fréquemment en combinatoire. Ils comptent, outre les chemins de la marche aléatoire simple, les mots de Dyck, les parenthésages, les triangulations d'un polygone, les partitions non croisées, les chemins sous-diagonaux dans le carré, les arbres planaires, etc.

La physique statistique a inspiré nombre de modèles de marches aléatoires : marches aléatoires en milieu aléatoire, en paysage aléatoire, en auto interaction (évitement, renforcement, excitation, ...), etc. Ce sujet historique est d'une grande richesse et fait toujours l'objet de recherches à l'heure actuelle. Les chapitres 3, 6, et 15 font intervenir des marches aléatoires. Par ailleurs le théorème limite central permet de concevoir le mouvement brownien comme un analogue en temps et en espace continus de la marche aléatoire simple, obtenu comme limite d'échelle de modèles discrets ($\varepsilon\mathbb{Z}^d$ approche $\mathbb{R}^d$). Le problème de Dirichlet discret est étudié en détail dans le livre de Gregory Lawler [Law13]. Le problème de Dirichlet possède une version à temps et espace continus, étudiée dans le chapitre 24, qui est une limite d'échelle du problème de Dirichlet discret. Au niveau du processus, la marche aléatoire simple symétrique devient le mouvement brownien grâce au théorème limite central, tandis qu'au niveau du générateur, le laplacien discret devient l'opérateur différentiel laplacien grâce à une formule de Taylor. Le champ libre gaussien constitue un objet fondamental en physique mathématique, abordé par exemple dans le livre de James Glimm et Arthur Jaffe [GJ87], tandis que sa limite d'échelle est présentée dans l'article [She07] de Scott Sheffield.

Le modèle de battage de cartes étudié dans ce chapitre, bien que peu réaliste, a le mérite de mener très simplement au phénomène important de convergence abrupte à l'équilibre, commun à la plupart des manières de mélanger les cartes qui ont été étudiées, comme par exemple le «*riffle shuffle*» :

on coupe le paquet en deux et on fusionne les deux sous-paquets en intercalant leurs cartes. La convergence abrupte dans les battages de cartes fait partie plus généralement du thème de la convergence à l'équilibre des chaînes de Markov, très étudié par Persi Diaconis et ses collaborateurs, et brillamment présenté dans les livres de David Aldous et James Fill [AF01] et de David Levin, Yuval Peres, et Elizabeth Wilmer [LPW09].

Le collectionneur de coupons intervient également dans l'analyse de la marche aléatoire sur l'hypercube (section 9.1) qui constitue un exemple remarquable de marche aléatoire sur un graphe régulier. Il est également possible de définir des marches aléatoires sur des graphes orientés ou non plus généraux, en considérant, pour chaque sommet, une loi sur ses voisins. Ces marches constituent des chaînes de Markov. Réciproquement, toute chaîne de Markov d'espace d'états au plus dénombrable peut être vue comme une marche aléatoire sur son graphe squelette. L'algorithme PageRank de Google est basé sur une marche aléatoire sur le graphe orienté des pages web. Un autre exemple classique est celui de la marche aléatoire sur le graphe de Cayley d'un groupe finiment engendré. On peut enfin définir une marche aléatoire sur un groupe en utilisant des «incréments» i.i.d.

3

Branchement et processus de Galton-Watson

Mots-clés. Arbre aléatoire ; branchement ; généalogie ; dynamique de population ; phénomène de seuil.

Outils. Fonction génératrice ; transformée de Laplace ; martingale ; chaîne de Markov ; marche aléatoire.

Difficulté. *

Les processus de branchement constituent une classe importante présente dans un grand nombre de situations probabilistes. Ce chapitre est une introduction au processus de branchement de Galton-Watson, qui joue un rôle presque aussi important que les marches aléatoires au sein des probabilités.

Le processus de Galton-Watson décrit l'évolution d'une population asexuée au fil de générations qui ne se recoupent pas. Soit $P := p_0\delta_0 + p_1\delta_1 + \cdots$ une loi sur $\mathbb{N}$ appelée *loi de reproduction*. On passe de la génération n à la génération $n+1$ comme suit : tous les individus de la génération n donnent indépendamment un nombre aléatoire d'enfants de loi P puis meurent. Si Z_n désigne le nombre d'individus de la génération $n \in \mathbb{N}$, alors Z_0 représente la taille de la population initiale et Z_{n+1} vérifie l'équation de récurrence

$$Z_{n+1} = \sum_{k=1}^{Z_n} X_{n+1,k}$$

où $(X_{n,k})_{n \geqslant 1, k \geqslant 1}$ sont des variables aléatoires i.i.d. de loi P, indépendantes de Z_0. On adopte la convention $\sum_{\varnothing} = 0$ de sorte que si $Z_n = 0$ alors $Z_{n+1} = 0$. Pour tous $n \in \mathbb{N}$ et $z_0, \ldots, z_n \in \mathbb{N}$, on a

$$\text{Loi}(Z_{n+1} \,|\, Z_0 = z_0, \ldots, Z_n = z_n) = \text{Loi}(Z_{n+1} \,|\, Z_n = z_n) = P^{*z_n}.$$

La suite $(Z_n)_{n \geqslant 0}$ est donc une chaîne de Markov d'espace d'états $\mathbb{N}$ et de noyau de transition $\mathbf{P}$ donné pour tout $z \in \mathbb{N}$ par

© Springer-Verlag Berlin Heidelberg 2016
D. Chafaï and F. Malrieu, *Recueil de Modèles Aléatoires*,
Mathématiques et Applications 78, DOI 10.1007/978-3-662-49768-5_3

$$\mathbf{P}(z, \cdot) = P^{*z}.$$

L'état 0 est absorbant (extinction de population). Le temps d'extinction est

$$T := \inf\{n \geqslant 0 : Z_n = 0\} \in \mathbb{N} \cup \{\infty\}.$$

Remarque 3.1 (Motivations initiales). *L'une des motivations initiales de ce modèle était d'estimer la probabilité de survie de la lignée masculine d'une famille, et ceci explique sans doute le fait que le modèle soit asexué.*

Remarque 3.2 (Arbre de Galton-Watson). *La suite $(Z_n)_{n \geqslant 0}$ issue de $Z_0 = 1$ se représente comme un arbre aléatoire dont la loi de branchement est P. La variable Z_n est le nombre de noeuds de profondeur n. Un arbre r-naire correspond à $P = \delta_r$ mais on prendra garde au fait qu'il ne s'agit pas d'un graphe r-régulier car la racine (ancêtre général) possède r voisins tandis que tous les autres sommets (descendants de l'ancêtre général) possèdent $r + 1$ voisins. L'arbre a pour profondeur ou hauteur $T = \inf\{n \in \mathbb{N} : Z_n = 0\}$, pour largeur $\max_{n \in \mathbb{N}} Z_n$, et pour taille totale $N = Z_0 + \cdots + Z_{T-1}$. L'arbre de la figure 3.2 est de profondeur 3, largeur 5, et taille totale 12. Lorsque $Z_0 > 1$, on parle parfois de forêt aléatoire.*

On effectue à présent les observations suivantes :

— Le comportement de $(Z_n)_{n \geqslant 0}$ se ramène au cas $Z_0 = 1$ car conditionnellement à $\{Z_0 = z\}$, la suite $(Z_n)_{n \geqslant 0}$ a la loi de la somme de z copies i.i.d. partant de 1. C'est la *propriété de branchement* :

$$Z^{(x+y)} \overset{\text{loi}}{=} Z^{(x)} + Z^{(y)}$$

où $Z^{(x)}$ et $Z^{(y)}$ sont indépendants ;

— Si $p_z = 1$ pour un $z \in \mathbb{N}$ alors $P = \delta_z$ d'où, pour tout $n \geqslant 0$,

$$Z_{n+1} = z Z_n = \cdots = z^{n+1} Z_0;$$

— Si $p_0 = 0$ et $p_1 < 1$ alors $\mathbb{P}(Z_n \nearrow \infty \mid Z_0 = 1) = 1$ en comparant à un jeu de pile ou face ;

— Si $p_0 + p_1 = 1$ et $p_0 \neq 0$, alors $\mathbb{P}(Z_n \searrow 0 \mid Z_0 = 1) = 1$ en comparant à un jeu de pile ou face, et le temps d'extinction T est géométrique.

Ces observations nous conduisent à supposer que dans toute la suite :

$$Z_0 = 1 \quad \text{et} \quad 0 < p_0 \leqslant p_0 + p_1 < 1.$$

Ceci implique que $p_z < 1$ pour tout $z \in \mathbb{N}$. Ceci implique aussi que $Z_1 \sim P$ car $Z_0 = 1$. Dans toute la suite, on note $m := p_1 + 2p_2 + \cdots$ la moyenne de P lorsqu'elle existe, et $\sigma^2 \in \overline{\mathbb{R}}_+$ la variance de P lorsque m existe.

3.1 Extinction et phénomène de seuil

Nous commençons par les deux premiers moments de Z_n.

Théorème 3.3 (Moyenne et variance).
- *si m existe alors $\mathbb{E}(Z_n) = m^n$ pour tout $n \geqslant 0$;*
- *si m existe et si $\sigma^2 < \infty$ alors pour tout $n \geqslant 0$,*

$$\mathrm{Var}(Z_n) = \begin{cases} \sigma^2 m^{n-1} \dfrac{(m^n - 1)}{m - 1} & \text{si } m \neq 1; \\ n\sigma^2 & \text{si } m = 1. \end{cases}$$

Démonstration. La formule de l'espérance découle de $\mathbb{E}(Z_{n+1} \mid Z_n) = mZ_n$ et $Z_0 = 1$. Pour la variance, $\mathbb{E}(Z_{n+1}^2 \mid Z_n) = Z_n(\sigma^2 + m^2) + Z_n(Z_n - 1)m^2$ donne

$$\mathbb{E}(Z_{n+1}^2) = \mathbb{E}(Z_n)(\sigma^2 + m^2) + (\mathbb{E}(Z_n^2) - \mathbb{E}(Z_n))m^2,$$

et un calcul conduit alors à la récurrence $\mathrm{Var}(Z_{n+1}) = \mathrm{Var}(Z_n)m^2 + m^n\sigma^2$. $\square$

Le comportement asymptotique de la taille moyenne $\mathbb{E}(Z_n) = m^n$ ne dépend que du paramètre m et révèle un phénomène de seuil autour de la valeur critique $m = 1$. On adopte tout naturellement la terminologie suivante polarisée par le paramètre m :
- cas sous-critique : $m < 1$,

$$\mathbb{E}(Z_n) \searrow 0 \quad \text{avec} \quad \mathrm{Var}(Z_n) \to 0 \text{ si } \sigma^2 < \infty;$$

- cas critique : $m = 1$,

$$\mathbb{E}(Z_n) = 1 \quad \text{avec} \quad \mathrm{Var}(Z_n) \to \infty \text{ si } \sigma^2 < \infty;$$

- cas sur-critique : $m > 1$,

$$\mathbb{E}(Z_n) \nearrow \infty \quad \text{avec} \quad \mathrm{Var}(Z_n) \to \infty \text{ si } \sigma^2 < \infty.$$

Les formules pour l'espérance $\mathbb{E}(Z_n)$ et la variance $\mathrm{Var}(Z_n)$ de Z_n peuvent être obtenues en utilisant une fonction génératrice. Rappelons que la fonction génératrice $g : [0, 1] \mapsto [0, 1]$ de la loi P est la série entière réelle

$$g(s) = \mathbb{E}(s^{X_{1,1}}) = \sum_{z=0}^{\infty} p_z s^z.$$

Si P a un moment d'ordre r alors

$$\lim_{s \to 1} g^{(r)}(s) = \mathbb{E}(X_{1,1}(X_{1,1} - 1) \cdots (X_{1,1} - r + 1))$$

(*moment factoriel d'ordre r de P*), en particulier

$$g'(1^-) = m \quad \text{et} \quad g''(1^-) = \sigma^2 + m^2 - m.$$

Théorème 3.4 (Fonction génératrice de Z_n). *Pour tout $n \geqslant 1$ la fonction génératrice g_n de Z_n vérifie $g_n = g^{\circ n} := \underbrace{g \circ \cdots \circ g}_{n \text{ fois}}$.*

Démonstration. On a $g_1 = g$ car $Z_0 = 1$. Pour tout $n \geqslant 1$ et tout $s \in [0,1]$,

$$
\begin{aligned}
g_{n+1}(s) = \mathbb{E}(s^{Z_{n+1}}) &= \mathbb{E}(\mathbb{E}(s^{Z_{n+1}}|Z_n)) \\
&= \mathbb{E}((\mathbb{E}(s^{X_{1,1}}))^{Z_n}) = \mathbb{E}(g(s)^{Z_n}) = g_n(g(s)).
\end{aligned}
$$

$\square$

Remarque 3.5 (Liens entre Galton-Watson et Wright-Fisher). *Considérons le cas où la loi de reproduction P est une loi de Poisson $\mathrm{Poi}(\lambda)$. Pour tout entier $N \geqslant 1$ fixé, la loi de $(X_{1,1}, \ldots, X_{1,N})$ sachant que $X_{1,1} + \cdots + X_{1,N} = N$ est la loi multinomiale $\mathrm{Mul}(N, (1/N, \ldots, 1/N))$. En effet, pour $(k_1, \ldots, k_N)$ dans $\mathbb{N}^N$ tels que $k_1 + \cdots + k_N = N$, la probabilité*

$$
\mathbb{P}(X_{1,1} = k_1, \ldots, X_{1,N} = k_N | X_{1,1} + \cdots + X_{1,N} = N)
$$

est égale à (puisque $X_{1,1} + \ldots + X_{1,N}$ suit la loi de Poisson de paramètre λN)

$$
\frac{\mathbb{P}(X_{1,1} = k_1, \ldots, X_{1,N} = k_N)}{\mathbb{P}(X_{1,1} + \cdots + X_{1,N} = N)} = \frac{N!}{k_1! \ldots k_N!}.
$$

Ainsi, le modèle de Wright-Fisher du chapitre 12 est lié au modèle de Galton-Watson de loi de reproduction Poisson conditionné à être de taille constante (remarque 13.1). Le processus de Galton-Watson décrit l'évolution de la taille de la population, et ne dit rien à l'échelle individuelle. Réciproquement, si $(Y_1, \ldots, Y_N)$ suit la loi multinomiale $\mathrm{Mul}(N, (1/N, \ldots, 1/N))$ alors pour tout $k \geqslant 1$ fixé, $(Y_1, \ldots, Y_k)$ converge en loi quand $N \to \infty$ vers la loi produit $\mathrm{Poi}(1)^{\otimes k}$, ce qui indique que les individus dans un processus de Wright-Fisher de grande taille ont tendance à faire des enfants de manière poissonnienne et indépendante les uns des autres.

Théorème 3.6 (Dichotomie). *Presque sûrement, soit le processus s'éteint :*

$$
\lim_{n \to \infty} Z_n = 0
$$

soit il tend vers l'infini (explosion) :

$$
\lim_{n \to \infty} Z_n = \infty.
$$

Autrement dit, presque sûrement

$$
\lim_{n \to \infty} Z_n = \begin{cases} \infty & si\ T = \infty; \\ 0 & si\ T < \infty. \end{cases}
$$

Démonstration. Comme $p_0 > 0$, on a $\mathbf{P}(z,0) = p_0^z > 0$ pour tout $z \in \mathbb{N}^*$, et comme 0 est absorbant, on en déduit que tout $z \in \mathbb{N}^*$ est transitoire. Or presque sûrement, la chaîne ne visite qu'un nombre fini de fois chaque état transitoire, et donc presque sûrement, soit la chaîne est capturée par l'état absorbant 0 soit elle diverge vers l'infini. Autrement dit, p.s. le processus finit par sortir, en temps suffisamment grand, de tout intervalle fini de $\mathbb{N}^*$. $\square$

Le théorème 3.6 suggère d'étudier la *probabilité d'extinction* $\mathbb{P}(T < \infty)$.

Théorème 3.7 (Probabilité d'extinction du processus). *La probabilité d'extinction* $\mathbb{P}(T < \infty)$ *est point fixe de* g. *Si* $m \leqslant 1$ *alors* g *possède un unique point fixe, égal à* 1, *et* $\mathbb{P}(T < \infty) = 1$. *Si* $m > 1$ *alors* g *possède deux points fixes,* $s \in]0, 1[$ *(attractif) et* 1 *(répulsif) et* $\mathbb{P}(T < \infty) = s$.

Démonstration. Comme Z_n est entière, on a

$$\{T < \infty\} = \{\lim_{n \to \infty} Z_n = 0\} = \cup_{n \geqslant 0}\{Z_n = 0\}.$$

La suite $(\{Z_n = 0\})_{n \geqslant 0}$ est croissante et la probabilité d'extinction vérifie

$$\mathbb{P}(T < \infty) = \mathbb{P}(\lim_{n \to \infty} Z_n = 0) = \mathbb{P}(\cup_{n \geqslant 0}\{Z_n = 0\}) = \lim_{n \to \infty} \mathbb{P}(Z_n = 0).$$

Or du théorème 3.4 on tire $\mathbb{P}(Z_n = 0) = g_n(0) = g^{\circ n}(0)$ et donc

$$\mathbb{P}(T < \infty) = \lim_{n \to \infty} g_n(0) = \lim_{n \to \infty} g^{\circ n}(0).$$

La probabilité d'extinction $\rho := \mathbb{P}(T < \infty) = \lim_{n \to \infty} g^{\circ n}(0)$ vérifie $g(\rho) = \rho$ car $g : [0, 1] \to [0, 1]$ est continue. La fonction g est convexe car

$$g''(s) = \sum_{z=0}^{\infty} (z+2)(z+1)s^z p_{z+2}.$$

Comme $p_0 + p_1 < 1$, la fonction g est en fait strictement convexe (elle est affine lorsque $p_0 + p_1 = 1$). D'autre part, $g(0) = p_0 \in]0, 1[$ et $g(1) = 1$. Par conséquent, si $g'(1^-) = m \leqslant 1$ alors le graphe de g est au-dessus de la première bissectrice et 1 est le seul point fixe. Si $g'(1^-) = m > 1$ alors le graphe de g traverse une et une seule fois la première bissectrice sur l'intervalle $]0, 1[$ et g admet un second point fixe $s \in]0, 1[$. Reste à observer que si $m > 1$ alors $g'(1^-) = m > 1$ et donc 1 n'est pas un point fixe attractif. La figure 3.1 illustre des cas particuliers tirés des exemples 3.8 et 3.9. $\square$

Exemple 3.8 (Reproduction poissonnienne). *Si* $P = \mathrm{Poi}(\lambda)$ *alors* $m = \lambda$ *et* $g(s) = e^{\lambda(s-1)}$ *et donc si* $\lambda \leqslant 1$ *alors la population s'éteint presque sûrement tandis que si* $\lambda > 1$ *alors la probabilité d'extinction* s *est l'unique solution sur* $]0, 1[$ *de l'équation* $\lambda = \log(s)/(s-1)$.

Exemple 3.9 (Reproduction géométrique). *Si* $P = \mathrm{Geo}_{\mathbb{N}}(p) = \sum_{n \geqslant 0} q^n p \delta_n$ *alors* $m = q/p$ *et* $g(s) = p/(1 - sq)$ *et donc si* $p \geqslant 1/2$ *alors la population s'éteint presque sûrement tandis que si* $p < 1/2$ *alors la probabilité d'extinction* s *est l'unique solution sur* $]0, 1[$ *de l'équation* $qs^2 - s + p = 0$. *Un petit calcul fort agréable donne* $s = p/q$.

On a donc la classification suivante d'après le théorème 3.7 :

— sous-critique ($m < 1$) : la population s'éteint presque sûrement ;

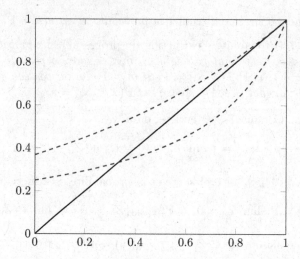

Fig. 3.1. En pointillés, la fonction génératrice de la loi géométrique de paramètre 1/4 (deux points fixes : 1/3, attractif, et 1, répulsif) ainsi que celle de la loi de Poisson de paramètre 1 (unique point fixe en 1). La ligne continue est la première bissectrice.

— critique ($m = 1$) : la population s'éteint presque sûrement ;
— sur-critique ($m > 1$) : la population s'éteint avec probabilité $p \in \,]0, 1[$.
Pour étudier plus finement $(Z_n)_{n \geqslant 0}$, on introduit $(Y_n)_{n \geqslant 0}$ définie par

$$Y_n = \frac{Z_n}{\mathbb{E}(Z_n)} = \frac{Z_n}{m^n}.$$

Son utilité vient du fait que c'est une martingale pour la filtration naturelle :

$$\mathbb{E}(Y_{n+1} \,|\, \sigma(Y_0, \ldots, Y_n)) = \frac{\mathbb{E}(X_{n+1,1} + \cdots + X_{n+1,Z_n} \,|\, Z_n)}{m^{n+1}} = \frac{m Z_n}{m^{n+1}} = Y_n.$$

On a $\mathbb{E}(Y_n) = 1$. Comme $(Y_n)_{n \geqslant 0}$ est une martingale positive, elle converge presque sûrement vers une v.a.r. positive et intégrable Y_∞, et donc en particulier $Y_\infty < \infty$ p.s. Sur l'événement $\{Y_\infty > 0\}$ on a $Z_n \sim_{n \to \infty} m^n Y_\infty$ p.s.

Comme $Y_n = 0$ si $n \geqslant T$, on obtient $\{T < \infty\} \subset \{Y_\infty = 0\}$ presque sûrement. D'après le théorème 3.7, dans le cas sous-critique ($m < 1$) et critique ($m = 1$), on a $\mathbb{P}(T < \infty) = 1$, d'où $\mathbb{P}(Y_\infty > 0) = 0$. Néanmoins, toujours si $m \leqslant 1$ alors $\sup_{n \geqslant 0} \frac{Z_n}{m^n}$ n'est pas intégrable, car sinon, par convergence dominée, on aurait $0 = \mathbb{E}(Y_T) = \mathbb{E}(\lim_{n \to \infty} Y_n) = \lim_{n \to \infty} \mathbb{E}(Y_n) = 1$.

Remarque 3.10 (Martingales). *Il est possible de retrouver une partie du théorème 3.7 en utilisant les martingales. En effet, si $m < 1$, alors*

$$Y_n \geqslant Y_n \mathbb{1}_{\{T = \infty\}} \geqslant m^{-n} \mathbb{1}_{\{T = \infty\}}$$

car $Z_n \geqslant 1$ si $n < T$, et par conséquent

$$1 = \mathbb{E}(Y_0) = \mathbb{E}(Y_n) \geqslant m^{-n} \mathbb{P}(T = \infty),$$

d'où $\mathbb{P}(T < \infty) = 1$. Lorsque $m = 1$, on a $Z_n = Y_n \to Y_\infty < \infty$ p.s. d'où $Z_n \not\to \infty$ p.s. d'où $\mathbb{P}(T < \infty) = 1$ (théorème 3.6). Supposons à présent que $m > 1$, et notons s le plus petit point fixe de g. La suite

$$\left(s^{Z_n}\right)_{n \geqslant 0}$$

est une martingale à valeurs dans $[0, 1]$. Comme $Z_n \to \infty$ p.s. sur $\{T = \infty\}$ (théorème 3.6) et $Z_n = 0$ si $n \geqslant T$, et comme $0 < s < 1$, il vient

$$s^{Z_n} = s^{Z_n} \mathbb{1}_{\{T=\infty\}} + s^{Z_n} \mathbb{1}_{\{T<\infty\}} \xrightarrow[n\to\infty]{p.s.} \mathbb{1}_{\{T<\infty\}}.$$

Par convergence dominée on obtient $s = \mathbb{E}(s^{Z_0}) = \mathbb{E}(s^{Z_n}) \to \mathbb{P}(T < \infty)$.

3.2 Étude des trois cas possibles

Cas sous-critique

Si $m < 1$ alors $\mathbb{P}(T < \infty) = 1$ et $Z_n = Z_{n \wedge T} \to Z_T = 0$ p.s. (théorème 3.7) et $\mathbb{E}(Z_n) = m^n \to 0$ et $\mathrm{Var}(Z_n) \to 0$ si $\sigma^2 < \infty$ (théorème 3.3).

Théorème 3.11 (de Yaglom). *Si $m < 1$ alors Loi$(Z_n \,|\, Z_n > 0)$ converge lorsque $n \to \infty$ vers une loi μ sur $\mathbb{N}^*$ dont la fonction génératrice h vérifie*

$$(h - 1) \circ g = m(h - 1).$$

Démonstration. Soit h_n la fonction génératrice de $\mu_n := \mathrm{Loi}(Z_n \,|\, Z_n > 0)$. La suite $(h_n(1))_{n \geqslant 1}$ est constante et égale à 1 et converge donc vers $h(1) := 1$. Pour tout $s \in [0, 1[$, on a

$$1 - h_n(s) = 1 - \frac{\mathbb{E}(s^{Z_n} \mathbb{1}_{\{Z_n > 0\}})}{\mathbb{P}(Z_n > 0)} = 1 - \frac{\mathbb{E}(s^{Z_n}) - \mathbb{P}(Z_n = 0)}{\mathbb{P}(Z_n > 0)} = \frac{1 - g_n(s)}{1 - g_n(0)}$$

car $\mathbb{P}(Z_n > 0) = 1 - \mathbb{P}(Z_n = 0) = 1 - g_n(0)$. On rappelle que $g_{n+1} = g \circ g_n$, et que $g_n(s) \to 1$ et $g_n(0) \to 1$ quand $n \to \infty$ car 1 est l'unique point fixe de g car $m < 1$ (théorème 3.7). Comme les fonctions g_n et

$$s \mapsto r(s) := \frac{1 - g(s)}{1 - s}$$

sont croissantes sur $[0, 1[$, on a

$$\frac{1 - h_{n+1}(s)}{1 - h_n(s)} = \frac{1 - g_{n+1}(s)}{1 - g_n(s)} \cdot \frac{1 - g_n(0)}{1 - g_{n+1}(0)} = \frac{r(g_n(s))}{r(g_n(0))} \geqslant 1.$$

Par conséquent, la suite positive $(1 - h_n(s))_{n \geq 1}$ est croissante, et comme elle est majorée par 1, elle converge vers une limite $1 - h(s)$. On a

$$1 - h_n(g(s)) = \frac{1 - g_{n+1}(0)}{1 - g_n(0)} \frac{1 - g_{n+1}(s)}{1 - g_{n+1}(0)}.$$

Comme $g_n(0) \nearrow \mathbb{P}(T < \infty) = 1$ on en déduit que

$$\frac{1 - g_{n+1}(0)}{1 - g_n(0)} = \frac{g(1) - g(g_n(0))}{g(1) - g_n(0)} \to g'(1) = m.$$

Donc $(1-h) \circ g = m(1-h)$ sur $[0,1[$ et donc sur $[0,1]$. Reste à établir que h est la fonction génératrice d'une loi μ sur $\mathbb{N}^*$ et que $(\mu_n)_{n \geq 1}$ converge (étroitement) vers μ. Comme $(h_n)_{n \geq 1}$ converge ponctuellement sur $[0,1[$ vers h, il est bien classique d'établir que $\mu_n(z)$ converge vers une limite $\mu(z) \in [0,1]$ pour tout $z \in \mathbb{N}^*$, dont la fonction génératrice est égale à h sur $[0,1[$. Le fait que la sous-probabilité μ est une loi de probabilité peut se déduire de l'équation fonctionnelle vérifiée par h en considérant la limite en 1. $\qquad\square$

Cas critique

Si $m = 1$ alors $\mathbb{P}(T < \infty) = 1$ et $Z_n = Z_{n \wedge T} \to Z_T = 0$ p.s. (théorème 3.7) et $\mathbb{E}(Z_n) = 1$ et $\mathrm{Var}(Z_n) \to \infty$ si $\sigma^2 < \infty$ (théorème 3.3). La «largeur» de l'arbre $\sup_{n \geq 0} Z_n$ n'est pas intégrable car cela entraînerait par convergence dominée que $1 = \lim_{n \to \infty} \mathbb{E}(Z_n) = \mathbb{E}(\lim_{n \to \infty} Z_n) = 0$ ce qui est absurde. Les arbres critiques sont donc souvent très larges mais leur profondeur est finie p.s. : une folie des grandeurs passagère rattrapée irrémédiablement par un manque de fertilité. Le cas est critique ! Notons par ailleurs que si $m = 1$ alors $(Z_n)_{n \geq 0} = (Y_n)_{n \geq 0}$ et on retrouve au passage que $Y_\infty = 0$ p.s.

Théorème 3.12 (Cas critique). *Si $m = 1$ et $\sigma^2 < \infty$ alors*

1. $\lim_{n \to \infty} n\mathbb{P}(Z_n > 0) = 2\sigma^{-2}$
2. $\lim_{n \to \infty} \frac{1}{n}\mathbb{E}(Z_n \mid Z_n > 0) = \frac{1}{2}\sigma^2$
3. $\mathrm{Loi}(n^{-1}Z_n \mid Z_n > 0)$ *converge quand $n \to \infty$ vers la loi* $\mathrm{Exp}(2\sigma^{-2})$.

Le 2. n'est pas une conséquence directe du 3. car la convergence en loi n'entraîne pas la convergence des moments, en particulier n'entraîne pas la convergence des espérances. Un contre-exemple est fourni par $(Z_n)_{n \geq 1}$ qui converge p.s. vers 0 donc en loi vers δ_0 mais $1 = \mathbb{E}(Z_n)$ ne converge pas vers la moyenne de δ_0 qui est 0. Le théorème affirme cependant qu'il y a convergence de l'espérance de $n^{-1}Z_n$ vers l'espérance $2\sigma^{-2}$ de la limite en loi de $n^{-1}Z_n$. La convergence en distance de Wasserstein d'ordre p est équivalente à la convergence en loi ainsi que la convergence des moments jusqu'à l'ordre p. La convergence des moments joue un rôle important dans la preuve du théorème de Wigner du chapitre 21.

Démonstration. On a

$$n\mathbb{P}(Z_n > 0) = n(1 - g_n(0)) = \left(\frac{1}{n}\left(\frac{1}{1 - g_n(0)} - 1\right) + \frac{1}{n}\right)^{-1}.$$

La formule de Taylor avec reste intégral en 1 à l'ordre 2 donne

$$g(s) = s + \frac{1}{2}(1 - s)^2\sigma^2 + (1 - s)^2\alpha(s)$$

avec α bornée sur $[0,1]$ et $\lim_{s\to 1}\alpha(s) = 0$. Il en découle que

$$\frac{1}{1 - g(s)} - \frac{1}{1 - s} = \frac{g(s) - s}{(1 - g(s))(1 - s)}$$

$$= \frac{\frac{1}{2}\sigma^2 + \alpha(s)}{1 - \frac{1}{2}(1 - s)\sigma^2 - (1 - s)\alpha(s)} = \frac{\sigma^2}{2} + \beta(s)$$

où β est comme α. Comme $(g_k)_{k\geqslant 1}$ converge uniformément vers 1, il vient

$$\lim_{n\to\infty}\frac{1}{n}\left(\frac{1}{1 - g_n(s)} - \frac{1}{1 - s}\right) = \lim_{n\to\infty}\frac{1}{n}\sum_{k=0}^{n-1}\left(\frac{1}{1 - g(g_k(s))} - \frac{1}{1 - g_k(s)}\right) = \frac{\sigma^2}{2}$$

uniformément pour tout $s \in [0, 1[$. De même, comme $Z_n\mathbb{1}_{\{Z_n>0\}} = Z_n$, on a

$$\mathbb{E}(n^{-1}Z_n \mid Z_n > 0) = \frac{\mathbb{E}(Z_n\mathbb{1}_{\{Z_n>0\}})}{n\mathbb{P}(Z_n > 0)} = \frac{\mathbb{E}(Z_n)}{n(1 - g_n(0))} \to \frac{\sigma^2}{2}.$$

Toujours de la même manière, on a pour tout $t \in \mathbb{R}_+^*$, en notant $s_n = e^{-t/n}$,

$$\mathbb{E}(e^{-t\frac{1}{n}Z_n} \mid Z_n > 0) = \frac{\mathbb{E}(s_n^{Z_n}\mathbb{1}_{\{Z_n>0\}})}{\mathbb{P}(Z_n > 0)}$$

$$= \frac{g_n(s_n) - g_n(0)}{1 - g_n(0)} = 1 - \frac{1 - g_n(s_n)}{1 - g_n(0)}.$$

que l'on peut encore écrire

$$1 - \frac{1}{n(1 - g_n(0))}\left(\frac{1}{n}\left(\frac{1}{1 - g_n(s_n)} - \frac{1}{1 - s_n}\right) + \frac{1}{n(1 - s_n)}\right)^{-1}$$

On obtient donc

$$\mathbb{E}(e^{-t\frac{1}{n}Z_n} \mid Z_n > 0) \to 1 - \frac{\sigma^2}{2}\left(\frac{\sigma^2}{2} + \frac{1}{t}\right)^{-1}$$

$$= \frac{1}{1 + \frac{\sigma^2}{2}t}$$

$$= \frac{2}{\sigma^2}\int_0^\infty e^{-tx}e^{-\frac{2}{\sigma^2}x}\,dx.$$

□

Cas sur-critique

Si $m > 1$ alors $0 < \mathbb{P}(T < \infty) < 1$ (théorème 3.7) avec $Z_n \to 0$ sur l'événement $\{T < \infty\}$ et $Z_n \to \infty$ sur $\{T = \infty\}$ (théorème 3.6). D'autre part $\mathbb{E}(Z_n) = m^n \to \infty$ et $\mathrm{Var}(Z_n) \to \infty$ si $\sigma^2 < \infty$ (théorème 3.3). Enfin, si $m > 1$, on sait que sur $\{T < \infty\}$ on a $Z_n \to 0$ tandis que sur $\{Y_\infty > 0\}$ on a $Z_n \sim_{n \to \infty} m^n Y_\infty$. On a aussi $\{T < \infty\} \subset \{Y_\infty = 0\}$ p.s. et le théorème suivant, fort agréable, affirme que cette inclusion p.s. est une égalité p.s.

Théorème 3.13 (Explosion dans le cas sur-critique). *Si* $\mathbb{E}(Y_\infty) = 1$ *alors* $\{Y_\infty = 0\} = \{T < \infty\}$ *p.s. , et donc p.s.*
— *soit* $Y_\infty = 0$ *et* $\lim_{n \to \infty} Z_n = 0$ *;*
— *soit* $Y_\infty > 0$ *et* $Z_n \sim_{n \to \infty} m^n Y_\infty \nearrow +\infty$.

Démonstration. Comme $\mathbb{E}(Y_\infty) = 1$ et $Y_\infty \geqslant 0$ on a $\mathbb{P}(Y_\infty > 0) > 0$. Sur $\{Y_\infty > 0\}$ on a $Z_n \sim_{n \to \infty} m^n Y_\infty \to \infty$ et on retrouve $\mathbb{P}(T < \infty) < 1$. Pour établir que l'inclusion p.s. $\{Y_\infty > 0\} \subset \{T = \infty\}$ est une égalité p.s., nous allons montrer que

$$\mathbb{P}(Y_\infty = 0) = \mathbb{P}(T < \infty).$$

En effet, pour tout $z \in \mathbb{N}^*$, par les propriétés de Markov et de branchement,

$$\mathbb{P}(Y_\infty = 0 \,|\, Z_1 = z) = \mathbb{P}(\lim_{n \to \infty} Y_n = 0 \,|\, Z_1 = z)$$
$$= \mathbb{P}(\lim_{n \to \infty} Y_n = 0)^z = \mathbb{P}(Y_\infty = 0)^z,$$

et comme $Z_1 \sim P$, on a $\mathbb{P}(Y_\infty = 0) = g(\mathbb{P}(Y_\infty = 0))$, et donc $\mathbb{P}(Y_\infty = 0)$ est point fixe de g. Or comme $\mathbb{P}(Y_\infty = 0) < 1$ on obtient $\mathbb{P}(Y_\infty = 0) = \mathbb{P}(T < \infty)$ grâce au théorème 3.7, ce qui achève la preuve. $\qquad\qquad\square$

Notons que le lemme de Fatou donne $\mathbb{E}(Y_\infty) \leqslant \liminf_{n \to \infty} \mathbb{E}(Y_n) = 1$, ce qui assure que Y_∞ est intégrable, mais la convergence de $(Y_n)_{n \geqslant 0}$ vers Y_∞ n'a pas forcément lieu dans L^1. Enfin, le lemme de Scheffé nous dit que la convergence a lieu dans L^1 si et seulement si $\mathbb{E}(Y_\infty) = 1$.

Théorème 3.14 (Loi de Y_∞ dans le cas sur-critique). *Si* $m > 1$ *et* $\sigma^2 < \infty$ *alors la martingale* $(Y_n)_{n \geqslant 0}$ *converge p.s. et dans* L^2 *vers une variable aléatoire* $Y_\infty \geqslant 0$ *de moyenne* $\mathbb{E}(Y_\infty) = 1$ *et de variance* $\mathrm{Var}(Y_\infty) = \sigma^2/(m^2 - m)$. *De plus, la transformée de Laplace* $t \in \mathbb{R}_+ \mapsto L_\infty(t) = \mathbb{E}(e^{-tY_\infty})$ *de* Y_∞ *est caractérisée par les propriétés suivantes :*

$$L_\infty'(0) = -1 \quad et \quad L_\infty(mt) = g(L_\infty(t)) \quad pour\ tout\ t \in \mathbb{R}_+.$$

Démonstration. La martingale $(Y_n)_{n \geqslant 0}$ est bornée dans L^2 car

$$\mathbb{E}(Y_n^2) = \frac{\mathrm{Var}(Z_n) + \mathbb{E}(Z_n)^2}{m^{2n}} = \frac{\sigma^2}{m^2 - m} - \frac{\sigma^2}{m^n(m^2 - m)} + 1$$

(théorème 3.3) qui converge car $m > 1$. Par conséquent, $(Y_n)_{n \geqslant 0}$ converge p.s. et dans L^2 vers une v.a.r. Y_∞ dont les deux premiers moments sont la limite de ceux de Y_n. Il est possible de procéder directement sans faire appel à un théorème de martingales, grâce au fait que la convergence L^2 est ici assez rapide. En effet, par le théorème 3.3 on obtient, pour tout $n, k \geqslant 0$,

$$\mathbb{E}((Y_{n+k} - Y_n)^2) = \frac{\sigma^2}{m^n} \frac{1 - m^{-k}}{m^2 - m}.$$

Comme $m > 1$, ceci montre que $(Y_n)_{n \geqslant 0}$ est une suite de Cauchy dans L^2. Comme L^2 est complet, elle converge vers une v.a.r. $Y_\infty \in L^2$. La série $\sum_{n=0}^\infty \mathbb{E}((Y_n - Y_\infty)^2)$ converge également grâce à la borne géométrique en m^{-n} sur $\mathbb{E}((Y_\infty - Y_n)^2)$ obtenue en faisant $k \to \infty$. Par convergence monotone, on obtient $\mathbb{E}(\sum_{n=0}^\infty (Y_n - Y_\infty)^2) < \infty$ et donc $(Y_n)_{n \geqslant 0}$ converge p.s. vers Y_∞. Les deux premiers moments de Y_∞ s'obtiennent facilement.

On a $L'_\infty(0) = -\mathbb{E}(Y_\infty) = -1$. De plus, la transformée de Laplace $t \in \mathbb{R}_+ \mapsto L_n(t) = \mathbb{E}(e^{-tY_n})$ de Y_n vérifie pour tout $n \geqslant 0$

$$L_{n+1}(mt) = g_{n+1}(e^{-\frac{mt}{m^{n+1}}}) = g(g_n(e^{-\frac{t}{m^n}})) = g(L_n(t)),$$

d'où $\lim_{n \to \infty} L_\infty(mt) = g(L_\infty(t))$ car $L_\infty = \lim_{n \to \infty} L_n$ et g est continue. $\square$

3.3 Taille de l'arbre en régimes critique et sous-critique

Le théorème 3.3 fournit la moyenne de la population totale au temps n :

$$\mathbb{E}(Z_0 + \cdots + Z_n) = \frac{1 - m^{n+1}}{1 - m} \mathbb{1}_{m \neq 1} + (n + 1)\mathbb{1}_{m=1}.$$

On peut obtenir une formule similaire pour la variance (exercice !). On se place dans cette section en régime critique ou sous-critique $m \leqslant 1$. Nous savons que la population s'éteint presque sûrement, et la population totale (ou taille de l'arbre) est donc donnée par

$$N = \lim_{n \to \infty} Z_0 + \cdots + Z_n \quad (= Z_0 + \cdots + Z_{T-1}),$$

d'où, par convergence monotone,

$$\mathbb{E}(N) = \begin{cases} \dfrac{1}{1 - m} & \text{si } m < 1, \\ \infty & \text{si } m = 1. \end{cases}$$

Comme $Z_n \geqslant 1$ si $n < T$ il vient $T \leqslant Z_0 + \cdots + Z_{T-1} = N$ d'où l'inégalité $\mathbb{E}(T) \leqslant \mathbb{E}(N) = 1/(m-1)$. Dans le cas critique, la population totale N est finie p.s. mais n'est pas intégrable.

Nous allons caractériser la loi de N en fonction de la loi de reproduction P. Tout d'abord, nous pouvons exploiter la propriété de branchement : comme l'individu racine donne naissance à $X_{1,1}$ arbres de Galton-Watson i.i.d., la loi de N vérifie

$$N \overset{\text{loi}}{=} 1 + \sum_{i=1}^{X_{1,1}} N^{(i)}$$

où les variables aléatoires $(N^{(i)})_{i \geqslant 1}$ sont i.i.d. de même loi que N. Cette égalité en loi permet de retrouver la formule $\mathbb{E}(N) = (1-m)^{-1} \mathbb{1}_{m<1} + \infty \mathbb{1}_{m=1}$, et fournit plus généralement le lemme suivant.

Lemme 3.15 (Fonction génératrice de N). *Si g et f sont les fonctions génératrices respectives de $X_{1,1}$ et N, alors la fonction f est solution de l'équation*

$$f(s) = s(g \circ f)(s) \quad pour \ s \in [0,1].$$

Exemple 3.16 (Reproduction géométrique). *Si $P = \text{Geo}_{\mathbb{N}}(p) = \sum_{n \geqslant 0} q^n p \delta_n$ avec $p \geqslant 1/2$, alors $f(s)$ est solution de l'équation $qf(s)^2 - f(s) + sp = 0$, et*

$$f(s) = \frac{1 - \sqrt{1 - 4pqs}}{2q} \quad pour \ s \in [0,1].$$

Cette équation sur la fonction génératrice n'est pas toujours facile à utiliser. On peut aussi exprimer la loi de N avec des convolutions de la loi P

Théorème 3.17 (Loi de la taille de l'arbre et marche aléatoire). *On a*

$$N \overset{\text{loi}}{=} T_{-1},$$

où $T_{-1} := \inf\{n \geqslant 1 : S_n = -1\}$ est le temps d'atteinte de -1 d'une marche aléatoire $(S_n)_{n \geqslant 0}$ sur $\mathbb{Z}$ issue de $S_0 = 0$ et d'incréments $(U_i)_{i \geqslant 1}$ tels que $1 + U_i \sim P$. De plus, pour tout $n \geqslant 1$,

$$\mathbb{P}(N = n) = \frac{\mathbf{P}(n, n-1)}{n} = \frac{P^{*n}(\{n-1\})}{n}.$$

La loi de N peut bien sûr s'obtenir par un calcul direct, sans faire appel à l'égalité en loi. Cependant, cette si belle identité en loi permet notamment un contrôle de la queue de distribution, ce qui s'avère utile pour l'étude du graphe aléatoire de Erdős-Rényi par exemple, voir théorème 16.14.

Démonstration. L'idée consiste à associer bijectivement un arbre fini à une portion de trajectoire de marche aléatoire. Étant donné un arbre fini de taille n, on numérote ses sommets en partant de la racine (notée 1) et de gauche à droite pour des individus d'une même génération. On note ensuite $X^{(i)}$ le nombre d'enfants de l'individu i et $U_i = X^{(i)} - 1$ pour $1 \leqslant i \leqslant n$, et on pose

$$S_0 = 0 \quad \text{et} \quad S_{i+1} = S_i + U_{i+1} \quad pour \ 0 \leqslant i \leqslant n-1.$$

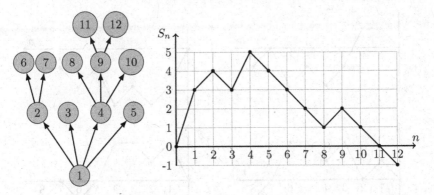

Fig. 3.2. Arbre et marche aléatoire associée.

La figure 3.2 donne un exemple d'association. Le mode de numérotation étant fixé, l'arbre se reconstruit aisément à partir de la trajectoire de S. La suite $(S_i)_{0 \leqslant i \leqslant n}$ a la loi d'une marche aléatoire d'accroissement $(U_i)_{i \geqslant 1}$ issue de 0 arrêtée au temps d'atteinte T_{-1} de -1. Comme les accroissements sont de moyenne négative $m-1$ et que les sauts négatifs de la marche sont d'amplitude 1, ce temps est fini presque sûrement. Cette bijection fournit l'égalité en loi $N \overset{\text{loi}}{=} T_{-1}$. Enfin, la loi de T_{-1} est fournie par le lemme 3.18.

Lemme 3.18 (Principe de rotation). *Soit* $(S_n)_{n \geqslant 0}$ *une marche aléatoire issue de 0 d'incréments* $(U_n)_{n \geqslant 1}$ *i.i.d. à valeurs entières, et*

$$T_{-1} := \inf\{n \geqslant 1 : S_n = -1\}.$$

Alors pour tout $n \geqslant 1$,

$$\mathbb{P}(T_{-1} = n) = \frac{1}{n}\mathbb{P}(S_n = -1).$$

Démonstration du lemme 3.18. Soit $n \geqslant 1$ et $U_1, \ldots, U_n$ tels que $S_n = -1$. Pour tout entier k, notons $\sigma(k)$ l'entier compris entre 1 et n égal à k modulo n. Pour tout $l = 1, \ldots, n$, on définit $S^{(l)}$ par

$$S_0^{(l)} = 0 \quad \text{et} \quad S_{k+1}^{(l)} = S_k^{(l)} + U_{\sigma(k+1+l)}.$$

Remarquons que pour tout $l = 1, \ldots, n$, $S_n^{(l)} = S_n = -1$ et que les trajectoires $S^{(n)}$ et S coïncident. La figure 3.3 fournit un exemple avec $n = 8$.

La trajectoire S atteint son minimum en un ou plusieurs instants. Notons l_0 le plus petit d'entre eux (dans l'exemple de la figure 3.3, $l_0 = 4$). Alors $S^{(l_0)}$ est la seule trajectoires parmi $S^{(1)}, \ldots, S^{(n)}$ qui reste positive ou nulle jusqu'à l'instant $n - 1$. On a donc bien le résultat attendu.   □

□

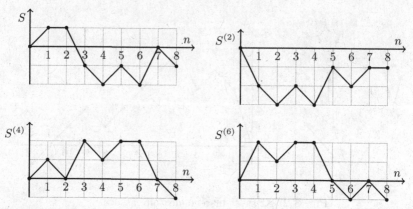

Fig. 3.3. Une marche parmi n reste positive avant d'atteindre -1 (ici $S^{(4)}$).

Exemple 3.19 (Reproduction poissonnienne). *Si $P = \mathrm{Poi}(\lambda)$ avec $\lambda < 1$, alors $U_1 \sim \mathrm{Poi}(\lambda) * \delta_{-1}$ et, pour tout $n \geqslant 1$,*

$$\mathbb{P}(N = n) = e^{-\lambda n} \frac{(\lambda n)^{n-1}}{n!}$$

puisque $S_n \sim \mathrm{Poi}(n\lambda) * \delta_{-n}$. D'autre part, la série génératrice f de N est solution de l'équation fonctionnelle peu commode $f(s) = se^{\lambda(f(s)-1)}$.

3.4 Immigration

Le processus de Galton-Watson avec immigration $(Z_n)_{n \geqslant 0}$ issu de Z_0 est

$$Z_{n+1} := I_{n+1} + \sum_{k=1}^{Z_n} X_{n+1,k}$$

pour tout $n \geqslant 0$, où $(X_{n,k})_{n \geqslant 1, k \geqslant 1}$ sont i.i.d. de loi P sur $\mathbb{N}$, $(I_n)_{n \geqslant 1}$ i.i.d. de loi P_+ sur $\mathbb{N}$, toutes ces variables formant avec Z_0 une famille indépendante. On suppose que P et P_+ ont pour moyenne m et m_+. On note σ^2 et σ_+^2 leur variance lorsqu'elle existe. On suppose que $Z_0 = 1$. Soit $\mathcal{F}_n$ la tribu engendrée par $Z_0, (X_{i,j})_{1 \leqslant i \leqslant n, j \geqslant 1}, I_1, \ldots, I_n$. Pour tout $n \geqslant 0$,

$$\mathbb{E}(Z_{n+1} \mid \mathcal{F}_n) = mZ_n + m_+$$

d'où on tire (récurrence linéaire) que pour tout $n \geqslant 1$,

$$\mathbb{E}(Z_n) = \left(m^n + \frac{m^n - 1}{m - 1} m_+ \right) \mathbb{1}_{m \neq 1} + (1 + nm_+) \mathbb{1}_{m=1}.$$

Pour la variance, on a

$$\mathbb{E}(Z_{n+1}^2 \,|\, \mathcal{F}_n) = Z_n(\sigma^2 + m^2) + Z_n(Z_n - 1)m^2 + 2Z_n m m_+ + \sigma_+^2 + m_+^2$$

ce qui donne

$$\mathrm{Var}(Z_{n+1}) = \mathrm{Var}(Z_n)m^2 + \sigma^2 \mathbb{E}(Z_n) + \sigma_+^2.$$

Si $m > 1$ alors l'espérance de Z_n est d'ordre m^n et sa variance d'ordre m^{2n}. Si $m < 1$ alors

$$\mathbb{E}(Z_n) \to \frac{m_+}{1 - m} \quad \text{et} \quad \mathrm{Var}(Z_n) \to \frac{\sigma^2 m_+}{1 - m} + \frac{\sigma_+^2}{1 - m^2}.$$

Notons que $Z_n = Z_{n,0} + \sum_{k=1}^n Z_{n,k}$ où $Z_{n,0}$ est le nombre de descendants à l'instant n de l'individu présent au temps 0 (processus de sans immigration !), tandis que $Z_{n,k}$ avec $1 \leqslant k \leqslant n$ est le nombre de descendants à l'instant n des individus immigrés à l'instant k. Toutes ces variables sont indépendantes. On observe que $Z_{n,k}$ a la même loi que la somme de I_k copies indépendantes de $Z_{n-k,0}$. Bien qu'il soit possible d'utiliser ces observations pour étudier le cas $m \leqslant 1$, nous nous contentons par souci de simplicité du cas $m > 1$.

Théorème 3.20 (Cas sur-critique avec immigration). *Si $m > 1$ alors $(Y_n)_{n \geqslant 0} = (Z_n/m^n)_{n \geqslant 0}$ converge p.s. vers une v.a.r. $Y_\infty \geqslant 0$. Si de plus $\sigma < \infty$ et $\sigma_+ < \infty$ alors la convergence a également lieu dans L^2 et*[1]

$$\mathbb{E}(Y_\infty) = 1 + \frac{m_+}{m - 1}.$$

Démonstration. La suite $(Y_n)_{n \geqslant 0}$ est une sous-martingale pour $(\mathcal{F}_n)_{n \geqslant 0}$ car

$$\mathbb{E}(Y_n \,|\, \mathcal{F}_{n-1}) = Y_{n-1} + m^{-n}m_+ \geqslant Y_{n-1}.$$

On a $\mathbb{E}(Y_0) = 1$ et $\mathbb{E}(Y_n) = \mathbb{E}(Y_{n-1}) + m^{-n}m_+$ pour $n \geqslant 1$ d'où

$$\mathbb{E}(Y_n) = 1 + (m^{-1} + \cdots + m^{-n})m_+.$$

Comme $m > 1$ et $Y_n \geqslant 0$, on obtient $\sup_n \mathbb{E}(|Y_n|) = \sup_n \mathbb{E}(Y_n) < \infty$. En tant que sous-martingale bornée dans L^1, la suite $(Y_n)_{n \geqslant 0}$ converge p.s. vers une v.a.r. $Y_\infty \geqslant 0$ intégrable, et la convergence a lieu dans L^1 si la suite est uniformément intégrable. Supposons que $\sigma < \infty$ et $\sigma_+ < \infty$ et montrons que la convergence a lieu dans L^2. On a

$$\mathbb{E}(Y_n^2) = m^{-2n}\mathbb{E}(Z_n^2) = m^{-2n}\mathrm{Var}(Z_n) + m^{-2n}\mathbb{E}(Z_n)^2.$$

Or on sait que si $m > 1$ alors l'espérance de Z_n est d'ordre m^n et sa variance d'ordre m^{2n}, d'où $\ell := \lim_{n \to \infty} \mathbb{E}(Y_n^2) < \infty$. Enfin, pour tous $n, k \geqslant 1$,

$$\mathbb{E}((Y_{n+k} - Y_n)^2) = \mathbb{E}(Y_{n+k}^2) + \mathbb{E}(Y_n^2) - 2\mathbb{E}(Y_{n+k}Y_n)$$

---

1. Il est également possible de calculer $\mathrm{Var}(Y_\infty)$ (exercice !).

$$= \mathbb{E}(Y_{n+k}^2) + \mathbb{E}(Y_n^2) - 2\mathbb{E}(\mathbb{E}(Y_{n+k} \mid \mathcal{F}_n)Y_n)$$
$$= \mathbb{E}(Y_{n+k}^2) - \mathbb{E}(Y_n^2) - 2(m^{-n-k} + \cdots + m^{-n-1})m_+\mathbb{E}(Y_n)$$
$$= \ell + o_{n\to\infty}(1) - \ell - o_{n\to\infty}(1) + o_{n\to\infty}(1).$$

Par conséquent, $(Y_n)_{n\geqslant 0}$ est de Cauchy dans L^2 et converge donc dans L^2. On peut aussi alternativement se contenter d'invoquer directement le théorème de convergence des martingales bornées dans L^2.   □

3.5 Pour aller plus loin

C'est vers 1875 que Francis Galton et Henri William Watson écrivent leur article sur l'évolution du nombre de noms de familles aristocratiques anglaises. Ils ne connaissaient sans doute pas les travaux antérieurs de Irénée-Jules Bienaymé sur le même sujet. L'étude du processus de Galton-Watson peut être considérablement raffinée. Le modèle lui même peut être enrichi et modifié afin de tenir compte de diverses situations d'intérêt : existence de sexes différents, survivance des individus à plusieurs générations, etc. On trouvera de nombreux développements dans les livres de Theodore Harris [Har02], de Khrishna Athreya et Peter Ney [AN04], de Jean-François Delmas et Benjamin Jourdain [DJ06], et de Patasy Haccou, Peter Jagers, et Vladimir Vatoutin [HJV07]. Les processus de branchement ont beaucoup été étudiés par l'école française de calcul des probabilités, notamment par Jacques Neveu, Jean-François Le Gall, Jean Bertoin, et leurs descendants.

Dans le théorème 3.13 (explosion dans le cas critique), si $\mathbb{E}(Y_\infty) \neq 1$ alors $\mathbb{E}(Y_n) < 1$ grâce au lemme de Fatou. De plus Harry Kesten et Bernt P. Stigum on montré dans [KS66] que soit $\mathbb{P}(Y_\infty = 0) = \mathbb{P}(T < \infty)$ soit $\mathbb{P}(Y_\infty = 0) = 1$ et les propriétés suivantes sont équivalentes :

1. $\mathbb{P}(Y_\infty = 0) = \mathbb{P}(T < \infty)$;

2. $\mathbb{E}(Y_\infty) = 1$;

3. $(Y_n)_{n\geqslant 1}$ converge dans L^1 ;

4. $\mathbb{E}(X_{1,1} \log(X_{1,1})) < \infty$ c'est-à-dire que $z \in \mathbb{N} \mapsto z\log(z) \in L^1(P)$.

Une étude du processus avec immigration se trouve dans le livre collectif [Rug01] ou encore dans le livre [AN04] de Athreya et Ney. Le théorème 3.11 de Akiva Yaglom constitue un bon point de départ pour l'étude plus générale des distributions quasi-stationnaires des processus de populations, présentée dans le survol de Sylvie Méléard et Denis Villemonais [MV12].

Le lemme 3.18 est obtenu dans un article de Aryeh Dvoretzky et Theodore Motzkin [DM47]. L'expression pour la taille d'un arbre de Galton-Watson est établie dans un article de Meyer Dwass [Dwa69] avant que le lien entre les deux situations ne soit fait. On pourra consulter l'habilitation à diriger des recherches [Mar04] de Jean-François Marckert ainsi que l'article de synthèse autour du théorème du scrutin de Luigi Addario-Berry et Bruce Reed

[ABR08]. Au-delà du théorème 3.17, la combinatoire foisonne de bijections entre collections d'objets de natures différentes.

4

Permutations, partitions, et graphes

Mots-clés. Loi uniforme ; simulation ; permutation ; partition ; graphe ; arbre ; nombres de Catalan ; nombres de Bell.

Outils. Groupe symétrique ; marche aléatoire ; loi discrète.

Difficulté. *

Ce chapitre présente des algorithmes de simulation de loi uniforme sur quelques ensembles remarquables de permutations, partitions, et graphes. La portée des concepts et techniques abordés dépasse le cadre considéré, qui a le mérite d'être élémentaire.

4.1 Algorithme basique pour les lois discrètes

Considérons le problème de la simulation d'une réalisation d'une loi discrète $\mu = \sum_{a \in E} \mu(a) \delta_a$ où E est fini ou dénombrable. Nous pouvons numéroter les éléments de E avec une bijection $\varphi : E \to \{1, 2, \ldots\}$. Soit $a_k := \varphi^{-1}(k)$. Si on partitionne l'intervalle réel $[0, 1]$ en blocs de mesures de Lebesgue respectives $\mu(a_1), \mu(a_2)$, etc, par exemple en utilisant les intervalles

$$I_1 = [0, \mu(a_1)[, \ I_2 = [\mu(a_1), \mu(a_1) + \mu(a_2)[, \ \ldots,$$

et si U est une variable aléatoire de loi uniforme sur l'intervalle $[0, 1]$, alors $\mathbb{P}(U \in I_{\varphi(a)}) = \mu(a)$ pour tout $a \in E$. L'algorithme basique de simulation de μ est alors le suivant : on génère une réalisation u de U, ensuite si $u \leqslant \mu(a_1)$ alors on décide a_1 ; sinon, si $u \leqslant \mu(a_1) + \mu(a_2)$, alors on décide a_2, etc. Si F est la fonction de répartition de la loi $\mu \circ \varphi^{-1}$ sur $\{1, 2, \ldots\} \subset \mathbb{R}$, d'inverse généralisé F^{-1}, alors $(\varphi^{-1} \circ F^{-1})(U) \sim \mu$. Il s'agit d'un cas spécial de la méthode de simulation par inversion. Le coût de cet algorithme est le nombre N de tests utilisés. Ce nombre est aléatoire, de loi $\mu \circ \varphi^{-1}$. En particulier, $\mathbb{P}(N < \infty) = 1$, et le coût moyen est

© Springer-Verlag Berlin Heidelberg 2016
D. Chafaï and F. Malrieu, *Recueil de Modèles Aléatoires*,
Mathématiques et Applications 78, DOI 10.1007/978-3-662-49768-5_4

$$\mathbb{E}(N) = \sum_{a \in E} \varphi(a)\mu(a),$$

qui peut très bien être infini si $\mu \circ \varphi^{-1}$ n'a pas d'espérance (ne peut se produire que si E est infini) ! Si la numérotation φ minimise le coût moyen $\mathbb{E}(N)$ alors

$$\mu(a_1) \geqslant \mu(a_2) \geqslant \cdots.$$

Pour la loi géométrique (de moyenne quelconque) et pour la loi de Poisson (de moyenne $\leqslant 1$), la numérotation naturelle est à poids décroissants. D'autre part, si card(E) est petit, alors on peut déterminer l'ordre à poids décroissants en utilisant un algorithme de tri (qui a un coût).

Les lois discrètes usuelles (binomiale, géométrique, Poisson, etc.) sont simulables par divers algorithmes dédiés tirant partie de leurs propriétés spéciales. À ce sujet, signalons qu'il est possible de simuler la loi de Poisson de moyenne quelconque λ à partir d'un générateur de la loi de Poisson de moyenne 1. Il suffit en effet d'utiliser un amincissement [1]. Plus précisément, on simule $\lceil \lambda \rceil$ variables aléatoires $X_1, \ldots, X_{\lceil \lambda \rceil}$ i.i.d. de loi Poi(1), puis, conditionnellement à leur somme $S = X_1 + \cdots + X_{\lceil \lambda \rceil}$, on simule S variables aléatoires i.i.d. de loi de Bernoulli de moyenne $\lambda / \lceil \lambda \rceil$, et on tire parti du fait que $B_1 + \cdots + B_S \sim$ Poi(λ) (mélange poissonnien de binomiales [2]).

Simuler la loi uniforme sur un ensemble E fini peut être très simple : $\varphi^{-1}(\lceil \text{card}(E)U \rceil)$ suit cette loi ! Cependant, cet algorithme basique est impraticable lorsque E est difficile à énumérer et donc φ est difficile d'accès, ou lorsque card(E) est très grand. Nous étudions par la suite des exemples de ce type faits de permutations, de partitions, et de graphes, pour lesquels nous présentons des algorithmes spécifiques efficaces et exacts.

4.2 Permutations aléatoires

Certaines situations nécessitent de permuter aléatoirement une liste finie d'objets : construction de plans d'expérience dans les sciences expérimentales, anonymisation, etc. Cela conduit au problème de la simulation de la loi uniforme $\sum_{\sigma \in \mathcal{S}_n} \text{card}(\mathcal{S}_n)^{-1} \delta_\sigma$ sur l'ensemble fini $\mathcal{S}_n$ des permutations de $\{1, \ldots, n\}$ (groupe symétrique). Or card$(\mathcal{S}_n) = n! \sim \sqrt{2\pi n}(n/e)^n$ est un nombre à environ $n \log(n)$ chiffres, et cette réalité combinatoire disqualifie très vite l'algorithme basique de simulation des lois discrètes. Il est possible de simuler la loi uniforme sur $\mathcal{S}_n$ en réordonnant un désordre symétrique : si $U_1, \ldots, U_n$ sont des variables aléatoires i.i.d. de loi uniforme sur $[0, 1]$ et si σ est une permutation aléatoire telle que $U_{\sigma(1)} \leqslant \cdots \leqslant U_{\sigma(n)}$, alors σ suit la loi uniforme sur $\mathcal{S}_n$. La complexité est celle de l'algorithme de tri utilisé [3].

---

1. « *Thinning* » en anglais.
2. Si $X \sim$ Poi(λ) et Loi$(Y|X = n) =$ Bin(n, p) pour tout n alors $Y \sim$ Poi$(p\lambda)$.
3. De l'ordre de $n \log(n)$ avec grande probabilité et n^2 au pire pour l'algorithme de tri rapide (« *quick sort* » en anglais).

Un algorithme naïf pour simuler une permutation σ uniforme consiste à tirer uniformément et sans remise les valeurs de $\sigma(1), \ldots, \sigma(n)$ dans $\{1, \ldots, n\}$. Cet algorithme d'apparence séduisante a une complexité plus élevée que celui du tri, car il faut tenir compte dans l'implémentation des éléments déjà tirés. Un bon algorithme de simulation (exacte !) de la loi uniforme sur $\mathcal{S}_n$ est connu sous le nom d'algorithme de Fisher-Yates-Knuth [4]. Il nécessite $n - 1$ variables aléatoires indépendantes de loi uniforme sur $\{1, 2\}, \ldots, \{1, 2, \ldots, n\}$ respectivement, soit de l'ordre de $\sum_{k=2}^{n} \log(k) = \log(n!) \approx n \log(n)$ bits i.i.d.

Théorème 4.1 (Permutations et algorithme de Fisher-Yates-Knuth). *Si* $U_1, \ldots, U_n$ *sont des variables aléatoires indépendantes avec* U_i *de loi uniforme sur* $\{1, \ldots, i\}$ *pour tout* $1 \leqslant i \leqslant n$ *alors la permutation formée par le produit de transpositions aléatoires* $(1, U_1) \cdots (n, U_n)$ *suit la loi uniforme sur* $\mathcal{S}_n$.

L'inversion dans $\mathcal{S}_n$ étant bijective, et les transpositions étant leur propre inverse, il en découle que le produit renversé $(n, U_n) \cdots (1, U_1)$ suit également la loi uniforme sur $\mathcal{S}_n$. La transposition $(1, U_1)$ est triviale (élément neutre de $\mathcal{S}_n$) et il n'est pas nécessaire d'en tenir compte si $n \geqslant 2$ (elle rend cependant la formule valable pour $n = 1$). L'algorithme de Fisher-Yates-Knuth pour permuter un vecteur v s'écrit en pseudo-code :

```
for k from length(v) downto 2 do
  swap(v[ceil(k*rand)],v[k])
```

Démonstration du théorème 4.1. On procède par récurrence sur n. La propriété est triviale pour $n = 1$. Supposons qu'elle est vraie pour $n \geqslant 1$. Pour tout $\sigma \in \mathcal{S}_n$, on note encore σ l'élément de $\mathcal{S}_{n+1}$ obtenu à partir de σ en ajoutant le cycle $(n + 1)$ (point fixe). Supposons que $\sigma_n = (1, U_1) \cdots (n, U_n)$ suit la loi uniforme sur $\mathcal{S}_n$. Soit U_{n+1} une variable aléatoire indépendante de σ_n, de loi uniforme sur $\{1, \ldots, n + 1\}$. Montrons que $\sigma_{n+1} = \sigma_n(n + 1, U_{n+1})$ suit la loi uniforme sur $\mathcal{S}_{n+1}$. Pour tout $\sigma \in \mathcal{S}_{n+1}$, on a

$$\mathbb{P}(\sigma_{n+1} = \sigma) = \sum_{i=1}^{n+1} \mathbb{P}(\sigma_n = \sigma(n + 1, i)) \mathbb{P}(U_{n+1} = i)$$

$$= \frac{1}{n + 1} \sum_{i=1}^{n+1} \mathbb{P}(\sigma_n = \sigma(n + 1, i)).$$

Comme $n + 1$ est point fixe de σ_n, et n'est point fixe de $\sigma(n + 1, i)$ que pour une et une seule valeur de i, notée i_σ, image réciproque de $n + 1$ par σ, il en découle finalement que

$$\mathbb{P}(\sigma_{n+1} = \sigma) = \frac{1}{n + 1} \mathbb{P}(\sigma_n = \sigma(n + 1, i_\sigma)) = \frac{1}{n + 1} \frac{1}{n!} = \frac{1}{(n + 1)!}.$$

$\square$

---

4. «*Fisher-Yates shuffle*» ou «*Knuth shuffle*» en anglais.

On dit que $\sigma \in \mathcal{S}_n$ est un *dérangement* lorsqu'il n'a pas de point fixe : $\sigma(i) \neq i$ pour tout $1 \leqslant i \leqslant n$. Les points fixes de σ sont les cycles de longueur 1 dans sa décomposition en cycles disjoints. La loi uniforme sur l'ensemble $\mathcal{D}_n \subset \mathcal{S}_n$ des dérangements peut être simulée avec l'algorithme du rejet, car le rapport des cardinaux $\mathrm{card}(\mathcal{D}_n)/\mathrm{card}(\mathcal{S}_n)$ est élevé.

Théorème 4.2 (Loi uniforme sur les dérangements). *Si σ est une permutation aléatoire de loi uniforme sur $\mathcal{S}_n$ alors*

$$p_n := \mathbb{P}(\sigma \in \mathcal{D}_n) = \frac{\mathrm{card}(\mathcal{D}_n)}{\mathrm{card}(\mathcal{S}_n)} \xrightarrow[n \to \infty]{} \frac{1}{e} \approx 0.37.$$

Si $(\sigma_k)_{k \geqslant 1}$ est une suite de permutations aléatoires indépendantes et identiquement distribuées de même loi uniforme sur $\mathcal{S}_n$ et si

$$T := \inf\{k \geqslant 1 : \sigma_k \in \mathcal{D}_n\}$$

alors la permutation aléatoire σ_T suit la loi uniforme sur $\mathcal{D}_n$ et la variable T suit la loi géométrique de paramètre p_n d'espérance $1/p_n \xrightarrow[n \to \infty]{} e \approx 2.72$.

On note parfois $!n = \mathrm{card}(\mathcal{D}_n)$, et on a $!(n+1) = (n+1) \times !n + (-1)^{n+1}$, analogue de $(n+1)! = (n+1) \times n!$.

On peut améliorer la performance en stoppant à chaque étape de proposition l'algorithme de Fisher-Yates-Knuth dès qu'un point fixe apparaît.

Démonstration. Si σ suit la loi uniforme sur $\mathcal{S}_n$ alors $\{\sigma \notin \mathcal{D}_n\} = \cup_{i=1}^n A_i$ où $A_i = \{\sigma(i) = i\}$, et donc, grâce au principe d'inclusion-exclusion

$$\mathbb{P}(\sigma \in \mathcal{D}_n) = 1 - \mathbb{P}(\cup_{1 \leqslant i \leqslant n} A_i) = 1 - \sum_{p=1}^{n} (-1)^{p+1} \sum_{1 \leq i_1 < \cdots < i_p \leq n} \mathbb{P}(A_{i_1} \cap \cdots \cap A_{i_p}).$$

Or pour tout $1 \leqslant p \leqslant n$,

$$\sum_{1 \leqslant i_1 < \cdots i_p \leqslant n} \mathbb{P}(A_{i_1} \cap \cdots \cap A_{i_p}) = \sum_{1 \leqslant i_1 < \cdots < i_p \leqslant n} \frac{(n-p)!}{n!} = \binom{n}{p} \frac{(n-p)!}{n!} = \frac{1}{p!}$$

d'où $\mathbb{P}(\sigma \in \mathcal{D}_n) = 1 - \sum_{p=1}^n \frac{(-1)^{p+1}}{p!} \to e^{-1}$. $\square$

4.3 Partitions aléatoires

Un appariement [5] de $2n$ points est une partition de $\{1, \ldots, 2n\}$ en n parties de cardinal 2, chacune constituant un «couple de points appariés». On note $\mathcal{A}_{2n}$ l'ensemble des appariements de $2n$ points. L'ensemble $\mathcal{A}_{2n}$ est en bijection avec l'ensemble des dérangements involutifs de $\{1, \ldots, 2n\}$, c'est-à-dire

---

5. «*Matching*» en anglais.

l'ensemble des éléments de $\mathcal{S}_{2n}$ sans point fixe et qui sont leur propre inverse, autrement dit l'ensemble des éléments de $\mathcal{S}_{2n}$ obtenus en faisant le produit de n transpositions à supports deux à deux disjoints. On a la formule d'Isserlis

$$\operatorname{card}(\mathcal{A}_{2n}) = \frac{(2n)!}{2^n n!}.$$

C'est aussi le produit des nombres impairs inférieurs ou égaux à $2n - 1$, noté $(2n - 1)!!$ (double factorielle). Le rapport $\operatorname{card}(\mathcal{A}_{2n})/\operatorname{card}(\mathcal{S}_{2n})$ est petit, ce qui incite à trouver une alternative à la méthode de simulation par rejet. Voici donc un algorithme de simulation de la loi uniforme sur $\mathcal{A}_{2n}$.

Théorème 4.3 (Loi uniforme sur les appariements). *Si σ suit la loi uniforme sur $\mathcal{S}_{2n}$ alors l'appariement aléatoire $\{\{\sigma(1), \sigma(n+1)\}, \ldots, \{\sigma(n), \sigma(n+n)\}\}$ suit la loi uniforme sur $\mathcal{A}_{2n}$.*

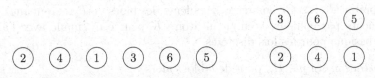

Fig. 4.1. Appariement de $\{1, \ldots, 6\}$ obtenu avec un élément de $\mathcal{S}_6$ (ici $n = 3$).

Démonstration. Pour tout appariement $\{\{a_1, a_{n+1}\}, \ldots, \{a_n, a_{n+n}\}\}$ on a $n!$ façons de permuter les n blocs et 2^n façons de permuter leur contenu, d'où

$$\mathbb{P}(\{\{\sigma(1), \sigma(n+1)\}, \ldots, \{\sigma(n), \sigma(n+n)\}\} = \{\{a_1, a_{n+1}\}, \ldots, \{a_n, a_{n+n}\}\})$$
$$= 2^n n! \mathbb{P}(\sigma(1) = a_1, \ldots, \sigma(2n) = a_{2n}) = \frac{2^n n!}{(2n)!}$$

qui ne dépend pas de l'appariement et qui vaut précisément $1/\operatorname{card}(\mathcal{A}_{2n})$. $\square$

La décomposition en cycles d'une permutation aléatoire de loi uniforme sur $\mathcal{S}_n$ fournit une partition aléatoire de $\{1, \ldots, n\}$. La loi de cette partition n'est pas uniforme sur l'ensemble des partitions Π_n de $\{1, \ldots, n\}$ (remarque 14.6). Intéressons-nous à la simulation de la loi uniforme sur Π_n. Cette loi affecte le même poids $1/B_n$ à chaque élément de Π_n, où $B_n = \operatorname{card}(\Pi_n)$. En combinatoire, la suite $(B_n)_{n \geqslant 1}$ constitue les nombres de Bell. On a $B_1 = 1$, $B_2 = 2$, et plus généralement, en utilisant la convention $B_0 = 1$, on a la formule de récurrence triangulaire

$$B_{n+1} = \sum_{k=0}^{n} \binom{n}{k} B_k,$$

où k s'interprète comme le nombre d'éléments qui ne sont pas dans le bloc de $n + 1$. Il en découle que la série formelle $G(X) = \sum_{n=0}^{\infty} \frac{B_n}{n!} X^n$ vérifie

$G'(X) = \exp(X)G(X)$, d'où la formule $G(X) = \exp(\exp(X)-1)$. On reconnaît la transformée de Laplace de la loi Poi(1). Les nombres de Bell sont donc les moments de cette loi, d'où la formule dite de Dobinski :

$$B_n = \frac{1}{e} \sum_{k=1}^{\infty} \frac{k^n}{k!}.$$

Elle intervient dans un algorithme de simulation de la loi uniforme sur Π_n.

Théorème 4.4 (Algorithme de Stam). *Soit $n \geqslant 1$. Soit K un entier aléatoire valant k avec probabilité $k^n/(k!eB_n)$ pour tout $k \geqslant 0$. Sachant K, soient $C_1, \ldots, C_n$ des variables aléatoires i.i.d. de loi uniforme sur $\{1, \ldots, K\}$. Soit P la partition aléatoire de $\{1, \ldots, n\}$ obtenue en décidant que i, j sont dans le même bloc ssi $C_i = C_j$. Alors P suit la loi uniforme sur Π_n.*

La loi de K est bien définie grâce à la formule de Dobinski. Il est commode d'interpréter $C_1, \ldots, C_n$ comme des couleurs, les blocs de P regroupant donc les éléments par couleur. L'entier aléatoire K peut être simulé avec l'algorithme basique pour les lois discrètes.

Démonstration. Si $p \in \Pi_n$ possède b blocs alors

$$\mathbb{P}(P = p) = \sum_{k=b}^{\infty} \mathbb{P}(P = p \mid K = k)\mathbb{P}(K = k)$$

$$= \sum_{k=b}^{\infty} \frac{k(k-1)\cdots(k-b+1)}{k^n} \frac{k^n}{k!eB_n} = \frac{1}{B_n}.$$

$\square$

4.4 Graphes aléatoires

Dans toute cette section on pose $V = \{1, \ldots, n\}$. Un graphe fini

$$G = (V, E)$$

est un couple où $E \subset \{\{i, j\} : i, j \in V, i \neq j\}$. Les éléments de V sont les *sommets*[6] du graphe tandis que les éléments de E sont les *arêtes*[7] du graphe. Il existe au plus une arête entre deux sommets distincts (absence d'arêtes multiples), et aucune entre un sommet et lui même (absence de boucles). Les arêtes ne sont pas orientées. On reprend la terminologie concernant les graphes finis introduite dans le chapitre 16 : *chemins, boucles,* etc. La matrice d'adjacence A de G est la matrice symétrique $n \times n$ définie par $A_{j,k} = \mathbb{1}_{\{j,k\} \in E}$.

---

6. On dit aussi *sites*, «*vertices*» en anglais, d'où la notation V.

7. On dit aussi *liens*, et en anglais «*edges*», d'où la notation E.

Théorème 4.5 (Loi uniforme sur graphes finis). *Pour tout $n \geq 1$, la loi uniforme sur l'ensemble $\mathcal{G}_n$ des graphes finis de sommets $\{1, \ldots, n\}$ s'obtient en rendant les $\binom{n}{2} = \frac{1}{2}n(n-1)$ arêtes indépendantes et identiquement distribuées de loi de Bernoulli $\mathrm{Ber}(1/2)$.*

Un graphe aléatoire qui suit la loi uniforme sur $\mathcal{G}_n$ est appelé graphe aléatoire de Erdős-Rényi de taille n et de paramètre $p = \frac{1}{2}$.

Démonstration. L'ensemble $\mathcal{G}_n$ est en bijection avec l'ensemble des matrices $n \times n$ symétriques à coefficients dans $\{0, 1\}$ et à diagonale nulle, lui même en bijection avec l'ensemble produit $\{0, 1\}^{n(n-1)/2}$. Or la loi uniforme sur un ensemble produit est le produit des lois uniformes sur les facteurs, et la loi uniforme sur $\{0, 1\}$ est la loi de Bernoulli $\mathrm{Ber}(1/2)$. □

Dans un graphe fini $G = (V, E)$, le *degré* d'un sommet $i \in V$ est le nombre noté d_i de sommets reliés à i directement par une arête, autrement dit

$$d_i := \mathrm{card}\{j \in V : \{i, j\} \in E\}.$$

On dit que G est un graphe *d-régulier*, où $d \geq 0$ est un entier fixé, lorsque $d_i = d$ pour tout $i \in V$. Les graphes 0-réguliers sont constitués de sommets isolés et ne comportent aucune arête. Les graphes 1-réguliers sont constitués d'arêtes déconnectées les unes des autres. Les graphes finis 2-réguliers sont constitués de cycles déconnectés les uns des autres.

Si G est un graphe de sommets $\{1, \ldots, n\}$ de sorte que $d_1 \geq \cdots \geq d_n$ pour tout $1 \leq i \leq n$, alors les deux propriétés suivantes ont lieu :

1. l'entier $d_1 + \cdots + d_n$ est pair ;

2. pour tout $1 \leq k \leq n$,

$$d_1 + \cdots + d_k \leq k(k-1) + \min(k, d_{k+1}) + \cdots + \min(k, d_n).$$

La parité de la somme vient du fait que chaque arête compte deux fois, tandis que la quantité $k(k-1) + \min(d_{k+1}, k) + \cdots + \min(d_n, k)$ est la contribution maximale à $d_1 + \cdots + d_k$ des arêtes liées aux sommets 1 à k : on a au plus $\binom{k}{2} = k(k-1)/2$ arêtes (comptent double) entre les sommets 1 à k, et au plus $\min(k, d_{k+i})$ arêtes entre le sommet $i > k$ et les sommets 1 à k.

Un théorème de Erdős-Gallai affirme que pour tous $d_1 \geq \cdots \geq d_n \geq 0$, il existe un graphe à $n \geq 1$ sommets de degrés $d_1, \ldots, d_n$ si et seulement si les deux conditions ci-dessus sont vérifiés. On dit que $d_1, \ldots, d_n$ est la suite de degrés [8] du graphe. Pour un graphe d-régulier de sommets $\{1, \ldots, n\}$, nd est pair et $d \leq n - 1$ (égalité atteinte pour le graphe complet).

Les *multigraphes* sont obtenus à partir de la définition des graphes en relaxant deux contraintes : on accepte les arêtes multiples entre sommets ainsi que les boucles. Soient $d_1 \geq \cdots \geq d_n \geq 0$ des entiers vérifiant les conditions de Erdős-Gallai, et $\mathcal{M}_{d_1, \ldots, d_n}$ l'ensemble des multigraphes de sommets $\{1, \ldots, n\}$

---

8. «*Degree sequence*» en anglais.

de degrés prescrits $d_1, \ldots, d_n$. Soit $\sigma \in \mathcal{A}_{2n}$ un appariement de $2n$ points. On construit un élément $M_\sigma \in \mathcal{M}_{d_1,\ldots,d_n}$ à partir de σ comme suit :

— pour tout $1 \leqslant k \leqslant n$, on dispose d_k demi-arêtes sur le sommet k, soit au total $2(d_1 + \cdots + d_n)$ demi-arêtes numérotées ;

— on associe les $2n$ demi-arêtes en utilisant l'appariement σ.

Soit $\mathcal{G}_{d_1,\ldots,d_n} \subset \mathcal{M}_{d_1,\ldots,d_n}$ l'ensemble des graphes de $\mathcal{M}_{d_1,\ldots,d_n}$. L'algorithme des configurations permet de simuler la loi uniforme sur $\mathcal{G}_{d_1,\ldots,d_n}$ en utilisant le multigraphe M_σ pour un appariement aléatoire σ, et la méthode du rejet.

Théorème 4.6 (Algorithme des configurations de Bollobás). *Si $(\sigma_k)_{k \geqslant 1}$ est une suite d'appariements aléatoires de loi uniforme sur $\mathcal{A}_{2n}$, et si T est le plus petit entier $k \geqslant 1$ tel que $M_{\sigma_k} \in \mathcal{G}_{d_1,\ldots,d_n}$ c'est-à-dire que le multigraphe M_{σ_k} n'a ni arêtes multiples ni boucles, alors T est fini presque sûrement et suit une loi géométrique, et M_{σ_T} suit la loi uniforme sur $\mathcal{G}_{d_1,\ldots,d_n}$.*

On dit que le multigraphe aléatoire M_{σ_1} est le *modèle des configurations* à degrés prescrits. Les *appariements* aléatoires de loi uniforme peuvent être obtenus en utilisant le théorème 4.3.

Idée de la preuve. Tout d'abord $\mathbb{P}(M_{\sigma_1} \in \mathcal{G}_{d_1,\ldots,d_n}) > 0$ car le support de la loi de M_{σ_1} est $\mathcal{M}_{d_1,\ldots,d_n}$. L'algorithme du rejet stoppe en un temps géométrique T fini presque sûrement.

On peut montrer que $M \mapsto \mathbb{P}(M_{\sigma_1} = M)$ est constante sur $\mathcal{G}_{d_1,\ldots,d_n}$. Ainsi la loi conditionnelle de M_{σ_1} sachant $\{M_{\sigma_1} \in \mathcal{G}_{d_1,\ldots,d_n}\}$ est la loi uniforme sur $\mathcal{G}_{d_1,\ldots,d_n}$. Or cette loi conditionnelle est la loi de M_{σ_T} (méthode du rejet). $\square$

Notons que M_{σ_1} ne suit pas la loi uniforme sur $\mathcal{M}_{d_1,\ldots,d_n}$ car l'application $M \mapsto \mathbb{P}(M_{\sigma_1} = M)$ n'est pas constante sur $\mathcal{M}_{d_1,\ldots,d_n}$: si deux multigraphes ne diffèrent que par le nombre d'arêtes multiples entre deux sommets précis alors ils n'ont pas la même probabilité d'apparaître car ces arêtes sont indistinguables donc permutables (idem pour les boucles).

4.5 Arbres aléatoires

Une structure d'arbre très courante est celle d'*arbre binaire* : chaque sommet possède 0 ou 2 enfants, c'est-à-dire 1 ou 3 voisins si l'arbre est vu comme un graphe. On s'intéresse à des *arbres enracinés* : il y a donc un nombre impair de sommets. On s'intéresse à des *arbres planaires* : on numérote les sommets de gauche à droite pour des individus d'une même génération, en partant de la racine, numérotée 1 et figurée en bas, comme sur la figure 4.2. On note $\mathcal{T}_n$ l'ensemble des arbres numérotés de ce type possédant $2n + 1$ sommets.

Il est possible de coder chaque élément de $\mathcal{T}_n$ par une trajectoire de la marche aléatoire simple. Plus précisément, étant donné un élément de $\mathcal{T}_n$, soit $x^{(i)}$ le nombre d'enfants du sommet i et $u_i = x^{(i)} - 1$ pour $1 \leqslant i \leqslant 2n + 1$. On pose $s_0 = 0$ et $s_{i+1} = s_i + u_{i+1}$ pour tout $0 \leqslant i \leqslant 2n$. La figure 4.2 donne un exemple d'association. On peut établir par récurrence qu'on a toujours $s_{2n+1} = -1$ et $\min(s_1, \ldots, s_{2n}) \geqslant 0$. Grâce à la convention de numérotation, l'arbre se reconstruit aisément à partir du morceau de trajectoire $(s_i)_{1 \leqslant i \leqslant 2n}$. On vérifie que cette construction définit une bijection entre l'ensemble $\mathcal{T}_n$ et

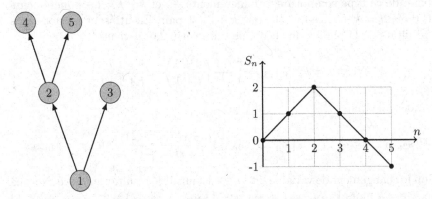

Fig. 4.2. Élément de $\mathcal{T}_2$ et trajectoire de la marche aléatoire associé.

l'ensemble $\mathcal{P}_n$ des trajectoires de longueur $2n$ de la marche aléatoire simple sur $\mathbb{Z}$, valant 0 au temps 0 et au temps $2n$, et restant positives ou nulles entre ces deux temps. Il s'agit d'un cas particulier de la bijection de la preuve du théorème 3.17. Comme cette bijection est explicite et calculable, la simulation de la loi uniforme sur $\mathcal{T}_n$ se déduit de la simulation de la loi uniforme sur $\mathcal{P}_n$, pour laquelle on peut procéder comme suit.

Théorème 4.7 (Algorithme de Arnold-Sleep). *Soit $s = (s_i)_{0 \leqslant i \leqslant 2n}$ le chemin aléatoire à valeurs dans $\mathcal{P}_n$ dont la loi est donnée par $s_0 = s_{2n} = 0$ et pour tout $0 \leqslant k \leqslant 2n - 1$,*

$$\mathbb{P}(s_{k+1} - s_k = -1 \mid s_0, \ldots, s_k) = 1 - \mathbb{P}(s_{k+1} - s_k = 1 \mid s_0, \ldots, s_k)$$
$$= \frac{s_k(2n + k + s_k + 2)}{2(2n - k)(s_k + 1)}.$$

Alors s suit la loi uniforme sur $\mathcal{P}_n$, et donc l'arbre binaire associé suit la loi uniforme sur $\mathcal{T}_n$.

Démonstration. Construisons progressivement un chemin $(s_i)_{1 \leqslant i \leqslant 2n}$ de loi uniforme sur $\mathcal{P}_n$. Supposons que $s_0, \ldots, s_{2n-k}$ sont déjà construits. Le nombre de manières de prolonger ce début de trajectoire en un élément de $\mathcal{P}_n$ ne dépend que de k et $r = s_{2n-k}$, et nous le notons $N(r, k)$. Le nombre de manières de le faire en commençant par un incrément $+1$ vaut $N(r+1, k-1)$, tandis que le nombre de manières de le faire en commençant par un incrément -1 vaut $N(r-1, k-1)$. On a donc $N(r, k) = N(r+1, k-1) + N(r-1, k-1)$, et

$$\mathbb{P}(s_{2n-k+1} = s_{2n-k} - 1 \,|\, s_0, \ldots, s_{2n-k}) = \frac{N(r-1, k-1)}{N(r, k)} \quad \text{où} \quad r = s_{2n-k}.$$

Le nombre $N(r, k)$ est également le nombre de chemins de la marche reliant $(0, r)$ et $(k, 0)$ en restant positifs ou nuls. On a forcément $k \geqslant r$. Chaque chemin de ce type comporte $t \geqslant r$ incréments -1 et $k - t = t - r$ incréments $+1$, d'où $2t = k + r$, ce qui fait que $k + r$ est pair. En utilisant les notations et résultats de la preuve du théorème du scrutin 2.6, il vient

$$N(r, k) = P_{k+1, r+1}^{+} = \frac{r+1}{k+1}\binom{k+1}{t+1} = \frac{r+1}{t+1}\binom{k}{t}.$$

Il en découle que

$$\mathbb{P}(s_{2n-k+1} = s_{2n-k} - 1 \,|\, s_0, \ldots, s_{2n-k}) = \frac{r(k+r+2)}{2k(r+1)} \quad \text{où} \quad r = s_{2n-k}.$$

Enfin le changement de variable $2n - k \to k$ fournit le résultat annoncé. Notons que si $r = k$ alors $\mathbb{P}(s_{2n-k+1} = s_{2n-k} - 1 \,|\, s_0, \ldots, s_{2n-k}) = 1$. $\qquad\square$

D'après le théorème 2.5, le cardinal de $\mathcal{P}_n$ et de $\mathcal{T}_n$ est le *nombre de Catalan* C_{n-1}. Les ensembles $\mathcal{T}_n$ et $\mathcal{P}_n$ sont également en bijection avec l'ensemble des parenthésages constitués de n paires de parenthèses. Il suffit en effet de recoder la suite des incréments du chemin de la marche aléatoire par des parenthèses. Ainsi par exemple la suite d'incréments $+1, +1, -1, -1$ correspondant à la trajectoire $(s_i)_{0 \leqslant i \leqslant 4}$ de la figure 4.2 se traduit par le parenthésage $(())$. Cette interprétation apparaît dans la preuve du théorème de Wigner 21.9.

4.6 Pour aller plus loin

Il arrive que la structure de l'ensemble d'intérêt ne fournisse pas d'algorithme séduisant de simulation de la loi uniforme, et que la méthode du rejet à partir d'un ensemble plus gros ne soit pas praticable. Dans ce cas, il est souvent possible d'utiliser des algorithmes markoviens comme celui de Metropolis-Hasting ou de Propp-Wilson, abordés dans le chapitre 5.

Une analyse probabiliste de la complexité de l'algorithme de tri rapide randomisé se trouve par exemple dans le livre de Rajeev Motwani et Prabhakar Raghavan [MR95]. Le livre monumental de Donald Knuth [Knu05] constitue une référence incontournable pour l'analyse des algorithmes et la simulation de la loi uniforme sur les ensembles classiques comme les permutations ou les partitions. C'est dans la première édition de ce livre datant des années 1960 que Knuth a popularisé l'algorithme de simulation de la loi uniforme sur les permutations, reprenant un article antérieur de Richard Durstenfeld [Dur64]. L'algorithme remonte en fait à Ronald Fisher et Frank Yates [FY48]. Il est implémenté en standard dans les logiciels de calcul. Cet algorithme correspond exactement au processus des restaurants chinois du chapitre 14, et la loi uniforme sur $\mathcal{S}_n$ coïncide avec la loi d'Ewens de paramètre $\theta = 1$.

Pour tout $n \geqslant 1$ fixé, la marche aléatoire sur $\mathcal{S}_n$ dont les pas sont i.i.d. de loi uniforme sur l'ensemble des transpositions, étudiée par Persi Diaconis et Mehrdad Shahshahani [DS81], converge vers la loi uniforme sur $\mathcal{S}_n$ de manière abrupte après environ $n \log(n)$ étapes, comme pour celle du mélange de cartes du chapitre 2. Si $\sigma \in \mathcal{S}_n$ et $\tau = (i, j)$ est une transposition, alors la décomposition en cycles de $\sigma\tau$ s'obtient à partir de celle de σ en fusionnant les cycles de σ contenant i et j s'ils sont différents, ou bien en fissionnant le cycle de σ contenant i et j dans le cas contraire. La chaîne de Diaconis et Shahshahani, traduite sur Π_n en considérant la partition des supports des cycles, est une chaîne de fragmentation-coalescence. Il est possible de concevoir son noyau de transition de la manière suivante : sachant que la chaîne est en $P \in \Pi_n$, on tire au hasard uniformément et avec remise i et j dans $\{1, \ldots, n\}$, puis on fusionne les blocs de P contenant i et j s'ils sont différents, ou bien on fissionne uniformément le bloc de P contenant i et j dans le cas contraire. Cette chaîne sur Π_n est considérée dans un article de Persi Diaconis, Eddy Mayer-Wolf, Ofer Zeitouni, et Martin Zerner [DMWZZ04]. Plus généralement, au-delà des transpositions aléatoires, Nathanaël Berestycki, Oded Schramm, et Ofer Zeitouni ont établi dans [BSZ11] que pour tout $n \geqslant k \geqslant 2$, la marche aléatoire sur $\mathcal{S}_n$ dont les pas sont des k-cycles i.i.d. uniformes converge vers la loi uniforme sur $\mathcal{S}_n$ après environ $(1/k)n \log(n)$ étapes.

L'algorithme de Aart Stam de simulation de la loi uniforme sur les partitions se trouve dans [Sta83] et dans le livre de Knuth [Knu05, Volume 4A]. On prendra garde à ne pas confondre les partitions d'un ensemble fini avec la notion de partition d'entier, qui est reliée aux diagrammes de Alfred Young ou de Norman Ferrers. Le théorème de Paul Erdős et Tibor Gallai figure dans [EG60], et a été redémontré par plusieurs auteurs, dont Claude Berge [Ber76]. Une preuve courte et constructive se trouve par exemple dans un article de Amitabha Tripathi, Sushmita Venugopalan, et Douglas West [TVW10]. L'algorithme des configurations remonte à Béla Bollobás [Bol80], et a été raffiné et étendu notamment par Brendan McKay et Nicholas Wormald [MW90]. Il est abordé dans les cours de Charles Bordenave [Bor14a] et de Remco van der Hofstad [vdH14]. À ce sujet, soit M_n le multigraphe aléatoire du modèle des configurations de sommets $\{1, \ldots, n\}$ pour la suite de degrés $d_{n,1}, \ldots, d_{n,n}$, et $p_{n,k} = (1/n) \sum_{i=1}^n \mathbb{1}_{\{d_{n,i}=k\}}$ la proportion de sommets de degré k, et supposons qu'il existe une loi $(p_k)_{k \geqslant 1}$ telle que $\lim_{n \to \infty} p_{n,k} = p_k$, et telle que les deux premiers moments convergent :

$$\mu = \lim_{n \to \infty} \frac{1}{n} \sum_{i=1}^n d_{n,i} = \lim_{n \to \infty} \sum_{k=1}^\infty \frac{k}{n} \sum_{i=1}^n \mathbb{1}_{\{d_{n,i}=k\}}$$

$$= \lim_{n \to \infty} \sum_{k=1}^\infty k p_{n,k} = \sum_{k=1}^\infty k p_k < \infty$$

et

$$\nu = \lim_{n \to \infty} \sum_{i=1}^{n} \frac{d_{n,i}(d_{n,i} - 1)}{\sum_{j=1}^{n} d_{n,j}} = \frac{1}{\mu} \sum_{k=1}^{\infty} k(k-1)p_k < \infty,$$

alors on peut établir que la probabilité que M_n soit un graphe tend vers $e^{-\frac{1}{2}\nu - \frac{1}{4}\nu^2}$ quand $n \to \infty$. Ainsi la méthode de simulation par rejet du théorème 4.6 du modèle des configurations reste raisonnable si $n \gg 1$.

La structure d'arbre, bien que cas particulier de la structure de graphe, est très riche. On trouvera des panoramas dans les livres de Donald Knuth [Knu05, Volume 4A] et de Michael Drmota [Drm09]. L'algorithme de David Arnold et Ronan Sleep se trouve dans l'article [AS80], ainsi que dans l'article de survol de Jarmo Siltaneva et Erkki Mäkinen [SM02] sur les algorithmes de simulation d'arbres binaires aléatoires. La loi uniforme sur l'ensemble des arbres binaires plans $\mathcal{T}_n$ peut également être simulée grâce à un algorithme récursif séduisant dû à Jean-Luc Rémy [Ré85] : partant d'un élément de $\mathcal{T}_{n-1}$, on fabrique un élément de $\mathcal{T}_n$ en choisissant aléatoirement uniformément un sommet dans l'arbre, si c'est une feuille on lui attribue deux enfants qui seront donc des feuilles, sinon ce sommet est remplacé par un nouveau sommet dont un des enfants est une feuille et l'autre enfant est le sommet d'origine. Toujours à propos d'arbres aléatoires, on peut évoquer l'algorithme de David Wilson [Wil96] pour générer un *arbre couvrant* de loi uniforme, l'algorithme de Luc Devroye [Dev12] pour simuler un arbre de Galton-Watson conditionné à avoir une taille fixe, etc. On pourra consulter avec profit le livre de Russel Lyons et Yuval Peres [LP15] sur les probabilités sur les arbres et les réseaux.

5

Mesures de Gibbs

Mots-clés. Mesure de Gibbs ; algorithme de Metropolis-Hastings ; échantillonneur de Gibbs ; algorithme du recuit simulé ; algorithme de Propp-Wilson.

Outils. Chaîne de Markov ; transformée de Laplace ; entropie de Boltzmann.

Difficulté. *

Ce chapitre est consacré à des algorithmes génériques de simulation de mesures de probabilité, grâce aux chaînes de Markov. Le contexte choisi est celui des mesures de probabilités discrètes finies. Dans tout le chapitre E désigne un ensemble fini, typiquement de très grand cardinal, comme par exemple un groupe symétrique. Les méthodes et concepts abordés dépassent largement ce cadre restrictif, qui a le mérite de nécessiter peu de technologie.

5.1 Mesures de Gibbs

Soit $H : E \to \mathbb{R}$ une fonction appelée *énergie* ou *hamiltonien*. Pour tout $\beta \in \mathbb{R}$, la *mesure de Gibbs* μ_β est la mesure de probabilité sur E donnée pour tout $x \in E$ par

$$\mu_\beta(x) = \frac{1}{Z_\beta} e^{-\beta H(x)}, \quad \text{où} \quad Z_\beta = \sum_{y \in E} e^{-\beta H(y)}.$$

La constante de normalisation Z_β est appelée *fonction de partition*. Quitte à accepter que H prenne la valeur $+\infty$, toute mesure de probabilité μ sur E est une mesure de Gibbs avec $\beta = 1$ et $H(x) = -\log(\mu(x))$ pour tout $x \in E$, ce qui donne [1] $H(x) = +\infty$ si et seulement si $\mu(x) = 0$.

---

1. Avec les conventions naturelles $\log(0) = -\infty$ et $\exp(-\infty) = 0$.

© Springer-Verlag Berlin Heidelberg 2016
D. Chafaï and F. Malrieu, *Recueil de Modèles Aléatoires*,
Mathématiques et Applications 78, DOI 10.1007/978-3-662-49768-5_5

Lorsque $\beta > 0$, la probabilité $\mu_\beta(x)$ est d'autant plus grande que l'énergie $H(x)$ est petite (par rapport aux autres valeurs de H), la mesure de probabilité μ_β favorise donc les configurations de faible énergie, et ce d'autant plus que β est grand. Lorsque $\beta = 0$ on obtient la mesure de probabilité uniforme sur E.

Voici quelques exemples, parmi d'autres, de mesures de Gibbs :

— *Modèle d'Ising.* Dans ce modèle $E = \{-1, 1\}^\Lambda$ où $\varnothing \neq \Lambda \subset \mathbb{Z}^d$. Chaque $x \in E$ représente la configuration magnétique des atomes d'un morceau de métal. Pour tout site $i \in \Lambda$ dans le réseau, la valeur $x_i \in \{-1, 1\}$ est l'orientation magnétique de l'atome situé au site i, appelée parfois *spin*. L'énergie de la configuration $x \in E$ est de la forme

$$H(x) = J \sum_{|i-j|_1 = 1} x_i x_j + h \sum_{i \in \Lambda} x_i$$

où $|i - j|_1 := |i_1 - j_1| + \cdots + |i_d - j_d|$, où J est une constante de couplage, et où h modélise un champ magnétique extérieur ;

— *Loi d'Ewens.* Dans ce modèle $E = \mathcal{S}_n$ est le groupe symétrique, et l'énergie $H(\sigma) = |\sigma|$ de la permutation $\sigma \in E$ est donnée par le nombre de cycles $|\sigma|$ de σ (théorème 14.3, $\beta = -\log(\theta)$) ;

— *Graphes aléatoires.* Dans ce modèle E est l'ensemble des graphes à n sommets, et l'énergie $H(g)$ d'un graphe $g \in E$ est donnée par le nombre d'arêtes dans g. Cela donne la loi du graphe aléatoire d'Erdős-Rényi (théorème 16.14, $\beta = -\log(p) - \log(1-p)$). On peut considérer d'autres énergies, comme par exemple le nombre de cycles du graphe, etc ;

— *Champ libre gaussien.* Dans ce modèle $E = \mathbb{R}^\Lambda$ avec $\varnothing \neq \Lambda \subset \mathbb{Z}^d$, et l'énergie $H(x)$ du «champ» ou «interface» $x \in E$ est donnée par

$$H(x) = \sum_{|i-j|_1 = 1} (x_i - x_j)^2,$$

avec $|i - j|_1 := |i_1 - j_1| + \cdots + |i_d - j_d|$, et par convention $x_i = 0$ si $i \notin \Lambda$. Il s'agit d'un exemple où E est infini et continu, étudié notamment dans le chapitre 2 en liaison avec la marche aléatoire simple sur $\mathbb{Z}^d$;

— *Polymères dirigés.* On pourra se reporter au chapitre 19.

Il se trouve que les mesures de Gibbs ont la propriété remarquable de maximiser l'entropie de Boltzmann à énergie moyenne fixée. Rappelons tout d'abord que si μ est une mesure de probabilité sur E, son *entropie de Boltzmann* notée $\mathrm{Ent}(\mu)$ est définie par, avec la convention $0 \log(0) = 0$,

$$\mathrm{Ent}(\mu) = - \sum_{x \in E} \mu(x) \log(\mu(x)).$$

Théorème 5.1 (Maximum d'entropie à énergie fixée). *Soit $H : E \to \mathbb{R}$ une fonction de minimum h_- et de maximum h_+, et soit $m \in [h_-, h_+]$, avec $m \notin \{h_-, h_+\}$ si $h_- \neq h_+$. Soit $\mathcal{M} = \{\mu : \mathbb{E}_\mu(H) = m\}$ l'ensemble des mesures de probabilité sur E d'énergie moyenne m. Alors il existe $\beta \in \mathbb{R}$ tel que $\mu_\beta \in \mathcal{M}$, et $\mathrm{Ent}(\mu) \leqslant \mathrm{Ent}(\mu_\beta)$ pour tout $\mu \in \mathcal{M}$, avec égalité ssi $\mu = \mu_\beta$.*

Démonstration. Considérons la fonction

$$f : \beta \in \mathbb{R} \mapsto \mathbb{E}_{\mu_\beta}(H) = \sum_{x \in E} H(x)\mu_\beta(x) = \sum_{x \in E} H(x)\frac{1}{Z_\beta}e^{-\beta H(x)}.$$

Si $h_- = h_+$ alors H est constante et égale à $m = h_- = h_+$, μ_β est la mesure uniforme sur E quelque soit $\beta \in \mathbb{R}$, et $\mathcal{M}$ est égal à l'ensemble des mesures de probabilités sur E. Si $h_- \neq h_+$, alors f est strictement décroissante puisque [2]

$$f'(\beta) = -\frac{1}{Z_\beta}\sum_{x \in E} H(x)^2 e^{-\beta H(x)} + \left(\frac{1}{Z_\beta}\sum_{x \in E} H(x)e^{-\beta H(x)}\right)^2$$
$$= -\mathrm{Var}_{\mu_\beta}(H) > 0,$$

car H n'est pas constante et le support de μ_β est plein. De plus, dans ce cas, en notant $M = \{x \in E : H(x) = h_-\}$, il vient, pour tout $x \in E$,

$$\mu_\beta(x) = \frac{e^{-\beta(H(x)-h_-)}}{|M| + \sum_{y \notin M} e^{-\beta(H(y)-h_-)}} \xrightarrow[\beta \to +\infty]{} \begin{cases} |M|^{-1} & \text{si } x \in M, \\ 0 & \text{sinon,} \end{cases}$$

et donc μ_β converge vers la mesure uniforme sur M quand $\beta \to +\infty$, et il en découle que l'image de $\mathbb{R}$ par la fonction f est l'intervalle $]h_-, h_+[$.

Si μ est une probabilité sur E ayant même énergie moyenne que μ_β, alors

$$\mathrm{Ent}(\mu_\beta) - \mathrm{Ent}(\mu) = \sum_{x \in E}(\log(Z_\beta) + \beta H(x))\mu_\beta(x) + \sum_{x \in E}\mu(x)\log(\mu(x))$$
$$= \sum_{x \in E}(\log(Z_\beta) + \beta H(x))\mu(x) + \sum_{x \in E}\mu(x)\log(\mu(x))$$
$$= -\sum_{x \in E}\mu(x)\log(\mu_\beta(x)) + \sum_{x \in E}\mu(x)\log(\mu(x))$$
$$= \sum_{x \in E}\mu(x)\log\left(\frac{\mu(x)}{\mu_\beta(x)}\right)$$
$$= \sum_{x \in E}\Phi\left(\frac{\mu(x)}{\mu_\beta(x)}\right)\mu_\beta(x)$$
$$\geqslant \Phi\left(\sum_{x \in E}\frac{\mu(x)}{\mu_\beta(x)}\mu_\beta(x)\right) = \Phi(1) = 0,$$

où on a utilisé l'inégalité de Jensen pour la loi μ_β et pour la fonction convexe

$$x \geqslant 0 \mapsto \Phi(x) := x\log(x).$$

Comme Φ est strictement convexe, il y a égalité si et seulement si $\mu = \mu_\beta$. $\square$

---

2. Ce calcul est typique des «familles exponentielles» de la statistique.

5.2 Algorithme de Metropolis-Hastings

On s'intéresse dans cette section au problème de la simulation d'une mesure de Gibbs sur un espace fini E, d'énergie $H : E \to \mathbb{R}$ et de paramètre $\beta > 0$, définie pour tout $x \in E$ par

$$\mu_\beta(x) = \frac{1}{Z_\beta} e^{-\beta H(x)}, \quad \text{où} \quad Z_\beta = \sum_{x \in E} e^{-\beta H(x)}.$$

Même si β et H sont connus, il est souvent difficile voire impossible d'évaluer numériquement la constante de normalisation Z_β car E est trop gros ou trop complexe à parcourir. En revanche, le rapport

$$\frac{\mu_\beta(x)}{\mu_\beta(y)} = e^{\beta H(y) - \beta H(x)}$$

ne dépend que de la différence d'énergie $H(y) - H(x)$, dont l'évaluation en pratique est même souvent moins coûteuse que l'évaluation de $H(x)$ et $H(y)$ séparément. L'algorithme de Metropolis-Hastings permet de construire et de simuler une chaîne de Markov récurrente apériodique $(X_t)_{t \in \mathbb{N}}$ sur E de loi invariante μ_β, dont la matrice de transition ne fait intervenir μ_β qu'à travers les rapports $\mu_\beta(x)/\mu_\beta(y)$. Comme E est fini, la condition de Doeblin ou le théorème de Perron-Frobenius fournissent une convergence exponentielle de l'erreur [3] de la forme : il existe $c > 0$ et $\eta < 1$ tel que, pour tout $t \in \mathbb{N}$,

$$d_{\mathrm{VT}}\left(\mathrm{Loi}(X_t), \mu_\beta\right) \leqslant c\eta^t.$$

On dispose ainsi d'un générateur approché de μ_β : pour $t \gg 1$,

$$\mu_\beta \approx \mathrm{Loi}(X_t).$$

Le théorème 5.2 fournit une construction du noyau de transition $\mathbf{P}$ de $(X_t)_{t \in \mathbb{N}}$.

Théorème 5.2 (Metropolis-Hastings). *Soit* $\mathbf{Q} : E \times E \to [0,1]$ *un noyau de transition irréductible sur* E, *vérifiant, pour tous* $x, y \in E$,

$$\mathbf{Q}(x,y) = 0 \quad \text{ssi} \quad \mathbf{Q}(y,x) = 0.$$

Soit $\alpha : \mathbb{R}_+ \to]0,1]$ *une fonction vérifiant, pour tout* $u \in \mathbb{R}_+$,

$$\alpha(u) = u\alpha\left(\frac{1}{u}\right).$$

Soit $\mathbf{P} : E \times E \to \mathbb{R}$ *défini, pour tous* $x, y \in E$, *par*

$$\mathbf{P}(x,y) = \begin{cases} \mathbf{Q}(x,y)\rho(x,y) & \text{si } x \neq y, \\ 1 - \sum_{z \neq x} \mathbf{P}(x,z) & \text{si } x = y, \end{cases}$$

---

3. En pratique ces bornes sont rarement utiles, en dehors de certains cas spéciaux.

où

$$\rho(x,y) = \alpha\left(\frac{\mu_\beta(y)\mathbf{Q}(y,x)}{\mu_\beta(x)\mathbf{Q}(x,y)}\right)\mathbb{1}_{\mathbf{Q}(x,y)>0}.$$

Alors $\mathbf{P}$ est un noyau de transition sur E, irréductible récurrent positif, de loi invariante réversible μ_β; apériodique si $\alpha < 1$ ou si $\mathbf{Q}$ est apériodique.

Les deux choix les plus classiques pour α sont donnés par

$$\alpha(u) = \min(1, u) \quad \text{et} \quad \alpha(u) = \frac{u}{1+u}, \quad u \in \mathbb{R}_+.$$

Le premier possède une interprétation intuitive. Le second assure que $\alpha < 1$.

Si la mesure μ_β est réversible pour le noyau $\mathbf{Q}$, et c'est le cas par exemple lorsque μ_β est la mesure uniforme sur E et $\mathbf{Q}(x,y) = \mathbf{Q}(y,x)$ pour tous $x, y \in E$, alors la construction de Metropolis-Hastings revient tout simplement à prendre $\mathbf{P} = (1-\varepsilon)\mathbf{Q} + \varepsilon\mathbf{I}$, où $0 < \varepsilon < 1$ assure l'apériodicité.

Démonstration du théorème 5.2. On a $0 \leqslant \mathbf{P}(x,y) \leqslant \mathbf{Q}(x,y)$ pour tous x, y dans E avec $x \neq y$, et donc $\mathbf{P}$ est un noyau de transition. Comme $\alpha > 0$, le noyau $\mathbf{P}$ hérite du squelette de $\mathbf{Q}$, et il est donc irréductible, et apériodique si $\mathbf{Q}$ l'est. Si $\alpha < 1$ alors $\mathbf{P}(x,x) > 0$ pour tout $x \in E$ et donc $\mathbf{P}$ est apériodique. Comme $\mathbf{P}$ est irréductible sur E fini, il possède une unique loi invariante. La propriété de α donne, pour tous $x, y \in E$, $x \neq y$, $\mathbf{Q}(x,y) \neq 0$,

$$\mu_\beta(x)\mathbf{P}(x,y) = \mu_\beta(x)\mathbf{Q}(x,y)\alpha\left(\frac{\mu_\beta(y)\mathbf{Q}(y,x)}{\mu_\beta(x)\mathbf{Q}(x,y)}\right)$$

$$= \mu_\beta(x)\mathbf{Q}(x,y)\frac{\mu_\beta(y)\mathbf{Q}(y,x)}{\mu_\beta(x)\mathbf{Q}(x,y)}\alpha\left(\frac{\mu_\beta(x)\mathbf{Q}(x,y)}{\mu_\beta(y)\mathbf{Q}(y,x)}\right)$$

$$= \mu_\beta(y)\mathbf{P}(y,x).$$

Ainsi μ_β est réversible pour $\mathbf{P}$, et c'est donc la loi invariante de $\mathbf{P}$. $\square$

L'algorithme de Metropolis-Hastings consiste à simuler les trajectoires de la chaîne $(X_t)_{t\in\mathbb{N}}$ de noyau $\mathbf{P}$. Cela se ramène au problème de la simulation de la loi discrète $\mathbf{P}(x,\cdot)$ pour un x quelconque. Pour ce faire, soit Y une variable aléatoire sur E de loi $\mathbf{Q}(x,\cdot)$, et U une variable aléatoire de loi uniforme sur $[0,1]$, indépendante de Y. Soit Z la variable aléatoire définie par $Z = Y$ si $U < \rho(x,Y)$ et $Z = x$ sinon. Alors $Z \sim \mathbf{P}(x,\cdot)$ car pour tous $y \neq x$,

$$\mathbb{P}(Z = y) = \mathbb{P}(U < \rho(x,Y), Y = y) = \rho(x,y)\mathbf{Q}(x,y) = \mathbf{P}(x,y).$$

Autrement dit la proposition Y de loi $\mathbf{Q}(x,\cdot)$ est acceptée ou rejetée selon que $U < \rho(x,Y)$ ou pas. L'évaluation de $\mathbf{P}(x,x)$ n'est pas requise. On dit que ρ est la *fonction d'acceptation-rejet* tandis que $\mathbf{Q}$ le *noyau de proposition ou d'exploration*. Le noyau $\mathbf{Q}$ doit être facile à simuler. En pratique, on utilise souvent le noyau de la marche aléatoire simple aux plus proches voisins sur le graphe associé à une distance naturelle sur E :

$$\mathbf{Q}(x,y) = \frac{\mathbb{1}_{y \in V_x}}{|V_x|} \quad \text{où} \quad V_x := \{y \in E : \text{dist}(x,y) = 1\}.$$

Si le graphe est régulier, c'est-à-dire que $|V_x| = |V_y|$ pour tous $x, y \in E$, et si μ_β est la mesure uniforme sur E, alors $\mathbf{P} = (1 - \varepsilon)\mathbf{Q} + \varepsilon\mathbf{I}$, où $0 < \varepsilon < 1$, et on peut prendre $\varepsilon = 0$ si $\mathbf{Q}$ est apériodique.

Exemple 5.3 (Échantillonneur de Gibbs). *Soit $F \subset \mathbb{Z}$ une partie finie et non vide de $\mathbb{Z}$, comme par exemple $F = \{-1, 1\}$ comme dans le modèle d'Ising évoqué dans l'introduction du chapitre. Soit également $\Lambda \subset \mathbb{Z}^d$ une partie finie et non vide de $\mathbb{Z}^d$. Soit enfin $E = F^\Lambda$. Un noyau d'exploration $\mathbf{Q}$ naturel sur E consiste, à partir d'une configuration courante $x \in E$, à sélectionner un site $i \in \Lambda$ au hasard[4], puis à modifier x_i en utilisant la loi conditionnelle*

$$\mu_\beta(x_i \,|\, x_{-i}) \quad \text{où} \quad x_{-i} := (x_j)_{j \neq i}.$$

Cette loi conditionnelle est facile à calculer et à simuler dans le cas par exemple du modèle d'Ising. Cela revient à prendre, pour tous $x, y \in E$,

$$\mathbf{Q}(x,y) = \sum_{i \in \Lambda} q(i)\mu_{x,i}(y_i)\mathbb{1}_{\{x_{-i}=y_{-i}\}}, \quad \text{où} \quad \mu_{x,i} := \mu_\beta(x_i \,|\, x_{-i})$$

*et où q est une loi sur Λ chargeant tous les états comme par exemple la loi uniforme sur Λ. L'*échantillonneur de Gibbs *est le nom donné à l'algorithme de Metropolis-Hastings lorsque le noyau d'exploration $\mathbf{Q}$ est défini comme cela.*

5.3 Algorithme du recuit simulé

L'*algorithme du recuit simulé* a pour objectif de minimiser une fonction $H : E \to \mathbb{R}$ sur E fini. Pour ce faire, on considère la mesure de Gibbs μ_β d'énergie H et de paramètre $\beta > 0$, définie pour tout $x \in E$ par

$$\mu_\beta(x) = \frac{1}{Z_\beta}e^{-\beta H(x)}, \quad \text{où} \quad Z_\beta = \sum_{x \in E} e^{-\beta H(x)}.$$

Il est commode d'interpréter le paramètre $1/\beta$ comme une température ou une variance par analogie gaussienne. La loi μ_β favorise les configurations de faible énergie, d'autant plus que la température $1/\beta$ est basse. On a établi dans la démonstration du théorème 5.1 la convergence suivante[5] :

$$\mu_\infty(x) := \lim_{\beta \to \infty} \mu_\beta(x) = \frac{\mathbb{1}_{x \in M}}{|M|} \quad \text{où} \quad M := \Big\{y \in E : H(y) = \inf_E H\Big\}.$$

La loi μ_∞ est uniforme sur l'ensemble M des minima globaux de H. On prendra garde à ne pas confondre μ_∞ avec la loi μ_0 qui est uniforme sur E.

---

4. On préfère parfois balayer méthodiquement les sites les uns après les autres.
5. Il s'agit d'une instance très simple du *principe de Laplace*.

Cela conduit à un algorithme stochastique pour simuler μ_∞ appelé *algorithme du recuit simulé*[6], qui consiste à utiliser l'algorithme de Metropolis-Hastings mais avec une température $1/\beta = 1/\beta_t$ décroissante au cours du temps t. La chaîne de Markov de Metropolis-Hastings $(X_t)_{t\in\mathbb{N}}$ ainsi modifiée n'est plus homogène en temps. Considérons par exemple le cas où $\alpha(u) = \min(1, u)$ pour tout $u \in \mathbb{R}$, et où $\mathbf{Q}$ est tel que $\mathbf{Q}(x, y) = \mathbf{Q}(y, x)$ pour tous $x, y \in E$. La fonction d'acceptation-rejet dépend du temps et est donnée par

$$\rho_t(x, y) = \alpha\left(\frac{\mu_{\beta_t}(y)}{\mu_{\beta_t}(x)}\right) = \alpha\left(e^{-\beta_t(H(y)-H(x))}\right) = e^{-\beta_t \max(0, H(y)-H(x))}.$$

Sachant que la chaîne (ou l'algorithme) se trouve en l'état x au temps t, on simule une proposition y de loi $\mathbf{Q}(x, \cdot)$, qu'on accepte ssi $U < \rho_t(x, y)$ où U est une variable aléatoire uniforme sur $[0, 1]$ indépendante, c'est-à-dire avec probabilité 1 si $H(y) \leqslant H(x)$ et probabilité $e^{-\beta_t(H(y)-H(x))}$ sinon (vaut 0 si $1/\beta_t = 0$). L'algorithme explore le graphe de H, accepte toujours une transition qui abaisse l'énergie H et accepte une transition qui l'augmente avec une probabilité décroissant vers zéro au fur et à mesure que la température baisse. Contrairement à une méthode de type descente de gradient, le recuit simulé peut «remonter la pente» et ainsi échapper, au début, aux minima locaux. Il reste cependant à régler la température : un refroidissement trop brusque peut piéger la trajectoire près d'un minimum local tandis qu'un refroidissement trop lent peut empêcher l'algorithme de se concentrer près de l'ensemble M. Un résultat théorique assure que pour un schéma de décroissance de la température $1/\beta_t$ de la forme $c/\log(t)$ quand $t \to \infty$, la chaîne s'accumule sur des points de M. Ce théorème remarquable est toutefois peu utile en pratique ! La performance de l'algorithme dépend beaucoup de la régularité du graphe de H par rapport à la structure de voisinage de l'exploration.

Considérons à présent le *problème du voyageur de commerce* pour n villes positionnées dans l'espace en $v_1, \ldots, v_n$, qui consiste à trouver une tournée de longueur minimale, c'est-à-dire une permutation $x \in \mathcal{S}_n$ dans le groupe symétrique $\mathcal{S}_n$ qui minimise la fonction

$$x \in \mathcal{S}_n \mapsto H(x) := \sum_{i=1}^{n} \mathrm{dist}(v_{x(i)}, v_{x(i+1)}) \quad \text{où} \quad x(n+1) := x(1).$$

La longueur d'une tournée joue le rôle d'énergie ici. Le cardinal de $E = \mathcal{S}_n$ est énorme : $n!$. À coût total fixé, on ne pourra qu'explorer une partie restreinte $F \subset E$ et retenir le minimum de H sur F comme approximation du minimum de H sur E. La génération d'une partie $F \subset E$ peut se faire de manière déterministe[7], ou de manière stochastique par exemple avec l'algorithme du

---

6. «*Simulated annealing*» en anglais.

7. L'algorithme (déterministe) de Steinhaus-Johnson-Trotter permet de lister les éléments de $\mathcal{S}_n$ sans comparaison aux éléments déjà produits. Algébriquement, il correspond à parcourir un graphe de Cayley de $\mathcal{S}_n$, tandis que géométriquement, il correspond à parcourir les sommets adjacents du polytope appelé permutaèdre.

recuit simulé. On peut choisir par exemple pour noyau d'exploration $\mathbf{Q}$ celui de la marche aléatoire simple sur $\mathcal{S}_n$ associée aux transpositions, donné par

$$\mathbf{Q}(x,y) = \begin{cases} \frac{2}{n(n-1)} & \text{si } y = x\tau \text{ pour une transposition } \tau, \\ 0 & \text{sinon.} \end{cases}$$

Puisque les transpositions engendrent le groupe symétrique $\mathcal{S}_n$, le noyau de transition $\mathbf{Q}$ est irréductible. On peut bien entendu choisir un noyau d'exploration plus riche, qui, par exemple, échange k villes tirées au hasard.

L'étude de l'ordre de grandeur de $H(x)$ lorsque les positions $v_1, \ldots, v_n$ des n villes sont aléatoires i.i.d. et n est grand fait l'objet du chapitre 20.

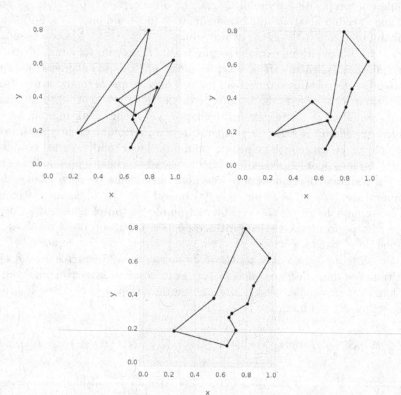

Fig. 5.1. Étapes de l'algorithme du recuit pour le voyageur de commerce ($n = 10$).

5.4 Algorithme de Propp-Wilson

L'algorithme de Metropolis-Hastings permet une simulation approchée d'une mesure de Gibbs μ_β sur E fini, au moyen d'une chaîne de Markov de noyau $\mathbf{P}$ qui admet μ_β comme loi invariante et réversible (théorème 5.2). Nous présentons à présent un algorithme de simulation exacte de μ_β.

Soit $\mathbf{P}$ un noyau markovien irréductible sur E de probabilité invariante μ_β. Adoptons l'interprétation des chaînes de Markov sous forme de suites récurrentes aléatoires. Soit donc $g : E \times [0,1] \to E$ une fonction telle que $g(x, U) \sim \mathbf{P}(x, \cdot)$ pour tout $x \in E$, où U est une variable aléatoire de loi uniforme sur $[0,1]$. On note $G : E \to E$ la fonction aléatoire définie par $G(x) = g(x, U)$. Soit $(G_n)_{n \geqslant 0}$ une suite i.i.d. de fonctions aléatoires de E dans E, de même loi que G, construites à la manière de G en utilisant une suite $(U_n)_{n \geqslant 0}$ de variables aléatoires i.i.d. de loi uniforme sur $[0,1]$. Pour tout n, on construit les applications aléatoires $A_n : E \to E$ et $B_n : E \to E$ par composition de la manière suivante :

$$A_n = G_n \circ \cdots \circ G_1 \quad \text{et} \quad B_n = G_1 \circ \cdots \circ G_n.$$

On convient que A_0 et B_0 sont égales à l'application identité de E. Pour tout $x \in E$ et tout n, les variables aléatoires $A_n(x)$ et $B_n(x)$ suivent la loi $\mathbf{P}^n(x, \cdot)$. Les suites $(A_n(x))_{n \geqslant 0}$ et $(B_n(x))_{n \geqslant 0}$ ont les mêmes lois marginales de dimension 1, mais n'ont pas la même loi en tant que suites. La suite $(A_n(x))_{n \geqslant 0}$ est une chaîne de Markov sur E de noyau $\mathbf{P}$ et de loi initiale δ_x. En revanche, $(B_n(x))_{n \geqslant 0}$ n'est pas une chaîne de Markov car le temps est «inversé». On définit les temps de contraction T_A et T_B à valeurs dans $\mathbb{N} \cup \{\infty\}$ par

$$T_A = \inf\{n \geqslant 0 : \operatorname{card}(A_n(E)) = 1\} \quad \text{où} \quad A_n(E) = \{A_n(x) : x \in E\}$$

et de même,

$$T_B = \inf\{n \geqslant 0 : \operatorname{card}(B_n(E)) = 1\} \quad \text{où} \quad B_n(E) = \{B_n(x) : x \in E\}.$$

On dit que G est *contractante* lorsque $p = \mathbb{P}(\operatorname{card}(G(E)) = 1) > 0$.

Théorème 5.4 (Convergence à la coalescence pour la suite renversée). *Si G est contractante alors $\mathbb{P}(T_B < \infty) = 1$, pour tout $x \in E$, $B_{T_B}(x) \sim \mu_\beta$, et $B_n(x) = B_{T_B}(x)$ pour tout $n \geqslant T_B$.*

Notons que $(A_n(x))_{n \geqslant 0}$ converge en loi vers μ tandis que $(B_n(x))_{n \geqslant 0}$ converge p.s. vers une variable aléatoire de loi μ.

Démonstration. Les événements $C_n = \{\operatorname{card}(G_n(E)) = 1\}$ sont indépendants et de même probabilité $p = \mathbb{P}(\operatorname{card}(G(E)) = 1) > 0$. Par le lemme de Borel-Cantelli, presque sûrement, $\operatorname{card}(G_n(E)) = 1$ pour une infinité de valeurs de n, et en particulier $\mathbb{P}(T_B < \infty) = 1$. Le temps aléatoire T_B définit presque sûrement un singleton aléatoire $\{x_B\}$ tel que $B_{T_B}(x) = x_B$ pour tout $x \in E$. Il en découle que $B_n(x) = x_B$ pour tout $x \in E$ et tout $n \geqslant T_B$ car

$$B_n(x) = B_{T_B}((G_{T_B+1} \circ \cdots \circ G_n)(x)) = x_B.$$

Il y a *coalescence des trajectoires* de $(B_n(x))_{n \geqslant 0}$ quel que soit l'état initial x. Soit μ_B la loi de x_B. Par convergence dominée, pour tout $x \in E$ et toute fonction bornée $f : E \to \mathbb{R}$,

$$\lim_{n \to \infty} \mathbb{E}(f(B_n(x))) = \lim_{n \to \infty} \mathbb{E}(f(B_n(x))\mathbb{1}_{\{T_B \leqslant n\}}) = \mathbb{E}(f(x_B)) = \mu_B f.$$

Or $\mathbb{E}(f(B_n(x))) = \mathbf{P}^n(x, \cdot)f = \sum_{y \in E} \mathbf{P}^n(x,y)f(y)$, d'où, pour tous $x, y \in E$,

$$\lim_{n \to \infty} \mathbf{P}^n(x,y) = \mu_B(y).$$

Ainsi $\mu_B = \mu_\beta$, ce qui achève la preuve. $\qquad\qquad\square$

Si G est contractante alors on a aussi $\mathbb{P}(T_A < \infty) = 1$ et T_A définit presque sûrement un singleton aléatoire $\{x_A\}$, vérifiant $A_{T_A}(x) = x_A$ pour tout $x \in E$, mais rien n'assure que $A_n(x) = x_A$ pour $n > T_A$ et tout $x \in E$, ni que x_A suit la loi μ_β. Pour tous $x, y \in E$, la suite $((A_n(x), A_n(y)))_{n \geqslant 0}$ est un couplage coalescent : les deux composantes sont des chaînes de même noyau et qui restent collées après leur première rencontre. On dit que $((B_n(x), B_n(y)))_{n \geqslant 0}$ est un *couplage coalescent par le passé*[8].

Lorsque G n'est pas contractante, on peut utiliser le noyau $\mathbf{P}^r$, $r \geqslant 1$, qui admet également μ_β comme loi invariante. En pratique, il n'est pas commode de déterminer le temps de couplage (ou coalescence) par le passé T_B car il fait intervenir tous les états initiaux possibles. Il est toutefois possible de contrôler ce temps lorsque le noyau $\mathbf{P}$ possède une propriété de monotonie par rapport à un ordre sur l'espace d'états E, en se ramenant à un état minimal et à un état maximal, comme le montre l'exemple détaillé dans la section 5.5.

5.5 Modélisation d'un composé chimique

Dans cette section nous mettons en place un algorithme de type Metropolis-Hastings et un algorithme de simulation exacte pour obtenir une réalisation d'une mesure de Gibbs modélisant la répartition de deux composés chimiques que l'on dira de type $+1$ et de type -1 en répulsion forte. Le système est supposé ouvert et le nombre de particules de chaque composé est donc libre. Pour simplifier, on suppose que les composés sont répartis sur une surface plane assimilée à un carré discret $\Lambda = \{1, \ldots, L\}^2 \subset \mathbb{Z}^2$. Chaque site $i \in \Lambda$ est soit vierge, soit occupé par un composé chimique de type $+1$ ou -1. La répulsion entre composés de types différents est prise en compte en interdisant que deux composés de types différents soient voisins, c'est-à-dire à distance 1 sur le quadrillage. L'ensemble des configurations est donc le suivant

$$E = \{x \in \{-1, 0, +1\}^\Lambda : \forall i, j \in \Lambda, |i - j|_1 = 1 \Rightarrow x_i x_j \neq -1\}.$$

8. En anglais : «*coupling from the past*».

On considère l'énergie

$$x \in E \mapsto H(x) = \text{card}\{i \in \Lambda : |x_i| = 1\}$$

qui compte le nombre de composés présents et la mesure de Gibbs associée

$$\mu_\beta = \frac{1}{Z_\beta} e^{-\beta H(x)}, \quad x \in E, \quad \beta \in \mathbb{R}, \quad Z_\beta = \sum_{x \in E} e^{-\beta H(x)}.$$

Plus le réel β est petit (respectivement grand) et plus la loi μ_β favorise les configurations denses (respectivement clairsemées).

Remarque 5.5 (Méthode du rejet). *Voici une première méthode permettant de simuler de manière exacte μ_β. On attribue indépendamment à chaque site de Λ une valeurs -1, 0 ou $+1$ avec probabilités respectives*

$$\frac{e^{-\beta}}{1 + 2e^{-\beta}}, \quad \frac{1}{1 + 2e^{-\beta}}, \quad et \quad \frac{e^{-\beta}}{1 + 2e^{-\beta}}.$$

La configuration obtenue est retenue si elle appartient à E. Dans le cas contraire, on répète la procédure. Cette méthode simple s'avère impraticable car E est tout petit dans $\{-1, 0, +1\}^\Lambda$.

Construisons à présent un algorithme de type Metropolis-Hastings. Pour tous $u \in [-1, 1], i \in \Lambda$, soit

$$h_{i,u} : E \to \{-1, 0, +1\}^\Lambda$$

la fonction définie pour tous $x \in E$ et $j \in \Lambda$ par

$$(h_{i,u}(x))_j = \begin{cases} x_j & \text{si } j \neq i\,; \\ -1 & \text{si } j = i \text{ et } u < -1/(1 + 2e^{-\beta})\,; \\ 0 & \text{si } j = i \text{ et } -1/(1 + 2e^{-\beta}) \leqslant u \leqslant 1/(1 + 2e^{-\beta})\,; \\ +1 & \text{si } j = i \text{ et } u > 1/(1 + 2e^{-\beta}). \end{cases}$$

Enfin, on pose

$$g_{i,u}(x) = \begin{cases} h_{i,u}(x) & \text{si } h_{i,u}(x) \in E, \\ x & \text{sinon.} \end{cases}$$

Soient $(U_n)_{n \geqslant 1}$ et $(V_n)_{n \geqslant 1}$ des suites indépendantes de variables aléatoires i.i.d. de loi uniforme sur $[-1, 1]$ et sur Λ respectivement, et $G_n := g_{V_{n+1}, U_{n+1}}$. On définit enfin la suite récurrente aléatoire $(X_n)_{n \geqslant 0}$ définie par

$$X_{n+1} = G_n(X_n).$$

Théorème 5.6. *La suite $(X_n)_{n \in \mathbb{N}}$ est une chaîne de Markov sur E, irréductible, récurrente, apériodique et de loi invariante réversible μ_β.*

Démonstration. La suite $(X_n)_{n \in \mathbb{N}}$ est chaîne de Markov, écrite sous la forme d'une suite récurrente aléatoire sur E fini. Toutes les configurations mènent à la configuration nulle (aucun composé présent) et réciproquement. La chaîne est donc irréductible et récurrente. Soit $\mathbf{P}$ le noyau de transition de $(X_n)_{n \in \mathbb{N}}$. Si x et y sont deux éléments de E alors $\mathbf{P}(x, y)$ est strictement positif si x et y coïncident sur en tous les sites sauf un. On vérifie au cas par cas la relation de réversibilité. Supposons par exemple que x et y sont dans E et, pour $i_0 \in \Lambda$,

$$x_{i_0} = +1, \quad y_{i_0} = 0 \quad \text{et} \quad x_i = y_i \text{ pour } i \neq i_0.$$

Alors $H(x) = H(y) + 1$ et ainsi

$$\mu_\beta(x)\mathbf{P}(x, y) = \mu_\beta(y)e^{-\beta}\frac{2}{L^2(1 + 2e^{-\beta})}$$

$$= \mu_\beta(y)\frac{1}{L^2}\left(1 - \frac{1}{1 + 2e^{-\beta}}\right) = \mu_\beta(y)\mathbf{P}(y, x).$$

$\square$

À partir de cette suite récurrente aléatoire, on peut également mettre en place un algorithme de simulation parfaite. Doit-on vraiment, dans l'algorithme de Propp-Wilson, suivre toutes les trajectoires paramétrées par les points de E vus comme des conditions initiales ? La propriété fondamentale ci-dessous va permettre de simplifier grandement ce problème : deux suffisent !

Lemme 5.7 (Monotonie). *Pour tous $u \in [-1, 1]$ et $i \in \Lambda$, la fonction $x \in E \mapsto g_{i,u}(x)$ est croissante pour l'ordre (partiel) sur E défini par*

$$x \leqslant y \quad \text{ssi} \quad x_i \leqslant y_i \text{ pour tout } i \in \Lambda.$$

De plus, la configuration, notée $-\mathbb{1}$ (respectivement $+\mathbb{1}$), constituée uniquement de -1 (respectivement $+1$), est un plus petit (respectivement grand) élément pour cet ordre partiel.

À présent, la monotonie fournit l'encadrement

$$G_n(-\mathbb{1}) \leqslant G_n(x) \leqslant G_n(+\mathbb{1}),$$

indiquant que la coalescence partant de x quelconque a lieu avant la coalescence partant de $\pm\mathbb{1}$. D'un point de vue pratique, il suffit donc d'itérer l'algorithme jusqu'à l'instant de coalescence des trajectoires issues de $\pm\mathbb{1}$.

Enfin, le noyau $\mathbf{P}$ n'est pas contractant au sens du théorème 5.4 mais $\mathbf{P}^{L^2}$ l'est puisque, pour tout $x \in E$, $\mathbf{P}^{L^2}(x, \cdot)$ charge la configuration nulle.

5.6 Pour aller plus loin

Pour une introduction à la physique statistique, qui est un point de contact très important entre physique et mathématique, et notamment, et pour des examples explicites autour du modèle d'Ising, on pourra consulter le livre [Bax82] de Rodney Baxter. Des modèles inspirés de celui d'Ising sont utilisés en imagerie pour la modélisation du bruit spatial.

La partie sur les algorithmes de Metropolis-Hastings, du recuit simulé, et de Propp-Wilson est inspirée d'un livre précédent [BC07, Chapitre 4] et du cours de Thierry Bodineau à l'École Polytechnique [Bod14]. L'algorithme de Metropolis-Hastings a été introduit par Nicholas Metropolis, Arianna Rosenbluth, Marshall Rosenbluth, Augusta Teller, et Edward Teller [MRR+53] puis généralisé par Keith Hastings [Has70], et fait aujourd'hui partie des méthodes MCMC (Monte Carlo Markov Chains), qui consistent à utiliser des chaînes de Markov pour approcher des espérances par la méthode de Monte Carlo. Les méthodes MCMC sont au cœur des implémentations quantitatives de la statistique bayésienne abordée par exemple dans le livre de Christian Robert et George Casella [RC04]. Des versions à particules permettent d'améliorer les performances pratiques notamment lorsque la loi μ est multimodale.

En métallurgie, le procédé du recuit consiste à recuire le métal pour échapper aux minima locaux d'énergie et obtenir une structure métallique de basse énergie, garantissant une meilleure solidité. L'algorithme du recuit simulé s'en inspire, ce qui explique son nom. Le recuit simulé converge théoriquement en temps infini lorsque la température suit un schéma de décroissance par paliers logarithmiques, mais ce résultat d'analyse asymptotique n'est pas vraiment pertinent en pratique. Une analyse de l'algorithme se trouve par exemple dans le livre de Étienne Pardoux [Par07] et dans le panorama de Olivier Catoni [Cat99]. Des versions améliorées du recuit simulé, comme l'algorithme de Wang-Landau introduit par Fugao Wang et David Landau [WL01], constituent un sujet de recherche actuel. Les algorithmes de Metropolis-Hastings, du recuit simulé, et de Wang-Landau sont tous disponibles dans des cadres à temps et espace continus. L'algorithme de Propp-Wilson, proposé par James Propp et David Wilson [PW96, PW98], est présenté dans le livre de David Levin, Yuval Peres, et Elizabeth Wilmer [LPW09], et dans celui de Olle Häggström [Häg02]. L'exemple étudié dans la section 5.5 est inspiré d'un texte de Christophe Sabot. D'autres algorithmes de simulation exacte de la loi invariante ont été développés, comme par exemple celui de James Fill [Fil98].

6
Agrégation limitée par diffusion interne

Mots-clés. Modèle de croissance ; ensembles aléatoires.

Outils. Chaîne de Markov ; martingale ; couplage ; inégalité de concentration.

Difficulté. *

Un fût de déchets radioactifs est enterré secrètement. Après quelques années, il devient poreux et laisse échapper son contenu. Pour éviter une contamination excessive, on a disposé des pièges à particules qui capturent la première particule qui passe mais deviennent ensuite inertes (une nouvelle particule passe sans être arrêtée). Le milieu est isotrope : une particule radioactive se déplace de la même manière dans toutes les directions tant qu'elle passe sur des pièges qui ont déjà été activés et est capturée par le premier piège libre qu'elle rencontre. On souhaite connaître la forme typique des zones qui seront contaminées par cette fuite. On introduit pour ce faire un modèle de croissance aléatoire, appelé *agrégation limitée par diffusion interne*, dont on étudie notamment les propriétés asymptotiques.

6.1 Modèle d'agrégation par diffusion

Pour modéliser l'évolution de la région polluée, on introduit le modèle de croissance suivant. On assimile l'espace à $\mathbb{Z}^d$ où d vaut 1, 2 ou 3 selon le nombre de dimensions que l'on souhaite prendre en compte. Deux éléments x et y de $\mathbb{Z}^d$ sont dits voisins, et nous noterons $x \sim y$, si

$$|x - y|_1 = |x_1 - y_1| + \cdots + |x_d - y_d| = 1.$$

On place le fût à l'origine $0 \in \mathbb{Z}^d$. Sur chaque point du réseau est disposé un piège. Notons $A(0)$ le singleton $\{0\}$. Le premier piège activé sera l'un des $2d$

© Springer-Verlag Berlin Heidelberg 2016
D. Chafaï and F. Malrieu, *Recueil de Modèles Aléatoires*,
Mathématiques et Applications 78, DOI 10.1007/978-3-662-49768-5_6

emplacements voisins de l'origine. On modélise la trajectoire d'une particule radioactive sortant du fût par une marche aléatoire simple symétrique sur $\mathbb{Z}^d$ issue de 0 et arrêtée lorsqu'elle quitte le point $A(0)$. On note $A(1)$ l'ensemble aléatoire composé de 0 et du point où la particule est sortie. Pour tout x voisin de 0, $A(1)$ est égal à $\{0, x\}$ avec probabilité $1/2d$. On itère ensuite le procédé. Étant donné un ensemble $A(n) \subset \mathbb{Z}^d$, on considère une marche aléatoire symétrique $(S_k)_{k \geqslant 0}$ issue de 0 arrêtée lorsqu'elle sort de $A(n)$. On définit alors $A(n+1)$ comme l'ensemble des éléments de $A(n)$ et du point où est sortie la marche S. Ce modèle est connu sous le nom de *agrégation limitée par diffusion interne*[1].

On obtient ainsi une suite $(A(n))_{n \geqslant 0}$ d'ensembles aléatoires. Le résultat suivant regroupe quelques propriétés immédiates de cette suite.

Théorème 6.1 (Propriétés immédiates). *La suite $(A(n))_{n \geqslant 0}$ est croissante au sens de l'inclusion. Le cardinal de $A(n)$ vaut exactement $n+1$. Pour tout $n \in \mathbb{N}$, soit x et y deux éléments de $A(n)$, alors il existe $x_0, \ldots, x_m$ éléments de $A(n)$ tels que $x_0 = x$, $x_m = y$ et $x_i \sim x_{i+1}$ pour $i = 0, \ldots, m-1$. On pourrait dire que l'ensemble $A(n)$ est connexe par arcs dans $\mathbb{Z}^d$.*

On souhaite à présent étudier le comportement asymptotique de la suite $(A(n))_{n \geqslant 0}$. On étudie en détail le cas de la dimension 1. L'étude en dimension supérieure, beaucoup plus délicate, est évoquée dans les sections 6.6 et 6.7.

6.2 Modèle unidimensionnel

On suppose que la propagation se fait selon un axe horizontal. On se place donc dans le cas où $d = 1$. L'ensemble initial A_0 est le singleton $\{0\}$ puis A_1 est égal à $\{0, 1\}$ avec probabilité $1/2$ et $\{-1, 0\}$ avec probabilité $1/2$, etc. Notons $G_n = \min A_n$ et $D_n = \max A_n$. L'ensemble A_n est de la forme $A_n = \{G_n, G_n + 1, \ldots, D_n - 1, D_n\}$. Puisque le cardinal de A_n est $n+1$, on a $D_n - G_n = n$. Ainsi, A_n est caractérisé par $X_n = D_n + G_n$ et, en particulier,

$$D_n = \frac{X_n + n}{2} \quad \text{et} \quad G_n = \frac{X_n - n}{2}.$$

Les accroissements $(X_{n+1} - X_n)_{n \geqslant 0}$ ne peuvent prendre que les valeurs -1 ou 1. Plus précisément, $X_{n+1} = X_n - 1$ si la marche issue de 0 atteint $G_n - 1$ avant $D_n + 1$, et $X_{n+1} = X_n + 1$ si la marche issue de 0 atteint $D_n + 1$ avant $G_n - 1$. La symétrie de la marche aléatoire sous-jacente fait que la loi de X_n est symétrique pour tout $n \geqslant 0$. En particulier, pour tout $n \geqslant 0$, on a $0 = \mathbb{E}(X_n) = \mathbb{E}(D_n) + \mathbb{E}(G_n)$ et donc $\mathbb{E}(D_n) = n/2$ et $\mathbb{E}(G_n) = -n/2$.

Théorème 6.2 (Évolution markovienne). *La suite $(X_n)_{n \geqslant 0}$ est une chaîne de Markov inhomogène sur $\mathbb{Z}$ issue de 0 dont les transitions sont décrites par les relations suivantes : pour $-n \leqslant i \leqslant n$,*

---

1. «*Internal Diffusion Limited Agregation* (IDLA)» en anglais.

$$\mathbb{P}(X_{n+1} = i - 1 \mid X_n = i) = \frac{n+2+i}{2(n+2)}$$

et

$$\mathbb{P}(X_{n+1} = i + 1 \mid X_n = i) = \frac{n+2-i}{2(n+2)}.$$

Démonstration. Pour tout $n \geqslant 1$,

$$\{X_n = i\} = \left\{ D_n = \frac{i+n}{2}, \ G_n = \frac{i-n}{2} \right\}.$$

La probabilité $\mathbb{P}(X_{n+1} = i - 1 \mid X_n = i)$ est donc égale à la probabilité que la marche aléatoire simple $(S_n)_{n \geqslant 0}$ issue de 0 atteigne $(i-n)/2 - 1$ avant $(i+n)/2 + 1$. Or d'après le théorème 2.2 (ruine du joueur) si $a \leqslant 0$ et $b \geqslant 0$ sont deux entiers distincts, et si $T_i := \inf\{n \geqslant 0, \ S_n = i\}$ pour $i \in \{a, b\}$ et $T := T_a \wedge T_b$, alors, T est intégrable et

$$\mathbb{P}(T = T_a) = 1 - \mathbb{P}(T = T_b) = \frac{b}{b-a} \quad \text{et} \quad \mathbb{E}(T) = -ab.$$

$\square$

Remarque 6.3 (Équilibrage). *Lorsque X_n est strictement positif, $X_{n+1} - X_n$ a une probabilité plus forte de valoir -1 que de valoir +1. La tendance s'inverse lorsque X_n est strictement négatif. On peut donc penser que le processus aura davantage tendance à revenir en 0 qu'une marche aléatoire simple symétrique (dont l'accroissement vaut plus ou moins 1 avec probabilité $1/2$).*

6.3 Convergence presque sûre

On établit ici le premier résultat de convergence en temps long pour le processus $(X_n)_{n \geqslant 0}$ du modèle unidimensionnel. L'idée de la preuve est de rendre rigoureuse l'intuition de la remarque 6.3 en comparant la valeur absolue de $(X_n)_{n \geqslant 0}$ à celle de la marche aléatoire simple par une méthode de couplage.

Théorème 6.4 (Convergence presque sûre). *Le processus $(|X_n|)_{n \geqslant 0}$ est une chaîne de Markov inhomogène et*

$$\frac{|X_n|}{n} \xrightarrow[n \to \infty]{\text{p.s.}} 0 \quad d'où \quad \frac{G_n}{n} \xrightarrow[n \to \infty]{\text{p.s.}} -\frac{1}{2} \quad et \quad \frac{D_n}{n} \xrightarrow[n \to \infty]{\text{p.s.}} \frac{1}{2}.$$

Démonstration. En discutant suivant les valeurs possibles de X_n, on constate que $|X_{n+1}| = 1$ si $|X_n| = 0$, et que si $|X_n| > 0$ alors

$$|X_{n+1}| = \begin{cases} |X_n| - 1 & \text{avec probabilité} \quad \dfrac{1}{2} + \dfrac{|X_n|}{2(n+2)}, \\[2mm] |X_n| + 1 & \text{avec probabilité} \quad \dfrac{1}{2} - \dfrac{|X_n|}{2(n+2)}. \end{cases}$$

Ainsi $(|X_n|)_{n \geqslant 0}$ est une chaîne de Markov (suite récurrente aléatoire) inhomogène. Pour établir que $|X_n|/n \to 0$ presque sûrement, on procède par couplage. Plus précisément, on construit deux processus $(Y_n)_{n \geqslant 0}$ et $(Z_n)_{n \geqslant 0}$ comme suit : $Y_0 = Z_0 = 0$ et pour $n \geqslant 0$,

$$Y_{n+1} = \begin{cases} Y_n + 2\mathbb{1}_{\{U_{n+1} < (n+2-Y_n)/2(n+2)\}} - 1 & \text{si } Y_n > 0, \\ 1 & \text{si } Y_n = 0, \end{cases}$$

et

$$Z_{n+1} = \begin{cases} Z_n + 2\mathbb{1}_{\{U_{n+1} < 1/2\}} - 1 & \text{si } Z_n > 0, \\ 1 & \text{si } Z_n = 0, \end{cases}$$

où $(U_n)_{n \geqslant 1}$ est une suite de v.a.r. i.i.d. de loi uniforme sur $[0,1]$. Le processus $(Y_n)_{n \geqslant 0}$ a la loi de $(|X_n|)_{n \geqslant 0}$ tandis que le processus $(Z_n)_{n \geqslant 0}$ a même loi que la valeur absolue d'une marche aléatoire simple. Ce couplage est tel que presque sûrement, pour tout $n \in \mathbb{N}$, $0 \leqslant Y_n \leqslant Z_n$. En effet, si $0 < Y_n \leqslant Z_n$ alors, par construction, $Y_{n+1} \leqslant Z_{n+1}$. Par ailleurs, si $0 = Y_n \leqslant Z_n$ alors, Z_n peut être nul et dans ce cas, $Y_{n+1} \leqslant Z_{n+1}$ ou $Z_n \geqslant 2$ car Z_n et Y_n ont même parité. Enfin, $Z_n/n \to 0$ p.s. grâce à la loi forte des grands nombres. $\square$

Remarque 6.5 (Espérance). *Le théorème 6.2 donne, avec $a_{n+1} := \frac{n+1}{n+2}$,*

$$\mathbb{E}(|X_{n+1}| \,|\, |X_n|) = \mathbb{1}_{|X_n|=0} + a_{n+1}|X_n|\mathbb{1}_{|X_n|\neq 0}$$

d'où, en observant que $|X_n|\mathbb{1}_{|X_n|\neq 0} = |X_n|$,

$$\mathbb{E}(|X_{n+1}|) = \mathbb{P}(X_n = 0) + a_{n+1}\mathbb{E}(|X_n|).$$

6.4 Convergence en loi

On s'intéresse à présent aux fluctuations de X_n/n autour de sa limite. Dans cette section, on donne des éléments de preuve du résultat suivant.

Théorème 6.6 (Convergence en loi). *La convergence en loi suivante a lieu :*

$$\frac{X_n}{\sqrt{n}} \xrightarrow[n\to\infty]{\text{loi}} \mathcal{N}\left(0, \frac{1}{3}\right).$$

Remarque 6.7 (Comparaison avec le théorème limite central). *La vitesse de convergence en loi de $(X_n)_{n \geqslant 0}$ est la même que pour la marche aléatoire simple et la loi limite est encore gaussienne. Pourtant sa variance asymptotique est plus petite que dans le cas identiquement distribué. Cela provient de la tendance auto-stabilisatrice de la chaîne $(X_n)_{n \geqslant 0}$.*

Avant d'aborder la démonstration du théorème 6.6, étudions le comportement des premiers moments de X_n/n quand n tend vers l'infini. La loi de

X_n est symétrique donc tous ses moments impairs sont nuls. Pour le moment d'ordre 2, on a, pour $n \geqslant 0$,

$$\mathbb{E}[X_{n+1}^2 | \mathcal{F}_n] = \frac{n+2-X_n}{2(n+2)}(X_n+1)^2 + \frac{n+2+X_n}{2(n+2)}(X_n-1)^2$$

$$= 1 + \frac{n}{n+2}X_n^2.$$

En posant $x_n(2) = \mathbb{E}(X_n^2)$ et en prenant l'espérance dans la relation ci-dessus, on obtient, pour $n \geqslant 1$,

$$x_{n+1}(2) = 1 + \frac{n}{n+2}x_n(2) \quad \text{et} \quad x_1(2) = 1.$$

Une récurrence donne

$$x_n(2) = 1 + \frac{1}{n(n+1)}\sum_{k=1}^{n-1} k(k+1),$$

et $(x_n(2)/n)_{n\geqslant 1}$ converge donc vers $1/3$. On peut établir de même que pour tout $k \geqslant 0$, la suite $(x_n(2k)/n^k)_{n\geqslant 1}$ admet une limite $\mu(2k)$ et que la suite $(\mu(2k))_{k\in\mathbb{N}}$ est solution de

$$\mu(0) = 1 \quad \text{et} \quad \mu(2k+2) = \frac{2k+1}{3}\mu(2k).$$

Or d'après le théorème 21.7, la seule mesure de probabilité dont les moments pairs vérifient la récurrence ci-dessus et les moments impairs sont nuls est la loi $\mathcal{N}(0, 1/3)$. D'autre part, d'après le théorème 21.6, la convergence des moments vers une mesure de probabilité caractérisée par ses moments entraîne la convergence en loi. On obtient ainsi la convergence en loi de $X_n/\sqrt{n}$ vers la mesure gaussienne centrée de variance $1/3$.

Un autre moyen d'établir la convergence annoncée est d'utiliser un raisonnement basé sur le théorème limite central pour les martingales. Il existe plusieurs jeux d'hypothèses plus ou moins faciles à vérifier. Voici le théorème que nous utiliserons dans la suite.

Théorème 6.8 (TLC pour martingales). *Soit $(M_n)_{n\geqslant 0}$ une martingale de carré intégrable pour une filtration $(\mathcal{F}_n)_{n\geqslant 0}$, et soit $(a_n)_{n\geqslant 0}$ une suite réelle, strictement positive, déterministe croissante vers l'infini. On pose*

$$\langle M \rangle_0 = 0 \quad \text{et} \quad \langle M \rangle_{n+1} = \langle M \rangle_n + \mathbb{E}((\Delta M_{n+1})^2 | \mathcal{F}_n),$$

où $\Delta M_n := M_n - M_{n-1}$. Supposons que

1. il existe $\lambda \geqslant 0$ déterministe tel que $a_n^{-1}\langle M \rangle_n \xrightarrow[n\to\infty]{\mathbb{P}} \lambda$,

2. (condition de Lyapunov) il existe $\delta > 0$ tel que

$$\frac{1}{(a_n)^{1+\delta/2}}\sum_{k=1}^{n} \mathbb{E}(\Delta M_k^{2+\delta} | \mathcal{F}_{k-1}) \xrightarrow[n\to\infty]{\mathbb{P}} 0.$$

Alors, on a

$$\frac{1}{\sqrt{a_n}} M_n \xrightarrow[n\to\infty]{\text{loi}} \mathcal{N}(0,\lambda), \quad et \quad \sqrt{a_n}\, \frac{M_n}{\langle M\rangle_n} \xrightarrow[n\to\infty]{\text{loi}} \mathcal{N}(0,\lambda^{-1}) \quad si\ \lambda>0.$$

Il convient de modifier légèrement $(X_n)_{n\geqslant 0}$ pour en faire une martingale.

Lemme 6.9 (Martingale dans le modèle). *Le processus $(M_n)_{n\geqslant 0}$ défini par $M_n = (n+1)X_n$ est une martingale de carré intégrable pour la filtration naturelle $(\mathcal{F}_n)_{n\geqslant 0}$ de $(X_n)_{n\geqslant 0}$, qui vérifie*

$$\mathbb{E}((\Delta M_{n+1})^2 \,|\, \mathcal{F}_n) = (n+2)^2 - X_n^2,$$

et

$$\mathbb{E}((\Delta M_{n+1})^4 \,|\, \mathcal{F}_n) = \big((n+2)^2 - X_n^2\big)\big((n+2)^2 + 3X_n^2\big),$$

et

$$\frac{\langle M\rangle_n}{n^3} \xrightarrow[n\to\infty]{\text{p.s.}} \frac{1}{3}.$$

Démonstration. Soit $\alpha \in \{1,2,4\}$. La quantité suivante

$$\mathbb{E}((\Delta M_{n+1})^\alpha | \mathcal{F}_n) = \mathbb{E}(((n+2)X_{n+1} - (n+1)X_n)^\alpha \,|\, X_n)$$

$$= [X_n - (n+2)]^\alpha \frac{n+2+X_n}{2(n+2)} + [X_n + n + 2]^\alpha \frac{n+2-X_n}{2(n+2)},$$

est nulle si $\alpha = 1$, et donc $(M_n)_{n\geqslant 0}$ est une martingale. Si $\alpha \in \{2,4\}$ alors

$$\mathbb{E}((\Delta M_{n+1})^\alpha \,|\, \mathcal{F}_n) = ((n+2)^2 - X_n^2)\frac{(n+2-X_n)^{\alpha-1} + (n+2+X_n)^{\alpha-1}}{2(n+2)},$$

ce qui donne les deux premières relations attendues. En particulier, on a

$$\langle M\rangle_n = \sum_{k=0}^{n-1}((k+2)^2 - X_k^2) = \frac{n^3}{3} - \sum_{k=0}^{n-1} X_k^2 + o(n^3).$$

De plus

$$\frac{1}{n^3}\sum_{k=0}^{n-1} X_k^2 \leqslant \frac{1}{n}\sum_{k=1}^{n-1} \frac{X_k^2}{k^2}.$$

Puisque $X_n/n \to 0$ p.s. le lemme de Cesàro permet de conclure. $\qquad\square$

Pour pouvoir obtenir la convergence en loi de $(M_n)_{n\geqslant 0}$ correctement renormalisée, il reste à vérifier la condition de Lyapunov du théorème 6.8 avec $a_n = n^3$. Pour $\delta = 2$, on a

$$\sum_{k=1}^{n} \mathbb{E}((\Delta M_k)^4 \,|\, \mathcal{F}_{k-1}) \leqslant \sum_{k=2}^{n+1} k^4 + 2\sum_{k=1}^{n}(k+1)^2 X_{k-1}^2 = \mathcal{O}(n^5).$$

La suite $(M_n/n^{3/2})_{n\geqslant 1}$ converge donc en loi vers $\mathcal{N}(0,1/3)$. Ceci fournit immédiatement la convergence dans le théorème 6.6.

6.5 Une inégalité de concentration

Complétons les résultats sur le comportement de X_n par une inégalité de concentration valable pour tout $n \geqslant 1$ (à la différence du théorème de convergence en loi qui n'est qu'asymptotique).

Théorème 6.10 (Concentration). *Pour tout $n \geqslant 1$ et tout $r > 0$,*

$$\mathbb{P}\left(\frac{|X_n|}{n} \geqslant r\right) \leqslant 2\exp\left(-\frac{3n^2r^2}{8(n+1)}\right).$$

Démonstration. Par définition de la martingale $(M_n)_{n\geqslant 0}$ définie dans le lemme 6.9, pour tout $r > 0$,

$$\mathbb{P}\left(\frac{|X_n|}{n} \geqslant r\right) \leqslant \mathbb{P}(|M_n| \geqslant n(n+1)r).$$

La martingale $(M_n)_{n\geqslant 0}$ a des accroissements borné car pour tout $n \geqslant 1$,

$$|M_n - M_{n-1}| = |(n+1)X_n - nX_{n-1}| \leqslant n|X_n - X_{n-1}| + |X_n| \leqslant 2n$$

puisque $|X_n - X_{n-1}| = 1$ et $|X_n| \leqslant n$. D'après l'inégalité de concentration d'Azuma-Hoeffding du lemme 20.3, pour tout $\lambda > 0$, on a

$$\mathbb{P}(|M_n| \geqslant \lambda) \leqslant 2\exp\left(-\frac{\lambda^2}{2\sum_{k=1}^{n}(2k)^2}\right).$$

Grâce à la comparaison série-intégrale

$$\sum_{k=1}^{n}(2k)^2 \leqslant 4\int_{1}^{n+1} x^2\,dx = \frac{4}{3}(n+1)^3,$$

il reste à remplacer λ par $n(n+1)r$ pour obtenir l'inégalité souhaitée. □

6.6 Dimensions supérieures

On se place à présent sur $\mathbb{Z}^d$ avec $d > 1$. Comme en dimension 1, on s'attend à ce que la forme limite de l'ensemble aléatoire devienne relativement régulière puisque la marche aléatoire issue de l'origine aura tendance à atteindre l'ensemble aléatoire A_n^c en des points qui ont beaucoup de voisins dans A_n. La figure 6.1 fournit une réalisation de $A(1000)$ en dimension 2.

Pour tout $r \geqslant 0$ notons $\|x\|$ la norme euclidienne d'un point $x \in \mathbb{R}^d$ et

$$B(0,r) = \left\{y \in \mathbb{R}^d : \|y\| < r\right\} \quad \text{et} \quad \mathbb{B}(0,r) = B(0,r) \cap \mathbb{Z}^d.$$

Le cardinal d'un ensemble Λ de $\mathbb{Z}^d$ est noté $|\Lambda|$. Fixons un entier n et considérons l'ensemble aléatoire $A(|\mathbb{B}(0,n)|)$. Le rayon (aléatoire) de la plus grande boule incluse dans cet ensemble est

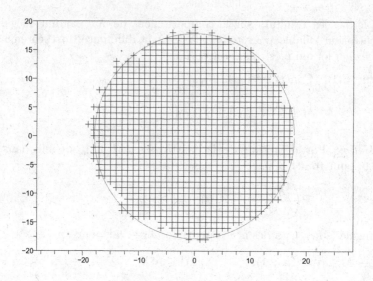

Fig. 6.1. Une réalisation de $A(1000)$ en dimension 2.

$$\sup\{r \geqslant 0 \,:\, \mathbb{B}(0,r) \subset A(|\mathbb{B}(0,n)|)\}$$

tandis que celui de la plus petite boule qui le contient est

$$\inf\{r \geqslant 0 \,:\, A(|\mathbb{B}(0,n)|) \subset \mathbb{B}(0,r)\}$$

On définit alors l'erreur interne $\delta_I(n)$ comme

$$n - \delta_I(n) = \sup\{r \geqslant 0 \,:\, \mathbb{B}(0,r) \subset A(|\mathbb{B}(0,n)|)\},$$

et l'erreur externe $\delta_E(n)$ comme

$$n + \delta_E(n) = \inf\{r \geqslant 0 \,:\, A(|\mathbb{B}(0,n)|) \subset \mathbb{B}(0,r)\}.$$

Le théorème suivant montre non seulement que la forme asymptotique de $A(n)$ est sphérique mais fournit également une borne supérieure pour les fluctuations extrêmes de $A(n)$.

Théorème 6.11 (Forme et fluctuation). *La forme limite de $(A_n)_{n \geqslant 0}$ est la trace sur $\mathbb{Z}^d$ d'une boule euclidienne. De plus, il existe une constante β_d telle que presque sûrement*
   — *pour $d \geqslant 3$:*

$$\limsup_{n \to \infty} \frac{\delta_I(n)}{\sqrt{\log(n)}} \leqslant \beta_d \quad et \quad \limsup_{n \to \infty} \frac{\delta_E(n)}{\sqrt{\log(n)}} \leqslant \beta_d,$$

— *pour $d = 2$:*

$$\limsup_{n \to \infty} \frac{\delta_I(n)}{\log(n)} \leqslant \beta_2 \quad et \quad \limsup_{n \to \infty} \frac{\delta_E(n)}{\log(n)} \leqslant \beta_2.$$

6.7 Pour aller plus loin

Le modèle d'agrégation limitée par diffusion interne [2] est considéré par Persi Diaconis et William Fulton dans [DF91]. Sur le versant de la modélisation, il peut être relié à des méthodes de polissage chimique : des particules sont lâchées dans une cuve et détruisent un élément du bord rendant la cuve plus lisse. On trouvera dans les articles [AG13a, AG13b] d'Amine Asselah et d'Alexandre Gaudillière des références dans cette direction.

L'une des première études de $(A(n))_{n \geqslant 0}$ est due à Maury Bramson, David Griffeath et Gregory Lawler dans [LBG92]. Il y est notamment établi que la forme asymptotique de $A(n)$ est sphérique. Il faudra attendre longtemps pour avoir une étude complète pour les fluctuations autour de cette forme limite. On pourra retrouver le théorème 6.11 dans les articles de David Jerison, Lionel Levin, et Scott Scheffied [JLS12, JLS13] et dans [AG13a, AG13b].

Le modèle en dimension 1 peut être relié à un modèle de boules et d'urnes dit de Bernard Friedman décrit dans l'article [Fre65] de David Freedman [3]. Une boule tirée est remise dans l'urne accompagnée de α boules de la même couleur et β boules de la couleur opposée. Si $\beta = 0$, on retrouve le modèle de l'urne de Pólya étudié dans le chapitre 15. Lorsque $\beta > 0$, on peut montrer que la proportion asymptotique de chaque couleur tend vers $1/2$ pour tout α.

Il existe également un modèle plus difficile à étudier, connu sous le nom de *agrégation limitée par diffusion externe*, dans lequel les particules proviennent de l'infini et viennent s'agglutiner au fil du temps.

Le théorème limite central pour les martingales 6.8 se trouve dans le livre de Peter Hall et Christopher Heyde [HH80, Cor. 3.1], et dans [BC07, Th. 3.35].

---

2. «*Internal Diffusion Limited Agregation*» (IDLA) en anglais.
3. *fried-man* $\neq$ *freed-man* !

7

Chaînes de Markov cachées

Mots-clés. estimation paramétrique ; estimation récursive ; variable cachée ; espérance conditionnelle ; processus autorégressif.

Outils. Chaîne de Markov ; vecteur gaussien ; martingales ; maximum de vraisemblance ; formule de Bayes.

Difficulté. *

Bien que markoviens, de nombreux processus réels ne sont observés que partiellement. Ce chapitre présente deux modèles de *chaînes de Markov cachées*, qui sont par définition des projections de chaînes de Markov. Le défi mathématique est alors d'obtenir à partir des observations partielles le plus d'informations possible sur la partie cachée. Il se ramène à un problème de calcul de lois conditionnelles. Il n'est en général pas possible de calculer explicitement ces lois. C'est cependant le cas dans les deux exemples présentés dans ce chapitre : l'un s'appuie sur les chaînes de Markov à espace d'états fini, l'autre sur un modèle gaussien.

7.1 Algorithme progressif-rétrograde

On modélise la structure d'un brin d'ADN[1] par une chaîne de caractères écrite dans un alphabet fini $\mathcal{A}$. Certaines parties de la chaîne correspondent à la suite des codes des acides aminés nécessaires à la fabrication d'une protéine, et on dit qu'elles sont codantes, tandis que d'autres parties de la chaîne ne le sont pas. Pour tenir compte de cette structure segmentée, on modélise la chaîne par une trajectoire de chaîne de Markov possédant deux régimes.

À un brin d'ADN de longueur l, noté $(X_1, \ldots, X_l)$, et à valeurs dans $\mathcal{A}$, on adjoint le l-uplet $(U_1, \ldots, U_l)$, à valeurs dans $\mathcal{U} = \{0, 1\}$. Si la position

---

1. Acide DésoxyriboNucléique, vecteur du code génétique des organismes vivants.

© Springer-Verlag Berlin Heidelberg 2016
D. Chafaï and F. Malrieu, *Recueil de Modèles Aléatoires*,
Mathématiques et Applications 78, DOI 10.1007/978-3-662-49768-5_7

n est codante (respectivement non codante) alors $U_n = 1$ (respectivement $U_n = 0$). On modélise la loi de $(X, U) = ((X_n, U_n))_{n \geqslant 0}$ par une chaîne de Markov homogène sur $\mathcal{A} \times \mathcal{U}$ de matrice de transition donnée par

$$P((x, u), (x', u')) = \mathbb{P}(X_{n+1} = x', U_{n+1} = u' \mid X_n = x, U_n = u)$$
$$= \rho(u, u')\pi_{u'}(x, x'),$$

où ρ est une matrice de transition sur $\{0, 1\}$ et où π_0 et π_1 sont des matrice de transitions sur $\mathcal{A}$. On suppose que tous les coefficients des matrices ρ, π_0 et π_1 sont strictement positifs. La composante U agit comme une sorte d'interrupteur ou de commutateur (markovien) à deux positions.

La chaîne (X, U) est irréductible, récurrente et apériodique car tous les coefficients de sa matrice de transition sont strictement positifs. En général la projection $X = (X_n)_{n \geqslant 0}$, qui modélise le brin d'ADN, n'est pas une chaîne de Markov. Le modèle est rigide : la loi de la longueur d'un segment de la catégorie $u \in \mathcal{U}$ suit une loi géométrique de paramètre $1 - \rho(u, u)$.

On se place à présent dans la situation où la matrice de transition de (X, U), c'est-à-dire le triplet ρ, π_0, π_1, est connue, par exemple grâce à une estimation menée au préalable (nous y reviendrons plus loin). La question est à présent la suivante : peut-on déterminer la loi de $(U_j)_{1 \leqslant j \leqslant l}$ conditionnellement aux observations $(X_i)_{1 \leqslant i \leqslant l}$? On dit que la chaîne de Markov (X, U) est cachée car la composante U n'est pas observée. Seule la composante X est observée.

Exemple 7.1. *Voici un exemple utilisé dans la figure 7.1 :*

$$\rho = \begin{pmatrix} 0.95 & 0.05 \\ 0.1 & 0.9 \end{pmatrix}, \quad \pi_0 = \begin{pmatrix} 0.3 & 0.3 & 0.3 & 0.1 \\ 0.3 & 0.3 & 0.1 & 0.3 \\ 0.3 & 0.1 & 0.3 & 0.3 \\ 0.1 & 0.3 & 0.3 & 0.3 \end{pmatrix}, \quad et \quad \pi_1 = \begin{pmatrix} 0.5 & 0.3 & 0.1 & 0.1 \\ 0.4 & 0.4 & 0.1 & 0.1 \\ 0.4 & 0.1 & 0.4 & 0.1 \\ 0.5 & 0.3 & 0.1 & 0.1 \end{pmatrix}.$$

Description de l'algorithme

On adopte la notation vectorielle $X_{1:i}$ et $x_{1:i}$ pour désigner les i-uplets $(X_1, \ldots, X_i)$ et $(x_1, \ldots, x_i)$. On définit les probabilités suivantes, pour tous $1 \leqslant i \leqslant l$, $x \in \mathcal{A}^l$, et $v \in \mathcal{U}$:

— *Probabilité de prédiction* :

$$P^i(v) := \mathbb{P}(U_i = v \mid X_{1:i-1} = x_{1:i-1}).$$

C'est la probabilité que l'état caché U_i soit en position v connaissant les observations $X_{1:i-1}$;

— *Probabilité de filtrage* :

$$F^i(v) := \mathbb{P}(U_i = v \mid X_{1:i} = x_{1:i}).$$

C'est la probabilité que l'état caché U_i soit en position v connaissant les observations $X_{1:i}$;

— *Probabilité de lissage :*

$$L^i(v) := \mathbb{P}(U_i = v \mid X_{1:l} = x_{1:l}).$$

C'est la probabilité que l'état caché U_i soit en position v connaissant les observations $X_{1:l}$.

Pour calculer les probabilités de lissage, on utilise un algorithme *progressif-rétrograde* [2] : on détermine par récurrence, dans le sens croissant des indices, les probabilités de prédiction et de filtrage, puis on en déduit, toujours par récurrence mais descendante, les probabilités de lissage. Les relations de récurrence nécessaires à cet algorithme sont rassemblées dans le théorème suivant.

Théorème 7.2 (Prédiction, filtrage, lissage). *Pour tous* $1 \leqslant i \leqslant l$ *et* $v \in \mathcal{U}$,

$$P^i(v) = \sum_{u \in \mathcal{U}} \rho(u, v) F^{i-1}(u),$$

$$F^i(v) = \frac{\pi_v(x_{i-1}, x_i) P^i(v)}{\sum_{u \in \mathcal{U}} \pi_u(x_{i-1}, x_i) P^i(u)},$$

$$L^{i-1}(u) = F^{i-1}(u) \sum_{v \in \mathcal{U}} \rho(u, v) \frac{L^i(v)}{P^i(v)}.$$

Démonstration. Pour l'équation de prédiction, on fait intervenir U_{i-1} puis d'utiliser le fait que les lois $\mathrm{Loi}(U_i \mid U_{i-1}, X_{1:i-1})$ et $\mathrm{Loi}(U_i \mid U_{i-1})$ coïncident :

$$P^i(v) = \sum_{u \in \mathcal{U}} \mathbb{P}(U_{i-1} = u, U_i = v \mid X_{i-} = x_{i-})$$

$$= \sum_{u \in \mathcal{U}} \mathbb{P}(U_i = v \mid U_{i-1} = u, X_{i-} = x_{i-}) \mathbb{P}(U_{i-1} = u \mid X_{i-} = x_{i-})$$

$$= \sum_{u \in \mathcal{U}} \rho(u, v) F^{i-1}(u)$$

avec la notation allégée $x_{i-} := x_{1:i-1}$. L'utilisation de la relation de base $\mathbb{P}(A \mid B \cap C) \mathbb{P}(B \mid C) = \mathbb{P}(A \cap B \mid C)$ permet de traiter l'équation de filtrage :

$$F^i(v) = \frac{\mathbb{P}(U_i = v, X_i = x_i \mid X_{1:i-1} = x_{i-})}{\mathbb{P}(X_i = x_i \mid X_{i-} = x_{i-})}$$

$$= \frac{\mathbb{P}(U_i = v, X_i = x_i \mid X_{i-} = x_{i-})}{\sum_{u \in \mathcal{U}} \mathbb{P}(U_i = u, X_i = x_i \mid X_{i-} = x_{i-})}$$

$$= \frac{\mathbb{P}(X_i = x_i \mid U_i = v, X_{i-} = x_{i-}) \mathbb{P}(U_i = v, \mid X_{i-} = x_{i-})}{\sum_{u \in \mathcal{U}} \mathbb{P}(X_i = x_i \mid U_i = u, X_{i-} = x_{i-}) \mathbb{P}(U_i = u \mid X_{i-} = x_{i-})}.$$

Or par définition de la matrice de transition de (X, U),

$$\mathbb{P}(X_i = x_i \mid U_i = u, X_{1:i-1} = x_{1:i-1}) = \mathbb{P}(X_i = x_i \mid U_i = u, X_{i-1} = x_{i-1})$$

---

2. En anglais : «*forward-backward*».

$$= \pi_{u_{i-1}}(x_i - 1, x_i).$$

Pour l'équation de lissage, on écrit

$$\mathbb{P}(U_{i-1} = u, U_i = v \mid X_{1:l} = x_{1:l}) = \mathbb{P}(U_{i-1} = u \mid U_i = v, X_{1:l} = x_{1:l})$$
$$\mathbb{P}(U_i = v \mid X_{1:l} = x_{1:l}),$$

puis

$$\mathbb{P}(U_{i-1} = u \mid U_i = v, X_{1:l} = x_{1:l})$$
$$= \frac{\mathbb{P}(U_{i-1} = u, X_{1:i-1} = x_{1:i-1}, X_{i+1:l} = x_{i+1:l} \mid U_i = v, X_i = x_i)}{\mathbb{P}(X_{1:i-1} = x_{1:i-1}, X_{i+1:l} = x_{i+1:l} \mid U_i = v, X_i = x_i)}.$$

La propriété de Markov assure que, conditionnellement au présent, le passé et le futur sont indépendants. On obtient donc après simplification que

$$\mathbb{P}(U_{i-1} = u \mid U_i = v, X_{1:l} = x_{1:l}) = \mathbb{P}(U_{i-1} = u \mid U_i = v, X_{1:i} = x_{1:i}).$$

On écrit, à nouveau, grâce à l'expression de la matrice de transition de (X, U),

$$\mathbb{P}(U_{i-1} = u \mid U_i = v, X_{1:i} = x_{1:i})$$
$$= \frac{\mathbb{P}(U_{i-1} = u, U_i = v, X_i = x_i, \mid X_{1:i-1} = x_{1:i-1})}{\mathbb{P}(U_i = v, X_i = x_i \mid X_{1:i-1} = x_{1:i-1})}$$
$$= \frac{F^{i-1}(u)\rho(u,v)\pi_v(x_{i-1}, x_i)}{P^i(v)\pi_v(x_{i-1}, x_i)}.$$

On a donc obtenu

$$\mathbb{P}(U_{i-1} = u, U_i = v \mid X_{1:l} = x_{1:l}) = F^{i-1}(u)\rho(u,v)\frac{L^i(v)}{P^i(v)},$$

ce qui fournit la relation de lissage en sommant sur v. $\square$

On initialise l'algorithme en choisissant pour $P^1(u)$ la loi initiale (par exemple la loi stationnaire). Les relations de prédiction et filtrage du théorème 7.2 permettent de calculer toutes les probabilités P^i et F^i par récurrence progressive. On en déduit ensuite les probabilités L^i par récurrence rétrograde grâce à la relation de lissage du théorème 7.2 avec l'initialisation $L^l(v) = F^l(v)$. La figure 7.1 illustre l'efficacité de l'algorithme : la plupart du temps la probabilité $L^i(v)$ est supérieure à $1/2$ quand $U_i = v$ (dans 95,2% des cas exactement dans cet exemple). On voit toutefois dans cet exemple que l'algorithme rate une zone où U vaut 1 (aux alentours de 120) et qu'il a toujours un peu de retard aux changements de régimes. L'algorithme fonctionne d'autant mieux que les matrices π_0 et π_1 sont différentes (les deux régimes ont des comportements très différents) et que $\rho(0,0)$ et $\rho(1,1)$ sont grands (les plages entre deux changements de régime sont longues).

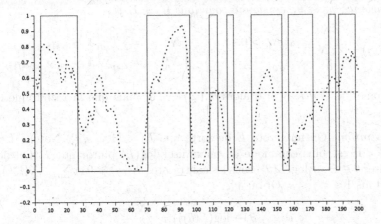

Fig. 7.1. Trajectoire de U (courbe continue) et probabilité de lissage pour $v = 0$ (courbe en pointillés) avec $l = 200$ et les transitions de l'exemple 7.1.

Estimation d'une matrice de transition

L'étude précédente suppose connues les matrices de transition. Il est toutefois important de savoir estimer la matrice de transition d'une chaîne de Markov à partir d'une de ses trajectoires. On considère une chaîne de Markov $(Z_n)_{n \geqslant 0}$ sur l'espace d'états fini E de matrice de transition $\theta_* = (\theta_*(i,j))_{(i,j) \in E^2}$. On suppose que la chaîne est irréductible et récurrente, et on note μ_* sa loi invariante. On suppose la mesure initiale ν connue mais la matrice de transition θ_* inconnue. On note Θ l'ensemble des matrices de transition sur E. Soit λ la mesure de comptage sur E. La loi de $(Z_0, \ldots, Z_n)$ a pour densité par rapport à $\lambda^{\otimes n+1}$ la fonction $(z_0, \ldots, z_n) \in E^{n+1} \mapsto f_{\theta_*}(z_0, \ldots, z_n)$ donnée par

$$f_{\theta_*}(z_0, \ldots, z_n) = \mathbb{P}(Z_0 = z_0, \ldots, Z_n = z_n) = \nu(z_0)\theta_*(z_0, z_1) \cdots \theta_*(z_{n-1}, z_n).$$

Pour tous $\theta \in \Theta$ et $z \in E^{n+1}$ on note

$$f_{\theta}(z_0, \ldots, z_n) := \nu(z_0)\theta(z_0, z_1) \cdots \theta(z_{n-1}, z_n).$$

La quantité aléatoire $L_{Z_1, \ldots, Z_n}(\theta) := f_{\theta}(Z_0, \ldots, Z_n)$ est appelée *vraisemblance*[3] de θ pour l'échantillon $(Z_0, \ldots, Z_n)$. L'*estimateur de maximum de vraisemblance* $\widehat{\theta}_n$ de θ_* est par définition l'élément aléatoire de Θ qui maximise la fonction aléatoire $\theta \in \Theta \mapsto L_{Z_0, \ldots, Z_n}(\theta)$.

---

3. En anglais, on dit *likelihood*, d'où la notation L.

Lemme 7.3 (Maximum de vraisemblance). *L'estimateur de maximum de vraisemblance $\widehat{\theta}_n$ de θ_* est donné pour tous $i, j \in E$ par*

$$\widehat{\theta}_n(i,j) = \begin{cases} \dfrac{N_n^{ij}}{N_n^i} & si\ N_n^i > 0, \\ 0 & sinon, \end{cases} \quad où \quad \begin{cases} N_n^i := \sum_{p=0}^{n-1} \mathbb{1}_{\{Z_p=i\}}, \\ N_n^{ij} := \sum_{p=0}^{n-1} \mathbb{1}_{\{Z_p=i, Z_{p+1}=j\}}. \end{cases}$$

Notons que si $\theta(i,j) = 0$ alors $\widehat{\theta}_n(i,j) = 0$, mais que la réciproque est fausse.

Démonstration. On numérote E de sorte que $E = \{1, \ldots, s\}$. Notons $L := L_{Z_1,\ldots,Z_n}$. Il est plus commode de maximiser $\log(L)$ plutôt que L. On doit maximiser $\theta \in \Theta \mapsto \log(L(\theta))$ sous les contraintes $\theta(i,j) \geqslant 0$ et $\sum_{k=1}^{s} \theta(i,k) = 1$ pour tous $1 \leqslant i, j \leqslant s$. Or on a

$$\partial_{\theta(i,j)}(\theta \mapsto \log(L(\theta))) = \frac{N_n^{ij}}{\theta(i,j)},$$

et les s conditions d'extrémalité reviennent à dire que pour tout $1 \leqslant i \leqslant s$ la fonction $j \mapsto N_n^{ij}/\theta(i,j)$ doit être constante. Ce qui donne le résultat en tenant compte de $\theta \in \Theta$. □

L'estimateur $\widehat{\theta}$ est intuitif puisqu'il estime $\theta(i,j)$ par la proportion de transitions de l'état i vers l'état j parmi les n sauts observés. Les propriétés asymptotiques de cet estimateur se déduisent du comportement des suites $(N_n^{ij})_n$ et $(N_n^i)_n$ qui sont établies ci-dessous.

Théorème 7.4 (Convergence et normalité asymptotique). *Pour tout $x \in E$, sachant $\{X_0 = x\}$, l'estimateur $\widehat{\theta}_n$ est convergent et asymptotiquement normal : pour tous $i, j \in E$,*

$$\widehat{\theta}_n(i,j) \xrightarrow[n\to\infty]{p.s.} \theta(i,j)$$

et

$$\sqrt{n\mu(i)}(\widehat{\theta}_n(i,j) - \theta(i,j)) \xrightarrow[n\to\infty]{loi} \mathcal{N}(0, \theta(i,j)(1 - \theta(i,j))).$$

Démonstration. On a, pour tous $x, i, j \in E$, sachant $\{X_0 = x\}$,

$$\frac{1}{n}N_n^i \xrightarrow[n\to\infty]{p.s.} \mu(i) \quad et \quad \frac{1}{n}N_n^{ij} \xrightarrow[n\to\infty]{p.s.} \mu(i)\theta(i,j)$$

tandis que

$$\frac{1}{\sqrt{n}}\left(N_n^{ij} - N_n^i\theta(i,j)\right) \xrightarrow[n\to\infty]{loi} \mathcal{N}(0, \mu(i)\theta(i,j)(1 - \theta(i,j))).$$

Ces convergences presque sûres découlent de la loi des grands nombres pour les chaînes de Markov Z et Y, où Y est la chaîne de Markov irréductible et récurrente d'espace d'états E^2 définie par $Y_n = (Z_n, Z_{n+1})$ et dont la loi invariante est $(i,j) \mapsto \mu(i)\theta(i,j)$. La convergence en loi découle du théorème limite central pour les chaînes de Markov. □

7.2 Filtre de Kalman

Un avion se déplace entre Paris et Londres, en tentant de suivre une trajectoire théorique définie par le plan de vol. L'avion est surveillé au sol par des contrôleurs aériens grâce à un radar qui reçoit un écho de l'avion à intervalles réguliers. La trajectoire effective de l'avion s'écarte de la trajectoire théorique pour de multiples raisons (météorologie, imprécision du pilote automatique, turbulences,...). On cherche donc à localiser l'avion au cours de son vol à partir des observations radars successives.

On note X_n l'écart (inconnu) entre la trajectoire théorique et la position de l'avion au temps n. De plus, on note Y_n la mesure donnée par le radar au temps n. Cette mesure est entachée d'erreurs à cause de l'imprécision du radar. Le problème qui se pose à l'aiguilleur est d'estimer au mieux la position de l'avion au temps n au vu des observations $Y_0, \ldots, Y_n$. Pour simplifier l'étude, on supposera que l'objet observé évolue dans un espace de dimension 1. On modélise les suites aléatoires $(X_n)_{n \geqslant 0}$ et $(Y_n)_{n \geqslant 0}$ en posant

$$\begin{cases} X_0 = W_0, \\ X_n = aX_{n-1} + W_n & n \geqslant 1, \\ Y_n = X_n + V_n & n \geqslant 0, \end{cases}$$

où a est un nombre réel déterministe, et où $(V_n)_{n \geqslant 0}$ et $(W_n)_{n \geqslant 0}$ sont des suites aléatoires indépendantes, avec $(V_n)_{n \geqslant 0}$ i.i.d. de loi gaussienne $\mathcal{N}(0, \tau^2)$ et $(W_n)_{n \geqslant 0}$ i.i.d. de loi gaussienne $\mathcal{N}(0, \sigma^2)$. Les variables aléatoires $(W_n)_{n \geqslant 0}$ représentent les fluctuations instantanées de l'écart entre position théorique et position réelle. Les variables aléatoires $(V_n)_{n \geqslant 0}$ modélisent les erreurs de mesure du radar. Le paramètre a modélise l'action du pilote.

En théorie du signal, on dit que $(X_n)_{n \geqslant 0}$ est un processus autorégressif d'ordre 1, noté AR(1), à bruit gaussien, et on a

$$X_n = \sum_{k=0}^{n} a^k W_{n-k} = \sum_{k=0}^{n} a^{n-k} W_k, \quad n \in \mathbb{N}.$$

À présent, le problème est d'estimer X_n sachant les observations $Y_0, \ldots, Y_n$. Le candidat naturel est l'espérance conditionnelle $\mathbb{E}(X_n \mid Y_0, \ldots, Y_n)$ puisque c'est la fonction des observations qui est la plus proche de X_n dans L^2 (moindre carrés). Or le caractère gaussien du modèle permet, grâce aux propriétés des vecteurs gaussiens, de calculer explicitement la loi conditionnelle Loi$(X_n \mid Y_0, \ldots, Y_n)$, en particulier sa moyenne qui est $\mathbb{E}(X_n \mid Y_0, \ldots, Y_n)$.

La première remarque importante est que pour tout $n \geqslant 1$,

$$(X_0, \ldots, X_n, Y_0, \ldots, Y_n)$$

est un vecteur aléatoire gaussien puisque toute combinaison linéaire de ses coordonnées est une combinaison linéaire des variables aléatoires gaussiennes indépendantes $(W_i)_{0 \leqslant i \leqslant n}$ et $(V_i)_{0 \leqslant i \leqslant n}$. En particulier, pour tout $n \geqslant 0$, $(X_n, Y_0, \ldots, Y_n)$ est aussi un vecteur gaussien. De plus, la loi de X_n sachant $(Y_0, \ldots, Y_n)$ est une loi gaussienne, dont on note la moyenne $\hat{X}_n$ et la variance P_n. On se propose de calculer ces quantités par récurrence. Comme pour les chaînes de Markov à espace d'états fini de la première partie du chapitre, la récurrence se fait en deux étapes. L'étape de prédiction consiste à exprimer la loi $\mathrm{Loi}(X_n \,|\, Y_0, \ldots, Y_{n-1})$ en fonction de $\mathrm{Loi}(X_{n-1} \,|\, Y_0, \ldots, Y_{n-1})$. Puis, dans l'étape de filtrage, on prend en compte l'observation Y_n pour exprimer $\mathrm{Loi}(X_n \,|\, Y_0, \ldots, Y_n)$ en fonction de $\mathrm{Loi}(X_n \,|\, Y_0, \ldots, Y_{n-1})$.

Lemme 7.5 (Lois conditionnelles). *On a*

$$\mathrm{Loi}(X_n \,|\, Y_0, \ldots, Y_n) = \mathcal{N}(\hat{X}_n, P_n)$$

où

$$\hat{X}_n = a\hat{X}_{n-1} + \frac{P_n}{\tau^2}(Y_n - a\hat{X}_{n-1}) \quad et \quad P_n = \frac{a^2\tau^2 P_{n-1} + \sigma^2\tau^2}{a^2 P_{n-1} + \sigma^2 + \tau^2}.$$

Démonstration. Tout d'abord, on rappelle le résultat suivant sur les vecteurs gaussiens, que nous appelons formule de Bayes : si $(X, Y_0, \ldots, Y_{n-1})$ est un vecteur gaussien dans $\mathbb{R}^{n+1}$ avec

$$\mathrm{Loi}(X \,|\, Y_0, \ldots, Y_{n-1}) = \mathcal{N}(\mu, \gamma^2) \quad et \quad \mathrm{Loi}(Y \,|\, Y_0, \ldots, Y_{n-1}, X) = \mathcal{N}(X, \delta^2)$$

alors

$$\mathrm{Loi}(X \,|\, Y_0, \ldots, Y_{n-1}, Y) = \mathcal{N}\left(\rho^2\left(\frac{\mu}{\gamma^2} + \frac{Y}{\delta^2}\right), \rho^2\right) \quad \text{où} \quad \frac{1}{\rho^2} := \frac{1}{\gamma^2} + \frac{1}{\delta^2}.$$

À présent, et comme annoncé, on procède par récurrence, en deux étapes.

— *Initialisation.* Puisque $Y_0 = X_0 + V_0$, on a $\mathrm{Loi}(Y_0 \,|\, X_0) = \mathcal{N}(X_0, \tau^2)$. La formule de Bayes assure que $\mathrm{Loi}(X_0 \,|\, Y_0) = \mathcal{N}(\hat{X}_0, P_0)$ où

$$\hat{X}_0 = \frac{\sigma^2}{\sigma^2 + \tau^2}Y_0 \quad et \quad P_0 = \frac{\sigma^2\tau^2}{\sigma^2 + \tau^2}.$$

— *Prédiction.* On a $\mathrm{Loi}(X_{n-1} \,|\, Y_0, \ldots, Y_{n-1}) = \mathcal{N}(\hat{X}_{n-1}, P_{n-1})$, et grâce au modèle,

$$\mathrm{Loi}(X_n \,|\, Y_0, \ldots, Y_{n-1}) = \mathcal{N}(a\hat{X}_{n-1}, a^2 P_{n-1} + \sigma^2).$$

— *Filtrage.* D'après le modèle à nouveau, il vient

$$\mathrm{Loi}(Y_n \,|\, Y_0, \ldots, Y_{n-1}, X_n) = \mathcal{N}(X_n, \tau^2).$$

On applique alors la formule de Bayes pour inverser le conditionnement entre Y_n et X_n : la loi $\mathrm{Loi}(X_n \,|\, Y_0, \ldots, Y_n) = \mathcal{N}(\hat{X}_n, P_n)$ avec

$$\frac{1}{P_n} = \frac{1}{a^2 P_{n-1} + \sigma^2} + \frac{1}{\tau^2} \quad et \quad \hat{X}_n = P_n\left(\frac{a\hat{X}_{n-1}}{a^2 P_{n-1} + \sigma^2} + \frac{Y_n}{\tau^2}\right).$$

$\square$

Remarque 7.6 (Gain suite aux observations). *La majoration*

$$P_n = \mathbb{E}\left[(X_n - \hat{X}_n)^2\right] \leqslant \mathbb{E}\left[(X_n - Y_n)^2\right] = \tau^2,$$

peu surprenante connaissant les propriétés de l'espérance conditionnelle, souligne bien que l'on gagne effectivement à utiliser toutes les observations $Y_0, \ldots, Y_n$ *plutôt que de se contenter de la dernière* Y_n.

Estimation de certains paramètres du modèle

On suppose dans cette section qu'on observe les positions de l'avion sans erreurs, c'est-à-dire qu'on a accès à la suite $(X_i)_{1 \leqslant i \leqslant n}$. On souhaite estimer les coefficients a et σ^2. La question n'est pas complètement évidente car les observations ne sont pas indépendantes.

Lemme 7.7 (Estimateur de maximum de vraisemblance). *L'estimateur de maximum de vraisemblance* $(\hat{a}, \hat{\sigma})$ *de* (a, σ) *est donné par*

$$\hat{a}_n = \frac{\sum_{k=1}^n X_{k-1} X_k}{\sum_{k=1}^n X_{k-1}^2} \quad et \quad \hat{\sigma}_n^2 = \frac{1}{n}\sum_{k=1}^n (X_k - \hat{a}_n X_{k-1})^2.$$

Démonstration. Il suffit de maximiser le logarithme de la vraisemblance donnée par

$$L_{(X_1,\ldots,X_n)}(a, \sigma) = \frac{1}{(2\pi\sigma^2)^{n/2}} \prod_{k=1}^n \exp\left(-\frac{(X_k - aX_{k-1})^2}{2\sigma^2}\right).$$

$\square$

Théorème 7.8 (Convergence et normalité). *Si* $-1 < a < 1$ *alors*

$$(\hat{a}_n, \hat{\sigma}_n) \xrightarrow[n \to \infty]{\text{p.s.}} (a, \sigma),$$

et

$$\sqrt{n}(\hat{a} - a) \xrightarrow[n \to \infty]{\text{loi}} \mathcal{N}(0, 1 - a^2), \quad et \quad \sqrt{n}(\hat{\sigma}^2 - \sigma^2) \xrightarrow[n \to \infty]{\text{loi}} \mathcal{N}(0, 2\sigma^4).$$

Démonstration. On se contente d'établir les résultats sur $\hat{a}$, en supposant σ connu et fixé. On réécrit $\hat{a}_n$ de la manière suivante :

$$\hat{a}_n = a + \frac{\sum_{k=1}^n X_{k-1} W_k}{\sum_{k=1}^n X_{k-1}^2} = a + \frac{M_n}{\sum_{k=1}^n X_{k-1}}$$

où $M_n = \sum_{k=1}^n X_{k-1} W_k$, avec $M_0 = 0$. La suite $(M_n)_{n \geqslant 0}$ est une martingale par rapport à la filtration $(\mathcal{F}_n)_n$ naturelle de W, de processus croissant

$$\langle M \rangle_0 = 0 \quad \text{et, pour } n \geqslant 1, \quad \langle M \rangle_n = \sigma^2 \sum_{k=1}^{n} X_{k-1}^2.$$

À présent, on vérifie tout d'abord, en utilisant le fait que X est un processus autorégressif d'ordre 1 AR(1) avec $|a| < 1$, que

$$\frac{\langle M \rangle_n}{n} \xrightarrow[n \to \infty]{\text{p.s.}} \frac{\sigma^4}{(1 - a^2)},$$

(on a en particulier $\langle M \rangle_n \to +\infty$ p.s. quand $n \to \infty$), puis on utilise la loi des grands nombres et le théorème limite central pour les martingales de carré intégrable, qui donnent

$$\frac{M_n}{\langle M \rangle_n} \xrightarrow[n \to \infty]{\text{p.s.}} 0 \quad \text{et} \quad \frac{M_n}{\sqrt{\langle M \rangle_n}} \xrightarrow[n \to \infty]{\text{loi}} \mathcal{N}(0, 1).$$

$\square$

7.3 Pour aller plus loin

L'*algorithme de segmentation* progressif-rétrograde remonte au moins aux travaux des années 1960 de Leonard Baum et Lloyd Welch, et peut être vu comme une instance du concept général de programmation dynamique. Les chaînes de Markov cachées ont été utilisées notamment pour la reconnaissance de la parole dans les années 1970, et pour la génomique à partir des années 1980. Le livre de Stéphane Robin, François Rodolphe, et Sophie Schbath [RRS05] propose une introduction accessible à l'utilisation des chaînes de Markov cachées en génomique. On peut également consulter à ce sujet le livre de Étienne Pardoux [Par07]. Bien que les modèles utilisés en pratique soient plus sophistiqués que celui présenté dans ce chapitre, notamment en ce qui concerne les espaces d'état $\mathcal{A}$ et $\mathcal{U}$, ils font appel aux mêmes concepts et outils. Cependant en pratique, on ne connaît pas en général les matrices de transition ni même le nombre d'états cachés pertinent pour rendre compte de la loi de la séquence, et il faut donc construire des algorithmes qui permettent en plus d'estimer ces paramètres de complexité. On pourra également consulter le livre de Jean-François Delmas et Benjamin Jourdain [DJ06] à ce sujet. D'autre part, il est possible de tester si une suite aléatoire est markovienne ou pas en utilisant par exemple N^i et N^{ij} et le test du χ^2, comme expliqué par exemple dans le livre de Didier Dacunha-Castelle et Marie Duflo [DCD83].

La partie sur le filtre de Kalman est inspirée du livre de David Williams [Wil91]. Le filtre de Kalman, présenté ici dans une version simple, est un grand classique de la théorie du signal, développé dès les années 1960 par Thorvald Thiele et Peter Swerling, et par Rudolf Kalman et Richard Bucy, notamment pour les besoins du programme Apollo de la National Aeronautics and Space Administration. On trouvera dans [Par07] l'expression du filtre de

Kalman en dimension supérieure à 1. La loi des grands nombres et le théorème limite central pour les martingales utilisé dans la preuve du théorème 7.8 sont tirés du livre [BC07]. L'estimation par maximum de vraisemblance des paramètres a, σ, τ du modèle gaussien à partir de Y sans connaître X se trouve par exemple dans le livre de Peter Brockwell et Richard Davis [BD02, Sec. 8.5].

8

Algorithme EM et mélanges

Mots-clés. Mélange de lois ; estimation paramétrique.

Outils. Formule de Bayes ; maximum de vraisemblance ; entropie relative ; loi gaussienne.

Difficulté. *

L'algorithme Expectation-Maximization (EM) fait partie des algorithmes les plus importants de la statistique. Il permet d'approcher numériquement l'estimateur de maximum de vraisemblance pour les modèles partiellement observés. De nombreuses variantes sont disponibles. Dans ce chapitre, nous illustrons la mécanique fondamentale de l'algorithme EM sur un exemple simple.

Sur une île cohabitent quatre espèces de mouettes différentes. Les ornithologues souhaitent estimer la proportion de mouettes de chaque espèce à partir de l'observation de la taille des nids. Contrairement aux oiseaux, les nids ne bougent pas, ce qui facilite le comptage. Malheureusement, les différentes espèces font des nids assez ressemblants : on ne sait pas par quelles espèces ils ont été construits. On suppose en revanche que la distribution des nids est caractéristique d'une espèce. La distribution globale de la taille des nids apparaît comme le mélange de quatre lois de probabilité, chacune rendant compte de la répartition de la taille des nids pour chaque espèce d'oiseaux.

8.1 Modèle pour les nids de mouettes

Modélisons la distribution de la taille des nids construits par l'espèce j par une loi $\mu_j = \mathcal{N}(m(j), v(j))$ de densité $\gamma_{m(j),v(j)}$. La loi μ de la taille des nids de mouettes admet donc pour densité la fonction

$$x \mapsto \sum_{j=1}^{J} \alpha(j)\gamma_{m(j),v(j)}(x) = \sum_{j=1}^{J} \frac{\alpha(j)}{\sqrt{2\pi v(j)}} \exp\left(-\frac{(x - m(j))^2}{2v(j)}\right),$$

© Springer-Verlag Berlin Heidelberg 2016
D. Chafaï and F. Malrieu, *Recueil de Modèles Aléatoires*,
Mathématiques et Applications 78, DOI 10.1007/978-3-662-49768-5_8

avec $\alpha_1 > 0, \ldots, \alpha_J > 0$ et $\alpha_1 + \cdots + \alpha_J = 1$. Cette combinaison convexe finie de densités de probabilité est appelée mélange fini [1] de populations. Si X désigne la taille du nid et Z l'espèce de l'oiseau qui l'a construit, la loi du couple (X, Z) est donnée de la manière suivante :

— la variable Z suit la loi discrète sur $\{1, \ldots, J\}$ de poids $\alpha(1), \ldots, \alpha(J)$:

$$\mathrm{Loi}(Z) = \sum_{j=1}^{J} \alpha(j) \delta_j$$

— pour tout $1 \leqslant j \leqslant J$, conditionnellement à $\{Z = j\}$, la variable X suit la loi $\mathcal{N}(m(j), v(j))$:

$$\mathrm{Loi}(X | Z = j) = \mathcal{N}(m(j), v(j)).$$

Les paramètres $(\alpha_j, m(j), v(j))_{1 \leqslant j \leqslant J}$ sont inconnus. Le vecteur α représente les coefficients du mélange tandis que les vecteurs m et v représentent respectivement les vecteurs des moyennes et des variances des lois gaussiennes. On souhaite estimer toutes ces quantités à la seule vue de la taille de n nids. Pour cela, on suppose qu'il existe θ dans l'ensemble

$$\Theta = \left\{ \theta = (\alpha_j, m_j, \sigma_j^2)_{1 \leqslant j \leqslant J} : \alpha_1 > 0, \ldots, \alpha_J > 0, \alpha_1 + \cdots + \alpha_J = 1 \right\}$$

tel que les mesures $x_1, \ldots, x_n$ de la taille de n nids soient la réalisation d'un n-échantillon $X_1, \ldots, X_n$ de loi de densité au point x de la loi de X par rapport à la mesure de Lebesgue $d\lambda$ de $\mathbb{R}$

$$f_\theta(x) = \sum_{j=1}^{J} \alpha(j) \gamma_{m(j), v(j)}(x).$$

On note $\overline{X}$ le vecteur $(X_1, \ldots, X_n)$ et $\overline{Z}$ le vecteur $(Z_1, \ldots, Z_n)$. On note dN la mesure de comptage sur $\mathbb{N}$. On introduit les notations suivantes :

— densité au point (x, z) de la loi du couple (X, Z) par rapport à $d\lambda \otimes dN$:

$$h_\theta(x, z) = \alpha(z) \gamma_{m(z), v(z)}(x), \quad x \in \mathbb{R}, \ z \in \{1, \ldots, J\},$$

— densité au point x de la loi de X par rapport à $d\lambda$:

$$f_\theta(x) = \sum_{j=1}^{J} \alpha(j) \gamma_{m(j), v(j)}(x), \quad x \in \mathbb{R},$$

— densité au point z de la loi de Z par rapport à la mesure dN :

$$g_\theta(z) = \alpha(z), \quad z \in \{1, \ldots, J\},$$

---

1. «*Finite mixture*» en anglais.

— densité au point x de la loi de X sachant Z par rapport à $d\lambda$:

$$f_\theta(x|Z = j) = \gamma_{m(j),v(j)}(x), \quad x \in \mathbb{R},$$

— densité au point z de la loi de Z sachant X par rapport à dN :

$$g_\theta(z|X = x) = \frac{\alpha(z)\gamma_{m(z),v(z)}(x)}{\sum_{j=1}^{J} \alpha(j)\gamma_{m(j),v(j)}(x)}, \quad z \in \{1, \ldots, J\}.$$

La dernière expression s'obtient grâce à la définition d'une probabilité conditionnelle : en effet, pour tout A borélien et tout $1 \leqslant z \leqslant J$,

$$\mathbb{P}(X \in A, \ Z = z) = \mathbb{P}(Z = z)\mathbb{P}(X \in A|Z = z) = \alpha(z)\int_A \gamma_{m(z),v(z)}(x)\,dx$$

et

$$\mathbb{P}(X \in A, \ Z = z) = \mathbb{P}(Z = z|X \in A)\mathbb{P}(X \in A)$$

$$= \mathbb{P}(Z = z|X \in A)\sum_{j=1}^{J} \alpha(j)\int_A \gamma_{m(j),v(j)}(x)\,dx,$$

de sorte que si A est de la forme $[x - \varepsilon, x + \varepsilon]$ avec ε tendant vers 0, alors on obtient bien

$$\alpha(z)\gamma_{m(z),v(z)}(x) = \mathbb{P}(Z = z|X = x)\sum_{j=1}^{J} \alpha(j)\gamma_{m(j),v(j)}(x).$$

8.2 Situation favorable mais irréaliste

On suppose dans cette section que l'on observe à la fois X et Z, c'est-à-dire à la fois la taille du nid et l'espèce qui a fait le nid. Estimer les paramètres inconnus est alors aisé grâce à la méthode du maximum de vraisemblance. La log-vraisemblance du modèle complet (logarithme de la densité de la loi de l'échantillon $(\overline{X}, \overline{Z})$ par rapport à la mesure $(d\lambda \otimes dN)^{\otimes n}$) s'écrit

$$L(\theta, \overline{X}, \overline{Z}) = \log \prod_{i=1}^{n} h_\theta(X_i, Z_i)$$

$$= \sum_{i=1}^{n} \left[\log \alpha(Z_i) + \log \gamma_{m(Z_i),v(Z_i)}(X_i)\right].$$

Pour un échantillon de taille n, notons, pour tout $1 \leqslant j \leqslant J$,

$$A_j = \{i = 1, \ldots, n, \ Z_i = j\} \quad \text{et} \quad C_j = \text{card}(A_j).$$

En regroupant les termes en fonction des valeurs possibles de $\overline{Z}$, on obtient

$$L(\theta, \overline{X}, \overline{Z}) = \sum_{j=1}^{J} C_j \log \alpha(j) + \sum_{j=1}^{J} \sum_{i \in A_j} \log \gamma_{m(j),v(j)}(X_i).$$

Théorème 8.1 (Estimation pour modèle complet). *La vraisemblance complète atteint son maximum en un point unique $\hat{\theta} \in \Theta$ donné par :*

$$\hat{\alpha}(j) = \frac{C_j}{n}, \quad \hat{m}(j) = \frac{1}{C_j} \sum_{i \in A_j} X_i \quad et \quad \hat{v}(j) = \frac{1}{C_j} \sum_{i \in A_j} (X_i - \hat{m}(j))^2.$$

Démonstration. Sous la contrainte $\alpha(1) + \cdots + \alpha(J) = 1$, la fonction $\theta \mapsto L(\theta, \overline{X}, \overline{Z})$ admet un unique point critique, qui s'avère être un maximum. $\square$

Ce résultat ne répond pas à la question initiale puisque, en pratique, ne sont observées que les tailles des nids $x_1, \ldots, x_n$. Il faudrait plutôt étudier la log-vraisemblance de l'échantillon $X_1, \ldots, X_n$, notée L_{obs} pour log-vraisemblance des observations, qui s'écrit :

$$L_{\mathrm{obs}}(\theta, \overline{X}) = \log \prod_{i=1}^{n} f_\theta(X_i) = \sum_{i=1}^{n} \log \left[\sum_{j=1}^{J} \alpha(j) \gamma_{m(j),v(j)}(X_i) \right].$$

Trouver un jeu de paramètres θ qui maximise cette quantité n'est pas facile.

8.3 Résolution du vrai problème

Ne disposant pas de la log-vraisemblance complète L, on la remplace par son espérance conditionnelle sachant les observations : on définit la log-vraisemblance conditionnelle des observations sous la loi de paramètre $\tilde{\theta}$, que nous noterons $L_c(\theta, \tilde{\theta}, \overline{X})$, par :

$$L_c(\theta, \tilde{\theta}, \overline{X}) = \mathbb{E}_{\tilde{\theta}}(L(\theta, \overline{X}, \overline{Z}) | \overline{X}) = \sum_{i=1}^{n} \sum_{j=1}^{J} \log h_\theta(X_i, j) g_{\tilde{\theta}}(j | X = X_i).$$

Voici l'expression de la vraisemblance conditionnelle L_c dans notre cadre de mélange gaussien.

Théorème 8.2 (Log-vraisemblance conditionnelle). *La fonction L_c est de la forme suivante :*

$$L_c(\theta, \tilde{\theta}, \overline{X}) = -\frac{n}{2} \log(2\pi) + \sum_{j=1}^{J} \left(\sum_{i=1}^{n} g_{\tilde{\theta}}(j | X = X_i) \right) \log \alpha(j)$$

$$- \frac{1}{2} \sum_{j=1}^{J} \left(\sum_{i=1}^{n} g_{\tilde{\theta}}(j | X = X_i) \right) \left(\log v(j) + \frac{(X_i - m(j))^2}{v(j)} \right).$$

Il est aisé de déterminer le maximum de la vraisemblance conditionnelle.

Théorème 8.3 (Maximum de la log-vraisemblance conditionnelle). *La fonction $\theta \mapsto L_c(\theta, \tilde{\theta}, \overline{X})$ admet un unique maximum θ_M donné par*

$$\alpha_M(j) = \frac{1}{n} \sum_{i=1}^{n} g_{\tilde{\theta}}(j|X = X_i)$$

$$m_M(j) = \frac{\sum_{i=1}^{n} X_i g_{\tilde{\theta}}(j|X = X_i)}{\sum_{i=1}^{n} g_{\tilde{\theta}}(j|X = X_i)}$$

$$v_M(j) = \frac{\sum_{i=1}^{n} (X_i - m_M(j))^2 g_{\tilde{\theta}}(j|X = X_i)}{\sum_{i=1}^{n} g_{\tilde{\theta}}(j|X = X_i)}.$$

Démonstration. Sous la contrainte $\alpha(1) + \cdots + \alpha(J) = 1$, on trouve

$$\alpha_M(j) = \frac{\sum_{i=1}^{n} g_{\tilde{\theta}}(j|X = X_i)}{\sum_{l=1}^{J} \sum_{i=1}^{n} g_{\tilde{\theta}}(l|X = X_i)} = \frac{1}{n} \sum_{i=1}^{n} g_{\tilde{\theta}}(j|X = X_i).$$

D'autre part (m_M, v_M) est un point critique du dernier terme de la log-vraisemblance conditionnelle. $\square$

L'algorithme EM consiste à répéter successivement deux étapes consécutives comme suit :
— étape E(xpectation) : étant donnée une valeur θ_k du paramètre, on calcule la log-vraisemblance conditionnelle des observations $L_c(\theta, \theta_k, \overline{X})$ avec le théorème 8.2,
— étape M(aximization) : grâce au théorème 8.3, on choisit θ_{k+1} pour que la fonction $\theta \mapsto L_c(\theta, \theta_k, \overline{X})$ soit maximale au point θ_{k+1}.

En pratique, étant données les observations $x_1, \ldots, x_n$ et des valeurs initiales des paramètres, l'algorithme consiste à répéter les calculs suivants :
— à partir du paramètre θ_k, on calcule la matrice $H^{(k)}$ de taille $n \times J$ suivante

$$H_{ij}^{(k)} = \frac{\alpha_k(j) \gamma_{m_k(j), v_k(j)}(X_i)}{\sum_{l=1}^{J} \alpha_k(l) \gamma_{m_k(l), v_k(l)}(X_i)},$$

— on en déduit θ_{k+1} par les relations suivantes :

$$\alpha_{k+1}(j) = \frac{1}{n} \sum_{i=1}^{n} H_{ij}^{(k)},$$

$$m_{k+1}(j) = \frac{\sum_{i=1}^{n} X_i H_{ij}^{(k)}}{\sum_{i=1}^{n} H_{ij}^{(k)}},$$

$$v_{k+1}(j) = \frac{\sum_{i=1}^{n} (X_i - m_{k+1}(j))^2 H_{ij}^{(k)}}{\sum_{i=1}^{n} H_{ij}^{(k)}}.$$

Le théorème 8.3 ne vaut que si nous savons estimer $\tilde{\theta}$. Dans l'algorithme EM, ceci est fait numériquement. Le résultat suivant montre que la log-vraisemblance L_{obs} est croissante le long de l'algorithme.

Théorème 8.4 (Croissance de la vraisemblance). *La suite* $(\theta_k)_{k \geqslant 0}$ *construite par l'algorithme EM vérifie la propriété de stabilité numérique suivante :*

$$L_{\text{obs}}(\theta_{k+1}, \overline{X}) \geqslant L_{\text{obs}}(\theta_k, \overline{X}),$$

où $L_{\text{obs}}(\theta, \overline{X})$ *est la log-vraisemblance des observations.*

Démonstration. Posons

$$H(\theta, \theta_k) = \mathbb{E}_{\theta_k}(\log g_\theta(\overline{Z} \,|\, \overline{X})) = \sum_{i=1}^{n} \mathbb{E}_{\theta_k}(\log g_\theta(Z_i \,|\, X_i)).$$

Puisque $h_\theta(x, z) = f_\theta(x) g_\theta(z|X = x)$, la vraisemblance conditionnelle s'écrit

$$L_c(\theta, \theta_k, \overline{X}) = L_{\text{obs}}(\theta, \overline{X}) + H(\theta, \theta_k).$$

Lors de l'étape M, la fonction $\theta \mapsto L_c(\theta, \theta_k, \overline{X})$ est maximisée en θ, d'où

$$L_c(\theta_{k+1}, \theta_k, \overline{X}) \geqslant L_c(\theta_k, \theta_k, \overline{X}).$$

On en déduit que

$$L_{\text{obs}}(\theta_{k+1}, \overline{X}) - L_{\text{obs}}(\theta_k, \overline{X}) \geqslant H(\theta_k, \theta_k) - H(\theta_{k+1}, \theta_k).$$

Par définition de H,

$$H(\theta_k, \theta_k) - H(\theta_{k+1}, \theta_k) = \mathbb{E}_{\theta_k} \log \frac{g_{\theta_k}(\overline{Z} \,|\, \overline{X})}{g_{\theta_{k+1}}(\overline{Z} \,|\, \overline{X})}.$$

En notant μ_θ la loi de $\overline{Z}$ sachant $\overline{X}$ sous $\mathbb{P}_\theta$, on remarque que la quantité ci-dessus n'est rien d'autre que l'entropie relative de μ_{θ_k} par rapport à $\mu_{\theta_{k+1}}$:

$$H(\theta_k, \theta_k) - H(\theta_{k+1}, \theta_k) = \int \log \frac{d\mu_{\theta_k}}{d\mu_{\theta_{k+1}}} d\mu_{\theta_k} = \int \frac{d\mu_{\theta_k}}{d\mu_{\theta_{k+1}}} \log \frac{d\mu_{\theta_k}}{d\mu_{\theta_{k+1}}} d\mu_{\theta_{k+1}}.$$

L'inégalité de Jensen assure que cette quantité est positive.   □

Le théorème 8.4 montre que la suite $(L_{\text{obs}}(\theta_k, \overline{X}))_{k \geqslant 0}$ est croissante. Elle converge donc vers un point critique (maximum local ou point selle) de la vraisemblance $L_{\text{obs}}(\cdot, \overline{X})$. Contrairement au cas où l'on observe en même temps X et Z, il peut exister des maxima locaux qui vont piéger l'algorithme, ce qui rend le résultat sensible au point de départ. On peut améliorer le comportement de l'algorithme en incorporant un peu d'aléa, comme par exemple dans l'algorithme du recuit simulé du chapitre 4, mais cela est un peu illusoire. De plus on ne sait pas combien d'itérations sont requises pour approcher suffisamment un maximum local. Il n'y a pas de critère d'arrêt performant.

La figure 8.1 donne l'estimation du mélange de trois gaussiennes par l'algorithme EM avec 1000 itérations et les paramètres

$$\alpha = (0.4\ 0.4\ 0.2), \quad m = (-2\ 0\ 2), \quad v = (0.3\ 0.2\ 0.2), \quad n = 1000.$$

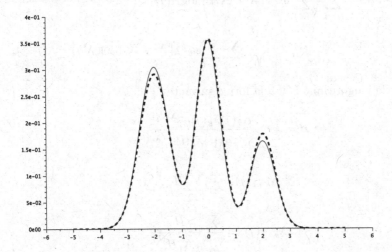

Fig. 8.1. Estimation du mélange de trois gaussiennes par l'algorithme EM.

8.4 Pour aller plus loin

Le théorème 8.3 se généralise aux familles exponentielles, de vraisemblance totale

$$L(\theta, \overline{x}, \overline{z}) = \sum_{i=1}^{n} \log h_\theta(x_i, z_i) = \sum_{i=1}^{n} \log g_\theta(z_i) + \sum_{i=1}^{n} \log f_\theta(x_i \mid Z = z_i).$$

Après intégration, il vient en rappelant que $g_\theta(z) = \alpha(z)$,

$$L_c(\theta, \tilde{\theta}, \overline{x}) = \sum_{j=1}^{J} \left(\sum_{i=1}^{n} g_{\tilde{\theta}}(j \mid X = x_i) \right) \log \alpha(j)$$

$$+ \sum_{j=1}^{J} \sum_{i=1}^{n} g_{\tilde{\theta}}(j \mid X = x_i) \log f_\theta(x_i \mid Z = j).$$

Si $\theta = (\alpha, \beta)$ où α est encore la loi mélange et $\beta(j)$ représente les paramètres de la loi $\text{Loi}(X \mid Z = j)$, on détermine séparément α_M (qui a toujours la même expression) et β_M qui s'obtient quasiment comme pour le maximum de la vraisemblance totale : on a seulement pondéré la contribution de l'observation X_i par le coefficient $g_{\tilde{\theta}}(j \mid X = X_i)$. Par exemple, si les composantes du mélange $(\text{Loi}(X \mid Z = j))_{1 \leqslant j \leqslant J}$ sont des lois exponentielles de paramètres $(\lambda(i))_{1 \leqslant i \leqslant J}$, la log-vraisemblance conditionnelle s'écrit

$$L_c(\theta, \tilde{\theta}, \overline{X}) = \sum_{j=1}^{J} \left(\sum_{i=1}^{n} g_{\tilde{\theta}}(j \mid X = X_i) \right) \log \alpha(j)$$

$$+ \sum_{j=1}^{J} \sum_{i=1}^{n} g_{\tilde{\theta}}(j \mid X = X_i)(\log \lambda(j) - \lambda(j)x_i).$$

Un pas de l'algorithme EM a la forme suivante :

$$H_{ij}^{(k)} = \frac{\alpha_k(j)\lambda_k(j)e^{-\lambda_k(j)x_i}}{\sum_{l=1}^{J} \alpha_k(l)\lambda_k(l)e^{-\lambda_k(l)x_i}},$$

$$\alpha_{k+1}(j) = \frac{1}{n} \sum_{i=1}^{n} H_{ij}^{(k)},$$

$$\lambda_{k+1}(j) = \frac{\sum_{i=1}^{n} H_{ij}^{(k)}}{\sum_{i=1}^{n} X_i H_{ij}^{(k)}}.$$

Si de nombreux travaux existaient déjà autour de cette question, c'est véritablement l'article [DLR77] de Arthur Dempster, Nan Laird, et Donald Rubin qui définit pour la première fois l'algorithme EM dans un cadre général. On trouvera dans la bibliographie de ce travail les références aux résultats antérieurs. Depuis, cet algorithme est très souvent utilisé dans des cadres et sous des formes variés. Pour réduire la dépendance aux conditions initiales, de nombreuses versions randomisées de l'algorithme EM ont été développées, inspirées notamment de l'algorithme d'approximation stochastique de Kiefer–Wolfowitz pour le calcul du maximum de fonction sous forme d'espérance, lui même inspiré de l'algorithme d'approximation stochastique de Robbins–Monro pour le calcul de zéro de fonction sous forme d'espérance. On pourra par exemple consulter à ce sujet l'article [DLM99] de Bernard Delyon, Marc Lavielle, et Éric Moulines, et le livre [Duf97] de Marie Duflo. Lorsqu'il n'est pas possible de calculer la log-vraisemblance conditionnelle, on peut utiliser une méthode de Monte-Carlo comme l'algorithme de Metropolis-Hastings du chapitre 5 pour obtenir une approximation de cette fonction dont on cherche ensuite un maximum numériquement. Ce type d'approche est étudié par exemple par Estelle Kuhn et Marc Lavielle dans [KL04].

9

Urnes d'Ehrenfest

Mots-clés. Urne ; mesure invariante ; mesure réversible ; temps de retour ; convergence à l'équilibre ; convergence abrupte.

Outils. Chaîne de Markov ; chaîne de Markov à temps continu ; couplage ; distance en variation totale ; décomposition spectrale ; collectionneur de coupons ; inégalité de Chernoff ; inégalité de Tchebychev ; théorème limite central.

Difficulté. **

Le second principe de la thermodynamique postule que pour tout système isolé, une grandeur macroscopique extensive appelée *entropie* augmente au cours du temps. Dans la théorie cinétique des gaz de Boltzmann, le second principe est une conséquence d'une approche statistique de la mécanique classique appliquée aux constituants microscopiques. Bien que séduisante, cette approche fut critiquée par les adversaires de l'atomisme. En effet, comment lever la contradiction entre la *réversibilité microscopique* héritée de la mécanique classique et l'*irréversiblité macroscopique* de la thermodynamique ? Le *modèle d'Ehrenfest* propose, dans un cas extrêmement simple, une explication à ce paradoxe. L'outil clé ici est celui des chaînes de Markov finies.

9.1 Modèle microscopique

Considérons deux récipients A et B, connectés par un petit trou, et contenant un gaz constitué de a molécules (figure 9.1). À chaque instant, l'une des a molécules, au hasard, passe d'un récipient à l'autre en empruntant le petit trou. On souhaite décrire l'évolution du système. On modélise ces deux récipients par deux urnes A et B dans lesquelles sont réparties a boules numérotées de 1 à a. On associe à une configuration, c'est-à-dire à une répartition des a boules, un élément $x = (x(1), \ldots, x(a))$ du cube discret

© Springer-Verlag Berlin Heidelberg 2016
D. Chafaï and F. Malrieu, *Recueil de Modèles Aléatoires*,
Mathématiques et Applications 78, DOI 10.1007/978-3-662-49768-5_9

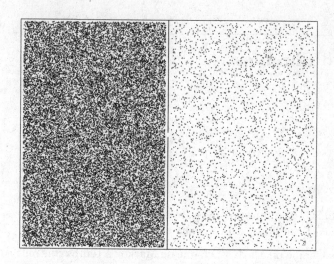

Fig. 9.1. Répartition des molécules dans les deux urnes.

$$F := \{0,1\}^a$$

où $x(i) = 1$ si la boule i est dans l'urne A et $x(i) = 0$ sinon. On dit que deux configurations x et y de F sont voisines, et on note $x \sim y$ (ou encore $x \sim_i y$), si elles ne diffèrent que d'une coordonnée (qui est i). Cette relation de voisinage définit sur F une structure de graphe non orienté dont les sommets sont les points de F et les arêtes sont les paires de sommets voisins. La marche aléatoire sur le cube discret $Y = (Y_n)_{n \geqslant 0}$ est la chaîne de Markov d'espace d'états F, dont la matrice de transition est donnée, pour tous $x, y \in F$, par

$$\mathbf{Q}(x,y) = \begin{cases} \dfrac{1}{a} & \text{si } x \sim y, \\ 0 & \text{sinon.} \end{cases}$$

Cette matrice est symétrique et en particulier doublement stochastique. Le *temps d'atteinte* de $y \in E$ est la variable aléatoire $\inf\{n \geqslant 0 : Y_n = y\}$. Sur l'événement $\{Y_0 = y\}$ ce temps d'atteinte devient un *temps de retour*.

Lemme 9.1 (Premières propriétés). *La chaîne de Markov Y d'espace d'états F et de matrice de transition $\mathbf{Q}$ est irréductible, récurrente, de période 2, et la loi uniforme sur F notée π est invariante et réversible*[1]. *De plus, le temps moyen de retour en $x \in F$ ne dépend pas de x et vaut 2^a : pour tout $x \in F$,*

---

1. C'est-à-dire que $\pi(x)\mathbf{Q}(x,y) = \pi(y)\mathbf{Q}(y,x)$ pour tous x, y. Sur les trajectoires de Y, si $Y_0 \sim \pi$ alors $(Y_0, \dots, Y_n)$ et $(Y_n, \dots, Y_0)$ ont même loi, pour tout $n \in \mathbb{N}$.

$$\mathbb{E}(\inf\{n \geqslant 0 : Y_n = x\} \,|\, Y_0 = x) = \frac{1}{\pi(x)} = 2^a.$$

La loi du temps d'atteinte de y en partant de x ne dépend que de

$$d(x,y) = \sum_{i=1}^{a} |x_i - y_i| = \|x - y\|_1.$$

Cette quantité est une distance qui compte le nombre de coordonnées différentes entre x et y. On note m_d (en oubliant un moment la dépendance en a) le temps d'atteinte moyen de y partant de x lorsque $d(x,y) = d$, c'est-à-dire

$$m_d := \mathbb{E}(\inf\{n \geqslant 0 : Y_n = y\} \,|\, Y_0 = x).$$

Théorème 9.2 (Temps moyens). *Pour $1 \leqslant d \leqslant a$, on a*

$$m_d = \sum_{i=1}^{d} \mathbf{Q}_{a-i}^{a} \quad où \quad \mathbf{Q}_i^{a} = \sum_{k=0}^{i} \frac{\binom{a}{k}}{\binom{a-1}{i}} \quad si \ 1 \leqslant i \leqslant a-1.$$

Démonstration. D'après la propriété de Markov, la suite $(m_d)_{0 \leqslant d \leqslant a+1}$ vérifie

$$\begin{cases} m_d = 1 + \dfrac{d}{a} m_{d-1} + \dfrac{a-d}{a} m_{d+1} & si \ 1 \leqslant d \leqslant a, \\ m_0 = m_{a+1} = 0, \end{cases}$$

et ce système d'équations de récurrence possède une unique solution. □

Comme Y est de période 2, la loi de Y_n ne converge pas vers la loi invariante π quand $n \to \infty$. Pour obtenir une chaîne apériodique, on la rend paresseuse [2]. Cela consiste à modifier la matrice de transition en posant, pour tous $x, y \in F$

$$\mathbf{R}(x,y) = \frac{1}{2} \mathbb{1}_{\{y=x\}} + \frac{1}{2} \mathbf{Q}(x,y).$$

La chaîne $(Z_n)_{n \geqslant 0}$ associée à la matrice de transition $\mathbf{R}$ reste sur place avec probabilité $1/2$ ou se déplace avec la même probabilité vers l'un des sommets voisins choisi selon la loi uniforme. Cette chaîne est irréductible récurrente apériodique et réversible pour la loi π. La loi de Z_n converge donc vers π quelle que soit la loi de Z_0. Nous présentons deux méthodes pour quantifier cette convergence. La première fait appel à une méthode de couplage et au collectionneur de coupons de la section 1.5. La seconde, plus fine, utilise la décomposition spectrale de $\mathbf{R}$. On note $d_{\mathrm{VT}}(\cdot, \cdot)$ la distance en variation totale étudiée dans la section 1.3.

Théorème 9.3 (Temps long et collectionneur de coupons). *Pour tout $n \geqslant 0$,*

$$\max_{x \in F} d_{\mathrm{VT}}(\mathbf{R}^n(x, \cdot), \pi) \leqslant \mathbb{P}(T_a > n),$$

où T_a est le temps de complétion d'une collection de a coupons.

---

2. «*Lazy chain*» en anglais.

Démonstration. Fixons $n \geqslant 0$. Grâce au théorème 1.5, pour tout $x \in F$,

$$
\begin{aligned}
d_{\mathrm{VT}}\left(\mathbf{R}^n(x, \cdot), \pi\right) &= d_{\mathrm{VT}}\left(\mathbf{R}^n(x, \cdot), \pi\mathbf{R}^n\right) \\
&= \frac{1}{2} \sum_{y \in F}\left|\mathbf{R}^n(x, y) - \sum_{x' \in F} \pi(x')\mathbf{R}^n(x', y)\right| \\
&\leqslant \frac{1}{2} \sum_{y \in F} \sum_{x' \in F} \pi(x')\left|\mathbf{R}^n(x, y) - \mathbf{R}^n(x', y)\right| \\
&\leqslant \max_{x' \in F} d_{\mathrm{VT}}\left(\mathbf{R}^n(x, \cdot), \mathbf{R}^n(x', \cdot)\right).
\end{aligned}
$$

Pour contrôler $d_{\mathrm{VT}}\left(\mathbf{R}^n(x, \cdot), \mathbf{R}^n(x', \cdot)\right)$, on construit un couple (Z, Z') de chaînes de Markov $Z := (Z_n)_{n \geqslant 0}$ et $Z' := (Z'_n)_{n \geqslant 0}$ de même matrice de transition $\mathbf{R}$ et de conditions initiales $Z_0 = x$ et $Z'_0 = x'$, et dont les trajectoires sont égales après un temps aléatoire (de coalescence) que l'on sait contrôler. Plus précisément on se donne deux suites indépendantes de variables aléatoires indépendantes $(U_n)_{n \geqslant 0}$ et $(V_n)_{n \geqslant 0}$ de lois respectives de Bernoulli Ber$(1/2)$ et uniforme sur $\{1, \dots, a\}$. On pose alors pour tout $n \geqslant 0$ et $1 \leqslant i \leqslant a$,

$$
\begin{cases}
Z_{n+1}(V_n) = U_n, \\
Z_{n+1}(i) = Z_n(i) \text{ si } i \neq V_n,
\end{cases}
\qquad
\begin{cases}
Z'_{n+1}(V_n) = U_n, \\
Z'_{n+1}(i) = Z'_n(i) \text{ si } i \neq V_n.
\end{cases}
$$

On vérifie aisément que Z et Z' sont bien des chaînes de Markov de matrice de transition $\mathbf{R}$. À chaque instant une coordonnée est choisie uniformément et elle est positionnée à une même valeur aléatoire pour les deux chaînes. Si les coordonnées étaient égales, elles le restent. Sinon, elles le deviennent. La loi du *temps de coalescence* global

$$
T_d := \inf\{n \geqslant 0 : Z_n = Z'_n\}
$$

ne dépend que du nombre $d := d(x, x')$ de coordonnées différentes entre x et x'. Pour toute fonction $f : F \to \mathbb{R}$, il vient, en notant $\Delta_n := f(Z_n) - f(Z'_n)$,

$$
\mathbb{E}(\Delta_n) = \underbrace{\mathbb{E}(\Delta_n \mathbb{1}_{\{T_d \leqslant n\}})}_{=0} + \mathbb{E}(\Delta_n \mathbb{1}_{\{T_d > n\}}) = \mathbb{E}(\Delta_n \mathbb{1}_{\{T_d > n\}}),
$$

ce qui donne $\mathbb{E}(\Delta_n) \leqslant 2\|f\|_\infty \mathbb{P}(T_d > n)$, d'où, grâce au théorème 1.5,

$$
\begin{aligned}
d_{\mathrm{VT}}\left(\mathbf{R}^n(x, \cdot), \mathbf{R}^n(x', \cdot)\right) &= d_{\mathrm{VT}}\left(\mathrm{Loi}(Z_n), \mathrm{Loi}(Z'_n)\right) \\
&= \frac{1}{2} \sup_{\|f\|_\infty \leqslant 1} \mathbb{E}(f(Z_n) - f(Z'_n)) \\
&\leqslant \mathbb{P}(T_d > n).
\end{aligned}
$$

Alternativement, on peut utiliser le théorème 1.9 et la définition de T_d :

$$
d_{\mathrm{VT}}\left(\mathrm{Loi}(Z_n), \mathrm{Loi}(Z'_n)\right) \leqslant \mathbb{P}(Z_n \neq Z'_n) \leqslant \mathbb{P}(T_d > n).
$$

À présent, pour contrôler la queue de distribution de T_d, on observe tout d'abord que T_d coïncide avec le premier instant où toutes les coordonnées dans $I := \{i \in \{1, \ldots, a\} : x_i \neq x_i'\}$ ont été mises à jour au moins une fois. On a $\mathrm{card}(I) = d$. Supposons pour simplifier la notation que $I = \{1, \ldots, d\}$. Si les variables aléatoires $(\tau_i)_{1 \leqslant i \leqslant d}$ désignent les temps successifs de modification d'une nouvelle coordonnée alors $T_d = \tau_d$ et les variables aléatoires $(G_i)_{1 \leqslant i \leqslant d}$ définies par $G_1 = 1$ et $G_i = \tau_i - \tau_{i-1}$ pour $2 \leqslant i \leqslant d$ sont indépendantes et de lois géométriques de paramètres respectifs $(d + 1 - i)/d$. On retrouve ici le collectionneur de coupons de la section 1.5. Il ne reste plus qu'à observer que $\mathbb{P}(T_d > n)$ croît en d, et atteint son maximum pour $d = a$, ce qui revient à prendre $x = (0, \ldots, 0)$ et $x' = (1, \ldots, 1)$.   □

Le théorème 1.14 assure que pour tout réel $c \geqslant 0$,

$$\mathbb{P}(T_a \geqslant a \log(a) + ca) \leqslant e^{-c+1/a}.$$

Le théorème suivant raffine cette estimation de $\max_{x \in F} d_{\mathrm{VT}}(\mathbf{R}^n(x, \cdot), \pi)$.

Théorème 9.4 (Temps long). *Si*

$$n = \frac{a \log(a)}{2} + ca \quad avec \quad c \geqslant 0$$

alors

$$\max_{x \in F} d_{\mathrm{VT}}(\mathbf{R}^n(x, \cdot), \pi) \leqslant \frac{e^{-c}}{\sqrt{2}}.$$

Démonstration. On munit $\mathbb{R}^F \equiv \mathbb{R}^{2^a}$ du produit scalaire usuel noté $\langle \cdot, \cdot \rangle$. La matrice stochastique $\mathbf{R}$ est symétrique[3], son spectre est réel et inclus dans

$$[-1, 1] = \mathbb{R} \cap \{z \in \mathbb{C} : |z| \leqslant 1\}.$$

De plus, il existe une base orthonormée de $\mathbb{R}^F$ formée de vecteurs propres $(f_j)_{1 \leqslant j \leqslant 2^a}$ de $\mathbf{R}$ associés aux valeurs propres $(\lambda_j)_{1 \leqslant j \leqslant 2^a}$ classées par ordre décroissant. En particulier, λ_1 vaut 1 et f_1 est la fonction constante égale à $2^{-a/2}$. Rappelons que π est la loi uniforme sur F de cardinal 2^a et donc $\pi(x) = 2^{-a}$ pour tout $x \in F$. Pour toute fonction f de F dans $\mathbb{R}$ et x de F,

$$\mathbf{R}^n(f)(x) = \sum_{j=1}^{2^a} \langle f, f_j \rangle f_j(x) \lambda_j^n = \pi(f) + \sum_{j=2}^{2^a} \langle f, f_j \rangle f_j(x) \lambda_j^n.$$

Pour la fonction $z \in F \mapsto f(z) = \mathbb{1}_y(z)$, on obtient la décomposition spectrale

---

3. Pour toute matrice de transition sur un espace d'états fini, la loi uniforme est invariante (respectivement réversible) si et seulement si la matrice est doublement stochastique (respectivement symétrique).

$$\mathbf{R}^n(x,y) = \frac{1}{2^a} + \sum_{j=2}^{2^a} f_j(x) f_j(y) \lambda_j^n.$$

À présent, d'après le théorème 1.5 et l'inégalité de Schwarz,

$$4 d_{\mathrm{VT}} \left(\mathbf{R}^n(x,\cdot), \pi(\cdot) \right)^2 = \left(\sum_{y \in F} |\mathbf{R}^n(x,y) - \pi(y)| \right)^2 \leqslant 2^a \sum_{y \in F} |\mathbf{R}^n(x,y) - \pi(y)|^2.$$

Puisque $(f_i)_i$ est une base orthonormée, la décomposition spectrale donne

$$\sum_{y \in F} |\mathbf{R}^n(x,y) - \pi(y)|^2 = \sum_{i,j=2}^{2^a} f_i(x) f_j(x) \langle f_i, f_j \rangle \lambda_i^n \lambda_j^n = \sum_{i=2}^{2^a} f_i(x)^2 \lambda_i^{2n}.$$

Par symétrie de F et $\mathbf{R}$, la quantité $\sum_{y \in F} |\mathbf{R}^n(x,y) - \pi(y)|^2$ ne dépend pas de $x \in F$. En sommant sur $x \in F$, on obtient

$$2^a \sum_{y \in F} |\mathbf{R}^n(x,y) - \pi(y)|^2 = \sum_{i=2}^{2^a} \lambda_i^{2n},$$

qui fournit la majoration

$$4 d_{\mathrm{VT}} \left(\mathbf{R}^n(x,\cdot), \pi(\cdot) \right)^2 \leqslant \sum_{i=2}^{2^a} \lambda_i^{2n}.$$

Or on peut établir que les valeurs propres de $\mathbf{R}$ sont les réels $(1 - k/a)_{0 \leqslant k \leqslant a}$ avec les multiplicités respectives $\binom{a}{k}$ pour $0 \leqslant k \leqslant a$. On a donc

$$4 d_{\mathrm{VT}} \left(\mathbf{R}^n(x,\cdot), \pi \right)^2 \leqslant \sum_{k=1}^{a} \left(1 - \frac{k}{a} \right)^{2n} \binom{a}{k}$$

$$\leqslant \sum_{k=1}^{a} e^{-2nk/a} \binom{a}{k} = \left(1 + e^{-2n/a} \right)^a - 1.$$

Le choix $n = (1/2) a \log(a) + ca$ fournit

$$4 d_{\mathrm{VT}} \left(\mathbf{R}^n(x,\cdot), \pi \right)^2 \leqslant \left(1 + \frac{e^{-2c}}{a} \right)^a - 1 \leqslant e^{e^{-2c}} - 1.$$

On a $e^{e^{-2c}} - 1 \leqslant 2 e^{-2c}$ dès que $c \geqslant 0$, d'où le résultat. □

Une autre façon de contourner le problème de la périodicité de la matrice $\mathbf{Q}$ est d'introduire une version à temps continu $(Z_t)_{t \geqslant 0}$ de la chaîne $(Y_n)_{n \geqslant 0}$. On suppose que chaque coordonnée subit une inversion[4] de 0 à 1 ou de 1 à 0 à

---

4. « *Flip* » en anglais.

des instants aléatoires. Plus précisément, soient $(N^{(i)})_{1 \leqslant i \leqslant a}$ des processus de Poisson indépendants de même intensité $1/a$. Posons

$$Z_t(i) = Z_0(i) + N_t^{(i)} \bmod 2.$$

Chaque coordonnée est modifiée indépendamment des autres à des temps exponentiels de paramètre $1/a$. Cette dynamique peut être résumée par le générateur infinitésimal du processus $\mathbf{L} = \mathbf{Q} - \mathbf{I}$: pour toute fonction f de F dans $\mathbb{R}$ et tout $x \in F$,

$$\mathbf{L}f(x) = \frac{1}{a} \sum_{y \sim x} (f(y) - f(x)) = \frac{1}{a} \sum_{i=1}^{n} (f(x_{(i)}) - f(x))$$

où $x_{(i)} \in F$ s'obtient à partir de x en inversant la i^e coordonnée. La loi uniforme π est solution de $\pi \mathbf{L} = 0$ et constitue la loi invariante de Z.

Théorème 9.5 (Temps long du modèle à temps continu). *Pour tout $t \geqslant 0$,*

$$\max_{x \in F} d_{\mathrm{VT}} (\mathrm{Loi}(Z_t \mid Z_0 = x), \pi) \leqslant \mathbb{P}(S_a > t)$$

où $S_a := \max_{1 \leqslant i \leqslant a} E_i$ et $E_1, \ldots, E_a$ sont des v.a.r. i.i.d. de loi $\mathrm{Exp}(2/a)$.

Démonstration. On reprend la méthode de preuve du théorème 9.3 par couplage. On montre tout d'abord de la même manière que pour tout $x \in F$,

$$d_{\mathrm{VT}} (\mathrm{Loi}(Z_t \mid Z_0 = x), \pi) \leqslant \max_{x' \in F} d_{\mathrm{VT}} (\mathrm{Loi}(Z_t \mid Z_0 = x), \mathrm{Loi}(Z_t \mid Z_0 = x')).$$

Ensuite on construit un couplage comme suit : les couples de coordonnées $(Z.(i), Z'.(i))_{1 \leqslant i \leqslant a}$ évoluent indépendamment et pour chaque i, $Z_t(i)$ et $Z'_t(i)$ sont indépendants tant qu'ils sont différents et restent collés lorsqu'ils se touchent. Le générateur infinitésimal $\mathbb{L}$ du processus $((Z_t, Z'_t))_{t \geqslant 0}$ est donné pour toute fonction f de $F \times F$ dans $\mathbb{R}$ et tout $(x, x') \in F \times F$ par

$$\mathbb{L}f(x, x') = \frac{1}{a} \sum_{i=1}^{a} \Big((f(x_{(i)}, x'_{(i)}) - f(x, x')) \mathbb{1}_{x_i = x'_i}$$
$$+ (f(x, x'_{(i)}) - f(x, x')) \mathbb{1}_{x_i \neq x'_i}$$
$$+ (f(x_{(i)}, x') - f(x, x')) \mathbb{1}_{x_i \neq x'_i} \Big).$$

Il coïncide avec $\mathbf{L}$ lorsque f ne dépend que de la première ou que de la seconde variable : Z et Z' sont des chaînes de générateur $\mathbf{L}$. On prend pour condition initiale $(Z_0, Z'_0) = (x, x')$. Comme dans la preuve du théorème 9.3 par couplage, la loi du temps de coalescence global

$$S_d := \inf\{t \geqslant 0 : Z_t = Z'_t\}$$

ne dépend de (x, x') qu'à travers $d := d(x, x')$, et

$$d_{\mathrm{VT}}\left(\mathrm{Loi}(Z_t \mid Z_0 = x), \mathrm{Loi}(Z_t \mid Z_0 = x')\right) \leqslant \mathbb{P}(S_d > t).$$

Pour contrôler la queue de distribution de S_d, on recherche une représentation plus commode. Il y a au départ $a - d + 2d = a + d$ transitions possibles, de même taux $1/a$, dont $2d$ provoquent une nouvelle coalescence de coordonnée. Cela donne un taux total de $\lambda = (a + d)/a$ et une probabilité de coalescence de coordonnée de $p = 2d/(a+d)$. La construction des trajectoires [5] et une propriété des lois exponentielles [6] font que la première coalescence de coordonnée a lieu au bout d'une durée aléatoire F_d de loi exponentielle de paramètre

$$p\lambda = \frac{2d}{a + d} \frac{a + d}{a} = \frac{2}{a}d.$$

Plus généralement, pour tout $i \in \{1, \ldots, d\}$, la i^{e} coalescence de coordonnée a lieu au bout d'une durée aléatoire F_{d-i+1} de loi exponentielle de paramètre

$$\frac{2(d - i + 1)}{a + d - i + 1} \frac{a + d - i + 1}{a} = \frac{2}{a}(d - i + 1).$$

Ces durées sont indépendantes, et le temps de coalescence global

$$S_d := \inf\{t \geqslant 0 : Z_t = Z_t'\}$$

a la même loi que $F_d + \cdots + F_1$ où $F_d, \ldots, F_1$ sont des v.a.r. indépendantes avec $F_k \sim \mathrm{Exp}(2k/a)$ pour tout $k \in \{1, \ldots, d\}$. Le lemme de Rényi 11.3 indique que $F_d + \cdots + F_1$ a la même loi que $\max(E_1, \ldots, E_d)$ où $E_1, \ldots, E_d$ sont des v.a.r. i.i.d. de loi exponentielle de paramètre $2/a$.

$$S_d \overset{\mathrm{loi}}{=} \max_{1 \leqslant i \leqslant d} E_i.$$

Pour tout $t \geqslant 0$, la quantité $\mathbb{P}(S_d > t)$ croît en d, et atteint son maximum $\mathbb{P}(S_a > t)$ pour $d = a$, ce qui correspond à $x = (0, \ldots, 0)$ et $x' = (1, \ldots, 1)$. $\square$

Le temps aléatoire S_a est plus facile à étudier que le temps T_a de complétion d'une collection même s'ils ont le même comportement asymptotique comme le montre le résultat suivant.

Théorème 9.6 (Temps long pour la chaîne à temps continu).

$$\frac{S_a - (a/2)\log(a)}{a/2} \overset{\mathrm{loi}}{\underset{a \to \infty}{\longrightarrow}} \mathrm{Gumbel}$$

où la loi de Gumbel a pour fonction de répartition $t \in \mathbb{R} \mapsto e^{-e^{-t}}$.

---

5. Si Z est une chaîne de Markov à temps continu et à espace d'états discret E de générateur infinitésimal $\mathbf{G} = (\mathbf{G}(x, y))_{x,y \in E}$ alors sachant que la chaîne est en x au temps t, le prochain saut a lieu au bout d'un temps exponentiel de paramètre $-\mathbf{G}(x, x)$ et se fait en $y \neq x$ avec probabilité $-\mathbf{G}(x, y)/\mathbf{G}(x, x)$.

6. Le lemme 11.4 affirme que si $G, E_1, E_2, \ldots$ sont des v.a. indépendantes avec G de loi géométrique de paramètre p et $E_1, E_2, \ldots$ de loi exponentielle de paramètre λ alors la somme aléatoire $E_1 + \cdots + E_G$ suit la loi exponentielle de paramètre $p\lambda$.

Tout comme pour T_a (théorème 1.17) il y a convergence abrupte de S_a autour de la valeur $(a/2)\log(a)$ avec une fenêtre de largeur a.

Démonstration. Pour tout $a \geqslant 1$ et $r \geqslant -\log(a)$,

$$
\begin{aligned}
\mathbb{P}\left(\frac{S_a - (a/2)\log(a)}{a/2} \leqslant r\right) &= \mathbb{P}\left(\max_{1\leqslant i\leqslant a}(E_i) \leqslant \frac{ar}{2} + \frac{a\log(a)}{2}\right) \\
&= \mathbb{P}\left(E_1 \leqslant \frac{a}{2}(r + \log(a))\right)^a \\
&= \left(1 - \frac{e^{-r}}{a}\right)^a.
\end{aligned}
$$

Ainsi, pour tout $r \in \mathbb{R}$,

$$
\mathbb{P}\left(\frac{S_a - (a/2)\log a}{a/2} \leqslant r\right) \xrightarrow[a\to\infty]{} e^{-e^{-r}},
$$

ce qui est la convergence annoncée. $\qquad\square$

9.2 Urne d'Ehrenfest

Observer l'évolution de la chaîne Y demanderait de pouvoir déterminer la position de chaque molécule ce qui est physiquement impossible car a est de l'ordre du nombre d'Avogadro [7]. La grandeur macroscopique qui nous intéresse, et que l'on peut mesurer, est la proportion ou le nombre de molécules situées dans l'urne A. Pour simplifier certaines expressions dans la suite, on sera amené à se placer parfois dans le cas où a est pair. La lettre b désignera alors toujours dans la suite l'entier $a/2$. À la chaîne de Markov Y qui décrit le système microscopiquement, on associe le processus $(X_n)_{n\geqslant 0}$ à valeurs dans

$$
E := \{0, 1, \ldots, a\}
$$

où

$$
X_n := \sum_{i=1}^{a} Y_n(i)
$$

est la somme des coordonnées de Y_n, qui décrit le système macroscopiquement.

Théorème 9.7 (Chaîne d'Ehrenfest). *Le processus $(X_n)_{n\geqslant 0}$ est une chaîne de Markov sur E de matrice de transition*

---

7. Ce nombre approximativement égal à 6.022×10^{23} définit la mole et correspond au nombre d'atomes dans 12 grammes de carbone 12. C'est aussi environ le nombre de molécules contenues dans 22.414 litres d'un gaz parfait dans les conditions normales de température ($0\,^\circ$C) et de pression (1 Atmosphère).

$$\mathbf{P}(x, x') = \begin{cases} x/a & \text{si } x' = x - 1; \\ 1 - x/a & \text{si } x' = x + 1; \quad \text{pour tous } x, x' \in E, \\ 0 & \text{sinon}, \end{cases}$$

irréductible, récurrente, de période 2. La loi binomiale $\text{Bin}(a, 1/2)$ *est invariante et réversible.*

Démonstration. Soit $\mathcal{F}_n$ et $\mathcal{G}_n$ les tribus engendrées par les suites $(X_k)_{0 \leqslant k \leqslant n}$ et $(Y_k)_{0 \leqslant k \leqslant n}$ respectivement, et soit $S(y) = y(1) + \cdots + y(a)$ pour tout $y \in F$. Puisque $X_n = S(Y_n)$, la tribu $\mathcal{F}_n$ est incluse dans la tribu $\mathcal{G}_n$. On a donc, pour toute fonction f de E dans $\mathbb{R}$,

$$\mathbb{E}(f(X_{n+1}) \,|\, \mathcal{F}_n) = \mathbb{E}(\mathbb{E}(f(X_{n+1}) \,|\, \mathcal{G}_n) \,|\, \mathcal{F}_n).$$

Par définition de X et puisque Y est une chaîne de Markov,

$$\mathbb{E}(f(X_{n+1}) \,|\, \mathcal{G}_n) = \mathbb{E}(f(S(Y_{n+1})) \,|\, \mathcal{G}_n) = \mathbb{E}(f(S(Y_{n+1})) \,|\, Y_n).$$

Enfin,

$$\mathbb{E}(f(S(Y_{n+1})) \,|\, Y_n) = \left(1 - \frac{S(Y_n)}{a}\right) f(S(Y_n) + 1) + \left(\frac{S(Y_n)}{a}\right) f(S(Y_n) - 1).$$

On a donc

$$\mathbb{E}(f(X_{n+1}) \,|\, \mathcal{F}_n) = \mathbb{E}\left(\left(1 - \frac{X_n}{a}\right) f(X_n + 1) + \left(\frac{X_n}{a}\right) f(X_n - 1) \,|\, \mathcal{F}_n\right)$$

$$= \left(1 - \frac{X_n}{a}\right) f(X_n + 1) + \left(\frac{X_n}{a}\right) f(X_n - 1),$$

et donc X est une chaîne de Markov de matrice de transition $\mathbf{P}$. Elle est irréductible puisque i et $i + 1$ communiquent pour tout $0 \leqslant i \leqslant a$ avec la convention $a + 1 = 0$. Comme l'espace d'états est fini, la matrice est récurrente (positive). Pour tout n, X_n et X_{n+1} n'ont pas la même parité or $\mathbf{P}_{0,0}^2 > 0$ donc la chaîne est de période 2. Note : en général, l'image d'une chaîne de Markov par une fonction n'est pas une chaîne de Markov.   □

9.3 Pression au fil du temps

La pression au temps n dans l'urne A est de l'ordre de

$$P_n := \frac{X_n}{a}.$$

On s'intéresse ici aux deux premiers moments de cette variable aléatoire.

Théorème 9.8 (Moyenne et variance de la pression). *Pour tout $n \in \mathbb{N}$, en notant $\alpha = 1 - 2/a$ et $\beta = 1 - 4/a$,*

$$\mathbb{E}(P_n) = \frac{1}{2} + \left(\mathbb{E}(P_0) - \frac{1}{2}\right)\alpha^n,$$

$$\mathrm{Var}(P_n) = \frac{1 - \beta^n}{4a} + \mathrm{Var}(P_0)\beta^n - \left(\mathbb{E}(P_0) - \frac{1}{2}\right)^2 (\alpha^{2n} - \beta^n).$$

Démonstration. On raisonne par conditionnement :

$$\mathbb{E}(X_{n+1} \mid X_n) = (X_n + 1)\left(1 - \frac{X_n}{a}\right) + (X_n - 1)\frac{X_n}{a}$$

$$= \alpha X_n + 1.$$

On en déduit, en prenant l'espérance, une relation de récurrence pour la suite $(\mathbb{E}(P_n))_n$ qui donne immédiatement la formule pour la moyenne. De même,

$$\mathbb{E}(X_{n+1}^2 \mid X_n) = (X_n + 1)^2 \left(1 - \frac{X_n}{a}\right) + (X_n - 1)^2 \frac{X_n}{a}$$

$$= \left(1 - \frac{4}{a}\right)X_n^2 + 2X_n + 1.$$

Ceci implique

$$\mathrm{Var}(X_{n+1}) = \beta\mathrm{Var}(X_n) + \frac{4}{a^2}\mathbb{E}(X_n)(a - \mathbb{E}(X_n))$$

$$= \beta\mathrm{Var}(X_n) + 1 - \frac{4}{a^2}\left(\mathbb{E}(X_0) - \frac{a}{2}\right)^2 \alpha^{2n}.$$

Un simple calcul fournit alors la formule pour la variance. $\square$

Remarque 9.9 (Valeurs propres et vecteurs propres). *Soit f la fonction sur E définie par $f(x) = x - b$ où $b = a/2$, qui s'identifie avec le vecteur colonne $(-b, -b+1, \ldots, b-1, b)^T$. Un calcul immédiat montre que $\mathbf{P}f = (1 - 2/a)f$. Ainsi, pour tout $n \geqslant 0$ et tout $x \in E$,*

$$\mathbb{E}(X_n \mid X_0 = x) - b = \mathbb{E}(f(X_n) \mid X_0 = x) = \mathbf{P}^n f(x) = \alpha^n f(x) = \alpha^n (x - b).$$

On retrouve la relation pour la moyenne du théorème 9.8 en prenant l'espérance par rapport à la loi de X_0. Plus généralement, on peut montrer que si $a = 2b$ est pair alors les valeurs propres de $\mathbf{P}$ sont les rationnels $(i/b)_{-b \leqslant i \leqslant b}$.

D'après le théorème 9.8, si le vide est fait dans l'urne A à l'instant initial, alors $X_0 = 0$, $P_0 = 0$, et la pression moyenne $\mathbb{E}(P_n)$ au temps n converge géométriquement vers $1/2$ quand $n \to \infty$. D'autre part $\mathrm{Var}(P_n) \leqslant 1/(4a)$ puisque $\mathrm{Var}(P_0) = 0$ et $\alpha^2 \geqslant \beta$, et l'inégalité de Tchebychev donne

$$\mathbb{P}(|P_n - \mathbb{E}(P_n)| \geqslant \varepsilon) \leqslant \frac{1}{4a\varepsilon^2}.$$

Comme a est très grand, la variable P_n est quasiment déterministe, ce qui correspond à l'expérience. La figure 9.2 donne une trajectoire de $(P_n)_{n \geqslant 0}$ pour différentes conditions initiales.

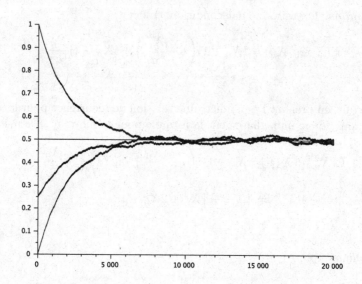

Fig. 9.2. Évolution de la proportion de molécules dans l'urne A pour différentes valeurs initiales 0, 0.25, et 1, pour $a = 4000$ molécules.

9.4 Fluctuations autour de la moyenne à l'équilibre

Supposons que le système soit à l'équilibre : X suit la loi binomiale $\mathrm{Bin}(a, 1/2)$. Alors, $P = X/a$ vérifie, en vertu du théorème limite central,

$$\mathbb{P}\left(|P - 1/2| \geqslant \frac{x}{2\sqrt{a}}\right) \underset{a \text{ grand}}{\simeq} 2(1 - \Phi(x)) \leqslant \frac{2}{x\sqrt{2\pi}} e^{-x^2/2},$$

où Φ est la fonction de répartition de la loi gaussienne standard $\mathcal{N}(0,1)$.

On peut par ailleurs obtenir une estimation non asymptotique de cette probabilité en utlisant l'inégalité de Chernoff. Plus précisément, si $(Z_i)_{1 \leqslant i \leqslant n}$ sont des variables aléatoires indépendantes et identiquement distribuées de loi de Rademacher $(1/2)(\delta_{-1} + \delta_1)$ alors, pour tout $r \geqslant 0$ et tout $\lambda > 0$,

$$\mathbb{P}\Big(\frac{1}{n}\sum_{i=1}^{n} Z_i \geqslant r\Big) = \mathbb{P}\Big(\exp\Big(\lambda\sum_{i=1}^{n} Z_i\Big) \geqslant e^{\lambda n r}\Big) \leqslant e^{-\lambda n r}\operatorname{ch}(\lambda)^n.$$

Comme $\operatorname{ch}(\lambda) \leqslant \exp(\lambda^2/2)$ (découle par exemple d'un développement en série), on obtient, après une optimisation en λ qui conduit à choisir $\lambda = r$,

$$\mathbb{P}\Big(\frac{1}{n}\sum_{i=1}^{n} Z_i \geqslant r\Big) \leqslant e^{-n r^2/2}.$$

Ceci assure que

$$\mathbb{P}(|P - 1/2| \geqslant r) \leqslant 2e^{-a r^2/2}.$$

Si $a = 6 \times 10^{23}$ alors, en prenant $r = 10^{-9}$, la probabilité de trouver une fluctuation supérieure au milliardième est inférieure à $2e^{-3\times 10^5}$. Cette probabilité extrêmement petite rend l'événement inaccessible.

9.5 Quand reverra-t-on le vide ?

La chaîne d'Ehrenfest $(X_n)_{n \geqslant 0}$ est irréductible à espace d'états fini, et elle visite donc tous les états, et le temps d'atteinte de chaque état est intégrable (en particulier fini p.s.). Ceci peut sembler paradoxal si l'on pense à l'irréversibilité macroscopique. Essayons donc d'estimer ces temps d'atteinte moyens. Le plus simple est de s'intéresser tout d'abord aux temps de retour. Sur l'événement $\{X_0 = i\}$, le temps de retour T_{ii} en i est la variable aléatoire

$$T_{ii} := \inf\{n \geqslant 1 : X_n = i\}.$$

Théorème 9.10 (Temps de retours moyens). *Si a est pair et $b := a/2$ alors*

$$\mathbb{E}(T_{00} \mid X_0 = 0) = 2^a \quad et \quad \mathbb{E}(T_{bb} \mid X_0 = b) \sim \sqrt{\pi b}.$$

Démonstration. Notons que le premier résultat découle du lemme 9.1. On sait que $\mathbb{E}(T_{ii} \mid X_0 = i)$ est égale à $1/\pi(i)$ où π est la loi invariante, qui n'est rien d'autre que $\operatorname{Bin}(a, 1/2)$. On a $\pi(i) = 2^{-a}\binom{a}{i}$, et le résultat est alors immédiat pour $i = 0$ et découle de la formule de Stirling pour $i = b$. $\qquad\square$

Il faut donc attendre un temps immense avant que l'urne A initialement vide, ne le redevienne ! On souhaite à présent plus de précision et obtenir des estimations des temps d'atteinte de 0 et b partant de 0 ou b. Soit

$$m_{i,j} := \mathbb{E}(\inf\{n \geqslant 0 : X_n = j\} \mid X_0 = i)$$

le temps moyen d'atteinte de j par la chaîne partant de i. Partant de $i+1$, la chaîne doit passer par i pour aller en 0, donc pour $0 \leqslant i < a$,

$$m_{i+1,0} = m_{i+1,i} + m_{i,0}.$$

Par symétrie, pour $0 \leqslant i < a$,

$$m_{i,i+1} = m_{a-i,a-i-1} = m_{a-i,0} - m_{a-i-1,0}.$$

Ainsi les réels $(m_{i,j})_{ij}$ sont déterminés par les réels $(m_{i,0})_i$. Remarquons à présent que $X_n = 0$ si et seulement si $Y_n = (0, \dots, 0)$. Donc le temps moyen que met X à se rendre de i à 0 est le temps moyen que met Y pour aller de n'importe quel élément de F situé à une distance i de $(0, \dots, 0)$ à $(0, \dots, 0)$, autrement dit m_i. Le théorème 9.2 assure alors que pour $0 \leqslant i \leqslant a - 1$,

$$m_{i,i+1} = m_{a-i,0} - m_{a-i-1,0} = \sum_{k=1}^{a-i} \mathbf{Q}_{a-k}^a - \sum_{k=1}^{a-i-1} \mathbf{Q}_{a-k}^a = \mathbf{Q}_i^a.$$

Corollaire 9.11 (Temps d'atteinte moyens). *On a*

$$m_{i,j} = \begin{cases} 2^a / \binom{a}{i} & si\ i = j, \\[2mm] \displaystyle\sum_{k=i}^{j-1} \mathbf{Q}_k^a & si\ i < j, \\[2mm] \displaystyle\sum_{k=a-i}^{a-j-1} \mathbf{Q}_k^a & si\ i > j. \end{cases}$$

Théorème 9.12 (Temps d'atteinte moyens). *Si a est pair et $b := a/2$ alors*

$$a\left(2\log(2) - \frac{1}{2}\right) - 2 \leqslant m_{0,b} \leqslant a\left(\frac{1}{4} + \frac{1}{2}\log(a)\right),$$

et

$$2^a\left(1 + \frac{1}{a-1}\right) \leqslant m_{0,a} \leqslant 2^a\left(1 + \frac{2}{a-1}\right).$$

Preuve du second encadrement du théorème 9.12. Pour tout $0 \leqslant i \leqslant a - 1$,

$$m_{i,i+1} + m_{i+1,i} = \frac{1}{\binom{a-1}{i}}\left(\sum_{k=0}^{i} \binom{a}{k} + \sum_{k=i+1}^{a} \binom{a}{k}\right) = \frac{2^a}{\binom{a-1}{i}}.$$

Donc

$$m_{0,b} + m_{b,0} = 2^a \sum_{i=0}^{b-1} \frac{1}{\binom{a-1}{i}}.$$

De plus, puisque $m_{b,0} = m_{b,a}$, on a

$$m_{0,a} = m_{0,b} + m_{b,a} = 2^a \sum_{i=0}^{b-1} \frac{1}{\binom{a-1}{i}}.$$

En séparant les deux premiers termes de la somme des autres, on a

$$1 + \frac{1}{a-1} \leqslant \sum_{i=0}^{b-1} \frac{1}{\binom{a-1}{i}} \leqslant 1 + \frac{1}{a-1} + \frac{b-1}{\binom{a-1}{2}}$$

ce qui fournit l'encadrement souhaité. □

Le théorème 9.12 assure que le temps mis par le système pour passer d'un état de total déséquilibre à celui d'équilibre parfait est extrêmement négligeable devant le temps mis pour l'évolution inverse. Pour un nombre de molécules égal à 100, $m_{0,50}$ est majoré par 256 tandis que $m_{50,0}$ est de l'ordre de 10^{30} soit quelques mille milliards de milliards de milliards.

9.6 Pour aller plus loin

Le temps de mélange pour la marche aléatoire sur le cube discret vérifie une propriété de convergence abrupte autour de $(a/2)\log(a)$ de fenêtre a : dans un intervalle de longueur de l'ordre de a autour de $(a/2)\log a$ la distance en variation totale entre $\mathbf{R}^n(x, \cdot)$ et π passe d'un voisinage de 1 à un voisinage de 0. La borne supérieure est fournie par le théorème 9.4, qu'on peut compléter par l'estimation suivante qui se trouve dans le livre David Levin, Yuval Peres, et Elizabeth Wilmer [LPW09] : si $n = (1/2)a\log(a) - ca$ avec $c > 0$, alors

$$\max_{x \in F} d_{\mathrm{VT}}\left(\mathbf{R}^n(x, \cdot), \pi\right) \geqslant 1 - 8e^{-(2c+1)}.$$

Ce résultat semble provenir d'un travail de Persi Diaconis et Mehrdad Shahshahani [DS87]. Les valeurs propres et vecteurs propres de la matrice de transition $\mathbf{P}$ de la chaîne d'Ehrenfest sont obtenus par Mark Kac dans [Kac47]. On peut également les obtenir à partir de ceux de la matrice de transition $\mathbf{R}$ du modèle microscopique (marche sur le cube discret) qui sont décrits dans le livre de Levin, Peres, et Wilmer [LPW09, exemple 12.15].

La relation classique entre espérance du temps de retour et loi invariante utilisée dans la preuve du théorème 9.10 est établie par exemple dans le livre de James Norris [Nor98a]. Les théorèmes 9.2 et 9.12 sont tirés du livre de John Kemeny et Laurie Snell [KS76].

Les molécules passent très vite d'une urne à l'autre. Ainsi, le temps microscopique est différent du temps macroscopique. Considérons qu'une unité de temps macroscopique corresponde à a changements d'urnes. Quelle est alors l'évolution de la pression dans cette nouvelle échelle de temps ? Le théorème 9.8 entraîne immédiatement que, pour tout $t > 0$,

$$\mathbb{E}(P_{\lfloor at \rfloor}) \xrightarrow[a \to \infty]{} \frac{1}{2} + \left(\mathbb{E}(P_0) - \frac{1}{2}\right)e^{-2t} \quad \text{et} \quad \mathbb{E}(V_{\lfloor at \rfloor}) \xrightarrow[a \to \infty]{} \mathrm{Var}(X_0)e^{-4t},$$

puisque $\lfloor at \rfloor / a$ tend vers t. Cette convergence est la partie émergée d'un iceberg : convenablement renormalisée en temps et en espace, la chaîne d'Ehrenfest converge en loi vers le processus de diffusion d'Ornstein-Uhlenbeck, comme présenté dans le chapitre 27.

Records, extrêmes, et recrutements

Mots-clés. Extrême ; statistique d'ordre.

Outils. Processus de Markov déterministe par morceaux ; martingale ; permutation aléatoire ; théorème des séries centrées ; théorème de Lindeberg-Lévy ; loi exponentielle ; loi de Pareto ; transformée de Laplace.

Difficulté. **

Un cabinet de chasseurs de têtes souhaite constituer une équipe de choc grâce à un recrutement au fil de l'eau : chaque candidat obtient une note après son entretien et les recruteurs décident dans l'instant de l'engager ou pas. Le cahier des charges est de recruter une équipe à la fois excellente et fournie. Dans ce chapitre, on compare deux politiques de recrutement différentes : une personne est recrutée si elle obtient une note supérieure à toutes celles des candidats précédents pour la première et à la moyenne de ces notes pour la seconde. La deuxième procédure, plus souple, devrait conduire à un recrutement plus important mais peut-être de qualité moindre. On modélise les notes des candidats successifs par une suite $(X_n)_{n \geqslant 1}$ de variables aléatoires réelles indépendantes et de même loi μ de fonction de répartition F. Afin d'éviter les cas particuliers, nous supposerons que F est continue sur $\mathbb{R}$. L'extrémité droite du support de μ est notée x_F :

$$x_F = \sup \{x \in \mathbb{R} : F(x) < 1\} \in \mathbb{R} \cup \{+\infty\}.$$

10.1 Élitisme

Pour tout $n \geqslant 1$, le rang relatif de X_n dans $X_1, \ldots, X_n$ est donné par

$$R_n = 1 + \sum_{k=1}^{n} \mathbb{1}_{\{X_n > X_k\}}.$$

© Springer-Verlag Berlin Heidelberg 2016
D. Chafaï and F. Malrieu, *Recueil de Modèles Aléatoires*,
Mathématiques et Applications 78, DOI 10.1007/978-3-662-49768-5_10

Le candidat n est recruté si son rang vaut n, c'est-à-dire si sa note bat le précédent record. Le nombre de records, ou de personnes recrutées, jusqu'au temps n est donné par

$$Z_n = \sum_{i=1}^{n} \mathbb{1}_{\{R_i = i\}}.$$

On définit également les instants de record par récurrence :

$$T_1 = 1 \quad \text{et, pour } j \geqslant 1, \quad T_{j+1} = \inf\{n > T_j : X_n > X_i \text{ pour } i < n\}.$$

Lemme 10.1 (Lois des rangs). *Les variables aléatoires* $(R_n)_{n\geqslant 1}$ *sont indépendantes et, pour tout* $n \in \mathbb{N}^*$, R_n *suit la loi uniforme sur* $\{1, \ldots, n\}$,

$$\mathbb{E}(Z_n) = \sum_{k=1}^{n} \frac{1}{k} = \log(n) + \gamma + \mathcal{O}(1/n),$$

et

$$\mathrm{Var}(Z_n) = \sum_{k=1}^{n} \frac{k-1}{k^2} = \log(n) + \gamma - \frac{\pi^2}{6} + \mathcal{O}(1/n),$$

où γ *désigne la constante d'Euler.*

Démonstration. La fonction de répartition F de μ est continue donc pour tous entiers i et j distincts, $\mathbb{P}(X_i \neq X_j) = 1$. En particulier, pour $n \geqslant 1$, presque sûrement, il existe une unique permutation (aléatoire) σ de $\{1, \ldots, n\}$ telle que

$$X_{\sigma(1)} < \cdots < X_{\sigma(n)}.$$

De plus la loi de cette permutation est la loi uniforme sur $\mathcal{S}_n$. Enfin, à un vecteur $(R_1, \ldots, R_n)$ on associe la permutation σ de manière bijective, d'où

$$\mathbb{P}(R_1 = r_1, \ldots, R_n = r_n) = \frac{1}{n!}$$

pour tout $(r_1, \ldots, r_n)$ vérifiant $1 \leqslant r_i \leqslant i$ pour $1 \leqslant i \leqslant n$. La v.a. Z_n est donc la somme de n v.a. de loi de Bernoulli indépendantes de paramètres $1, 1/2, \ldots,$ $1/n$. Les expressions de son espérance et de sa variance s'en déduisent. $\square$

Notons que la suite $(Z_n)_{n\geqslant 1}$ a la même loi que la suite $(|B_n|)_{n\geqslant 1}$ du processus des restaurants chinois du chapitre 14, voir également le théorème 13.5 sur la suite $(K_n)_{n\geqslant 1}$ du nombre d'allèles dans un échantillon obtenue lors de l'étude de la généalogie du modèle de Wright-Fisher.

Théorème 10.2 (Comportement asymptotique du nombre de records).

$$\frac{Z_n}{\log(n)} \xrightarrow[n\to\infty]{\text{p.s.}} 1 \quad et \quad \frac{Z_n - \log(n)}{\sqrt{\log(n)}} \xrightarrow[n\to\infty]{\text{loi}} \mathcal{N}(0,1).$$

Démonstration. La convergence presque sûre repose sur le théorème des séries centrées que nous rappelons ci-dessous.

Théorème 10.3 (Séries centrées). *Soit $(Q_n)_{n \geqslant 1}$ une suite de variables aléatoires indépendantes et centrées et une suite (déterministe) $(b_n)_{n \geqslant 1}$ strictement croissante non bornée de réels strictement positifs.*

$$Si \quad \sum_{n=1}^{\infty} \frac{\mathbb{E}(Q_n^2)}{b_n^2} < \infty, \quad alors \quad \frac{1}{b_n} \sum_{k=1}^{n} Q_k \xrightarrow[n \to \infty]{\text{p.s.}} 0.$$

Reste à présent à appliquer ce théorème à la suite $(Q_n)_{n \geqslant 1}$ définie par $Q_n = \mathbb{1}_{\{R_n = n\}} - 1/n$ pour $n \geqslant 1$ avec $b_n = \log(n)$ en remarquant

$$\frac{\text{Var}(Q_n)}{b_n^2} = \frac{n-1}{n^2 \log(n)^2}$$

est le terme général d'une série convergente.

La deuxième partie du théorème découle du théorème limite central de Lindeberg-Lévy rappelé ci-dessous. Il s'agit d'une extension du théorème de limite central aux suites de variables aléatoires indépendantes de carré intégrable, pas forcément de même loi. La condition de Lindeberg signifie que la variance totale est asymptotiquement bien répartie.

Théorème 10.4 (Lindeberg-Lévy). *Soit $(Y_i)_{i \geqslant 1}$ une suite de v.a.r. indépendantes de carré intégrable et centrées. Notons $S_n = Y_1 + \cdots + Y_n$ et s_n son écart-type. Si la condition de Lindeberg est vérifiée : pour tout $\varepsilon > 0$,*

$$\lim_{n \to \infty} \frac{1}{s_n^2} \sum_{i=1}^{n} \mathbb{E}\big[Y_i^2 \mathbb{1}_{\{|Y_i| > \varepsilon s_n\}}\big] = 0,$$

alors

$$\frac{S_n}{s_n} \xrightarrow[n \to \infty]{\text{loi}} \mathcal{N}(0, 1).$$

On applique ce théorème aux variables $Y_n = \mathbb{1}_{\{R_n = n\}} - 1/n$ pour $n \geqslant 1$ en remarquant que $\mathbb{1}_{\{|Y_i| > \varepsilon s_n\}} = 0$ pour n assez grand. $\square$

Remarque 10.5 (Avec les martingales). *Le théorème 10.2 peut également être démontré grâce à la loi des grands nombres pour les martingales et au théorème limite central pour les martingales. Posons, pour $n \geqslant 1$,*

$$M_n = Z_n - \sum_{k=1}^{n} \frac{1}{k} = \sum_{k=1}^{n} \left(\mathbb{1}_{\{R_k = k\}} - \frac{1}{k} \right).$$

Alors $(M_n)_{n \geqslant 1}$ est une martingale de carré intégrable de processus croissant

$$\langle M \rangle_n = \sum_{k=1}^{n} \frac{k-1}{k^2} = \mathcal{O}(\log(n)).$$

Ainsi, $M_n = o(\log(n))$ presque sûrement. La convergence en loi se déduit également du théorème limite central pour $(M_n)_{n \geqslant 1}$.

10.2 Au-dessus de la moyenne

On construit alors par récurrence les suites $(Y_n)_{n \geqslant 1}$, $(\overline{Y}_n)_{n \geqslant 1}$ et $(T_n)_{n \geqslant 1}$:

$$Y_1 = X_1, \quad \overline{Y}_1 = Y_1 \quad \text{et} \quad T_1 = 1,$$

puis, pour tout $n \geqslant 1$, par

$$T_{n+1} = \inf \left\{ i > T_n : X_i > \overline{Y}_n \right\}, \quad Y_{n+1} = X_{T_{n+1}}, \quad \text{et} \quad \overline{Y}_{n+1} = \frac{1}{n+1} \sum_{i=1}^{n+1} Y_i.$$

Pour tout $n \geqslant 1$, Y_n est la performance du n-ième candidat retenu, T_n est le nombre de candidats auditionnés pour en retenir n et $\overline{Y}_n$ est la moyenne des performances des n premiers candidats retenus.

Théorème 10.6 (Vers la qualité maximale).

$$\overline{Y}_n \xrightarrow[n \to \infty]{\text{p.s.}} x_F.$$

Démonstration. Presque sûrement, les variables aléatoires $(X_n)_{n \geqslant 1}$ sont strictement inférieures à x_F. Ainsi, on montre par récurrence que Y_n et $\overline{Y}_n$ sont également strictement inférieures à x_F et que par suite T_{n+1} est fini. La suite $(Y_n)_{n \geqslant 1}$ est croissante et bornée par x_F, elle converge donc vers un réel x_∞. Celui-ci est nécessairement égal à x_F car le supremum d'une infinité de v.a. indépendantes de fonction de répartition F est égal à x_F. Ainsi la suite $(Y_n)_{n \geqslant 1}$ converge presque sûrement vers x_F. Le lemme de Cesàro assure qu'il en est de même pour $(\overline{Y}_n)_{n \geqslant 1}$. □

On s'intéresse alors au nombre de candidats qu'il faudra auditionner pour former une équipe de taille donnée. Le résultat suivant permet de conclure sous une hypothèse assez souvent vérifiée en pratique sur la convergence de la suite $(\overline{Y}_n)_{n \geqslant 1}$.

Théorème 10.7 (Comportement asymptotique des auditionnés). *Soit la suite de variables aléatoires $(P_n)_{n \geqslant 1}$ définie par $P_1 = 1$ et, pour $n \geqslant 2$, $P_n = 1 - F(\overline{Y}_{n-1})$. S'il existe un réel $\alpha > 0$ et une variable aléatoire W tels que $\mathbb{P}(0 < W < \infty) = 1$ et $n^\alpha P_n \xrightarrow[n \to \infty]{\text{p.s.}} W$ alors*

$$\frac{T_n}{n^{\alpha+1}} \xrightarrow[n \to \infty]{\text{p.s.}} \frac{1}{(\alpha+1)W}.$$

Démonstration. L'idée est d'appliquer le théorème 10.3 conditionnellement à la tribu $\overline{\mathcal{F}}$ engendrée par la suite $(\overline{Y}_n)_{n \geqslant 1}$ en posant, pour $n \geqslant 1$,

$$b_n = \sum_{i=1}^n \frac{1}{P_i} \quad \text{et} \quad Q_n = T_n - T_{n-1} - \frac{1}{P_n} \quad \text{avec} \quad T_0 = 0.$$

La suite $(b_n)_{n\geqslant 1}$ est strictement croissante et tend vers $+\infty$ puisque $1/P_i$ est de l'ordre de i^α/W. Plus précisément, une comparaison série-intégrale donne

$$b_n \sim \frac{n^{\alpha+1}}{(\alpha+1)W}.$$

D'autre part, $T_n - T_{n-1}$ suit la loi géométrique de paramètre P_n donc

$$\mathbb{E}\left(\frac{Q_n^2}{b_n^2}\,\Big|\,\overline{\mathcal{F}}\right) = \frac{1-P_n}{b_n^2 P_n^2} \underset{n\to\infty}{\sim} \frac{(\alpha+1)^2}{n^2}$$

qui est le terme général d'une série convergente. Le théorème des séries centrées (théorème 10.3) assure donc que

$$\frac{1}{b_n}\sum_{k=1}^n Q_k = \frac{T_n}{b_n} - 1 \xrightarrow[n\to\infty]{\text{p.s.}} 0.$$

L'équivalent de b_n donne le résultat annoncé. $\qquad\qquad\qquad\qquad\square$

10.3 Cas de la loi exponentielle

Théorème 10.8 (Évolution de la moyenne et de l'effectif). *Supposons que les variables aléatoires $(X_n)_{n\geqslant 1}$ soient distribuées selon la loi exponentielle de paramètre λ. Alors il existe une variable aléatoire G de loi de Gumbel de fonction de répartition $x \mapsto \exp(-e^{-x})$ telle que*

$$\lambda\overline{Y}_n - \log(n) \xrightarrow[n\to\infty]{L^2} G, \quad \lambda\overline{Y}_n - \log(n) \xrightarrow[n\to\infty]{\text{p.s.}} G, \quad et \quad \frac{T_n}{n^2} \xrightarrow[n\to\infty]{\text{p.s.}} \frac{e^G}{2}.$$

Démonstration. Quitte à considérer la suite $(\lambda Y_n)_{n\geqslant 1}$, on peut supposer que $\lambda = 1$. Avec la convention $\overline{Y}_0 = 0$, posons, pour tout $n \geqslant 0$,

$$\eta_n = Y_{n+1} - \overline{Y}_n = (n+1)(\overline{Y}_{n+1} - \overline{Y}_n).$$

On a donc $\overline{Y}_n = \overline{Y}_1 + \sum_{j=1}^n \eta_{j-1}/j$. Notons $\mathcal{F}_n$ la tribu engendrée par $(Y_1,\ldots,Y_n)$. Pour tout $n \geqslant 1$, la loi conditionnelle de η_n sachant $\mathcal{F}_n$ est égale à la loi de $Y_{n+1} - \overline{Y}_n$ sachant $\overline{Y}_n$ et $\{Y_{n+1} > \overline{Y}_n\}$, d'où, en utilisant la propriété d'absence de mémoire des lois exponentielles,

$$\mathbb{P}(\eta_n > x \,|\, \mathcal{F}_n) = \mathbb{P}(Y_{n+1} > \overline{Y}_n + x \,|\, \overline{Y}_n, Y_{n+1} > \overline{Y}_n) = e^{-x}.$$

Les variables aléatoires $(\eta_n)_{n\geqslant 0}$ sont donc indépendantes et de même loi exponentielle de paramètre 1. Avec $h_n = \sum_{k=1}^n \frac{1}{k}$, on a

$$\overline{Y}_n - h_n = \sum_{k=1}^n \frac{\eta_{k-1}-1}{k}.$$

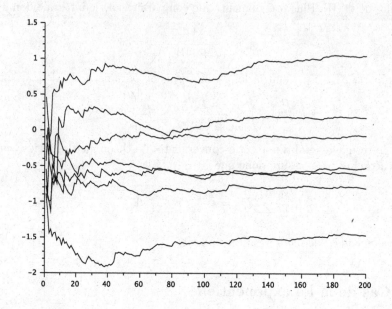

Fig. 10.1. Convergence p.s. de la suite $(\overline{Y}_n - \log(n))_{n \geqslant 2}$.

La suite $(\overline{Y}_n - h_n)_{n \geqslant 1}$ est une martingale (suite des sommes partielles de variables aléatoires indépendantes intégrables). Elle est bornée dans L^2 car

$$\mathbb{E}((\overline{Y}_n - h_n)^2) = \sum_{k=1}^{n} \frac{\mathbb{E}((\eta_{k-1} - 1)^2)}{k^2} \leqslant \mathbb{E}((\eta_0 - 1)^2)\frac{\pi^2}{6} < \infty.$$

Il existe donc une variable aléatoire G telle que $\overline{Y}_n - h_n$ converge vers G dans L^2 et presque sûrement. Reste à établir que G suit la loi de Gumbel. Nous allons le faire en établissant que $(Y_n)_{n \geqslant 1}$ converge en loi vers la loi de Gumbel.

La transformée de Laplace de $\overline{Y}_n$ notée H_n vaut, pour tout $\theta \notin \{1, \dots, n\}$,

$$H_n(\theta) = \mathbb{E}\left(e^{\theta \overline{Y}_n}\right) = \prod_{k=1}^{n} \frac{k}{k - \theta} = n!\left(\prod_{k=1}^{n}(k - \theta)\right)^{-1}.$$

Soit à présent $(Z_n)_{n \geqslant 1}$ une suite de v.a.r. i.i.d. de loi exponentielle de paramètre 1. Pour tout $n \geqslant 1$, soit $Z_{(n)} = \max(Z_1, \dots, Z_n)$. Calculons la transformée de Laplace L_n de Z_n. Grâce à une intégration par parties, on a

$$L_n(\theta) := \mathbb{E}\left(e^{\theta Z_{(n)}}\right)$$
$$= \int_0^{\infty} e^{\theta z} n e^{-z}(1 - e^{-z})^{n-1}\, dz$$

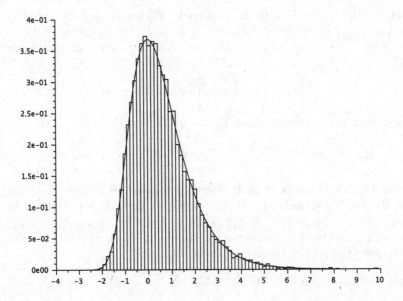

Fig. 10.2. Histogramme de la limite presque sûre de la suite aléatoire $(\overline{Y}_n - \log n)_n$ et densité de la loi de Gumbel.

$$= \frac{n}{1-\theta} \int_0^\infty e^{\theta z}(n-1)e^{-2z}\left(1 - e^{-z}\right)^{n-2} dz$$

$$= \frac{n}{1-\theta} L_{n-1}(\theta - 1),$$

et une récurrence immédiate donne

$$L_n(\theta) = \prod_{k=1}^n \frac{n+1-k}{k-\theta} = n!\left(\prod_{k=1}^n (k-\theta)\right)^{-1}.$$

On en déduit que $\overline{Y}_n$ et $Z_{(n)}$ ont même loi. En fait cette propriété ne constitue qu'une partie du lemme de Rényi 11.3. Ainsi, pour tout réel x,

$$\mathbb{P}(\overline{Y}_n - \log(n) \leqslant x) = \mathbb{P}(Z_{(n)} - \log(n) \leqslant x) = \left(1 - \frac{e^{-x}}{n}\right)^n \xrightarrow[n\to\infty]{} e^{-e^{-x}},$$

ce qui conclut la preuve des deux premiers points. Pour le dernier point, on a

$$nP_n = n(1 - F(\overline{Y}_{n-1})) = e^{-(\overline{Y}_n - \log(n))} \xrightarrow[n\to\infty]{\text{p.s.}} e^{-G},$$

ce qui donne $T_n/n^2 \xrightarrow[n\to\infty]{\text{p.s.}} e^G/2$ par le théorème 10.7. $\qquad\square$

10.4 Cas de la loi de Pareto

Théorème 10.9 (Évolution de la moyenne). *Supposons que les variables aléatoires $(X_n)_{n \geqslant 1}$ soient distribuées selon la loi de Pareto de paramètre (θ, β) avec $\theta > 0$ et $\beta > 1$, c'est-à-dire qu'elles possèdent la fonction de répartition suivante :*

$$F(x) = \left[1 - \left(\frac{\theta}{x} \right)^{\beta} \right] \mathbb{1}_{[\theta, +\infty[}(x).$$

Alors, il existe une variable aléatoire Y telle que $\mathbb{P}(0 < Y < \infty) = 1$ et

$$\frac{\overline{Y}_n}{n^{1/(\beta-1)}} \xrightarrow[n \to \infty]{\text{p.s.}} Y.$$

Démonstration. Si X suit la loi de Pareto de paramètre (θ, β) alors X/θ suit la loi de Pareto de paramètre $(1, \beta)$. On supposera donc dans la suite de la preuve que $\theta = 1$. De plus, si X suit la loi de Pareto de paramètre $(1, \beta)$, alors la loi de X sachant que $X > c$ est la loi de cX. En notant $\mathcal{F}_n$ la tribu engendrée par $(Y_1, \ldots, Y_n)$, on a, pour tout $x > 1$,

$$\mathbb{P}(Y_n > x\overline{Y}_{n-1} \,|\, \mathcal{F}_{n-1}) = \mathbb{P}(X > x\overline{Y}_{n-1} \,|\, X > \overline{Y}_{n-1}, \overline{Y}_{n-1}) = x^{-\beta}.$$

où X est une variable aléatoire de loi de Pareto de paramètre β indépendante de $\mathcal{F}_{n-1}$. En d'autres termes, la loi de $Y_n/\overline{Y}_{n-1}$ sachant $\mathcal{F}_{n-1}$ est la loi de Pareto de paramètre β. En conséquence,

$$\mathbb{E}(\overline{Y}_n \,|\, \mathcal{F}_{n-1}) = \frac{(n-1)\overline{Y}_{n-1} + \mathbb{E}(Y_n \,|\, \overline{Y}_{n-1})}{n} = \frac{n - 1 + \mathbb{E}(X)}{n} \overline{Y}_{n-1}.$$

Posons, pour $n \geqslant 1$,

$$a_n = \frac{n - 1 + \mathbb{E}(X)}{n} = 1 + \frac{1}{n(\beta - 1)} \quad \text{et} \quad b_n = \frac{1}{\prod_{j=1}^{n} a_j}.$$

La suite $(M_n)_{n \geqslant 1}$ définie par $M_n = b_n \overline{Y}_n$ est une martingale positive d'espérance 1. Elle converge donc presque sûrement vers une variable aléatoire M positive de L^1. Nous omettons ici la preuve assez technique du fait que $\mathbb{P}(0 < M < \infty) = 1$. Enfin, on remarque que

$$b_n = \exp\left(- \sum_{j=1}^{n} \log\left(1 + \frac{1}{(\beta - 1)j} \right) \right) = \exp\left(- \frac{1}{\beta - 1} \sum_{j=1}^{n} \frac{1}{j} + o(1) \right).$$

En d'autres termes, $n^{1/(\beta-1)} b_n$ converge vers un réel strictement positif. $\square$

Corollaire 10.10 (Temps de recrutement). *Il existe une variable aléatoire T à valeurs dans $(0, \infty)$ telle que*

$$\frac{T_n}{n^{(2\beta-1)/(\beta-1)}} \xrightarrow[n \to \infty]{\text{p.s.}} T.$$

Démonstration. Pour tout $n \geqslant 1$, on a $P_n = (\overline{Y}_{n-1})^{-\beta}$. Le résultat précédent assure que $n^{\beta/(\beta-1)}P_n$ converge presque sûrement vers une variable aléatoire W vérifiant $\mathbb{P}(0 < W < \infty) = 1$. On conclut alors avec le théorème 10.7. $\square$

10.5 Pour aller plus loin

On peut aussi étudier le nombre M_n de candidats retenus après n auditions et la moyenne A_n des performances des candidats retenus après n auditions.

Ce chapitre est essentiellement basé sur un article de John Preater [Pre00] pour le cas de la loi exponentielle, et sur un article de Abba Krieger, Moshe Pollak, et Ester Samuel-Cahn [KPSC08] pour le cas général. Les preuves du théorème des séries centrées (théorème 10.3) et du théorème de Lindeberg-Lévy (théorème 10.4) se trouvent par exemple dans l'incontournable livre de William Feller [Fel68].

On peut compléter le théorème 10.2 avec des inégalités de déviation non asymptotiques, à la différence du théorème de convergence en loi. Comme les variables aléatoires $(R_n)_{n \geqslant 1}$ sont à valeurs dans $[0, 1]$, l'inégalité de (Wassily) Hoeffding assure que, pour tout $r > 0$,

$$\mathbb{P}\left(Z_n - \sum_{k=1}^{n} \frac{1}{k} \geqslant r \right) \leqslant \exp\left(-\frac{2r^2}{n} \right).$$

Cette inégalité n'est en l'occurrence pas très précise car elle ne prend pas bien en compte le fait que les variances des incréments de $(Z_n)_{n \geqslant 1}$ tendent vers 0. On peut obtenir un résultat plus fin pour la déviation inférieure grâce à l'inégalité de (Andreas) Maurer pour les sommes de variables aléatoires positives [Mau03], qui donne, pour tout $r > 0$,

$$\mathbb{P}\left(Z_n - \sum_{k=1}^{n} \frac{1}{k} \leqslant -r \right) \leqslant \exp\left(-\frac{r^2}{2\log(n)} \right).$$

Citons enfin le célèbre *problème des secrétaires*[1] dont on trouve une description savoureuse dans un article de Thomas Ferguson [Fer89]. Le contexte est le même que dans notre chapitre mais on ne recrute qu'une personne parmi n candidats. La question est de déterminer la stratégie fournissant avec la probabilité maximale le meilleur candidat. La première étape est de montrer que la stratégie optimale est nécessairement de la forme suivante : on fixe r entre 1 et n, on recale les $r - 1$ premiers candidats puis on sélectionne le premier candidat qui obtient une meilleure note que ses prédécesseurs. Avec une telle

---

1. Ce problème d'arrêt optimal est un grand classique de la théorie du contrôle stochastique et de la théorie de la décision. Il est également connu sous le nom du problème du mariage (entre autres).

stratégie, on recrute le meilleur candidat au rang j (entre r et n) si et seulement si le meilleur candidat arrive en position j et si les candidats numérotés de r à $j-1$ sont moins bons que l'un des $r-1$ premiers. Ainsi,

$$\mathbb{P}(j \text{ est le meilleur et il est sélectionné}) = \frac{1}{n}\frac{r-1}{j-1}$$

et la probabilité de recruter le meilleur candidat avec cette stratégie est

$$p_n(r) = \sum_{j=r}^{n} \frac{1}{n}\frac{r-1}{j-1} = \frac{r-1}{n}\sum_{j=r}^{n}\frac{1}{j-1}.$$

Pour $x \in \,]0,1[$,

$$p_n(\lfloor xn \rfloor) = \frac{\lfloor xn \rfloor}{n}\sum_{j=\lfloor xn \rfloor}^{n}\frac{1}{j-1} \xrightarrow[n\to\infty]{} -x\log(x).$$

La probabilité maximale vaut donc $1/e$ pour un choix optimal de $r \approx n/e$.

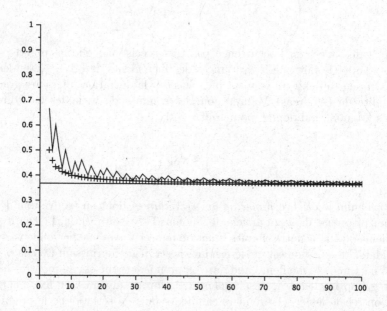

Fig. 10.3. Convergence de la probabilité optimale du meilleur choix (croix) et de la proportion idéale (trait continu) vers $1/e$.

11

File d'attente M/M/Infini

Mots-clés. Loi exponentielle ; loi binomiale ; loi de Poisson ; file d'attente ; loi invariante.

Outils. Chaîne de Markov à temps continu ; processus de Poisson ; couplage ; distance de Wasserstein ; semi-groupe ; générateur infinitésimal ; fonction génératrice ; inégalité de Markov.

Difficulté. **

Les files d'attente [1] font partie des modèles aléatoires les plus répandus et les plus utiles. Le cas le plus simple à décrire est sans doute le suivant : des clients font la queue devant un guichet appelé serveur. Les durées qui séparent les arrivées des clients successifs sont modélisées par des v.a.r. i.i.d. de loi exponentielle de paramètre λ, tandis que les durées de traitement des clients successifs par le serveur sont modélisées par des v.a.r. i.i.d. de loi exponentielle de paramètre μ. Le choix de la loi exponentielle est justifiable par sa propriété d'absence de mémoire, ce qui correspond à beaucoup de situations concrètes. On s'intéresse au nombre X_t de clients dans la file d'attente à l'instant t. Le processus $(X_t)_{t \geqslant 0}$ est une chaîne de Markov à temps continu d'espace d'états $\mathbb{N}$. Dans une nomenclature due à Kendall, on dit qu'il s'agit d'une file M/M/1 de taux λ et μ : le premier M indique l'absence de mémoire [2] des durées entre les arrivées, le second M indique l'absence de mémoire des durées de service, et le 1 final indique enfin qu'il n'y a qu'un seul serveur. Plus généralement, on peut définir des files d'attentes M/M/s, où s est un entier quelconque. Plus généralement encore la file M/M/s/K tient compte d'une taille maximale K de file d'attente ce qui modélise une salle d'attente de capacité limité. La file d'attente M/M/K/K modélise par exemple un parking avec K places. Il est possible de tenir compte de phénomènes supplémentaires comme l'impatience,

---

1. En anglais on dit «*queues*».
2. En anglais on dit «*Memoryless*».

© Springer-Verlag Berlin Heidelberg 2016
D. Chafaï and F. Malrieu, *Recueil de Modèles Aléatoires*,
Mathématiques et Applications 78, DOI 10.1007/978-3-662-49768-5_11

la priorité, la politique de traitement [3], etc. De plus les files d'attente peuvent être mises en tandem, voire en réseau, etc. Enfin, il est parfois plus réaliste de faire varier les intensités d'arrivée λ et de service μ au cours du temps, ce qui mène mathématiquement à utiliser la notion naturelle de processus ponctuel.

Ce chapitre est consacré à la file d'attente M/M/∞, qui est sans doute la file la plus simple à étudier, et qui constitue un analogue à espace discret du processus d'Ornstein-Uhlenbeck. Dans le modèle de la file d'attente M/M/∞, les durées qui séparent les arrivées des clients sont i.i.d. de loi exponentielle de paramètre λ. Chaque client dispose d'un serveur dédié dès son arrivé qui débute son traitement immédiatement, et les durées de traitement sont i.i.d. de loi exponentielle de paramètre μ, indépendantes du processus des arrivées. Une particularité de la file d'attente M/M/∞ est qu'à tout instant, le nombre de clients dans la file est égal au nombre de clients en cours de service.

La file d'attente M/M/∞ constitue une version simplifiée de la file d'attente M/M/K/K quand λ/μ est négligeable devant K. Elle modélise par exemple le nombre de voitures garées dans un parking de très grande capacité : les voitures sont les clients, les places du parking sont les serveurs, et la durée de service d'une voiture correspond à la durée d'occupation de la place de parking par la voiture. Des situations concrètes très variées peuvent bénéficier de la modélisation par la file d'attente M/M/∞.

Pour construire rigoureusement le processus $(X_t)_{t \geqslant 0}$, on se place tout d'abord dans le cas où la file est vide au temps initial : $X_0 = 0$. Les durées séparant les arrivées des clients sont modélisées par une suite $(E_n)_{n \geqslant 0}$ de v.a.r. i.i.d. de loi exponentielle de paramètre λ. Le n^e client arrive donc au temps $T_n := E_1 + \cdots + E_n$, qui suit une loi Gamma$(n, \lambda)$. Pour tout réel $t \geqslant 0$, le nombre de clients arrivés dans l'intervalle de temps $[0, t]$ est

$$N_t := \sum_{n=0}^{\infty} \mathbb{1}_{\{T_n \leqslant t\}}.$$

Le processus de comptage $(N_t)_{t \geqslant 0}$ est un processus de Poisson issu de 0 et d'intensité λ. Pour tout entier $n \geqslant 0$, on note S_n la durée de service du n^e client de sorte que ce client quitte la file au temps $T_n + S_n$. La suite $(S_n)_{n \geqslant 0}$ est constituée de v.a.r. i.i.d. de loi exponentielle de paramètre μ. On suppose que les variables aléatoires X_0, $(S_n)_{n \geqslant 0}$, $(E_n)_{n \geqslant 0}$ sont indépendantes. Pour tout $t \in \mathbb{R}_+$, le nombre de clients dans la file au temps t vaut

$$\sum_{n=0}^{\infty} \mathbb{1}_{\{T_n \leqslant t < T_n + S_n\}}.$$

Dans le cas général où X_0 n'est pas forcément nul, on introduit une suite $(S'_n)_{n \geqslant 0}$ de v.a.r. i.i.d. de loi exponentielle de paramètre μ, indépendante de X_0, et on modélise les durées de service de ces clients initiaux par $S'_0, \ldots, S'_{X_0}$.

---

3. La politique de traitement standard est FIFO (pour «*First In First Out*»).

On suppose que X_0, $(S_n)_{n\geqslant 0}$, $(S'_n)_{n\geqslant 0}$, $(E_n)_{n\geqslant 0}$ sont indépendantes. Pour tout réel $t \geqslant 0$, le nombre de clients dans la file au temps t vaut donc

$$X_t := \sum_{n=0}^{X_0} \mathbb{1}_{\{S'_n > t\}} + \sum_{n=0}^{\infty} \mathbb{1}_{\{T_n \leqslant t < T_n + S_n\}}.$$

11.1 Lois exponentielles

Les lemmes suivants sont très utiles, bien au-delà des files d'attentes. Ils jouent un rôle notamment dans la structure des processus de Markov.

Lemme 11.1 (Absence de mémoire). *Si E_1 et E_2 sont deux variables aléatoires exponentielles indépendantes de paramètres respectifs λ_1 et λ_2, alors*

$$\mathrm{Loi}(E_2 - E_1 \mid E_2 > E_1) = \mathrm{Exp}(\lambda_2) = \mathrm{Loi}(E_2)$$

c'est-à-dire que $\mathbb{P}(E_2 - E_1 > t \mid E_2 > E_1) = e^{-\lambda_2 t}$ pour tout $t \geqslant 0$.

Démonstration. Pour tout $t \geqslant 0$ on a $\mathbb{P}(E_2 > E_1 + t \mid E_2 > E_1) = e^{-\lambda_2 t}$ car

$$\mathbb{P}(E_2 > E_1) = \frac{\lambda_1}{\lambda_1 + \lambda_2}$$

tandis que $\mathbb{P}(E_2 > E_1 + t, E_2 > E_1) = \mathbb{P}(E_2 > E_1 + t)$ vaut

$$\iint_{\substack{v > u+t \\ u > 0}} \lambda_1 e^{-\lambda_1 u} \lambda_2 e^{-\lambda_2 v} \, du dv = \frac{\lambda_1}{\lambda_1 + \lambda_2} e^{-\lambda_2 t}.$$

$\square$

Lemme 11.2 (Horloges exponentielles en compétition). *Si $(E_i)_{i \in \mathcal{I}}$ est une famille finie ou infinie dénombrable de v.a.r. indépendantes de lois exponentielles de paramètres respectifs $(\lambda_i)_{i \in \mathcal{I}}$ avec $\lambda := \sum_{i \in \mathcal{I}} \lambda_i < \infty$, alors la variable aléatoire $M := \inf_{i \in \mathcal{I}} E_i$ suit la loi exponentielle $\mathrm{Exp}(\lambda)$, et de plus, presque sûrement, l'infimum est atteint en un unique entier aléatoire I, indépendant de M, dont la loi est donnée par $\mathbb{P}(I = i) = \lambda_i/\lambda$ pour tout $i \in \mathcal{I}$.*

Démonstration du lemme 11.2. Pour tout $i \in \mathcal{I}$ et tout $x \in \mathbb{R}_+$,

$$\mathbb{P}(\min_{k \neq i}(E_k) > E_i \geqslant x) = \lambda_i \int_x^{\infty} \prod_{k \neq i} \mathbb{P}(E_k > y) \, e^{-\lambda_i y} \, dy = \frac{\lambda_i}{\lambda} e^{-\lambda x}.$$

C'est la formule pour $\mathbb{P}(I = i, M \geqslant x)$, qui donne la loi du couple (I, M). $\square$

Lemme 11.3 (Lemme de Rényi sur la statistique d'ordre exponentielle). *Si $E_1, \ldots, E_n$ sont des v.a.r. i.i.d. de loi exponentielle $\mathrm{Exp}(\lambda)$, et si*

$$\min(E_1, \ldots, E_n) = E_{(1)} < \cdots < E_{(n)} = \max(E_1, \ldots, E_n)$$

est le réordonnement croissant (statistique d'ordre) de $E_1, \ldots, E_n$, alors

$$(E_{(1)}, \ldots, E_{(n)}) \overset{\text{loi}}{=} \left(\frac{E_1}{n}, \cdots, \frac{E_1}{n} + \cdots + \frac{E_n}{1} \right).$$

En particulier, pour tout $1 \leqslant k \leqslant n$, avec la convention $E_0 := 0$,

$$E_{(k)} \overset{\text{loi}}{=} \frac{E_1}{n} + \cdots + \frac{E_k}{n-k+1} = E_{(k-1)} + \frac{E_k}{n-k+1}.$$

Démonstration. Pour le voir, on écrit, pour toute fonction mesurable et bornée $\varphi : \mathbb{R}^n \to \mathbb{R}$, en utilisant des changements de variables,

$$\mathbb{E}(\varphi(E_{(1)}, \ldots, E_{(n)})) = \int_{[0,\infty)^n} \varphi(x_{(1)}, \ldots, x_{(n)})\, \lambda^n e^{-\lambda(x_1 + \cdots + x_n)}\, dx_1 \cdots dx_n$$

$$= n! \int_{0 \leqslant y_1 < \cdots < y_n} \varphi(y_1, \ldots, y_n)\, \lambda^n e^{-\lambda(y_1 + \cdots + y_n)}\, dy_1 \cdots dy_n$$

$$= \int_{[0,\infty)^n} \varphi(z_1, \ldots, z_1 + \cdots + z_n)\, n! \lambda^n e^{-\lambda(nz_1 + \cdots + 1 z_n)}\, dz,$$

où $dz := dz_1 \cdots dz_n$, ce qui signifie que les variables aléatoires

$$E_{(1)}, E_{(2)} - E_{(1)}, \ldots, E_{(n)} - E_{(n-1)}$$

sont indépendantes avec $E_{(k)} - E_{(k-1)} \sim \mathrm{Exp}((n-k+1)\lambda)$, $1 \leqslant k \leqslant n$. $\square$

Notons au passage que l'identité en loi concernant le minimum

$$\min(E_1, \ldots, E_n) = E_{(1)} \overset{\text{loi}}{=} \frac{1}{n} E_1$$

est un cas spécial du lemme 11.2 avec $I = \{1, \ldots, n\}$ et $\lambda_1 = \cdots = \lambda_n$. D'autre part, l'identité en loi concernant le maximum

$$\max(E_1, \ldots, E_n) = E_{(n)} \overset{\text{loi}}{=} \frac{E_1}{n} + \cdots + \frac{E_n}{1}$$

est démontrée autrement dans la preuve du théorème 10.8 (transformée de Laplace) ainsi que dans la preuve du théorème 13.4 (via la densité, par récurrence sur n). Elle apparaît également dans les chapitres 1, 9, et 17 (processus de Yule). Nous l'utilisons dans la section suivante pour le temps de demi-vie.

Lemme 11.4 (Stabilité par sommation géométrique). *Soient $G, E_1, E_2, \ldots$ des variables aléatoires indépendantes avec G de loi géométrique de paramètre $p \in {]}0, 1]$ et $E_1, E_2, \ldots$ de loi exponentielles de paramètre λ. Alors la somme aléatoire $E_1 + \cdots + E_G$ suit la loi exponentielle de paramètre $p\lambda$.*

Comme $E_1 + \cdots + E_n \sim \text{Gamma}(n, \lambda)$, cela nous dit qu'un mélange géométrique de lois Gamma de même paramètre d'échelle est une loi exponentielle.

Démonstration. Pour tout $t \in \mathbb{R}$ et tout $k \geqslant 1$, on a $\mathbb{E}(e^{it E_k}) = \lambda/(\lambda - it)$, et

$$
\mathbb{E}(e^{it(E_1 + \cdots + E_G)}) = \sum_{n=1}^{\infty} \mathbb{E}(e^{it(E_1 + \cdots + E_n)}) \mathbb{P}(G = n)
$$

$$
= \sum_{n=1}^{\infty} \mathbb{E}(e^{it E_1})^n (1 - p)^{n-1} p
$$

$$
= \frac{p \mathbb{E}(e^{it E_1})}{1 - \mathbb{E}(e^{it E_1})(1 - p)}
$$

$$
= \frac{\lambda p}{\lambda p - it}.
$$

$\square$

Le lemme 11.4 indique que si on accepte chaque client du processus de Poisson des arrivées (de paramètre λ) avec probabilité p alors le processus «aminci» résultant est un processus de Poisson d'intensité $p\lambda$.

Le lemme suivant achève notre petit catalogue de propriétés fondamentales des lois exponentielles. Il implique par exemple que les trajectoires du processus de Poisson $(N_t)_{t \geqslant 0}$ sont bien définies (elles n'explosent pas).

Lemme 11.5 (Loi du zéro-un). *Si $(E_n)_{n \geqslant 1}$ sont des v.a.r. indépendantes de lois exponentielles de paramètres respectifs $(\lambda_n)_{n \geqslant 1}$ avec $0 < \lambda_n < \infty$ pour tout $n \geqslant 1$, alors l'événement $\{\sum_{n=1}^{\infty} E_n = \infty\}$ est de probabilité 0 ou 1 et*

$$
\mathbb{P}\Big(\sum_{n=1}^{\infty} E_n = \infty\Big) = 1 \quad \text{si et seulement si} \quad \sum_{n=1}^{\infty} \frac{1}{\lambda_n} = \infty.
$$

La série $\sum_{n=1}^{\infty} E_n$ diverge p.s. si et seulement si elle diverge en moyenne.

Démonstration. La variable $T_\infty = \sum_{n=1}^{\infty} E_n$ prend ses valeurs dans l'ensemble $\mathbb{R}_+ \cup \{\infty\}$. Le théorème de convergence monotone donne $\mathbb{E}(T_\infty) = \sum_{n=1}^{\infty} 1/\lambda_n$ dans $\mathbb{R}_+ \cup \{\infty\}$. Par conséquent, si $\sum_{n=1}^{\infty} 1/\lambda_n < \infty$ alors $\mathbb{E}(T_\infty) < \infty$ et donc $\mathbb{P}(T_\infty = \infty) = 0$. L'indépendance n'a pas été utilisée. Réciproquement, le théorème de convergence monotone et l'indépendance donnent

$$
\mathbb{E}[e^{-T_\infty}] = \prod_{n=1}^{\infty} \mathbb{E}[e^{-E_n}] = \prod_{n=1}^{\infty} \Big(1 + \frac{1}{\lambda_n}\Big)^{-1}.
$$

Or $\sum_{n=1}^{\infty} 1/\lambda_n = \infty$ si et seulement si $\prod_{n=1}^{\infty}(1 + 1/\lambda_n)^{-1} = 0$, car pour toute suite $(a_n)_{n \geqslant 1}$ de réels positifs, le produit $\prod_{n=1}^{\infty}(1 + a_n)$ converge si et seulement si la série $\sum_{n=1}^{\infty} a_n$ converge. Ainsi, si $\sum_{n=1}^{\infty} 1/\lambda_n = \infty$, alors $\mathbb{E}(\exp(-T_\infty)) = 0$, et donc $\mathbb{P}(T_\infty = \infty) = 1$. $\square$

11.2 Temps de demi-vie des clients initiaux

Si $\mu = 0$ alors le processus $(X_t)_{t \geqslant 0}$ coïncide avec le processus de Poisson $(X_0 + N_t)_{t \geqslant 0}$ issu de X_0 et d'intensité λ, où $(N_t)_{t \geqslant 0}$ est le processus de Poisson des arrivées, d'où $X_t \to +\infty$ p.s. quand $t \to \infty$ si $X_0 > 0$ et $\lambda > 0$.

On s'intéresse plutôt dans cette section au cas où $\lambda = 0$ et $X_0 = N$. La file comporte N clients au temps $t = 0$, et aucun nouveau client n'arrive. Dans ce cas, le processus $(X_t)_{t \geqslant 0}$ est un processus de mort pur, et X_t suit la loi $\text{Bin}(N, e^{-\mu t})$, d'où $X_t \to 0$ p.s. quand $t \to \infty$ si $\mu > 0$ ou si $X_0 = 0$. Avec les notations de l'introduction, les durées de service des N clients initiaux sont $S'_1, \ldots, S'_N$. Les instants de fin de service successifs sont notés $(T_n^{(N)})_{1 \leqslant n \leqslant N}$:

$$\min(S'_1, \ldots, S'_n) = T_1^{(N)} \leqslant \cdots \leqslant T_N^{(N)} = \max(S'_1, \ldots, S'_n).$$

On a $X_t = 0$ si $t > T_N^{(N)}$. Le lemme de Rényi 11.3 indique que les v.a.r.

$$(\tau_n^{(N)})_{1 \leqslant n \leqslant N} \quad \text{où} \quad \tau_n^{(N)} := T_n^{(N)} - T_{n-1}^{(N)} \quad \text{et} \quad T_0^{(N)} := 0$$

sont indépendantes de lois exponentielles de paramètres respectifs

$$((N - n + 1)\mu)_{1 \leqslant n \leqslant N}.$$

On s'intéresse au temps de demi-vie $T_{\lfloor N/2 \rfloor}^{(N)}$, c'est-à-dire au temps au bout duquel la moitié des N clients initiaux a quitté la file.

Théorème 11.6 (Convergence du temps de demi-vie). *On a*

$$T_{\lfloor N/2 \rfloor}^{(N)} \xrightarrow[N \to \infty]{\text{p.s.}} \frac{\log(2)}{\mu}.$$

Démonstration. Pour alléger les notations et simplifier, on omet l'exposant «(N)», on suppose que N est pair, et on pose $M := N/2$. On observe tout d'abord que

$$\mathbb{E}(T_{N/2}) = \sum_{n=1}^{N/2} \mathbb{E}(\tau_n) = \frac{1}{\mu} \sum_{n=1}^{N/2} \frac{1}{N - n + 1}$$
$$= \frac{1}{\mu}(H(N) - H(N/2)) = \frac{\log(2)}{\mu} + o(1),$$

où $H(n)$ est la série harmonique. De plus,

$$T_M - \mathbb{E}(T_M) = \sum_{n=1}^{M} (\tau_n - \mathbb{E}(\tau_n)),$$

où les variables $(\tau_n - \mathbb{E}(\tau_n))_{n \geqslant 1}$ sont indépendantes et centrées et $\tau_n - \mathbb{E}(\tau_n)$ a la même loi que $(E - 1)/\mu(N + 1 - n)$ où E suit la loi exponentielle de paramètre 1. Pour établir la convergence, nous allons utiliser l'inégalité de Markov avec un moment d'ordre suffisamment élevé pour assurer la convergence. Le moment d'ordre 4 se contrôle comme suit :

$$\mathbb{E}\Big[\big(T_M - \mathbb{E}(T_M)\big)^4\Big] = \sum_{n=1}^{M} \mathbb{E}\big[(\tau_n - \mathbb{E}(\tau_n))^4\big]$$
$$+ 6 \sum_{1 \leqslant m \neq n \leqslant M} \mathbb{E}\big[(\tau_n - \mathbb{E}(\tau_n))^2\big] \mathbb{E}\big[(\tau_m - \mathbb{E}(\tau_m))^2\big]$$
$$= \frac{\mathbb{E}\big[(E-1)^4\big]}{\mu^4} \sum_{n=M+1}^{N} \frac{1}{n^4}$$
$$+ 6 \frac{\big(\mathbb{E}[(E-1)^2]\big)^2}{\mu^4} \sum_{1+M \leqslant m \neq n \leqslant N} \frac{1}{n^2}\frac{1}{m^2}$$
$$= \frac{9}{\mu^4} \sum_{n=M+1}^{N} \frac{1}{n^4} + \frac{6}{\mu^4}\left(\sum_{n=M+1}^{N} \frac{1}{n^2}\right)^2,$$

puisque $\mathbb{E}((E-1)^2) = 1$ et $\mathbb{E}((E-1)^4) = 9$. Ainsi

$$\mathbb{E}\Big[\big(T_M - \mathbb{E}(T_M)\big)^4\Big] = \mathcal{O}(N^{-2}).$$

L'inégalité de Markov assure alors que, pour tout $r \geqslant 0$,

$$\mathbb{P}(|T_M - \mathbb{E}(T_M)| \geqslant r) \leqslant \frac{C}{r^4 N^2}.$$

Le lemme de Borel-Cantelli donne enfin $T_M \xrightarrow[N \to \infty]{\text{p.s.}} \log(2)/\mu$. $\qquad\square$

Remarque 11.7 (Demi-vie et radioactivé). *La durée de vie des atomes de Carbone 14 est bien modélisée par une variable aléatoire de loi exponentielle de demi-vie 5734 ans. Ceci permet aux archéologues de dater les échantillons de matière organique.*

11.3 Loi du nombre de clients

Cette section est dédiée au calcul de la loi de X_t. Ce calcul est mené avec deux méthodes différentes.

Théorème 11.8 (Loi de X_t). *Pour tout $k \in \mathbb{N}$ et tout $t \geqslant 0$,*

$$\mathrm{Loi}(X_t \mid X_0 = k) = \mathrm{Bin}(k, e^{-\mu t}) * \mathrm{Poi}\Big(\frac{\lambda}{\mu}\big(1 - e^{-\mu t}\big)\Big)$$

avec la convention $\mathrm{Bin}(0, p) = \delta_0$. De plus, si $X_0 \sim \mathrm{Poi}(\alpha)$ alors

$$X_t \sim \mathrm{Poi}\Big(\frac{\lambda}{\mu}\big(1 - e^{-\mu t}\big) + \alpha e^{-\mu t}\Big).$$

Démonstration. Adoptons les notations de l'introduction. Par indépendance,

$$\text{Loi}(X_t \mid X_0 = k) = \text{Loi}\left(\sum_{n=0}^{X_0} \mathbb{1}_{\{S'_n > t\}} \,\Big|\, X_0 = k\right) * \text{Loi}\left(\sum_{n=0}^{\infty} \mathbb{1}_{\{T_n \leqslant t < T_n + S_n\}}\right).$$

À nouveau par indépendance (de X_0 et de $(S'_n)_{n \geqslant 0}$ cette fois) on a

$$\text{Loi}\left(\sum_{n=0}^{X_0} \mathbb{1}_{\{S'_n > t\}} \,\Big|\, X_0 = k\right) = \text{Loi}\left(\sum_{n=0}^{k} \mathbb{1}_{\{S'_n > t\}}\right) = \text{Bin}(k, e^{-\mu t})$$

car $\mathbb{1}_{\{S'_1 > t\}}, \dots, \mathbb{1}_{\{S'_k > t\}}$ sont des variables aléatoires i.i.d. de loi de Bernoulli $\text{Ber}(e^{-\mu t})$. Il ne reste plus qu'à établir que

$$\text{Loi}(Y_t) = \text{Poi}\left(\frac{\lambda}{\mu}\left(1 - e^{-\mu t}\right)\right) \quad \text{où} \quad Y_t := \sum_{n=0}^{\infty} \mathbb{1}_{\{T_n \leqslant t < T_n + S_n\}}.$$

Rappelons que N_t est le processus de Poisson qui compte les tops $(T_n)_{n \geqslant 1}$. Pour $t > 0$, la variable aléatoire N_t suit la loi de Poisson de paramètre λt. De plus, sachant que $N_t = n$, la loi des n instants de saut est celle d'un n-échantillon réordonné de v.a.r. i.i.d. de loi uniforme sur $[0, t]$. D'autre part, un client arrivé à un instant aléatoire de loi uniforme sur $[0, t]$ est encore présent dans la file à l'instant t avec probabilité

$$q(t) := \frac{1}{t} \int_0^t (1 - F_\mu(s)) \, ds = \frac{1}{\mu t}(1 - e^{-\mu t}),$$

où F_μ est la fonction de répartition de la loi $\text{Exp}(\mu)$. On obtient donc, par indépendance, pour tout $k \in \mathbb{N}$,

$$\begin{aligned}
\mathbb{P}(Y_t = k) &= \sum_{n=k}^{\infty} \mathbb{P}(Y_t = k \mid N_t = n)\mathbb{P}(N_t = n) \\
&= \sum_{n=k}^{\infty} \binom{n}{k} q(t)^k (1 - q(t))^{n-k} e^{-\lambda t} \frac{(\lambda t)^n}{n!} \\
&= e^{-\lambda t q(t)} \frac{(\lambda t q(t))^k}{k!},
\end{aligned}$$

ce qui montre bien que Y_t suit la loi de Poisson de paramètre $\lambda(1 - e^{-\mu t})/\mu$. $\square$

Remarque 11.9 (Loi de service quelconque et file d'attente M/G/∞). *Si les durées de service sont i.i.d. de loi de fonction de répartition F quelconque, alors la preuve du théorème (11.8) permet d'établir que la loi de X_t sachant $X_0 = 0$ est la loi de Poisson de paramètre*

$$\lambda \int_0^t (1 - F(s)) \, ds.$$

On parle dans ce cas de file d'attente M/G/∞, où G signifie «General».

Il s'avère que le théorème 11.8 peut également être obtenu en utilisant les équations de Chapman-Kolmogorov. Cette approche reste valable pour les chaînes de Markov à temps continu, bien au-delà du cas particulier étudié.

Théorème 11.10 (Équations de Chapman-Kolmogorov). *Pour tous $t \in \mathbb{R}_+$ et $n \in \mathbb{N}$, soit $p_n(t) := \mathbb{P}(X_t = n)$. Les fonctions $(p_n)_{n \in \mathbb{N}}$ sont de classe $\mathcal{C}^1$ et vérifient le système infini d'équations différentielles linéaires suivant :*

$$\forall n \in \mathbb{N}, \quad p_n'(t) = -(\lambda + n\mu)p_n(t) + \lambda p_{n-1}(t) + (n+1)\mu p_{n+1}(t),$$

avec $p_{-1}(t) := 0$ pour tout $t \geqslant 0$, la loi initiale $(p_n(0))_{n \in \mathbb{N}}$ étant donnée.

Démonstration. Pour calculer $p_n(t + h)$, on remarque que si $X_{t+h} = n$ alors l'une des conditions incompatibles suivantes est réalisée :

1. $X_u = n$ pour tout $u \in [t, t + h]$;
2. $X_t = n - 1$ et une seule transition a lieu $(n - 1 \to n)$ dans l'intervalle de temps $[t, t + h]$;
3. $X_t = n + 1$ et une seule transition a lieu $(n + 1 \to n)$ dans l'intervalle de temps $[t, t + h]$;
4. dans l'intervalle de temps $[t, t + h]$, au moins deux transitions ont lieu.

D'après les lemmes 11.1 et 11.2, le processus reste dans l'état n un temps aléatoire de loi exponentielle de paramètre $\lambda + n\mu$ puis saute de n à $n - 1$ ou $n+1$ avec probabilités respectives $n\mu/(\lambda+n\mu)$ et $\lambda/(\lambda+n\mu)$. En conditionnant par l'évènement $\{X_t = n\}$, on en déduit l'égalité

$$p_n(t + h) = p_n(t)\{1 - \lambda h - n\mu h\} + \lambda h p_{n-1}(t) + (n + 1)\mu h p_{n+1}(t) + o(h).$$

Le résultat désiré s'obtient en faisant tendre h vers 0. $\qquad \square$

Le corollaire ci-dessous du théorème 11.10 affirme que la fonction génératrice de X_t est solution d'une équation aux dérivées partielles. Il fournit donc une nouvelle preuve du théorème 11.8, analytique, basée sur les fonctions génératrices (ou transformée de Laplace). Pour tous $t \in \mathbb{R}_+$ et $s \in [-1, 1]$, soit

$$G(s, t) := \mathbb{E}(s^{X_t}) = \sum_{n=0}^{\infty} p_n(t)s^n.$$

Corollaire 11.11 (Fonction génératrice de X_t). *Si G_0 est la fonction génératrice de X_0 alors, pour tout $t \geqslant 0$ et tout $s \in [-1, 1]$,*

$$G(s, t) = G_0(1 - e^{-\mu t} + se^{-\mu t}) \exp\left(\frac{\lambda}{\mu}(1 - e^{-\mu t})(s - 1)\right).$$

Démonstration. Par les équations de Chapman-Kolmogorov (théorème 11.10),

$$\partial_t G(s, t) = \sum_{n=0}^{\infty} p_n'(t)s^n$$

$$= \sum_{n=0}^{\infty} (-(\lambda + n\mu)p_n(t) + \lambda p_{n-1}(t) + (n+1)\mu p_{n+1}(t))s^n$$

$$= -\lambda(1-s) \sum_{n=0}^{\infty} p_n(t)s^n + \mu(1-s) \sum_{n=0}^{\infty} np_n(t)s^{n-1}.$$

La fonction G est donc solution de l'équation aux dérivées partielles suivante :

$$\partial_t G(s,t) = (1-s)[\mu \partial_s G(s,t) - \lambda G(s,t)].$$

On pose $H = \log(G)$ puis on effectue ensuite le changement de variables $(s,\tau) = (s,(1-s)e^{-\mu t})$. En notant J la fonction telle que $H(s,t) = J(s,\tau)$, la fonction J s'écrit sous la forme

$$J(s,\tau) = \frac{\lambda}{\mu}s + h(\tau),$$

où h reste à déterminer. Ceci revient à dire que H est de la forme

$$H(s,t) = \frac{\lambda}{\mu}s + h((1-s)e^{-\mu t}).$$

On conclut en remarquant que la fonction h est caractérisée par le fait que $H(s,0)$ est égal à $\log(G_0(s))$ pour tout $s \in [-1,1]$. □

Le processus $(X_t)_{t \geqslant 0}$ est une chaîne de Markov à temps continu. Le semi-groupe markovien associé est la famille d'opérateurs $(P_t)_{t \geqslant 0}$ définie comme suit : pour tous $t \geqslant 0$ et $f : \mathbb{N} \to \mathbb{R}$, $P_t f$ est la fonction $\mathbb{N} \to \mathbb{R}$ donnée par

$$P_t f(n) := \mathbb{E}(f(X_t) \,|\, X_0 = n).$$

Si ν est une mesure de probabilité sur $\mathbb{N}$, on notera νP_t la loi de X_t sachant que X_0 suit la loi ν. On a, pour toute fonction f bornée,

$$\nu P_t f = \sum_{n \in \mathbb{N}} \nu(n)P_t f(n).$$

D'après le théorème 11.8, la mesure de probabilité $P_t(\cdot)(n)$ est la loi

$$\text{Bin}(n, e^{-\mu t}) * \text{Poi}\left(\frac{\lambda}{\mu}(1 - e^{-\mu t})\right).$$

Remarque 11.12 (Propriétés fondamentales du semi-groupe markovien). *Le semi-groupe $(P_t)_{t \geqslant 0}$ vérifie les propriétés fondamentales suivantes :*

1. *Élément neutre : $P_0 = I$ c'est-à-dire que $P_0 f = f$ pour tout f ;*

2. *Positivité et normalisation : si $f \geqslant 0$ alors $P_t f \geqslant 0$, et $P_t 1 = 1$;*

3. *Propriété de semi-groupe : pour toute fonction f et tous $s,t \geqslant 0$,*

$$P_{t+s}f = (P_t \circ P_s)f;$$

4. Équation de Chapman-Kolmogorov : pour toute fonction f,

$$\partial_t P_t f = L P_t f = P_t L f;$$

où L est appelé générateur infinitésimal de X et est défini par

$$Lf(n) := \lambda(f(n+1) - f(n)) + n\mu(f(n-1) - f(n)).$$

En fait, formellement, tout se passe comme si $P_t = e^{tL}$. Les deux premiers points sont évidents. Le troisième découle de la formule explicite de P_t. C'est une reformulation de la propriété de Markov. La dernière assertion s'obtient grâce à 3. et un raisonnement analogue à celui de la preuve du théorème 11.10.

Remarque 11.13 (Lire la dynamique dans le générateur infinitésimal). *Si on définit le noyau de transition*

$$Q(n, \cdot) := \frac{\lambda}{\lambda + n\mu} \delta_{n+1} + \frac{n\mu}{\lambda + n\mu} \delta_{n-1}$$

et la «temporisation» $D(n) := \lambda + n\mu$ alors le générateur infinitésimal s'écrit

$$Lf(n) = D(n) \int (f(m) - f(n)) \, Q(n, dm).$$

On lit dans le générateur infinitésimal un algorithme de simulation des trajectoires du processus : sachant qu'il est en n, le processus X saute au bout d'un temps exponentiel de paramètre $D(n)$ vers $n+1$ avec probabilité $\lambda/(\lambda + n\mu)$ et vers $n-1$ avec probabilité $n\mu/(\lambda + n\mu)$. On trouvera par exemple dans le chapitre 9 page 120 un autre exemple de ce type. Notons qu'on peut voir L comme une matrice avec une infinité de lignes et une infinité de colonnes, en posant $L(n, m) := L\mathbb{1}_n(m)$ de sorte que $Lf(n) = \sum_{m \in \mathbb{N}} L(n, m) f(m)$.

On peut associer à tout processus de Markov raisonnable son semi-groupe et son générateur infinitésimal. Si ce dernier est souvent explicite, il est rare que ce soit le cas pour les mesures $P_t(\cdot)(x)$. En ce sens, le processus étudié dans ce chapitre est assez remarquable.

11.4 Comportement en temps long

On adopte les notations suivantes :

$$\rho := \frac{\lambda}{\mu} \quad \text{et} \quad \pi := \text{Poi}(\rho).$$

Si $X_0 \sim \pi$, alors le théorème 11.8 assure que $X_t \sim \pi$ pour tout $t \geqslant 0$. Ainsi la loi π est invariante sous l'action de P_t. De manière équivalente, $\pi L = 0$.

Comme pour tous les processus de naissance et mort, la loi invariante π, si elle existe, est de plus réversible pour L (ou P_t), c'est-à-dire que L et P_t sont auto-adjoints dans $L^2(\pi)$. Enfin, pour toute loi initiale (de X_0),

$$X_t \xrightarrow[t \to \infty]{\text{loi}} \pi.$$

On souhaite ici quantifier cette convergence en loi.

Soit $\mathcal{P}_1(\mathbb{N})$ l'ensemble des mesures de probabilité ν sur $\mathbb{N}$ possédant un moment d'ordre 1, c'est-à-dire l'ensemble des $\nu : \mathbb{N} \to [0, 1]$ vérifiant $\sum_{x \in \mathbb{N}} \nu(x) = 1$ et $\sum_{x \in \mathbb{N}} x\nu(x) < \infty$. La distance de Wasserstein sur $\mathcal{P}_1(\mathbb{N})$ est définie pour tous $\nu, \tilde{\nu} \in \mathcal{P}_1(\mathbb{N})$ par la formule variationnelle de couplage

$$W_1(\nu, \tilde{\nu}) := \inf \left\{ \mathbb{E}|X - \tilde{X}| : X \sim \nu, \; \tilde{X} \sim \tilde{\nu} \right\}.$$

Relions cette distance à la distance en variation totale introduite dans le chapitre 1. Pour des v.a. entières, $X \neq \tilde{X}$ implique $|X - \tilde{X}| \geqslant 1$. On a donc

$$d_{\text{VT}}(\nu, \tilde{\nu}) \leqslant W_1(\nu, \tilde{\nu}).$$

Théorème 11.14 (Contraction de Wasserstein). *Si* $\nu, \tilde{\nu} \in \mathcal{P}_1(\mathbb{N})$ *alors*

$$W_1(\nu P_t, \tilde{\nu} P_t) \leqslant e^{-\mu t} W_1(\nu, \tilde{\nu}),$$

où, pour tout $\eta \in \mathcal{P}(\mathbb{N})$, ηP_t *est la loi de* X_t *si* X_0 *suit la loi* η.

Démonstration. On procède par couplage. Supposons dans un premier temps que $\nu = \delta_m$ et $\tilde{\nu} = \delta_n$ avec $m < n$. Soit X_t de loi $\delta_m P_t$ et B_t de loi $\text{Bin}(n - m, e^{-\mu t})$ indépendante de X_t. D'après le théorème 11.8, la variable aléatoire $\tilde{X}_t = X_t + B_t$ suit la loi $\delta_n P_t$. On a donc

$$\mathbb{E}|X_t - \tilde{X}_t| = \mathbb{E}(B_t) = (n - m)e^{-\mu t}.$$

Comme $(X_t, \tilde{X}_t)$ est un couplage de $(\delta_m P_t, \delta_n P_t)$, on a

$$W_1(\delta_m P_t, \delta_n P_t) \leqslant e^{-\mu t}(n - m) = e^{-\mu t} W_1(\delta_m, \delta_n).$$

Concluons à présent dans le cas général. Soit ν et $\tilde{\nu}$ dans $\mathcal{P}_1(\mathbb{N})$. Soit $(X_0, \tilde{X}_0)$ un couplage de ν et $\tilde{\nu}$. Comme ci-dessus, on construit (X_t) et $(\tilde{X}_t)$ tels que

$$\text{Loi}(|X_t - \tilde{X}_t| | X_0, \tilde{X}_0) = \text{Bin}(|X_0 - \tilde{X}_0|, e^{-\mu t}).$$

On en déduit donc

$$W_1(\nu P_t, \tilde{\nu} P_t) \leqslant e^{-\mu t} \mathbb{E}|X_0 - \tilde{X}_0|.$$

L'infimum sur tous les couplages de X_0 et $\tilde{X}_0$ donne la propriété attendue. $\square$

Ce résultat de contraction fournit une estimation pour la convergence, au sens de la distance de Wasserstein, de la loi de X_t vers la loi invariante π de X. La vitesse de convergence obtenue ne dépend pas du taux de naissance λ !

Corollaire 11.15 (Convergence à l'équilibre). *Si $\nu \in \mathcal{P}_1(\mathbb{N})$ alors*

$$W_1(\nu P_t, \pi) \leqslant e^{-\mu t} W_1(\nu, \pi).$$

Remarque 11.16 (Optimalité de la vitesse de convergence). *La constante μ dans la convergence à l'équilibre à vitesse exponentielle $e^{-\mu t}$ est optimale. En effet, supposons que la convergence à l'équilibre ait lieu avec une constante $\mu' > \mu$. Alors, en prenant pour loi initiale $\nu = \delta_n$ avec n supérieur à la moyenne ρ de la loi invariante π, et en notant X une v.a. de loi π, on aurait*

$$(n - \rho)e^{-\mu t} = \mathbb{E}_n(X_t) - \rho \leqslant W_1(\delta_n P_t, \pi) \leqslant e^{-\mu' t} W_1(\nu, \pi) = \mathbb{E}|n - X|e^{-\mu' t},$$

ce qui conduit à une contradiction car $n - \rho > 0$ et $e^{-\mu' t}/e^{-\mu t} \xrightarrow[t \to \infty]{} 0$.

Dans la même veine, on peut montrer que la fonction $P_t f$ converge vers la fonction constante égale à l'intégrale de f pour π en montrant que son gradient (discret) converge vers 0.

Théorème 11.17 (Commutation). *Si $f : \mathbb{N} \to \mathbb{R}$ alors pour tout $t \geqslant 0$,*

$$DP_t f(n) = e^{-\mu t} P_t(Df)(n),$$

où Dg est la fonction définie sur $\mathbb{N}$ par $Dg(n) = g(n + 1) - g(n)$.

Démonstration. D'après le théorème 11.8,

$$P_t f(n + 1) = \mathbb{E}f(Z_1 + \cdots + Z_{n+1} + Y),$$

où $Z_1, \ldots, Z_{n+1}$ sont des variables aléatoires indépendantes de loi $\mathrm{Ber}(e^{-\mu t})$ et indépendantes de Y de loi de Poisson de paramètre $\rho(1 - e^{-\mu t})$. On a donc

$$\begin{aligned}
P_t f(n + 1) &= \mathbb{E}(f(Z_1 + \cdots + Z_{n+1} + Y)) \\
&= e^{-\mu t} \mathbb{E}(f(Z_1 + \cdots + Z_n + 1 + Y)) \\
&\quad + (1 - e^{-\mu t})\mathbb{E}(f(Z_1 + \cdots + Z_n + Y)) \\
&= e^{-\mu t} P_t(Df)(n) + P_t f(n),
\end{aligned}$$

ce qui fournit le résultat. $\qquad\qquad\qquad\qquad\qquad\qquad\qquad\qquad\qquad\qquad \square$

Si f est une fonction 1-lipschitzienne, au sens où $|Df(n)| \leqslant 1$ pour tout $n \in \mathbb{N}$ alors le théorème précédent assure que $P_t f$ est une fonction $e^{-\mu t}$-lipschitzienne. On retrouve ainsi la convergence pour la distance de Wasserstein par la formulation duale de cette distance, de Kantorovitch-Rubinstein

$$W_1(\nu, \tilde{\nu}) = \sup\left\{ \int f \, d\nu - \int f \, d\tilde{\nu} \; : \; f \text{ 1-lipschitzienne} \right\}.$$

Remarque 11.18 (Files d'attente, naissance et mort). *La figure 11.1 compare les trajectoires des files M/M/1 et M/M/∞. Ces files d'attente font partie des processus de vie et de mort*[4]*, qui sont les processus de Markov à temps continu et d'espace d'états* $\mathbb{N}$ *à transitions aux plus proches voisins. Leur générateur infinitésimal a la forme suivante (avec la convention $\mu_0 = 0$) :*

$$Lf(n) = \lambda_n(f(n+1) - f(n)) + \mu_n(f(n-1) - f(n)).$$

Le cas M/M/1 correspond à $n \in \mathbb{N} \mapsto \lambda_n$ et $n \in \mathbb{N}^* \mapsto \mu_n$ constantes, tandis que le cas M/M/∞ correspond à $n \in \mathbb{N} \mapsto \lambda_n$ constante et $\mu_n = n\mu$ pour tout $n \in \mathbb{N}$. Le cas où $n \mapsto \lambda_n$ est linéaire et $\mu \equiv 0$ correspond au processus de Yule (processus de Galton-Watson à temps continu de loi de reproduction δ_2).

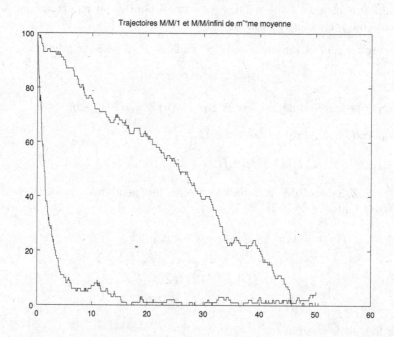

Fig. 11.1. Un début de trajectoire de file d'attente M/M/1 de paramètres 1 et 3, et de file d'attente M/M/∞ de paramètres 1 et .5. Les deux trajectoires sont issues de 100. Le premier processus a pour loi invariante la loi géométrique sur $\mathbb{N}$ de paramètre 1/3, et le second la loi de Poisson de paramètre 1/.5 = 2. Dans les deux cas, la loi invariante a pour moyenne 2. La première trajectoire à un comportement linéaire et la seconde un comportement exponentiel.

---

4. On dit aussi «de naissance et de mort», «*Birth and death*» en anglais.

11.5 Pour aller plus loin

Les résultats classiques concernant les lois exponentielles sont disponibles par exemple dans le livre de James Norris [Nor98a]. Dans le livre de Geoffrey Grimmett et David Stirzaker [GS01], une version à temps discret du processus X est étudiée. Pour l'anecdote, elle peut modéliser par exemple le nombre de coquilles présentes dans un manuscrit après n relectures : à chaque relecture, l'auteur corrige chaque coquille avec probabilité p, indépendamment des autres, et en ajoute par mégarde un nombre aléatoire de loi de Poisson (*loi des événements rares* ou *loi des petits nombres*).

Convenablement renormalisé, le processus à espace d'états discret converge vers le processus d'Ornstein-Uhlenbeck étudié dans le chapitre 25. On renvoie à ce sujet par exemple au livre de Philippe Robert [Rob00]. Ce livre propose plus généralement une étude accessible et assez générale des files d'attentes, au moyen de la théorie des martingales et des processus ponctuels. On peut également consulter le livre de François Baccelli et Pierre Brémaud [BB03].

On peut établir de nombreux autres résultats pour le processus X. On trouvera par exemple dans [Cha06] des inégalités fonctionnelles liées au comportement en temps long. La relation de commutation du théorème 11.17 est une propriété remarquable du semi-groupe. Le processus d'Ornstein-Uhlenbeck satisfait la même relation en remplaçant le gradient discret D par un gradient usuel sur $\mathbb{R}$, et cette liaison est une instance d'un phénomène plus général qui fait l'objet du chapitre 27. On peut obtenir des versions un peu plus faibles pour des processus plus généraux qui fournissent des estimations pour la convergence vers la loi invariante, voir par exemple l'article de Pietro Caputo, Paolo Dai Pra, et Gustavo Posta [CDPP09].

Modèle de Wright-Fisher

Mots-clés. Dynamique de population ; génétique des population.

Outils. Chaîne de Markov ; martingale ; théorème d'arrêt ; décomposition spectrale.

Difficulté. **

Ce chapitre est consacré à des modèles d'évolution de génotypes au fil des générations dans une population de taille constante. Le point de départ est la loi de Hardy-Weinberg liée à la théorie de Mendel en population infinie. Nous présentons ensuite quelques modèles classiques en population finie : le modèle de Moran puis les modèles de Wright-Fisher. La dernière section est consacrée au modèle de Cannings qui est une généralisation des précédents.

12.1 Loi de Hardy-Weinberg

La théorie de Mendel assure la préservation de la variabilité des génotypes.

Théorème 12.1 (Loi de Hardy-Weinberg pour la théorie de Mendel). *Considérons les fréquences alléliques dans une population pour un gène pouvant s'exprimer sous la forme de deux allèles A et B dans une population hermaphrodite*[1] *diploïde*[2] *idéale :*

1. *les générations sont séparées (elles ne coexistent pas) ;*

2. *la population est de taille infinie ;*

3. *les individus s'y unissent aléatoirement (pas de choix du conjoint) ;*

4. *il n'y a pas de migration, pas de mutation, pas de sélection.*

---

1. Hermaphrodite : chaque individu peut être mâle ou femelle (bisexualité).
2. Diploïde : qui possède un double assortiment de chromosomes semblables.

© Springer-Verlag Berlin Heidelberg 2016
D. Chafaï and F. Malrieu, *Recueil de Modèles Aléatoires*,
Mathématiques et Applications 78, DOI 10.1007/978-3-662-49768-5_12

Si $p \in [0,1]$ est la proportion d'allèles A dans la population initiale et $1-p$ la proportion d'allèles B alors c'est encore le cas à chaque génération suivante. De plus, si r, s, t sont les proportions respectives des génotypes AA, AB et BB dans la population initiale avec $r+s+t=1$ alors les fréquences de AA, AB, et BB pour toutes les générations suivantes sont égales à

$$\left(r + \frac{s}{2}\right)^2, \quad 2\left(r + \frac{s}{2}\right)\left(t + \frac{s}{2}\right), \quad \left(t + \frac{s}{2}\right)^2.$$

Notons que $p = r + s/2$ (contributions de AA et AB normalisées à 1).

Démonstration. Un individu AA est issu
— à coup sûr d'un couple AA et AA qui a une probabilité r^2 de se former,
— avec probabilité $1/2$ d'un couple AA et AB qui a une probabilité $2rs$ de se former,
— avec probabilité $1/4$ d'un couple AB et AB qui a une probabilité s^2 de se former.

La fréquence du génotype AA à la génération 1 est donc donnée par

$$r^2 + rs + \frac{s^2}{4} = \left(r + \frac{s}{2}\right)^2.$$

Par symétrie, la fréquence du génotype BB est $(t + s/2)^2$. La dernière est obtenue par différence. En réappliquant ces formules on voit que les proportions sont constantes dès la première génération. La fréquence de l'allèle A dans la population initiale est $2r + s$ (normalisée à 2 car chaque individu a deux allèles). À la génération suivante, elle vaut

$$2\left(r + \frac{s}{2}\right)^2 + 2\left(r + \frac{s}{2}\right)\left(t + \frac{s}{2}\right) = 2r + s.$$

Elle est donc bien constante au cours du temps.   □

La loi de Hardy-Weinberg est généralisable à un locus[3] avec plusieurs allèles $A_1, \ldots, A_k$. Les relations de dominance entre allèles n'ont pas d'effet sur l'évolution des fréquences alléliques. Dans la pratique, on observe le phénomène de Hardy-Weinberg dans des populations variées au-delà des hypothèses que nous avons faites ici. Il faut beaucoup s'éloigner de ces hypothèses pour briser cet équilibre et obtenir une évolution au cours des générations. C'est ce qui motive l'introduction des modèles étudiés dans la suite du chapitre, qui décrivent l'évolution d'une population de taille finie.

12.2 Modèle de Moran

Le modèle de Moran est un modèle extrêmement simple de l'évolution de la fréquence de différents allèles d'un même gène au cours du temps. On

---

3. Locus : localisation précise d'un gène particulier sur un chromosome.

considère dans cette section le cas de deux allèles A et B et on suppose que la population est de taille finie constante N, hermaphrodite, que les générations sont séparées, qu'il n'y a pas de migration, mutation, sélection. La transition de la génération n à la génération $n+1$ se fait en tirant avec remise deux individus dans la génération n, le premier a deux fils qui reçoivent tous les deux l'allèle de leur père, le second n'a pas de descendance, et tous les autres individus ont exactement un seul descendant. On note X_n le nombre d'allèle A dans la population à la génération n. Le nombre d'allèles A

— augmente d'une unité si le tirage avec remise donne (A, B),
— diminue d'une unité si le tirage est (B, A).
— reste constant sinon.

On peut réaliser $(X_n)_{n \geqslant 0}$ comme une suite récurrente aléatoire de la manière suivante. Soit $(U_n)_{n \geqslant 1}$ et $(V_n)_{n \geqslant 1}$ deux suites indépendantes de v.a.r. i.i.d. de loi uniforme sur $[0, 1]$. Soit X_0 une v.a. à valeurs dans $\{0, 1, \ldots, N\}$ indépendante des v.a. introduites ci-dessus. On pose

$$X_{n+1} = X_n + \mathbb{1}_{\{U_{n+1} < X_n/N\}} - \mathbb{1}_{\{V_{n+1} < X_n/N\}}.$$

La suite $(X_n)_{n \geqslant 0}$ est une chaîne de Markov sur $\{0, 1, \ldots, N\}$ de matrice de transition $\mathbf{P}$ donnée pour tous $x, y \in \{0, 1, \ldots, N\}$ par

$$\mathbf{P}(x, y) = \frac{1}{N^2} \begin{cases} x(N - x) & \text{si } |x - y| = 1; \\ x^2 + (N - x)^2 & \text{si } y = x; \\ 0 & \text{sinon.} \end{cases}$$

Les états 0 et N sont absorbants. Les autres mènent à $\{0, N\}$ et sont donc transitoires. Le premier instant où un seul allèle est présent est noté

$$T := \inf\{n \geqslant 0 : X_n \in \{0, N\}\}.$$

On dit que T est le *temps de fixation*. L'espace d'états étant fini, le temps d'atteinte T de $\{0, N\}$ est presque sûrement fini et intégrable :

$$\mathbb{P}(T < \infty) = 1 \quad \text{et} \quad \mathbb{E}(T) < \infty.$$

De plus X_T suit une loi de Bernoulli portée par 0 et N et

$$X_n \xrightarrow[n \to \infty]{\text{p.s.}} X_T.$$

On a $\mathbb{P}(X_T = 0) + \mathbb{P}(X_T = N) = 1$. L'événement $\{X_T = N\}$ (respectivement $\{X_T = 0\}$) signifie que l'allèle A (respectivement B) est fixé.

Adoptons la notation standard $\mathbb{P}_x = \mathbb{P}(\cdot \mid X_0 = x)$ et $\mathbb{E}_x = \mathbb{E}(\cdot \mid X_0 = x)$.

Théorème 12.2 (Lieu et temps de fixation). *Pour tout* $x \in \{0, 1, \ldots, N\}$,

$$\mathbb{P}_x(X_T = N) = 1 - \mathbb{P}_x(X_T = 0) = \frac{x}{N}.$$

De plus, pour tout $p \in \,]0, 1[$,

$$\mathbb{E}_{\lfloor pN \rfloor}(T) \underset{N \to \infty}{\sim} -N^2 (p \log p + (1 - p) \log(1 - p)).$$

Démonstration. Plaçons-nous dans le cas où $X_0 \sim \delta_x$. On a $\mathbb{P}_x(T < \infty) = 1$, et comme T est un temps de fixation, on sait que $(X_n)_{n \geqslant 0}$ converge p.s. vers X_T. Comme l'espace d'états est borné, le théorème de convergence dominée s'applique et la convergence a lieu dans L^1, d'où

$$\lim_{n \to \infty} \mathbb{E}_x(X_n) = \mathbb{E}(X_T) = 0\mathbb{P}_x(X_T = 0) + N\mathbb{P}_x(X_T = N) = N\mathbb{P}_x(X_T = N).$$

Or la formule pour $\mathbf{P}$ donne, pour tout $n \geqslant 1$,

$$\mathbb{E}(X_n \mid X_{n-1} = x) = \frac{(x(N-x)(x-1+x+1) + (x^2 + (N-x)^2)x)}{N^2} = x,$$

d'où

$$\mathbb{E}(X_n) = \mathbb{E}(\mathbb{E}(X_n \mid X_{n-1})) = \mathbb{E}(X_{n-1}) = \cdots = \mathbb{E}(X_0) = x,$$

ce qui donne enfin $\mathbb{P}_x(X_T = N) = x/N = 1 - \mathbb{P}_x(X_T = 0)$. Notons que ces formules peuvent aussi s'obtenir en utilisant le système linéaire vérifié par le vecteur des probabilités d'atteinte pour la chaîne de Markov $(X_n)_{n \geqslant 0}$.

Notons $m(x) = \mathbb{E}_x(T)$ le temps moyen de fixation pour la chaîne issue de x. On a $m(0) = m(N) = 0$ et $m(x) = 1 + \sum_{y=0}^{N} \mathbf{P}(x, y)m(y)$ pour tout $x \in \{1, \ldots, N-1\}$. On obtient donc une formule de récurrence à trois termes :

$$m(x+1) - 2m(x) + m(x-1) = -\frac{N^2}{x(N-x)}.$$

On en déduit que

$$m(x) = N\left(\sum_{y=1}^{x} \frac{N-x}{N-y} + \sum_{y=x+1}^{N-1} \frac{x}{y} \right).$$

Soit $0 < p < 1$. Pour tout $N \geqslant 1$, posons $x_N = \lfloor pN \rfloor$. On a alors

$$\frac{m(x_N)}{N^2} = \frac{1}{N} \sum_{y=1}^{x_N} \frac{N-x_N}{N-y} + \frac{1}{N} \sum_{y=x_N+1}^{N-1} \frac{x_N}{y}$$

$$= \frac{1 - N^{-1}x_N}{N} \sum_{y=1}^{x_N} \frac{1}{1 - N^{-1}y} + \frac{N^{-1}x_N}{N} \sum_{y=x_N+1}^{N-1} \frac{1}{N^{-1}y}$$

$$\xrightarrow[N \to \infty]{} \underbrace{(1-p) \int_0^p \frac{1}{1-t}\, dt + p \int_p^1 \frac{1}{t}\, dt}_{= -((1-p)\log(1-p) + p\log(p))}.$$

Ainsi, dans une population de taille N avec N grand, le temps moyen d'absorption partant de $x = pN$ avec $0 < p < 1$ est de l'ordre de

$$-N^2(p\log p + (1-p)\log(1-p)).$$

$\square$

La fonction $p \in [0,1] \mapsto -(p\log(p) + (1-p)\log(1-p))$ est l'entropie de Boltzmann ou de Shannon de la loi de Bernoulli $\mathrm{Ber}(p)$. Elle est continue, strictement concave, positive, symétrique par rapport à $1/2$, et atteint son maximum $\log(2)$ pour $p = 1/2$, et son minimum 0 pour $p = 0$ et $p = 1$.

Remarque 12.3 (Martingale). *Soit $\mathcal{F}_n = \sigma(X_0, \ldots, X_n)$ pour tout $n \geqslant 0$. En reprenant la preuve du théorème 12.2, on a, pour tout $n \geqslant 1$,*

$$\mathbb{E}(X_n \mid \mathcal{F}_{n-1}) = \mathbb{E}(X_n \mid X_{n-1}) = X_{n-1}.$$

Ainsi, en plus d'être une chaîne de Markov, la suite $(X_n)_{n\geqslant 0}$ est une martingale pour sa filtration naturelle $(\mathcal{F}_n)_{n\geqslant 0}$. En particulier, on a bien sûr la conservation $\mathbb{E}(X_0) = \mathbb{E}(X_n)$ pour tout $n \geqslant 1$. Le théorème d'arrêt indique que $(X_{n \wedge T})_{n\geqslant 0}$ est aussi une martingale et donc

$$\mathbb{E}(X_0) = \mathbb{E}(X_{n \wedge T}),$$

qui converge vers $\mathbb{E}(X_T)$ par convergence dominée quand $n \to \infty$ car T est fini p.s. et X est uniformément bornée. Comme T est un temps de fixation, on a en fait $X_n = X_{n \wedge T}$. Il est également possible d'appliquer le théorème de convergence p.s. et dans L^p des martingales bornées dans L^p avec $p > 1$.

12.3 Modèle de Wright-Fisher et fixation

Le modèle de Wright-Fisher est un modèle simple de l'évolution de la fréquence d'un gène à plusieurs allèles au fil des générations dans une population. On suppose que la population est de taille finie constante, hermaphrodite, que les générations sont séparées, qu'il n'y a pas de migration et que les unions sont indépendantes du caractère étudié.

On néglige dans un premier temps les phénomènes de mutation et sélection. On note $N \in \mathbb{N}^*$ la taille de la population et $n = 0, 1, 2, \ldots$ les générations successives. Sur le locus étudié, on peut trouver deux allèles différents notés A et B. La variable aléatoire X_n compte le nombre d'allèles A à la génération n. La population à la génération $n + 1$ est déduite de celle de la génération n par un tirage avec remise de N individus de la génération n où la probabilité d'obtenir A est X_n/N. On peut réaliser $(X_n)_{n\geqslant 0}$ comme la suite récurrente aléatoire définie par la relation récurrence

$$X_{n+1} = \sum_{k=1}^{N} \mathbb{1}_{\{U_{n+1,k} \leqslant \psi_{X_n}\}} \quad \text{où} \quad \psi_x := \frac{x}{N}$$

et où $(U_{n,k})_{n\geqslant 1, 1\leqslant k\leqslant N}$ sont des variables aléatoires i.i.d. de loi uniforme sur $[0,1]$, indépendantes de X_0. Pour tous $x_0, \ldots, x_n$, on a

$$\mathrm{Loi}(X_{n+1} \mid X_0 = x_0, \ldots, X_n = x_n) = \mathrm{Loi}(X_{n+1} \mid X_n = x_n) = \mathrm{Bin}(N, \psi_{x_n}).$$

Remarque 12.4 (Modèle à plus de deux allèles). *Le modèle de Wright-Fisher à $\ell \geqslant 2$ allèles $A_1, \ldots, A_\ell$ fait intervenir la loi multinomiale. Plus précisément, X_n prend ses valeurs dans $\{x \in \mathbb{N}^\ell : x_1 + \cdots + x_\ell = N\}$ et*

$$\mathrm{Loi}(X_{n+1} \mid X_0, \ldots, X_n) = \mathrm{Loi}(X_{n+1} \mid X_n) = \mathrm{Mul}(N, \frac{X_n}{N}).$$

La suite $(X_n)_{n \geqslant 0}$ est une chaîne de Markov d'espace d'états $\{0, 1, \ldots, N\}$ et de matrice de transition $\mathbf{P}$ donnée pour tous $x, y \in \{0, 1, \ldots, N\}$ par

$$\mathbf{P}(x, y) := \mathbb{P}(X_{n+1} = y \mid X_n = x) = \binom{N}{y} \psi_x^y (1 - \psi_x)^{N-y}.$$

Les états 0 et N sont absorbants (deux classes de récurrence singleton) tandis que tous les autres états mènent à $\{0, N\}$ et sont donc transitoires. Tout comme pour le modèle de Moran, lorsque la population ne contient plus qu'un allèle, on dit qu'il est fixé dans la population. Le *temps de fixation* est

$$T := \inf\{n \geqslant 0 : X_n \in \{0, N\}\}.$$

L'espace d'états étant fini, le temps d'atteinte T de $\{0, N\}$ vérifie

$$\mathbb{P}(T < \infty) = 1 \quad \text{et} \quad \mathbb{E}(T) < \infty.$$

De plus $(X_n)_{n \geqslant 0}$ converge p.s. vers la variable aléatoire X_T qui suit une loi de Bernoulli portée par 0 et N. On a $\mathbb{P}(X_T = 0) + \mathbb{P}(X_T = N) = 1$. L'événement $\{X_T = N\}$ signifie que l'allèle A est fixé tandis que l'événement $\{X_T = 0\}$ signifie que l'allèle B est fixé.

On adopte les notations $\mathbb{P}_x = \mathbb{P}(\cdot \mid X_0 = x)$ et $\mathbb{E}_x = \mathbb{E}(\cdot \mid X_0 = x)$.

Théorème 12.5 (Probabilité de fixation). *Pour tout $x \in \{0, 1, \ldots, N\}$,*

$$\mathbb{P}_x(X_T = N) = 1 - \mathbb{P}_x(X_T = 0) = \frac{x}{N}.$$

Démonstration. La preuve est identique à celle faite pour le modèle de Moran (théorème 12.2) car $\mathrm{Loi}(X_n \mid X_{n-1}) = \mathrm{Bin}(N, \frac{X_{n-1}}{N})$ d'où

$$\mathbb{E}(X_n) = \mathbb{E}(\mathbb{E}(X_n \mid X_{n-1})) = \mathbb{E}(N \frac{X_{n-1}}{N}) = \mathbb{E}(X_{n-1}) = \cdots = \mathbb{E}(X_0) = x,$$

$\square$

Remarque 12.6 (Martingale). *L'intégralité de la remarque 12.3 (modèle de Moran) reste valable pour le modèle de Wright-Fisher, car pour tout $n \geqslant 1$,*

$$\mathbb{E}(X_n \mid \mathcal{F}_{n-1}) = \mathbb{E}(X_n \mid X_{n-1}) = N \frac{X_{n-1}}{N} = X_{n-1},$$

où $\mathcal{F}_n := \sigma(X_0, \ldots, X_n)$ pour tout $n \geqslant 0$.

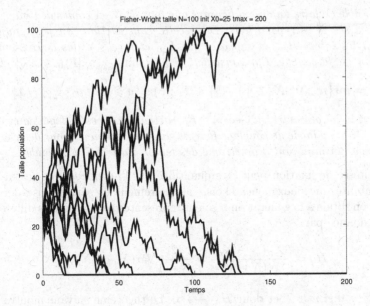

Fig. 12.1. Quelques trajectoires, jusqu'au temps $t = 200$, de la chaîne de Wright-Fisher pour une population de taille $N = 100$, toutes issues de $X_0 = N/4 = 25$.

Remarque 12.7 (Couplage avec un jeu de pile ou face). *Il est possible d'obtenir une minoration de T par une variable aléatoire géométrique par couplage. On commence par observer que pour tout x et tout n on a*

$$\mathbb{P}(X_{n+1} \in \{0, N\} \mid X_n = x) = \mathbf{P}(x, \{0, N\}) \geqslant p_*$$

où

$$p_* = \min_{0 \leqslant x \leqslant N} \mathbf{P}(x, \{0, N\}) = \min_{0 \leqslant x \leqslant N} (1 - \psi_x)^N + \psi_x^N \geqslant 2^{-N+1}$$

où le minimum est atteint en $\psi_x = 1/2$. Ainsi, la chaîne atteint un état absorbant 0 ou N avant qu'un lanceur de pièce n'obtienne son premier pile *avec une pièce qui fait* pile *avec probabilité 2^{-N+1}. Pour rendre rigoureux ce raisonnement, on construit le couple de processus (jeu de pile ou face et chaîne de Wright-Fisher) sur le même espace de probabilité. Représentons la chaîne de Markov comme une suite récurrente aléatoire : pour tout $x \in \{0, \dots, N\}$, soit $(I_{x,y})_{0 \leqslant y \leqslant N}$ une partition de l'intervalle $[0, 1]$, avec $I_{x,y}$ de longueur*

$$|I_{x,y}| = \mathbf{P}(x, y),$$

et soit $(U_n)_{n \geqslant 1}$ une suite de variables aléatoires i.i.d. de loi uniforme sur $[0, 1]$, indépendante de X_0. On réalise $(X_n)_{n \geqslant 0}$ en utilisant la récurrence

$$X_{n+1} := y \quad \text{où } y = y(X_n, U_{n+1}) \text{ est tel que } U_{n+1} \in I_{X_n, y}.$$

Il est possible de faire un dessin figurant une tour de $N+1$ copies de l'intervalle $[0,1]$ avec ses $N + 1$ partitions. Dans cette construction, on peut toujours ordonner les intervalles, et supposer que $I_{x,0}$ et $I_{x,N}$ sont les deux premiers en partant de la gauche. Par construction $p_* = \min_{0 \leqslant x \leqslant N} |I_{x,0} \cup I_{x,N}|$ et

$$T := \inf\{n \geqslant 0 : X_n \in \{0, N\}\} \leqslant T_* := \inf\{n \geqslant 1 : \mathbb{1}_{\{U_n \leqslant p_*\}} = 1\}$$

et T_* suit la loi géométrique $\mathrm{Geo}(p_*)$. En particulier, T est intégrable et donc fini p.s. Cette méthode de couplage fournit plus généralement, pour des chaînes de Markov, un minorant géométrique des temps d'atteinte d'ensembles.

La vitesse de fixation peut être quantifiée par l'*hétérozygotie*, c'est-à-dire la probabilité que deux gènes choisis aléatoirement et sans remise dans la population totale à la génération n soient représentés par des allèles différents. Elle est donnée par

$$H_n = \frac{2X_n(N - X_n)}{N(N - 1)} = \frac{2}{N - 1}\mathrm{Var}(X_{n+1} \,|\, X_n).$$

On a $H_n = 0$ si $n \geqslant T$ et donc $H_n \xrightarrow[n \to \infty]{\text{p.s.}} 0$. Le théorème suivant montre que l'hétérozygotie moyenne $\mathbb{E}(H_n)$ décroît exponentiellement au cours du temps.

Théorème 12.8 (Hétérozygotie moyenne). *Pour tout $n \geqslant 1$,*

$$\mathbb{E}(H_n) = h_0\lambda^n \quad \text{où} \quad h_0 := \mathbb{E}(H_0), \quad \lambda := 1 - \frac{1}{N} \in \,]0, 1[,$$

et

$$\mathrm{Var}(X_n) = \mathbb{E}(X_0)(N - \mathbb{E}(X_0))(1 - \lambda^n) + \lambda^n \mathrm{Var}(X_0).$$

Démonstration. Il suffit d'établir que pour tout $n \geqslant 1$,

$$\mathbb{E}(X_n(N - X_n)) = \left(1 - \frac{1}{N}\right)^n \mathbb{E}(X_0(N - X_0)).$$

On a

$$\mathbb{E}(X_n(N - X_n)) = N\mathbb{E}(X_n) - \mathbb{E}(X_n^2) = N\mathbb{E}(X_{n-1}) - \mathbb{E}\big(\mathbb{E}(X_n^2 \,|\, X_{n-1})\big).$$

On écrit alors

$$\mathbb{E}(X_n^2 \,|\, X_{n-1}) = \mathrm{Var}(X_n \,|\, X_{n-1}) + \big(\mathbb{E}(X_n \,|\, X_{n-1})\big)^2$$
$$= X_{n-1}\left(1 - \frac{X_{n-1}}{N}\right) + X_{n-1}^2.$$

En regroupant les termes, on obtient bien

$$\mathbb{E}(X_n(N - X_n)) = \left(1 - \frac{1}{N}\right)\mathbb{E}(X_{n-1}(N - X_{n-1})),$$

ce qui fournit la formule pour $\mathbb{E}(H_n)$. Pour la variance, on utilise la formule[4]

$$\text{Var}(X_n) = \mathbb{E}(\text{Var}(X_n \mid X_{n-1})) + \text{Var}(\mathbb{E}(X_n \mid X_{n-1})).$$

$\square$

Comme dans le problème de la ruine du joueur (théorème 2.2), et comme pour le modèle de Moran (théorème 12.2), on souhaite déterminer le temps moyen de sortie en fonction du point de départ. Pour tout $0 \leqslant x \leqslant N$, notons $m(x) = \mathbb{E}_x(T)$. Alors $m(0) = m(N) = 0$ et, grâce à la propriété de Markov (faible), on obtient un système d'équations linéaires : pour tout $0 < x < N$,

$$m(x) = \sum_{y=0}^{N} \mathbb{E}_x(T\mathbb{1}_{\{X_1=y\}}) = \sum_{y=0}^{N}(1 + \mathbb{E}_y(T))\mathbf{P}(x,y) = 1 + \sum_{y=0}^{N} m(y)\mathbf{P}(x,y),$$

dont m est l'unique solution positive minimale. Bien qu'on puisse calculer m numériquement, il n'existe pas d'expression simple et explicite de m comme pour le temps de sortie d'un intervalle pour la marche aléatoire simple (théorème 2.2) ou pour le modèle de Moran (théorème 12.2). Il est toutefois possible de trouver l'équivalent de m lorsque la taille de la population N tend vers l'infini : pour tout $0 < p < 1$,

$$m(\lfloor Np \rfloor) \underset{N \to \infty}{\sim} -2N(p \log(p) + (1-p)\log(1-p)),$$

ce qui rappelle le modèle de Moran (théorème 12.2). La clé de la démonstration de ce résultat consiste à établir que la suite de processus $Y^{(N)}$, définie par

$$Y^{(N)} = \left(\frac{1}{N}X_{\lfloor Nt \rfloor}\right)_{t \in \mathbb{R}_+}$$

à valeurs dans $[0,1]$, converge en loi quand $N \to \infty$ vers un processus de diffusion Y sur $[0,1]$, solution de l'équation différentielle stochastique

$$dY_t = \sqrt{Y_t(1-Y_t)}dB_t.$$

On trouvera les détails de ce résultat dans le chapitre 27.

Remarque 12.9 (Lien avec le modèle de Moran). *Pour le modèle de Wright-Fisher, l'espérance du temps d'absorption est de l'ordre de N tandis qu'il est de l'ordre de N^2 pour le modèle de Moran (voir théorème 12.2). Cela vient du fait que lors d'une transition du modèle de Moran, un seul allèle est modifié tandis que tous sont concernés à chaque transition du modèle de Wright-Fisher.*

---

4. Plus généralement, si Φ est convexe alors $\text{Var}^\Phi(X) := \mathbb{E}(\Phi(X)) - \Phi(\mathbb{E}(X)) \geqslant 0$ par l'inégalité de Jensen, et $\text{Var}^\Phi(X) = \mathbb{E}(\text{Var}^\Phi(X \mid Y)) + \text{Var}^\Phi(\mathbb{E}(X \mid Y))$ où $\text{Var}^\Phi(X \mid Y) := \mathbb{E}(\Phi(X) \mid Y) - \Phi(\mathbb{E}(X \mid Y))$. Si $\Phi(t) = t^2$ on retrouve la variance.

12.4 Modèle de Wright-Fisher avec mutations

Supposons à présent qu'avant le tirage avec remise qui permet de passer d'une génération à l'autre, chaque individu puisse muter indépendamment des autres : l'allèle A mute en allèle B avec probabilité $u \in [0, 1]$ et B mute en A avec probabilité $v \in [0, 1]$. Le passage d'une génération à la suivante se fait donc en quelque sorte en appliquant d'abord un opérateur de mutation, puis un opérateur d'héritage (procéder dans l'ordre inverse conduirait à un processus différent). Ce mécanisme définit un nouveau processus $(X_n)_{n \geqslant 0}$ à valeurs dans $\{0, 1, \ldots, N\}$ qui vérifie

$$\mathrm{Loi}(X_{n+1} \mid X_0, \ldots, X_n) = \mathrm{Bin}(N, \psi_{X_n})$$

où à présent

$$\psi_x = \frac{x(1 - u) + (N - x)v}{N}.$$

Le processus X est une chaîne de Markov d'espace d'états $\{0, 1, \ldots, N\}$.
— si $u = v = 0$, alors on retrouve le modèle sans mutation étudié précédemment. Dans ce cas, les états 0 et N sont absorbants tandis que $\{1, \ldots, N-1\}$ est une classe transitoire, l'ensemble des lois invariantes est $\{(1 - p)\delta_0 + p\delta_N : p \in [0, 1]\}$, et partant de x, la chaîne converge en loi vers $(1 - p_x)\delta_0 + p_x\delta_N$ où $p_x = x/N$;
— si $u = 0$ et $0 < v \leqslant 1$ alors l'état N est absorbant tandis que l'ensemble d'états $\{0, \ldots, N-1\}$ est une classe transitoire, et la chaîne converge en loi vers l'unique loi invariante δ_N ;
— si $0 < u \leqslant 1$ et $v = 0$ alors l'état 0 est absorbant tandis que l'ensemble d'états $\{1, \ldots, N\}$ est une classe transitoire, et la chaîne converge en loi vers l'unique loi invariante δ_0 ;
— si $u = v = 1$, alors $\{0, N\}$ est une classe de récurrence de période 2 tandis que l'ensemble d'états $\{1, \ldots, N-1\}$ est une classe transitoire. La chaîne est presque sûrement absorbée par la classe $\{0, N\}$ et oscille ensuite périodiquement entre les états 0 et N ;
— si $0 < u \leqslant 1$ et $0 < v < 1$ ou si $0 < u < 1$ et $0 < v \leqslant 1$ alors la chaîne est irréductible. Comme l'espace d'états est fini, elle est récurrente positive et possède une unique loi invariante μ, et cette loi charge tous les états. La loi des grands nombres pour les chaînes de Markov indique que quelle que soit la loi initiale, p.s. pour tout $x \in \{0, 1, \ldots, N\}$, on a

$$\lim_{n \to \infty} \frac{\mathrm{card}\{0 \leqslant k \leqslant n : X_k = x\}}{n + 1} = \mu(x).$$

Comme de plus la matrice de transition possède un coefficient diagonal non nul, la chaîne est apériodique, et converge donc en loi vers μ, quelle que soit la loi initiale, c'est-à-dire que pour tout $x \in \{0, 1, \ldots, N\}$,

$$\lim_{n \to \infty} \mathbb{P}(X_n = x) = \mu(x).$$

La loi μ est calculable numériquement, mais ne possède pas de formulation simple. Cependant, il est possible de déterminer explicitement sa moyenne m par exemple. En effet, comme μ est invariante,

$$m = \sum_{x=0}^{N} y\mu(y) = \sum_{y=0}^{N} y \sum_{x=0}^{N} \mu(x)\mathbf{P}(x,y) = \sum_{x=0}^{N} \mu(x) \sum_{y=0}^{N} y\mathbf{P}(x,y).$$

Or comme $\mathbf{P}(x,\cdot) = \mathrm{Bin}(N, \frac{(1-u)x+v(N-x)}{N})$, on a

$$\sum_{y=0}^{N} y\mathbf{P}(x,y) = (1-u)x + v(N-x).$$

Cette formule, affine en x, donne une équation fermée pour m :

$$m = \sum_{x=0}^{N} ((1-u)x + v(N-x))\mu(x) = (1-u)m + v(N-m),$$

d'où enfin

$$m = \frac{Nv}{u+v}.$$

Pour la variance σ^2 de μ, un calcul permet d'établir que

$$\sigma^2 = \frac{N^2 uv}{(u+v)^2(2N(u+v)+1)} + o_{N\to\infty}(N).$$

Notons que si $u = v$ alors $m = N/2$ ne dépend plus de u et v. Au-delà des deux premiers moments, on peut établir, comme présenté dans le chapitre 27, que le processus

$$Y^{(N)} = \Big(\frac{1}{N} X_{\lfloor Nt \rfloor}\Big)_{t\in\mathbb{R}_+}$$

converge en loi quand $(N, Nu, Nv) \to (\infty, \alpha, \beta)$ vers un processus de diffusion Y sur $[0,1]$, solution de l'équation différentielle stochastique

$$dY_t = \sqrt{Y_t(1-Y_t)}dB_t - \alpha Y_t dt + \beta(1-Y_t)dt,$$

dont la loi invariante est une loi $\mathrm{Beta}(2\beta, 2\alpha)$, dont la moyenne et la variance sont données par

$$\frac{\beta}{\alpha+\beta} \quad \text{et} \quad \frac{\alpha\beta}{(\alpha+\beta)^2(2(\alpha+\beta)+1)}.$$

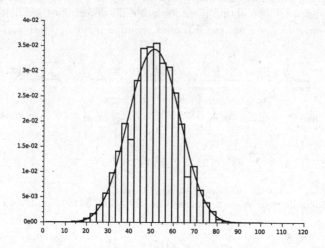

Fig. 12.2. Loi invariante et histogramme d'un échantillon de taille 10000 de X_{100} avec $X_0 = 50$, pour une population de taille $N = 100$, avec taux de mutation $u = v = 0.05$.

12.5 Modèle de Wright-Fisher avec sélection

Sur le plan biologique, il est possible que les allèles A et B ne procurent pas à l'individu qui en est doté des capacités identiques : viabilité, potentiel attractif, etc. Cette asymétrie est responsable de la sélection naturelle. Considérons pour simplifier le modèle sans mutation. Il est possible de prendre en compte un avantage sélectif de l'allèle A en effectuant la transformation suivante de la génération n avant la fabrication de la génération $n + 1$: chaque individu de type A est remplacé par $(1 + s)$ individus de type A, où $s > 0$ est un paramètre fixé (penser à une urne). Cela revient à prendre

$$\mathrm{Loi}(X_{n+1} \mid X_0, \ldots, X_n) = \mathrm{Loi}(X_{n+1} \mid X_n) = \mathrm{Bin}(N, \psi_{X_n})$$

avec cette fois-ci

$$\psi_x = \frac{x(1+s)}{x(1+s) + N - x}.$$

Le processus $(X_n)_{n \geqslant 0}$ est une chaîne de Markov. Son espérance ne vérifie pas une équation de récurrence linéaire car ψ_x n'est pas linéaire en x (contrairement au cas sans sélection $s = 0$). Les états 0 et N sont absorbants, tandis que $\{1, \ldots, N-1\}$ est une classe transitoire. Comme ψ_x n'est plus linéaire en x, on ne peut plus calculer la probabilité de fixation avec la méthode utilisée dans le cas sans sélection ($s = 0$). Soit $\mathbf{P}$ la matrice de transition de X, et

$$\pi(x) := \mathbb{P}_x(X_T = N)$$

la probabilité de fixation de l'allèle A. On a

$$\pi(x) = \sum_{y=0}^{N} \mathbf{P}(x,y)\pi(y).$$

Il est possible de trouver un équivalent de π lorsque la taille de la population N tend vers l'infini et s est proche de 0. Plus précisément, on montre dans le chapitre 27 que si $Ns \to \alpha > 0$ alors, pour tout $0 < p < 1$,

$$\pi(\lfloor pN \rfloor) \xrightarrow[N \to \infty]{} \frac{1 - e^{-2\alpha p}}{1 - e^{-2\alpha}}.$$

Ainsi, le passage de $s = 0$ à $s > 0$ modifie considérablement les probabilités de fixation.

12.6 Modèle de Cannings

Dans le modèle de Wright-Fisher, on passe de la génération n à la génération $n+1$ en effectuant un tirage avec remise de N individus dans la génération n. Cela revient à attribuer un certain nombre d'enfants à chaque individu de la génération n, les enfants héritant de l'allèle du père. Si $y_1, \ldots, y_N$ désignent le nombre d'enfants de chaque individu de la génération n (numérotés de 1 à N) alors on a $y_1 + \cdots + y_N = N$ et $(y_1, \ldots, y_N)$ suit la loi multinomiale symétrique de taille N et de paramètre $(1/N, \ldots, 1/N)$. Cela correspond à lancer N fois un dé à N faces équilibrées. Ce mécanisme qui associe chaque individu de la génération $n + 1$ à un individu de la génération n peut être utilisé pour étudier la transmission de gènes quel que soit le nombre d'allèles considéré : les enfants héritent de l'allèle du père. Le modèle de Cannings va au-delà de cette structure multinomiale symétrique en permettant une dépendance entre les individus d'une même génération : on suppose seulement que le vecteur $(y_1, \ldots, y_N)$ vérifie $y_1 + \cdots + y_N = N$ et possède une loi échangeable, c'est-à-dire que pour toute permutation $\tau \in \mathcal{S}_N$,

$$(y_1, \ldots, y_N) \overset{\text{loi}}{=} (y_{\tau(1)}, \ldots, y_{\tau(N)}).$$

En particulier, les $y_1, \ldots, y_N$ ont même loi. Comme $y_1 + \cdots + y_N = N$ on en déduit que $\mathbb{E}(y_1) = 1$ et on note $\sigma^2 = \text{Var}(y_1)$. On en déduit également $\text{Cov}(y_1, y_2) = -\sigma^2/(N-1)$ car

$$0 = \text{Var}(y_1 + \cdots + y_N) = N\text{Var}(y_1) + N(N-1)\text{Cov}(y_1, y_2).$$

Remarque 12.10 (Modèle de Moran). *Tout comme le modèle de Wright-Fisher, le modèle de Moran est un cas particulier du modèle de Cannings. Il correspond à la loi de $(y_1, \ldots, y_N)$ suivante : la transition de la génération n à la génération $n + 1$ se fait en tirant avec remise deux individus dans la génération n, le premier a deux fils, le second aucun, et tous les autres individus ont exactement un seul descendant.*

Dans le cas à deux allèles, ce mécanisme de transition donne lieu, tout comme pour le modèle de Wright-Fisher, à une chaîne de Markov $(X_n)_{n \geqslant 0}$ d'espace d'états $\{0, 1, \ldots, N\}$ donnée pour tout $x \in \{0, 1, \ldots, N\}$ par

$$\text{Loi}(X_{n+1} \mid X_n = x) = \text{Loi}(y_1 + \cdots + y_x).$$

Les états 0 et N sont absorbants tandis que tous les autres mènent à $\{0, N\}$ et sont donc transitoires. Notons que $\mathbb{E}(X_{n+1} \mid X_n = x) = x : (X_n)_{n \geqslant 0}$ est donc une martingale. De plus,

$$\begin{aligned}
\text{Var}(X_{n+1} \mid X_n = x) &= \text{Var}(y_1 + \cdots + y_x) \\
&= x\sigma^2 + x(x-1)\text{Cov}(y_1, y_2) \\
&= x\sigma^2 - \frac{x(x-1)\sigma^2}{N-1} \\
&= \sigma^2 \frac{x(N-x)}{N-1}.
\end{aligned}$$

Remarque 12.11 (Loi multinomiale). *Soit $n, d \in \mathbb{N}^*$ et $(p_1, \ldots, p_d) \in [0,1]^d$ avec $p_1 + \cdots + p_d = 1$. La loi multinomiale de taille n et de paramètre $(p_1, \ldots, p_d)$ est la loi sur l'ensemble fini*

$$\{(n_1, \ldots, n_d) \in \mathbb{N}^d : n_1 + \cdots + n_d = n\}$$

donnée par ($e_1, \ldots, e_d$ est la base canonique de $\mathbb{R}^d$)

$$(p_1 \delta_{e_1} + \cdots + p_d \delta_{e_d})^{*n} = \sum_{\substack{(n_1, \ldots, n_d) \in \mathbb{N}^d \\ n_1 + \cdots + n_d = n}} \frac{n!}{n_1! \cdots n_d!} p_1^{n_1} \cdots p_d^{n_d} \delta_{(n_1, \ldots, n_d)}.$$

Elle code n lancers d'un dé à d faces avec probabilités d'apparition $p_1, \ldots, p_d$. Elle est «symétrique» lorsque $p_1 = \cdots = p_d = 1/d$. Si $(X_1, \ldots, X_d)$ suit la loi $\text{Mul}(n, (p_1, \ldots, p_d))$ et si $I_1, \ldots, I_r$ est une partition de $\{1, \ldots, n\}$ alors

$$(X_{I_1}, \ldots, X_{I_r}) \sim \text{Mul}(n, (p_{I_1}, \ldots, p_{I_r}))$$

où

$$X_I := \sum_{i \in I} X_i \quad \text{et} \quad p_I := \sum_{i \in I} p_i.$$

Si $I \subset \{1, \ldots, n\}$ alors $X_I \sim \text{Bin}(n, p_I)$. Ainsi les lois marginales d'une loi multinomiale sont binomiales. On identifie la loi $\text{Bin}(n, p)$ à $\text{Mul}(n, (p, 1-p))$. Si $(X_1, \ldots, X_d) \sim \text{Mul}(n, (p_1, \ldots, p_d))$ alors $X_d = n - X_{\{1, \ldots, d-1\}}$.

Théorème 12.12 (Spectre de la matrice de transition). *Les valeurs propres de la matrice de transition du modèle de Cannings sont données par*

$$\lambda_0 = 1 \quad \text{et} \quad \lambda_j = \mathbb{E}(y_1 y_2 \cdots y_j) \quad \text{pour} \quad 1 \leqslant j \leqslant N.$$

En particulier, pour le modèle de Wright-Fisher, $\lambda_0 = 1$ et, pour $1 \leqslant j \leqslant N$,

$$\lambda_j = \frac{N(N-1) \cdots (N-j+1)}{N^j} = \left(1 - \frac{1}{N}\right) \cdots \left(1 - \frac{j-1}{N}\right).$$

Démonstration. Considérons la matrice de Vandermonde

$$V = \begin{pmatrix} 1 & 0 & 0 & 0 & \cdots & 0 \\ 1 & 1 & 1^2 & 1^3 & \cdots & 1^N \\ 1 & 2 & 2^2 & 2^3 & \cdots & 2^N \\ 1 & 3 & 3^2 & 3^3 & \cdots & 3^N \\ \vdots & \vdots & \vdots & \vdots & & \vdots \\ 1 & N & N^2 & N^3 & \cdots & N^N \end{pmatrix} \in \mathcal{M}_{N+1,N+1}(\mathbb{R}).$$

Soit $\mathbf{P} \in \mathcal{M}_{N+1,N+1}(\mathbb{R})$ la matrice de transition du modèle de Cannings. Pour tous $i,j \in \{0,1,\ldots,N\}$, on a

$$(\mathbf{P}V)_{i,j} = \sum_{k=0}^{N} \mathbf{P}_{i,k} V_{k,j} = \sum_{k=0}^{N} \mathbf{P}_{i,k} k^j = \mathbb{E}(X_1^j \mid X_0 = i).$$

Par ailleurs, comme

$$\mathrm{Loi}(X_1 \mid X_0 = i) = \mathrm{Loi}(y_1 + \cdots + y_i),$$

il existe des réels $b_{i,k}$ tels que

$$\mathbb{E}(X_1^j \mid X_0 = i) = \mathbb{E}((y_1 + \ldots + y_i)^j) = i^{[j]} \mathbb{E}(y_1 y_2 \cdots y_j) + \sum_{k=0}^{j-1} b_{i,k} i^k,$$

où

$$i^{[j]} := i(i-1)(i-2)\cdots(i-j+1).$$

Pour le voir, on peut procéder par récurrence sur j en observant que la loi $\mathrm{Loi}(y_1,\ldots,y_i \mid y_k)$ est échangeable. Il existe donc une matrice triangulaire supérieure $T \in \mathcal{M}_{N+1,N+1}(\mathbb{R})$ telle que $T_{0,0} = 1$, $T_{j,j} = \mathbb{E}(y_1 \cdots y_j)$ pour tout $j \in \{1,\ldots,N\}$, et pour tous $i,j \in \{0,1,\ldots,N\}$,

$$\mathbb{E}(X_1^j \mid X_0 = i) = \sum_{k=0}^{j} T_{k,j} i^k = (VT)_{i,j}.$$

On a donc

$$\mathbf{P}V = VT,$$

et comme V est inversible, les matrices $\mathbf{P}$ et T ont même spectre. $\qquad\square$

On a $\mathbb{E}(y_1) = 1$ et donc 1 est valeur propre de multiplicité 2, ce qui correspond au fait que la chaîne possède deux classes de récurrence $\{0\}$ et $\{N\}$. La deuxième plus grande valeur propre est

$$\lambda_2 = \mathbb{E}(y_1 y_2) = \mathrm{Cov}(y_1, y_2) + \mathbb{E}(y_1)^2 = 1 - \frac{\sigma^2}{N-1}.$$

12.7 Pour aller plus loin

Les mécanismes de la génétique ont été considérablement discutés depuis leur découverte par Gregor Mendel au dix-neuvième siècle. La loi de Godfrey Harold Hardy et de Wilhelm Weinberg a été découverte de manière indépendante par ces deux scientifiques au tout début du vingtième siècle. Le modèle de Ronald Aylmer Fisher et de Sewall Wright date des années 1930. Le modèle de John Moran date des années 1950 tandis que le modèle de Chris Cannings date des années 1970. Ces modèles et leurs extensions sont étudiés par exemple dans les livres de Jean-François Delmas et Benjamin Jourdain [DJ06], de Rick Durrett [Dur08], de Warren Ewens [Ewe04], de Simon Tavaré [Tav04], ainsi que dans le cours de Sylvie Méléard [Mé13]. Ils inspirent encore aujourd'hui des recherches mêlant biologie et mathématiques. L'approximation des chaînes de Markov par des diffusions fait l'objet du chapitre 27. La généalogie du processus de Wright-Fisher est étudiée dans le chapitre 13, qui mène au processus des restaurants chinois du chapitre 14.

13

Généalogies et coalescence

Mots-clés. Arbre ; branchement ; généalogie ; coalescent de Kingman.

Outils. Loi géométrique ; loi exponentielle ; loi multinomiale ; loi de Poisson ; loi d'Ewens ; processus de Galton-Watson ; modèle de Wright-Fisher.

Difficulté. **

Dans ce chapitre, on étudie la généalogie du processus de Wright-Fisher du chapitre 12. On la relie notamment au processus des restaurants chinois du chapitre 14. Cette étude conduit au processus de coalescence de Kingman.

On s'intéresse à l'évolution d'une population de taille finie N constante au fil des générations. On suppose que les générations ne se chevauchent pas, et que pour tout $n \geqslant 0$, la génération n meurt en donnant naissance à la génération $n+1$. Le mécanisme de transition est markovien : la génération $n+1$ dépend de la génération n et d'une source d'aléa indépendante. À chaque génération, on numérote les individus de 1 à N. Pour tout $n \geqslant 0$, soit a_i^{n+1} le numéro du parent de l'individu i de la génération $n+1$. Ce parent appartient à la génération n. On suppose que les v.a. $a_1^{n+1}, \ldots, a_N^{n+1}$ sont i.i.d. de loi uniforme sur $\{1, \ldots, N\}$. On note ν_i^n le nombre de descendants à la génération $n+1$ de l'individu i vivant à la génération n. Les v.a. $(\nu_i^n)_{1 \leqslant i \leqslant N}$ ne sont pas indépendantes puisqu'elles vérifient la relation $\nu_1^n + \cdots + \nu_N^n = N$. On a

$$\nu_i^n = \sum_{j=1}^{N} \mathbb{1}_{\{a_j^{n+1}=i\}}.$$

Par conséquent, le vecteur aléatoire $\nu^n = (\nu_1^n, \ldots, \nu_N^n)$ suit la loi multinomiale de taille N et de paramètre $(1/N, \ldots, 1/N)$, c'est-à-dire

$$\mathbb{P}(\nu_1^n = n_1, \ldots, \nu_N^n = n_N) = \frac{N!}{n_1! \ldots n_N!} \left(\frac{1}{N}\right)^N \mathbb{1}_{\{n_1+\cdots+n_N=N\}}.$$

© Springer-Verlag Berlin Heidelberg 2016
D. Chafaï and F. Malrieu, *Recueil de Modèles Aléatoires*,
Mathématiques et Applications 78, DOI 10.1007/978-3-662-49768-5_13

Si chaque individu est réduit à un allèle A ou B d'un gène à deux allèles et si le nombre d'allèles A à la génération n est égal à x, alors la loi du nombre d'allèles A à la génération $n+1$ suit une loi binomiale $\mathrm{Bin}(N, x/N)$. On retrouve donc le modèle de Wright-Fisher du chapitre 12. Le lien avec la loi multinomiale a déjà été observé lors de l'étude du modèle de Cannings dans le chapitre 12. Nous avons construit ici le modèle de Wright-Fisher à rebours en remontant les générations, comme illustré dans la figure 13.1. Chaque individu de la génération $n+1$ possède un ancêtre à la génération n choisi indépendamment des autres et selon la loi uniforme sur $\{1, \ldots, N\}$. Certains membres de la génération n n'ont donc aucun descendant à la génération $n+1$ et c'est ce qui va entraîner le phénomène dit de dérive génétique (fixation d'un allèle).

Remarque 13.1 (Lois de Poisson et multinomiale). *Si $Y_1, \ldots, Y_N$ sont des v.a. indépendantes de loi de Poisson de paramètres respectifs $\theta_1, \ldots, \theta_N$ alors*

$$\mathrm{Loi}((Y_1, \ldots, Y_N) \mid Y_1 + \cdots + Y_N = N) = \mathrm{Mul}(N, (p_1, \ldots, p_N))$$

où $p_k = \theta_k/(\theta_1 + \cdots + \theta_N)$ pour tout $1 \leqslant k \leqslant N$. En particulier, dans le cas où $\theta_1 = \cdots = \theta_N$ alors $p_1 = \cdots = p_N = 1/N$. Ainsi le modèle de Wright-Fisher revient à un processus de Galton-Watson de loi de reproduction Poisson, conditionné à avoir une taille de population fixée, voir chapitre 3.

Le modèle de Wright-Fisher sans mutation est connu pour faire apparaître un phénomène *dérive génétique*, c'est-à-dire qu'un allèle l'emporte sur l'autre et que la population devient homozygote après un nombre aléatoire mais fini presque sûrement de générations. De même, après un certain nombre de générations, tous les individus proviendront donc d'un même ancêtre. C'est ce phénomène qu'il s'agit à présent de décrire et quantifier.

Comme les individus donnés choisissent leur parent de manière i.i.d. et uniforme, la probabilité que deux individus fixés aient deux parents distincts (à la génération précédente) est égale à $N(N-1)/N^2 = 1 - 1/N$. Ces parents choisissant eux-mêmes leurs parents indépendamment, la probabilité pour que le premier ancêtre commun à deux individus donnés remonte à plus de r générations vaut $(1 - 1/N)^r$. Le temps T_2 d'apparition de l'*ancêtre commun le plus récent* (ACPR) suit donc une loi géométrique sur $\mathbb{N}^*$ de paramètre $p_2 = 1/N$. Si l'on considère à présent trois individus, notons T_3' l'instant d'apparition de l'ACPR pour deux individus au moins (premier temps de coalescence parmi trois individus). On a

$$\mathbb{P}(T_3' > 1) = \frac{N(N-1)(N-2)}{N^3} = 1 - \frac{3}{N} + \frac{2}{N^2}.$$

Les choix des parents sont indépendants à chaque génération, d'où, pour $k \geqslant 1$,

$$\mathbb{P}(T_3' > k) = \left(1 - \frac{3}{N} + \frac{2}{N^2}\right)^k.$$

La loi de T_3' est donc la loi géométrique de paramètre $p_3 = 3/N - 2/N^2$. On note $T_3 = T_3' + T_2'$ le temps d'apparition d'un ACPR pour les trois individus

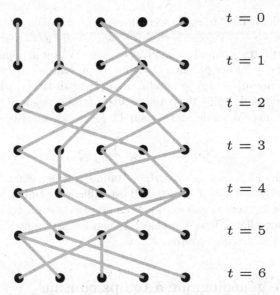

$t = 0$

$t = 1$

$t = 2$

$t = 3$

$t = 4$

$t = 5$

$t = 6$

Fig. 13.1. Dans le modèle de Wright-Fisher, tout se passe comme si pour chaque génération, chaque individu, indépendemment de tous les autres, choisissait uniformément un père dans la génération précédente et en héritait. Le graphique ci-dessus illustre l'évolution de ces relations de filiation sur quelques générations pour une population de taille $N = 5$. Ce point de vue généalogique est au cœur de ce chapitre.

(ici $T_2' := T_3 - T_3'$). Remarquons que si l'ACPR de deux individus est l'ACPR des trois individus alors $T_2' = 0$. Déterminons la loi de T_2'. La probabilité que trois individus distincts aient le même père est $1/N^2$. La probabilité que T_2' soit nul sachant que $T_3' = k$ est donc égale à

$$\mathbb{P}(T_2' = 0 \mid T_3' = k) = \frac{\mathbb{P}(T_2' = 0\,,\, T_3' = k)}{\mathbb{P}(T_3' = k)} = \frac{(1 - p_3)^{k-1}(1/N^2)}{p_3(1 - p_3)^{k-1}} = \frac{1}{3N - 2}.$$

Comme les choix des parents sont indépendants d'une génération à l'autre, on déduit de la première partie que la loi de T_2' sachant que $T_3' = k$ et $T_2' > 0$ est la loi géométrique de paramètre p_2. Cela implique que sachant $T_3' = k$, la variable T_2' est égale en loi à UV où U et V sont indépendantes de lois respectives $\mathrm{Ber}(1 - 1/(3N - 2))$ et $\mathrm{Geo}_{\mathbb{N}^*}(p_2)$.

Plus généralement, le nombre de parents distincts d'un groupe de k individus peut être vu comme le nombre d'urnes occupées après que l'on a lancé k balles, indépendamment et à chaque fois uniformément, dans N urnes. Pour tout $j \in \{1, \ldots, k\}$, la probabilité pour que ce nombre soit j est

$$g_{k,j}^{(N)} = \mathbb{P}(k \text{ individus ont } j \text{ parents distincts}) = \frac{N(N-1)\cdots(N-j+1)S_{k,j}}{N^k},$$

où $S_{k,j}$ est le nombre de Stirling de seconde espèce [1]. En effet, il y a exactement $N(N-1)\cdots(N-j+1)$ façons de choisir j parents distincts parmi N, et $S_{k,j}$ façons d'associer à ces j parents k enfants, et enfin, N^k est le nombre de façons d'assigner k enfants à leurs parents. On définit à présent le processus ancestral $(A_n^N(r))_{r\in\mathbb{N}}$ en notant $A_n^N(r)$ le nombre d'ancêtres distincts à la génération $-r$ pour un groupe de taille n au temps 0 (le temps remonte ici). La suite $(A_n^N(r))_{r\in\mathbb{N}}$ est une chaîne de Markov sur $\{1,\ldots,n\}$ de matrice de transition

$$G_N = \left(g_{j,k}^{(N)}\mathbb{1}_{\{j\leqslant k\}}\right)_{1\leqslant j,k\leqslant n}.$$

Pour cette chaîne, l'état 1 est absorbant tandis que les états $2,\ldots,n$ sont transitoires puisqu'ils mènent tous à 1. Il est difficile d'étudier les propriétés fines de cette chaîne, comme par exemple des propriétés sur le temps d'atteinte de l'état 1. Nous allons donc remplacer ce modèle à temps discret par un modèle plus simple à temps continu.

13.1 Modèle généalogique à temps continu

Considérons la chaîne de Markov à temps continu $(A(t))_{t\geqslant 0}$ sur $\mathbb{N}^*$ dont le générateur infinitésimal est donné pour tous $j,k\in\mathbb{N}^*$ par

$$L(j,k) = \begin{cases} \binom{j}{2} & \text{si } j\geqslant 2 \text{ et } k=j-1, \\ -\binom{j}{2} & \text{si } j\geqslant 2 \text{ et } k=j, \\ 0 & \text{sinon.} \end{cases}$$

C'est un processus de mort pur sur $\mathbb{N}^*$ (sauts de n à $n-1$ seulement) pour lequel 1 est absorbant. Le temps de séjour en n suit la loi exponentielle de paramètre $\binom{n}{2}$. Ceci s'interprète de la manière suivante : chaque couple d'individus se cherche un père indépendamment des autres couples et y arrive au bout d'un temps exponentiel de paramètre 1. Pour n individus, on a $\binom{n}{2}$ couples distincts. Or le minimum de $\binom{n}{2}$ variables aléatoires indépendantes de même loi exponentielle $\mathrm{Exp}(1)$ suit la loi $\mathrm{Exp}(\binom{n}{2})$ (voir aussi lemme 11.2). On note $(A_n(t))_{t\geqslant 0}$ le processus issu de n, qui est à valeurs dans $\{1,\ldots,n\}$.

Montrons à présent que le processus à temps discret renormalisé converge vers le processus à temps continu. On s'intéresse au cas limite où N est grand et où l'unité de temps se compte en N générations. La date d'apparition de l'ACPR de deux individus donnés est donc T_2'/N où T_2' suit la loi géométrique sur $\mathbb{N}^*$ de paramètre $p_2 = 1/N$.

Lemme 13.2 (Loi exponentielle comme limite de lois géométriques renormalisées). *Si $(V_n)_{n\geqslant 1}$ est une suite de variables aléatoires de loi géométrique de paramètres respectifs $(\mu_n)_{n\geqslant 1}$ telle que $\lim_{n\to\infty} n\mu_n = \mu > 0$ alors $(n^{-1}V_n)_{n\geqslant 1}$ converge en loi vers la loi exponentielle de paramètre μ.*

---

1. Nombre de façons de découper un ensemble à k éléments en j ensembles non vides. Apparaît aussi dans le chapitre 1 pour étudier le collectionneur de coupons !

Démonstration. On utilise les fonctions caractéristiques. Si $V \sim \mathrm{Exp}(\mu)$, alors

$$\varphi_{V_n/n}(t) = \frac{\mu_n e^{it/n}}{1 - (1 - \mu_n)e^{it/n}} = \frac{n\mu_n}{n\mu_n - n(1 - e^{it/n})} \xrightarrow[n\to\infty]{} \frac{\mu}{\mu - it} = \varphi_V(t),$$

Alternativement, pour tout $x \geqslant 0$,

$$\mathbb{P}(n^{-1}V_n \geqslant x) = \mathbb{P}(V_n \geqslant nx) = e^{-\mu_n \lfloor nx \rfloor} \to e^{-\mu x}.$$

$\square$

Pour une population comportant N individus et dans une échelle de temps où l'unité de temps est égale à N générations, le temps T_2 d'apparition de l'ACPR pour deux individus donnés est approximativement de loi exponentielle de paramètre 1. En particulier $\mathbb{E}(T_2) = 1$. On a donc montré que

$$(A_2^N(\lfloor Nt \rfloor))_{t\geqslant 0} \xrightarrow[N\to\infty]{\mathrm{loi}} (A_2(t))_{t\geqslant 0}.$$

Considérons l'arbre généalogique de trois individus. Quand N tend vers l'infini, T_2'/N converge en loi vers $\mathrm{Exp}(1)$. De plus, on montre de même que $(T_2'/N, T_3'/N)$ converge vers (T_2, T_3) où T_2 et T_3 sont indépendantes de lois exponentielles respectives $\mathrm{Exp}(1)$ et $\mathrm{Exp}(3)$:

$$\begin{aligned}
\varphi_{(T_2'/N, T_3'/N)}(s,t) &= \mathbb{E}(\exp(isT_2'/N + itT_3'/N)) \\
&= \mathbb{E}(\mathbb{E}(\exp(isT_2'/N)|T_3')\exp(itT_3'/N)) \\
&= \frac{1}{3N-2}\mathbb{E}\left(e^{itT_3'/N}\right) + \frac{3N-3}{3N-2}\mathbb{E}\left(e^{itV/N}\right)\mathbb{E}\left(e^{itT_3'/N}\right)
\end{aligned}$$

et le lemme 13.2 permet de conclure que $(A_3^N(\lfloor Nt \rfloor))_{t\geqslant 0}$ converge en loi vers le processus $(A_3(t))_{t\geqslant 0}$ quand N tend vers l'infini. En d'autres termes, lorsque N tend vers l'infini et que le temps est mesuré en unités de N générations, le mécanisme d'apparition de l'ACPR d'un groupe composé de trois individus distincts pour le processus limite est le suivant :

— après un temps exponentiel $T_3 \sim \mathrm{Exp}(3)$, un ancêtre commun à 2 individus apparaît,

— l'ancêtre commun apparaît alors après un temps $T_2 \sim \mathrm{Exp}(1)$,

— les variables aléatoires T_2 et T_3 sont indépendantes.

En particulier, à la limite, la probabilité que le premier ancêtre commun soit commun aux trois individus est nulle. On généralise le résultat comme suit.

Théorème 13.3 (Du discret au continu). *Pour tout $n \geqslant 2$, la convergence de processus suivante a lieu, au sens des lois marginales,*

$$(A_n^N(\lfloor Nt \rfloor))_{t\geqslant 0} \xrightarrow[N\to\infty]{\mathrm{loi}} (A_n(t))_{t\geqslant 0}.$$

Démonstration. On esquisse seulement les grandes lignes. Considérons dans un premier temps le comportement de la matrice de transition de G_N lorsque N est grand. Puisque $S_{k,k-1} = \binom{k}{2}$, pour tout $2 \leqslant k \leqslant n$,

$$g_{k,k-1}^{(N)} = S_{k,k-1} \frac{N(N-1)\cdots(N-k+1)}{N^k} = \binom{k}{2}\frac{1}{N} + \mathcal{O}(N^{-2})$$

tandis que pour $j < k-1$, on a

$$g_{k,j}^{(N)} = S_{k,j} \frac{N(N-1)\cdots(N-j+1)}{N^k} = \mathcal{O}(N^{-2}).$$

Enfin, on a

$$g_{k,k}^{(N)} = N^{-k}N(N-1)\cdots(N-k+1) = 1 - \binom{k}{2}\frac{1}{N} + \mathcal{O}(N^{-2}).$$

Ainsi $G_N = I + N^{-1}Q + \mathcal{O}(N^{-2})$. La suite de la démonstration, omise ici, consiste à identifier la limite de $(G_N)^{\lfloor Nt \rfloor}$. $\qquad\square$

13.2 Longueur de l'arbre généalogique

Le processus à temps continu $(A_n(t))_{t \geqslant 0}$ d'espace d'états $\{1, \ldots, n\}$ est un processus de mort pur, c'est-à-dire que ses trajectoires continues par morceaux sont décroissantes. Il est issu de $A_n(0) = n$ et décroît uniquement avec des sauts d'amplitude -1. Pour tout $k \geqslant 2$, sachant que le processus est dans l'état k, le temps d'attente T_k avant de passer dans l'état $k-1$ (seule transition possible) suit une loi $\mathrm{Exp}(\binom{k}{2})$. De plus, les variables aléatoires $(T_k)_{2 \leqslant k \leqslant n}$ sont indépendantes. Le temps d'apparition de l'ACPR W_n s'écrit donc

$$W_n = T_n + \cdots + T_2,$$

où les $(T_k)_{2 \leqslant k \leqslant n}$ sont les temps de séjours dans les états $2, \ldots, n$. En particulier, on a donc

$$\mathbb{E}(W_n) = 2\sum_{k=2}^{n} \frac{1}{k(k-1)} = 2\sum_{k=2}^{n} \left(\frac{1}{k-1} - \frac{1}{k}\right) = 2\left(1 - \frac{1}{n}\right) \to 2$$

et les $T_2, \ldots, T_n$ étant indépendantes, on a de plus

$$\mathrm{Var}(W_n) = \sum_{k=2}^{n} \mathrm{Var}(T_k)$$

$$= \sum_{k=2}^{n} \frac{4}{k^2(k-1)^2}$$

$$= 4 \sum_{k=2}^{n} \left(\frac{1}{k^2} + \frac{1}{(k-1)^2} - \frac{2}{k(k-1)} \right)$$

$$= 8 \sum_{k=1}^{n-1} \frac{1}{k^2} + \frac{4}{n^2} - 4 - 8 \left(1 - \frac{1}{n} \right).$$

On a $\mathrm{Var}(W_n) \nearrow \frac{4\pi^2}{3} - 12 \simeq 1.16$ (notons que $\mathrm{Var}(T_2) = 1$). Il est possible d'obtenir une expression explicite de la densité de W_n en remarquant que $\mathbb{P}(W_n \leqslant t) = \mathbb{P}(A_n(t) = 1)$ et en calculant la matrice de transition du processus ancestral (assez peu passionnant).

On appelle arbre généalogique d'un groupe de n individus l'ensemble de tous leurs ancêtres toutes générations comprises, eux compris, jusqu'au premier ancêtre commun à tous les individus. On note L_n, et l'on appelle *longueur de l'arbre généalogique* la variable aléatoire égale à la somme des temps de vie de tous les individus de l'arbre. La longueur de l'arbre L_n s'exprime en fonction des temps d'apparition des ancêtres communs :

$$L_n = 2T_2 + \cdots + nT_n.$$

En particulier, comme $T_2, \ldots, T_n$ sont indépendantes avec $T_k \sim \mathrm{Exp}(\binom{k}{2})$,

$$\mathbb{E}(L_n) \underset{n \to \infty}{\sim} 2\log(n) \quad \text{et} \quad \mathrm{Var}(L_n) \underset{n \to \infty}{\sim} \frac{2\pi^2}{3}.$$

Théorème 13.4 (Longueur de l'arbre ancestral). *La v.a. L_n suit la loi du maximum de $n-1$ v.a.r. i.i.d. de loi exponentielle de paramètre $1/2$. De plus,*

$$\frac{L_n}{\log(n)} \underset{n \to \infty}{\overset{\text{p.s.}}{\longrightarrow}} 2 \quad \text{et} \quad \frac{L_n}{2} - \log(n) \underset{n \to \infty}{\overset{\text{loi}}{\longrightarrow}} \text{Gumbel}$$

où la loi de Gumbel a pour fonction de répartition $t \in \mathbb{R} \mapsto e^{-e^{-t}}$.

Démonstration. La variable aléatoire L_n est la somme des variables aléatoires indépendantes $2T_2, \ldots, nT_n$ qui suivent les lois $\mathrm{Exp}(1/2), \ldots, \mathrm{Exp}((n-1)/2)$. Le premier résultat découle alors de la propriété suivante : si $E_1, \ldots, E_n$ sont des variables aléatoires indépendantes de lois $\mathrm{Exp}(\lambda), \mathrm{Exp}(2\lambda), \ldots, \mathrm{Exp}(n\lambda)$ alors leur somme $S_n := E_1 + \cdots + E_n$ à la même loi que $M_n := \max(F_1, \ldots, F_n)$ où $F_1, \ldots, F_n$ sont des v.a. i.i.d. de loi $\mathrm{Exp}(\lambda)$. La densité de M_n est

$$f_n(x) := (\mathbb{P}(M_n \leqslant x))'$$
$$= ((1 - e^{-\lambda x})^n \mathbb{1}_{\mathbb{R}_+}(x))'$$
$$= n\lambda(1 - e^{-\lambda x})^{n-1} e^{-\lambda x} \mathbb{1}_{\mathbb{R}_+}(x).$$

Montrons S_n a pour densité f_n. C'est vrai pour $n = 1$, et par récurrence, si cela est vrai pour n, alors la densité de S_{n+1} est, en notant g_λ celle de $\mathrm{Exp}(\lambda)$,

$$f_n * g_{(n+1)\lambda}(y) = (n+1)\lambda \int_{-\infty}^{y} f_n(x) e^{-\lambda(n+1)(y-x)} \, dx$$

$$= \lambda(n+1)n\lambda e^{-\lambda(n+1)y} \int_0^y (e^{\lambda x} - 1)^{n-1} e^{\lambda x} \, dx$$

$$= \lambda(n+1) e^{-\lambda(n+1)y} (e^{\lambda y} - 1)^n$$

$$= \lambda(n+1) e^{-\lambda y} (1 - e^{-n\lambda y})^n = f_{n+1}(y).$$

En fait, cette propriété ne constitue qu'une partie du lemme de Rényi 11.3.

Pour établir le second résultat du théorème (convergence p.s.) on utilise le fait suivant [2] : si $(X_n)_n$ sont des v.a.r. indépendantes et centrées vérifiant $\sum_n \mathbb{E}(X_n^2) < \infty$ alors $\sum_n X_n$ converge presque sûrement et dans L^2. Avec $X_n = nT_n - \mathbb{E}(nT_n) = nT_n - 2/(n-1)$ on a $\mathbb{E}(X_n) = 0$ et

$$\sum_{n \geqslant 2} \mathbb{E}(X_n^2) = \sum_{n \geqslant 2} \mathrm{Var}(X_n) = \sum_{n \geqslant 2} \frac{4}{(n-1)^2} < \infty$$

donc $\sum_n X_n$ converge p.s. et donc

$$\frac{L_n}{\log(n)} = \frac{1}{\log(n)} \sum_{k=2}^{n} X_k + \frac{1}{\log(n)} \sum_{k=2}^{n} \mathbb{E}(kT_k)$$

$$= \frac{1}{\log(n)} \sum_{k=2}^{n} X_k + \frac{2}{\log(n)} \sum_{k=1}^{n-1} \frac{1}{k} \xrightarrow[n \to \infty]{\text{p.s.}} 2.$$

Pour établir le troisième résultat (fluctuation Gumbel), on utilise le fait que L_n et M_n ont même loi, puis on écrit, pour tout $t \in \mathbb{R}$,

$$\mathbb{P}(L_n - 2\log(n) \leqslant 2t) = \left(1 - e^{-\frac{1}{2}(2t + 2\log(n))}\right)^{n-1}$$

$$= \left(1 - \frac{e^{-t}}{n}\right)^n \xrightarrow[n \to \infty]{} e^{-e^{-t}}.$$

□

13.3 Mutations

Pour rendre compte de la diversité des individus dans une population, il faut tenir compte des possibilités de mutation de l'ADN, en particulier lors de sa réplication. Les mutations entraînent une diversification génétique des enfants d'un même individu. Le taux de mutation d'une base [3] est très faible. On suppose pour simplifier que ce taux ne dépend pas de la base concernée,

2. Cas particulier du théorème de convergence de martingale bornée dans L^2.
3. Un brin d'ADN est constitué par une suite de lettres d'alphabet $\{A, C, G, T\}$.

ni de sa position dans le brin d'ADN et qu'il est constant au cours du temps. Ainsi, à chaque génération, un individu a une probabilité μ d'avoir une mutation qui le différencie de son parent. Si l'on considère une séquence de m bases, la probabilité que deux mutations aient lieu au même endroit est $1/m$. Comme les probabilités de mutation sont faibles, cela arrive très rarement. On fera donc l'hypothèse que l'on a une infinité d'allèles possibles et que chaque nouvelle mutation affecte un site différent. Ainsi, une mutation donne toujours un nouvel allèle. Le temps d'apparition d'une mutation dans la lignée ancestrale d'un individu est donc une loi géométrique de paramètre μ. On pose $\theta = 2\mu N$ et on suppose que θ est d'ordre 1. Ainsi, lors du passage à la limite quand $N \to \infty$, le processus de mutation devient un processus de Poisson. Plus exactement, on munit chaque branche de l'arbre d'un processus de Poisson de paramètre $\theta/2$ qui comptera les mutations. Les deux processus de coalescence et mutation sont d'origines aléatoires différentes. Nous les considérerons indépendants.

Théorème 13.5 (Loi du nombre d'allèles dans un échantillon). *Si K_n désigne le nombre d'allèles distincts dans un groupe de n personnes alors*

$$K_n \overset{\text{loi}}{=} \eta_1 + \cdots + \eta_n$$

où $(\eta_k)_{k \geqslant 1}$ sont des v.a. indépendantes avec $\eta_k \sim \mathrm{Ber}(\theta/(k-1+\theta))$, $k \geqslant 1$.

Notons que $\eta_1 = 1$ presque sûrement. La variable aléatoire K_n correspond au nombre de tables dans le processus des restaurants chinois du chapitre 14. En particulier, on sait calculer les deux premiers moments, et on connaît le comportement asymptotique (convergence et fluctuation).

Démonstration. Pour un groupe de n individus, on s'intéresse au premier temps (dans le passé) d'apparition d'une coalescence ou d'une mutation. Tout se passe comme si U_n était le minimum entre T_n, premier temps de coalescence (de loi $\mathrm{Exp}(\binom{n}{2})$) et $R_1, \ldots, R_n$ premiers temps de mutation des individus $1, \ldots, n$ de même loi $\mathrm{Exp}(\theta/2)$. Puisque ces v.a.r. sont indépendantes, leur minimum suit la loi exponentielle de paramètre égal à (lemme 11.2)

$$\binom{n}{2} + n\frac{\theta}{2} = \frac{n(n-1+\theta)}{2},$$

et la probabilité que ce premier phénomène soit une coalescence vaut

$$\frac{\binom{n}{2}}{\frac{n(n-1+\theta)}{2}} = \frac{n-1}{n-1+\theta}.$$

De même, la probabilité pour que ce phénomène soit une mutation est donc

$$1 - \frac{n-1}{n-1+\theta} = \frac{\theta}{n-1+\theta}.$$

On pose $\eta_n = 1$ si ce premier phénomène est une mutation et $\eta_n = 0$ si c'est une coalescence. La variable aléatoire η_n suit donc la loi de Bernoulli de paramètre $\theta/(n - 1 + \theta)$. Étudions ce qui se passe après ce temps U_n :

— Si $\eta_n = 0$ alors le nombre d'ancêtres à l'instant U_n est $n-1$ et le nombre d'allèles distincts dans ce groupe de $n - 1$ individus est $K_{n-1} = K_n$.

— Si $\eta_n = 1$ alors l'individu qui a muté à l'instant U_n est à l'origine d'un allèle différent. Il correspond, dans la population initiale de n individus, à la présence d'un allèle distinct de tous les autres. De plus, cet allèle est présent une seule fois dans la population des n ancêtres. On obtient donc une population de $n - 1$ individus possédant $K_{n-1} = K_n - 1$ allèles distincts.

Dans tous les cas, on a obtenu $K_n = K_{n-1} + \eta_n$ et on considère à partir de l'instant U_n une population de $n - 1$ individus possédant K_{n-1} allèles différents. Par récurrence, on obtient bien la décomposition de K_n en somme de variables aléatoires de Bernoulli. La propriété de Markov du processus de coalescence et l'absence de mémoire du processus de mutation assure l'indépendance des variables aléatoires $(\eta_k)_k$.   □

On peut en fait décrire plus précisément la structure des allèles d'une population de n individus. Dans le modèle à nombre d'allèles infini, un échantillon de taille n peut être représenté par une configuration $c = (c_1, \ldots, c_n)$ où c_i est le nombre d'allèles représentés i fois et $|c| = c_1 + 2c_2 + \cdots + nc_n = n$. On notera $e_i = (0, 0, \ldots, 0, 1, 0, \ldots, 0)$ le i^e vecteur unitaire. Il s'agit à présent d'établir une équation satisfaite par les probabilités $(q(c))$ où $q(c)$ est la probabilité qu'un échantillon de taille $|c|$ tiré sous la probabilité stationnaire ait la configuration c. On pose $q(e_1) = 1$. Supposons que la configuration soit c. En remontant la généalogie de l'échantillon jusqu'au premier changement, nous trouvons une mutation ou une coalescence (ancêtre commun à deux individus). Analysons ces deux événements :

— Le premier événement (mutation) a une probabilité (lemme 11.2)

$$\frac{n\theta/2}{n\theta/2 + n(n-1)/2} = \frac{\theta}{\theta + n - 1}.$$

La configuration b qui a conduit à la configuration c est
— $b = c$ si la mutation a eu lieu sur l'un des c_1 singletons (a lieu avec probabilité c_1/n),
— $b = c - 2e_1 + e_2$ si la mutation a eu lieu sur un des allèles représenté 2 fois (a lieu avec probabilité $2b_2/n = 2(c_2 + 1)/n$),
— $b = c - e_1 - e_{j-1} + e_j$ si la mutation a eu lieu sur un des allèles représenté j fois (a lieu avec probabilité $jb_j/n = j(c_j + 1)/n$)
— Le second événement (coalescence) a lieu avec une probabilité qui vaut $(n-1)/(\theta + n - 1)$ et dans ce cas, la configuration précédente était de la forme $b = c + e_j - e_{j+1}$: un allèle présent j fois (parmi les $c_j + 1$) s'est dédoublé, ramenant de $c_j + 1$ à c_j le nombre d'allèles présent j

fois et de $c_{j+1} - 1$ à c_{j+1} le nombre d'allèles présent $j + 1$ fois. Cet événement a une probabilité de $jb_j/(n-1) = j(c_j + 1)/(n-1)$.

On retrouve le processus des restaurants chinois du chapitre 14, qui affirme que c suit la loi d'Ewens. On parle de *formule d'échantillonnage d'Ewens* en génétique [4] : pour tous entiers $a_1, \ldots, a_n$ vérifiant $a_1 + 2a_2 + \cdots + na_n = n$,

$$q(c) = \mathbb{P}(c_1(n) = a_1, \ldots, c_n(n) = a_n)$$

$$= \frac{n!}{\theta(\theta+1)\cdots(\theta+n-1)} \prod_{j=1}^{n} \left(\frac{\theta}{j}\right)^{c_j} \frac{1}{c_j}.$$

13.4 Coalescent de Kingman

Le *coalescent de Kingman* est un processus à temps continu à valeurs dans l'ensemble $\mathcal{E}_n$ des relations d'équivalence sur $[n] = \{1, \ldots, n\}$ c'est-à-dire l'ensemble des partitions de $[n]$. Il décrit la généalogie d'une population de taille n. Jusqu'à présent, nous avons proposé un modèle pour l'évolution temporelle du nombre d'ancêtres d'une population initiale donnée. Il s'agit à présent d'être plus précis en gardant trace des liens de parentés entre tous les individus. Numérotons les individus de 1 à n. À un instant t, on définit la relation d'équivalence $\sim$ sur $[n]$ par $i \sim j$ si et seulement si les individus i et j ont le même ancêtre commun au temps t. Chaque classe d'équivalence correspond à un ancêtre de la population initiale et les éléments de cette classe sont tous les descendants de cet individu. Soit $C(t)$ cette partition aléatoire.

Supposons que $C(0) = \alpha \in \mathcal{E}_n$ et notons k le nombre de ses classes (on écrira $|\alpha| = k$). Lorsque t augmente, nous progressons vers le passé et le processus reste constant jusqu'à l'apparition d'un ancêtre commun à deux des ancêtres de chaque classe. Lorsque ceci se produit, les deux ancêtres, et par conséquence tous leurs descendants, partagent cet ancêtre commun. Les deux classes d'équivalence sont donc regroupées (coalescent). Le taux d'apparition de cet événement est 1. Le processus $(C(t))_{t \geqslant 0}$ est le processus de Markov à temps continu sur $\mathcal{E}_n$ d'état initial $C(0) = \Delta = \{\{1\}, \{2\}, \ldots, \{n\}\}$ (personne n'est rélié à personne), et de générateur Q

$$Q(\alpha, \beta) = \begin{cases} -\binom{k}{2} & \text{si } \alpha = \beta \text{ et } |\alpha| = k, \\ 1 & \text{si } \alpha \sim \beta, \\ 0 & \text{sinon,} \end{cases}$$

où la notation $\alpha \sim \beta$ signifie que la partition β peut être obtenue à partir de la partition α en fusionnant deux de ses classes d'équivalence. Le processus C est appelé coalescent ou n-coalescent. Pour déterminer sa loi, il faut tout d'abord étudier la *chaîne incluse* $(C_k^{\text{inc}})_{k=n,n-1,\ldots,1}$. Cette chaîne est issue de Δ et admet pour transitions :

---

4. «*ESF : Ewens Sampling Formula*» en anglais.

$$\mathbb{P}(C_{k-1}^{\text{inc}} = \beta \mid C_k^{\text{inc}} = \alpha) = \begin{cases} \dfrac{1}{\binom{k}{2}} & \text{si } \alpha \sim \beta \text{ et } |\alpha| = k, \\ 0 & \text{sinon.} \end{cases}$$

Le processus C évolue donc selon une suite

$$\Delta = C_n^{\text{inc}} \sim C_{n-1}^{\text{inc}} \sim \cdots \sim C_1^{\text{inc}} = \Theta,$$

où Θ est la partition triviale et passe en la partition C_k^{inc} un temps exponentiel de paramètre $\binom{k}{2}$. Les taux de transition ne dépendent de la partition qu'au travers de son cardinal et

$$|C(t)| = A_n(t),$$

puisque les classes de $C(t)$ sont en bijection avec les ancêtres au temps t. Ainsi, les processus $(A_n(t))_{t \geqslant 0}$ et $(C_k^{\text{inc}})_k$ sont indépendants et pour tout $t \geqslant 0$,

$$C(t) = C_{A_n(t)}^{\text{inc}}.$$

Plus précisément, on a

$$\mathbb{P}(C(t) = \alpha) = \mathbb{P}(A_n(t) = |\alpha|)\mathbb{P}(C_{|\alpha|}^{\text{inc}} = \alpha).$$

Théorème 13.6 (Loi du coalescent de Kingman). *Soit $1 \leqslant j \leqslant n$ et α une partition de $[n]$ dont les classes d'équivalence admettent les cardinaux $\lambda_1, \ldots, \lambda_j$. Alors,*

$$\mathbb{P}(C_j^{\text{inc}} = \alpha) = \frac{(n-j)!j!(j-1)!}{n!(n-1)!}\lambda_1! \cdots \lambda_j!.$$

Démonstration. On procède par récurrence descendante. Le résultat est clair pour $j = n$ (si α n'est pas la partition Δ, sa probabilité d'apparition est nulle, et Δ est la seule partition à n classes, toutes singleton). Supposons que le résultat soit vrai pour $j \geqslant 2$. Alors

$$\begin{aligned} p_{j-1}(\beta) &:= \mathbb{P}(C_{j-1}^{\text{inc}} = \beta) \\ &= \sum_{\alpha \in \mathcal{E}_n} p_j(\alpha)\mathbb{P}(C_{j-1}^{\text{inc}} = \beta \mid C_j^{\text{inc}} = \alpha) \\ &= \sum_{\alpha \sim \beta} p_j(\alpha)\frac{2}{j(j-1)}. \end{aligned}$$

Notons $\lambda_1, \ldots, \lambda_{j-1}$ les tailles des classes d'équivalence de β. Celles de α sont

$$\lambda_1, \ldots, \lambda_{l-1}, m, \lambda_l - m, \lambda_{l+1}, \ldots, \lambda_{j-1}$$

pour un certain $1 \leqslant l \leqslant j-1$ et $1 \leqslant m \leqslant \lambda_l - 1$. Posons

$$\pi_{l,m} := \lambda_1! \cdots \lambda_{l-1}!m!(\lambda_l - m)!\lambda_{l+1}! \cdots \lambda_{j-1}!.$$

Grâce à l'hypothèse de récurrence[5],

$$
\begin{aligned}
p_{j-1}(\beta) &= \frac{1}{2} \sum_{l=1}^{j-1} \sum_{m=1}^{\lambda_l-1} \frac{2(n-j)!j!(j-1)!}{j(j-1)n!(n-1)!} \pi_{l,m} \binom{\lambda_l}{m} \\
&= \frac{(n-j)!(j-1)!(j-2)!}{n!(n-1)!} \lambda_1! \cdots \lambda_{j-1}! \sum_{l=1}^{j-1} \sum_{m=1}^{\lambda_l-1} 1 \\
&= \frac{(n-j+1)!(j-1)!(j-2)!}{n!(n-1)!} \lambda_1! \cdots \lambda_{j-1}!
\end{aligned}
$$

car $\sum_{l=1}^{j-1} \sum_{m=1}^{\lambda_l-1} 1 = \lambda_1 + \cdots + \lambda_{j-1} - j + 1 = n - j + 1.$. $\qquad\square$

13.5 Pour aller plus loin

En biologie, la *phylogénie* est l'étude des relations de parenté entre êtres vivants. La modélisation stochastique en phylogénie est abordée par exemple dans les livres de Warren Ewens [Ewe04], de Rick Durrett [Dur08], et de Jean-François Delmas et Benjamin Jourdain [DJ06]. Les aspects statistiques sont abordés dans le cours de Simon Tavaré [Tav04]. John Kingman étudie le processus qui porte son nom dans [Kin93]. Son travail a donné lieu a de nombreux développements, notamment une théorie de la fragmentation et de la coalescence, en liaison avec les processus de branchement, les processus de Lévy, et les partitions aléatoires. On pourra consulter les livres de Nathanaël Berestycki [Ber09] et de Jean Bertoin [Ber06], ainsi que le cours de Saint-Flour de Jim Pitman [Pit06] et le cours de Sylvie Méléard [Mé13].

---

5. Le facteur $1/2$ au début est dû à la permutation de m et $\lambda_l - m$. Pour bien le comprendre, considérer les exemples $\lambda_l = 2$ et $\lambda_l = 3$.

14

Restaurants chinois

Mots-clés. Partition aléatoire ; permutation aléatoire ; loi d'Ewens ; algorithme de Fisher-Yates-Knuth ; nombres de Bell ; nombres de Stirling.

Outils. Combinatoire ; groupe symétrique ; chaîne de Markov ; martingale ; inégalité de Markov ; loi de Poisson.

Difficulté. **

Ce chapitre est consacré à l'étude de propriétés remarquables de la loi d'Ewens, apparue dans le chapitre 13 comme la loi de la partition d'une population en fonction des allèles d'un même gène dans un modèle à nombre d'allèles infini. Les propriétés sont présentées sous la forme ludique du processus dit des *restaurants chinois* mais ce sont bien les interactions avec la biologie évoquées ci-dessus qui en sont la réelle motivation d'origine.

Pour tout entier $n \geqslant 1$, on note $\mathcal{S}_n$ l'ensemble des permutations de $\{1, \ldots, n\}$ (groupe symétrique). Le *processus des restaurants chinois* est une chaîne de Markov inhomogène $(\sigma_n)_{n \geqslant 1}$, d'espace d'états $\cup_{n \geqslant 1} \mathcal{S}_n$, où σ_n est à valeurs dans $\mathcal{S}_n$ pour tout $n \geqslant 1$, de valeur initiale $\sigma_1 = (1)$, et de noyau de transition donné pour tous $(\sigma, \sigma') \in \mathcal{S}_n \times \mathcal{S}_{n+1}$ par

$$\mathbb{P}(\sigma_{n+1} = \sigma' \mid \sigma_n = \sigma) = \begin{cases} \dfrac{1}{\theta + n} & \text{si } \sigma' \text{ s'obtient en insérant } n+1 \\ & \text{dans l'un des cycles de } \sigma ; \\[2mm] \dfrac{\theta}{\theta + n} & \text{si } \sigma' \text{ s'obtient en ajoutant} \\ & \text{le cycle } (n+1) \text{ à } \sigma ; \\[2mm] 0 & \text{sinon} ; \end{cases}$$

© Springer-Verlag Berlin Heidelberg 2016
D. Chafaï and F. Malrieu, *Recueil de Modèles Aléatoires*,
Mathématiques et Applications 78, DOI 10.1007/978-3-662-49768-5_14

où $\theta \geqslant 0$ est un paramètre fixé qui ne dépend pas de n. Il s'agit bien d'un noyau de transition car la somme des longueurs des cycles de σ est n. Le nom de ce processus provient de l'interprétation des cycles de σ_n comme les tables circulaires occupées par les n clients d'un restaurant chinois, ces restaurants où les gens s'attablent sans se connaître. Au temps initial 1, le restaurant ne compte qu'une seule table occupée par un seul client numéroté 1. Par récurrence sur n, à l'instant $n+1$, et conditionnellement à tout le passé $\sigma_1, \ldots, \sigma_n$, un nouveau client, numéroté $n+1$, pénètre dans le restaurant, et décide soit de rejoindre l'une des tables déjà occupées (cycles de σ_n) avec une probabilité proportionnelle à la taille de la table (longueur du cycle), à une place uniformément choisie, soit de s'asseoir à une table vide (créer un nouveau cycle de longueur 1 contenant $n+1$). Cette interprétation gastronomique suppose que les convives ne changent jamais de table, que les tables peuvent avoir un nombre arbitrairement grand de convives, et que le restaurant peut comporter un nombre arbitrairement grand de tables.

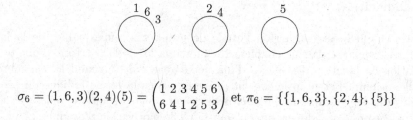

$$\sigma_6 = (1,6,3)(2,4)(5) = \begin{pmatrix} 1\ 2\ 3\ 4\ 5\ 6 \\ 6\ 4\ 1\ 2\ 5\ 3 \end{pmatrix} \text{ et } \pi_6 = \{\{1,6,3\},\{2,4\},\{5\}\}$$

Fig. 14.1. Configuration avec $n = 6$ clients sur 3 tables dans le restaurant chinois.

Associons à la permutation aléatoire σ_n la partition aléatoire π_n de $\{1, \ldots, n\}$ donnée par le support des cycles. Chaque bloc de π_n regroupe les clients d'une table du restaurant. On a $\pi_1 = \{1\}$, et pour tout $n \geqslant 1$, π_n est à valeurs dans l'ensemble Π_n des partitions de $\{1, \ldots, n\}$. En général, l'image d'une chaîne de Markov par une fonction n'est pas une chaîne de Markov[1]. Cependant, il se trouve ici que $(\pi_n)_{n \geqslant 1}$ est une chaîne de Markov inhomogène sur $\cup_{n \geqslant 1} \Pi_n$, de noyau de transition donné pour tous $(\pi, \pi') \in \Pi_n \times \Pi_{n+1}$ par

---

1. Un critère dû à Dynkin fournit une condition suffisante sur la fonction.

$$\mathbb{P}(\pi_{n+1} = \pi' \mid \pi_n = \pi) = \begin{cases} \dfrac{|b|}{\theta + n} & \text{si } \pi' \text{ s'obtient en insérant } n+1 \\ & \text{dans le bloc } b \text{ de } \pi \,; \\[2em] \dfrac{\theta}{\theta + n} & \text{si } \pi' \text{ s'obtient en ajoutant} \\ & \text{le bloc singleton } \{n+1\} \text{ à } \pi \,; \\[2em] 0 & \text{sinon}\,; \end{cases}$$

où $|b|$ désigne le cardinal de b. On a $\sum_{b \in \pi_n} |b| = n$ où $b \in \pi_n$ signifie que b est un bloc de π_n.

Remarque 14.1 (Cas extrêmes). *Lorsque $\theta = 0$ on a $\pi_n = \{\{1, \ldots, n\}\}$ tandis que si $\theta = \infty$ alors $\pi_n = \{\{1\}, \ldots, \{n\}\}$. Les probabilités sont monotones en θ. Plus θ est grand, plus les clients ont tendance à s'asseoir à une table vide plutôt que de rejoindre une table occupée.*

Remarque 14.2 (Remonter le temps). *Sur ce début de trajectoire de $(\pi_n)_{n \geqslant 1}$,*

$$\begin{aligned} \pi_1 &= & \{\{1\}\} \\ \pi_2 &= & \{\{1\}, \{2\}\} \\ \pi_3 &= & \{\{1,3\}, \{2\}\} \\ \pi_4 &= & \{\{1,3\}, \{2\}, \{4\}\} \end{aligned}$$

$\vdots$ $\qquad$ $\vdots$

on remarque immédiatement qu'il est possible de remonter le temps. Par exemple, à partir de π_4, on en déduit π_3 en repérant le bloc contenant 4, puis on en déduit π_2 en repérant le bloc contenant 3, puis π_1 en repérant le bloc contenant 2. Plus généralement, pour tout $n \geqslant 1$ et tout $\pi' \in \Pi_{n+1}$, il existe un unique $\pi \in \Pi_n$ tel que $\mathbb{P}(\pi_{n+1} = \pi' \mid \pi_n = \pi) > 0$. L'information sur π_n est intégralement contenue dans π_{n+1} sans dégradation. Le processus transporte intégralement son passé.

14.1 Lois d'Ewens

On note $|\pi|$ le nombre de blocs de la partition $\pi \in \Pi_n$ et $|\sigma|$ le nombre de cycles de la permutation $\sigma \in \mathcal{S}_n$. Ainsi on a $|\pi_n| = |\sigma_n|$ pour tout $n \geqslant 1$.

Théorème 14.3 (Loi d'Ewens sur $\mathcal{S}_n$). *Pour tout $\sigma \in \mathcal{S}_n$, on a*

$$\mathbb{P}(\sigma_n = \sigma) = \frac{\theta^{|\sigma|}}{\theta(\theta+1) \cdots (\theta+n-1)}.$$

Démonstration. La formule est vraie pour $n = 1$. Procédons par récurrence sur n et supposons-la vraie pour $n \geqslant 1$. Soit $\sigma' \in \mathcal{S}_{n+1}$. On observe tout d'abord qu'il existe un unique $\sigma \in \mathcal{S}_n$ tel que $\mathbb{P}(\sigma_{n+1} = \sigma' \mid \sigma_n = \sigma) > 0$. Si $|\sigma'| = |\sigma| + 1$ alors $\mathbb{P}(\sigma_{n+1} = \sigma' \mid \sigma_n = \sigma) = \theta/(\theta + n)$ et si $|\sigma'| = |\sigma|$ alors $\mathbb{P}(\sigma_{n+1} = \sigma' \mid \sigma_n = \sigma) = 1/(\theta + n)$. Dans les deux cas, on a bien

$$\mathbb{P}(\sigma_{n+1} = \sigma') = \mathbb{P}(\sigma_n = \sigma)\,\mathbb{P}(\sigma_{n+1} = \sigma' \mid \sigma_n = \sigma) = \frac{\theta^{|\sigma'|}}{\theta(\theta + 1)\cdots(\theta + n)}.$$

$\square$

Remarque 14.4 (Marche aléatoire, transpositions, et loi uniforme sur $\mathcal{S}_n$). *Conditionnellement à $\{\sigma_n = \sigma\}$, on peut construire σ_{n+1} à partir de σ en choisissant d'abord un élément aléatoire K de $\{1, \ldots, n+1\}$ valant $n+1$ avec probabilité $\theta/(\theta + n)$ et $1, \ldots, n$ avec probabilité $1/(\theta + n)$, puis en ajoutant $n + 1$ au cycle de σ contenant K si $K \leqslant n$ ou en créant un nouveau cycle $(n + 1)$ si $K = n + 1$. Ceci revient à fabriquer à partir de σ un élément σ' de $\mathcal{S}_{n+1}$ en ajoutant à σ le cycle $(n + 1)$, puis à calculer le produit $\sigma'\tau$ dans $\mathcal{S}_{n+1}$ où τ est la transposition aléatoire $(n + 1, K)$. Ainsi*

$$(\sigma_n)_{n \geqslant 1} \stackrel{\text{loi}}{=} ((1, K_1) \cdots (n, K_n))_{n \geqslant 1}$$

où $(K_n)_{n \geqslant 1}$ est une suite de variables aléatoires indépendantes avec $K_1 = 1$ et pour tout $n \geqslant 1$, K_{n+1} de loi $\frac{1}{\theta+n}\delta_1 + \cdots + \frac{1}{\theta+n}\delta_n + \frac{\theta}{\theta+n}\delta_{n+1}$, et $(\sigma_n)_{n \geqslant 0}$ est une marche aléatoire sur $\mathcal{S}_n$, non homogène en temps, sur le graphe de Cayley de $\mathcal{S}_n$ engendré par les transpositions. Si $\theta = 1$ alors pour tout $n \geqslant 1$, K_n suit la loi uniforme sur $\{1, \ldots, n\}$, tandis que σ_n suit la loi uniforme sur $\mathcal{S}_n$, et on retrouve l'algorithme de Fisher-Yates-Knuth du théorème 4.1.

Théorème 14.5 (Loi d'Ewens sur Π_n). *Pour tout $\pi \in \Pi_n$, on a*

$$\mathbb{P}(\pi_n = \pi) = \frac{\theta^{|\pi|}}{\theta(\theta + 1)\cdots(\theta + n - 1)}\prod_{b \in \pi}(|b| - 1)!.$$

Démonstration. Le théorème 14.3 donne

$$\mathbb{P}(\pi_n = \pi) = \sum_{\sigma \in E_\pi}\mathbb{P}(\sigma_n = \sigma) = \frac{\theta^{|\pi|}}{\theta(\theta + 1)\cdots(\theta + n - 1)}|E_\pi|$$

où E_π est l'ensemble des $\sigma \in \mathcal{S}_n$ dont la partition de la décomposition en cycles est π. Il y a $(k - 1)!$ cycles de longueur k d'un ensemble à k éléments donc le cardinal de E_π est donné par $\prod_{b \in \pi}(|b| - 1)!$. $\square$

Remarque 14.6 (Loi d'Ewens et loi uniforme sur Π_n). *Pour $n \geqslant 3$, quel que soit θ, la loi d'Ewens sur Π_n n'est jamais la loi uniforme étudiée dans le chapitre 4. En effet, notons $\pi = \{\{1\}, \{2\}, \ldots, \{n\}\}$, $\pi' = \{\{1, 2\}, \{3\}, \ldots, \{n\}\}$, $\pi'' = \{\{1, 2, \ldots, n\}\}$. Alors $\mathbb{P}(\pi_n = \pi) = \mathbb{P}(\pi_n = \pi')$ uniquement pour $\theta = 1$ et dans ce cas $\mathbb{P}(\pi_n = \pi) \neq \mathbb{P}(\pi_n = \pi'')$.*

Pour tout temps $n \geqslant 1$ et tout $1 \leqslant k \leqslant n$, soit $A_{n,k}$ le nombre de tables de taille k au temps n, c'est-à-dire le nombre de blocs de taille k dans la partition aléatoire π_n. On a

$$n = A_{n,1} + 2A_{n,2} + \cdots + nA_{n,n} \quad \text{et} \quad |\pi_n| = A_{n,1} + \cdots + A_{n,n}.$$

Théorème 14.7 (Loi d'Ewens sur les blocs). *Pour tout $n \in \mathbb{N}^*$ et tout $(a_1, \ldots, a_n) \in \mathbb{N}$ vérifiant $a_1 + 2a_2 + \cdots + na_n = n$, on a*

$$\mathbb{P}(A_{n,1} = a_1, \ldots, A_{n,n} = a_n) = \frac{n!}{\theta(\theta+1)\cdots(\theta+n-1)} \prod_{j=1}^{n} \frac{1}{a_j!} \left(\frac{\theta}{j}\right)^{a_j}.$$

Démonstration. Le théorème 14.5 donne

$$\mathbb{P}(A_{n,1} = a_1, \ldots, A_{n,n} = a_n) = \frac{\theta^{a_1+\cdots+a_n}}{\theta(\theta+1)\cdots(\theta+n-1)} \prod_{j=1}^{n} ((j-1)!)^{a_j} |\Pi_n(a)|$$

où $\Pi_n(a)$ désigne l'ensemble des $\pi \in \Pi_n$ comportant a_k blocs de taille k pour tout $1 \leqslant k \leqslant n$. Or l'ensemble $\Pi_n(a)$ a pour cardinal

$$\frac{n!}{\prod_{j=1}^{n}(j!)^{a_j} a_j!},$$

d'où la formule. $\qquad\qquad\qquad\qquad\qquad\qquad\qquad\qquad\qquad\qquad\qquad\qquad\quad\square$

Remarque 14.8 (Apparition et maintient de petites tables). *Le processus des restaurants chinois permet l'apparition de petites tables et le maintien de leur présence au fil du temps car elles sont choisies au prorata de leur taille !*

14.2 Nombre de tables

Au temps $n \geqslant 1$, la salle du restaurant se compose de $|\pi_n|$ tables occupées.

Théorème 14.9 (Nombre de tables). *Pour tout $n \geqslant 1$, on a*

$$\mathbb{E}(|\pi_n|) = \sum_{k=0}^{n-1} \frac{\theta}{\theta+k} = \theta \log(n) + \mathcal{O}_{n\to\infty}(1) \underset{n\to\infty}{\sim} \theta \log(n),$$

et

$$\mathrm{Var}(|\pi_n|) = \sum_{k=1}^{n-1} \frac{\theta k}{(\theta+k)^2} = \theta \log(n) + \mathcal{O}_{n\to\infty}(1) \underset{n\to\infty}{\sim} \theta \log(n).$$

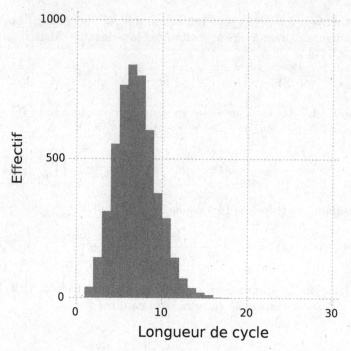

Fig. 14.2. Histogramme d'un échantillon de taille 5000 de la loi d'Ewens de taille $n = 1000$ et de paramètre $\theta = 1$.

Démonstration. La suite markovienne $(\pi_n)_{n \geqslant 1}$ a la même loi que la suite récurrente aléatoire définie par $\pi_1 = \{\{1\}\}$ puis pour tout $n \geqslant 1$ par

$$\pi_{n+1} = f_n(\pi_n, \varepsilon_{n+1})$$

où $(\varepsilon_n)_{n \geqslant 1}$ sont des variables aléatoires i.i.d. de loi uniforme sur $[0, 1]$, et où $f_n(\pi, \varepsilon)$ est l'élément de Π_{n+1} obtenu à partir de $\pi \in \Pi_n$ soit en ajoutant $n+1$ au bloc b_k de π si $\varepsilon \in [(|b_1| + \cdots + |b_{k-1}|)/(\theta + n), (|b_1| + \cdots + |b_k|)/(\theta + n)]$ avec $1 \leqslant k \leqslant |\pi|$, où $b_1, \ldots, b_{|\pi|}$ sont les blocs de π, soit en ajoutant le bloc $\{n + 1\}$ à la partition π si $\varepsilon \in [n/(\theta + n), (\theta + n)/(\theta + n)]$. On rappelle que $n = |b_1| + \cdots + |b_{|\pi|}|$. On a alors $|\pi_n| = \xi_1 + \cdots + \xi_n$ pour tout $k \geqslant 1$, où

$$\xi_k := \mathbb{1}_{\left\{\varepsilon_k \in \left[\frac{k-1}{\theta+k-1}, \frac{\theta+k-1}{\theta+k-1}\right]\right\}}.$$

La suite $(\xi_k)_{k \geqslant 1}$ est constituée de variables aléatoires indépendantes de lois de Bernoulli, et pour tout $k \geqslant 1$

$$\mathbb{P}(\xi_k = 1) = 1 - \mathbb{P}(\xi_k = 0) = \frac{\theta}{\theta + k - 1}.$$

L'événement $\{\xi_n = 1\}$ signifie que le client n décide de créer sa propre table, tandis que l'événement $\{\xi_n = 0\}$ signifie qu'il décide de rejoindre une table existante. En particulier, $\xi_1 = 1$ p.s. Cela donne pour $\mathbb{E}(|\pi_n|)$ et $\mathrm{Var}(|\pi_n|)$ les formules en sommes. À ce stade, on rappelle la comparaison série-intégrale suivante : si $f : \mathbb{R}_+ \to \mathbb{R}_+$ est une fonction continue et décroissante alors

$$\int_0^{n+1} f(t)\, dt \leqslant \sum_{k=0}^n f(k) \leqslant f(0) + \int_0^n f(t)\, dt.$$

Donc $\mathbb{E}(|\pi_n|)$ et $\mathrm{Var}(|\pi_n|)$ valent $\theta \log(n) + \mathcal{O}_{n \to \infty}(1) \sim_{n \to \infty} \theta \log(n)$. □

Remarque 14.10 (Un jeu de pile ou face inhomogène). *Par construction,* $(|\pi_n|)_{n \geqslant 1}$ *est p.s. croissante et ne fait que des sauts de* $+1$. *Elle constitue le processus de comptage partant de 1 de tops espacés par des durées aléatoires indépendantes. Cependant, ces durées ne sont pas de même loi, et ne sont pas de loi géométrique. Il s'agit plutôt d'un jeu de pile ou face où la probabilité de gagner change à chaque lancer. Bien que* $(\pi_n)_{n \geqslant 1}$ *soit croissante, elle est cependant de moins en moins croissante en quelque sorte puisque la quantité*

$$p_n = \mathbb{P}(|\pi_{n+1}| = |\pi_n| + 1) = \mathbb{P}(\xi_{n+1} = 1) = \theta(\theta + n)^{-1}$$

décroît quand n *croît. Malgré tout, la moyenne et la variance de* $|\pi_n|$ *sont équivalentes à* $\theta \log(n)$ *lorsque* n *tend vers* ∞. *La situation diffère du cas du collectionneur de coupons du chapitre 1, pour lequel la probabilité de gagner change après chaque succès.*

Théorème 14.11 (Asymptotique du nombre de tables). *On a*

$$\frac{|\pi_n|}{\log(n)} \xrightarrow[n \to \infty]{L^2} \theta \quad \text{et en particulier} \quad \frac{|\pi_n|}{\log(n)} \xrightarrow[n \to \infty]{\mathbb{P}} \theta.$$

Démonstration. Grâce au théorème 14.9, quand $n \to \infty$,

$$\mathbb{E}\left(\left(\frac{|\pi_n|}{\log(n)} - \theta \right)^2 \right) = \frac{\mathrm{Var}(|\pi_n|) + (\mathbb{E}(|\pi_n|) - \theta \log(n))^2}{(\log(n))^2}$$

$$= \mathcal{O}\left(\frac{1}{\log(n)} \right) = o(1).$$

La convergence en probabilité s'obtient grâce à l'inégalité de Markov. □

Le résultat suivant affirme que la convergence a lieu presque sûrement. La borne $\mathcal{O}(1/\log(n))$ obtenue par la méthode du second moment ci-dessus n'est pas sommable, ce qui ne permet pas d'obtenir la convergence presque sûre par application du lemme de Borel-Cantelli. Cela suggère cependant de considérer un moment d'ordre plus élevé. Alternativement, on peut chercher à se ramener à un résultat sur les martingales.

Théorème 14.12 (Asymptotique du nombre de tables). *On a*

$$\frac{|\pi_n|}{\log(n)} \xrightarrow[n \to \infty]{\text{p.s.}} \theta.$$

Démonstration. Soient $(\xi_n)_{n\geqslant 1}$ comme dans la preuve du théorème 14.9. Alors

$$\left(\frac{|\pi_n|}{\log(n)}\right)_{n\geqslant 2} \overset{\text{loi}}{=} \left(\frac{1}{\log(n)}\sum_{k=1}^{n}\xi_k\right)_{n\geqslant 2}.$$

Notons que $\xi_1 = 1$ p.s. et donc $\xi_1 - \mathbb{E}(\xi_1) = 0$. Pour tout $n \geqslant 2$, on a

$$\frac{1}{\log(n)}\sum_{k=1}^{n}\xi_k = \frac{1}{\log(n)}\sum_{k=2}^{n}(\xi_k - \mathbb{E}(\xi_k)) + \frac{1}{\log(n)}\sum_{k=1}^{n}\mathbb{E}(\xi_k).$$

Le second terme du membre de droite converge vers θ quand $n \to \infty$ grâce au théorème 14.9. Il suffit donc d'établir que le premier terme du membre de droite converge presque sûrement vers 0. Or si

$$S_n := \sum_{k=2}^{n} Y_k \quad \text{avec} \quad Y_k := \frac{\xi_k - \mathbb{E}(\xi_k)}{\log(k)}$$

alors $(S_n)_{n\geqslant 2}$ est une martingale bornée dans L^2 car (théorème 14.9)

$$\mathbb{E}(S_n^2) = \sum_{k=2}^{n}\frac{\mathrm{Var}(\xi_k)}{(\log(k))^2} \leqslant \sum_{k=2}^{\infty}\frac{\theta}{(\theta + k - 1)(\log(k))^2} < \infty.$$

Il est utile de rappeler à ce stade que la série de Bertrand

$$\sum_{k=2}^{\infty}\frac{1}{k(\log(k))^{\beta}}$$

converge ssi $\beta > 1$. Étant bornée dans L^2, la martingale $(S_n)_{n\geqslant 2}$ converge p.s. (et dans L^2) vers une variable aléatoire dans L^2 (donc finie p.s.). Le lemme de Kronecker [2] assure alors la convergence p.s. vers 0 quand $n \to \infty$ de

$$\frac{1}{\log(n)}\sum_{k=2}^{n}\log(k)Y_k = \frac{1}{\log(n)}\sum_{k=2}^{n}(\xi_k - \mathbb{E}(\xi_k)).$$

Notons qu'alternativement au théorème sur les martingales, on pourrait utiliser le théorème des séries centrées (théorème 10.3).   □

Théorème 14.13 (Asymptotique en loi du nombre de tables). *On a*

$$\frac{|\pi_n| - \mathbb{E}(|\pi_n|)}{\sqrt{\mathrm{Var}(|\pi_n|)}} \xrightarrow[n\to\infty]{\text{loi}} \mathcal{N}(0,1).$$

De plus $\mathbb{E}(|\pi_n|)$ *et* $\mathrm{Var}(|\pi_n|)$ *peuvent être remplacés par* $\theta\log(n)$.

---

2. Si $\sum_n x_n$ converge alors $\lim_{n\to\infty} b_n^{-1}\sum_{k=1}^{n}b_k x_k = 0$ lorsque $0 < b_n \nearrow \infty$.

Démonstration. Tout d'abord, on note que $\mathbb{E}(|\pi_n|)$ et $\mathrm{Var}(|\pi_n|)$ peuvent être remplacés par $\theta \log(n)$ en utilisant le lemme de Slutsky et le théorème 14.9.

Le résultat découle du théorème de Berry-Esseen de la section 1.6 utilisé avec $X_k = \xi_k$ de loi de Bernoulli de moyenne $\theta/(\theta + k - 1)$. On obtient même une vitesse de convergence uniforme pour les fonctions de répartition ! Le résultat peut également être obtenu en utilisant le théorème limite central de Lindeberg-Lévy pour les sommes de variables aléatoires indépendantes pas forcément de même loi, ou encore en utilisant le théorème limite central pour les martingales de carré intégrable avec normalisation par processus croissant.

Une preuve alternative peut être obtenue en utilisant l'inégalité de Le Cam renforcée de la section 1.6, avec $p_k = \theta/(\theta + k - 1)$. En effet, cela donne $d_{\mathrm{VT}}(\mu_n, \nu_n) = o_{n\to\infty}(1)$, et par conséquent, pour toute fonction continue et bornée $f : \mathbb{R} \to \mathbb{R}$, on a, avec $\sigma_n^2 = \mathrm{Var}(|\pi_n|)$,

$$\left| \mathbb{E}\left(f\left(\frac{|\pi_n| - \lambda_n}{\sigma_n} \right) \right) - \mathbb{E}\left(f\left(\frac{P_n - \lambda_n}{\sigma_n} \right) \right) \right| \leqslant 2\|f\|_\infty \, d_{\mathrm{VT}}(\mu_n, \nu_n) \xrightarrow[n\to\infty]{} 0.$$

où P_n désigne une variable aléatoire qui suit la loi de Poisson de moyenne $\lambda_n = p_1 + \cdots + p_n$. D'autre part, par le théorème limite central, le théorème 14.9 qui donne $\sqrt{\lambda_n}/\sigma_n \to 1$, et le lemme de Slutsky, on a

$$\frac{P_n - \lambda_n}{\sigma_n} = \frac{P_n - \lambda_n}{\sqrt{\lambda_n}} \frac{\sqrt{\lambda_n}}{\sigma_n} \xrightarrow[n\to\infty]{\text{loi}} \mathcal{N}(0,1).$$

$\square$

La preuve précédente montre que la poissonisation est utile même si la moyenne diverge : $\lambda_n = p_1 + \cdots + p_n \to \infty$. D'autre part, on a $p_1^2 + \cdots + p_n^2 \not\to 0$ et donc l'inégalité de Le Cam $d_{\mathrm{VT}}(\mu_n,, \nu_n) = \mathcal{O}(p_1^2 + \cdots + p_n^2)$ ne suffit pas.

14.3 Tables extrêmes

À l'instant n le restaurant compte $A_{n,1}$ tables réduites à un seul client. La combinatoire permet d'obtenir la loi de $A_{n,1}$. Contentons-nous ici des deux premiers moments.

Théorème 14.14 (Clients solitaires). *Pour tout temps $n \geqslant 1$, le nombre $A_{n,1}$ de tables réduites à un seul client vérifie*

$$\mathbb{E}(A_{n,1}) = \frac{n\theta}{n + \theta - 1} \qquad et \qquad \mathrm{Var}(A_{n,1}) = \frac{n(n-1)(n-2+2\theta)\theta}{(n+\theta-2)(n+\theta-1)^2}.$$

En particulier, si $\theta = 1$ alors $\mathbb{E}(A_{n,1}) = \mathrm{Var}(A_{n,1}) = 1$ pour tout $n \geqslant 1$, tandis que pour tout θ,

$$\lim_{n\to\infty} \mathbb{E}(A_{n,1}) = \theta \qquad et \qquad \lim_{n\to\infty} \mathrm{Var}(A_{n,1}) = \theta.$$

Notons que pour $\theta = 1$, la permutation aléatoire σ_n suit la loi uniforme sur $\mathcal{S}_n$, et possède $|\sigma_n| = |\pi_n| \sim \log(n)$ cycles, et en moyenne $\mathbb{E}(A_{n,1}) = 1$ point fixe pour tout $n \geqslant 1$.

Démonstration. Il s'agit de décrire la loi de la première composante $A_{n,1}$ d'un vecteur aléatoire A_n de $\mathbb{N}^n$ qui suit la loi d'Ewens. Il est cependant plus commode de voir $A_{n,1}$ comme le nombre de blocs de taille 1 dans π_n. On a $A_{1,1} = 1$ et $0 \leqslant A_{n,1} \leqslant n$ pour tout $n \in \mathbb{N}^*$. De plus, pour tous entiers $1 \leqslant a_1, \ldots, a_n \leqslant n$ et $0 \leqslant a_{n+1} \leqslant n+1$ on a

$$\mathbb{P}(A_{n+1,1} = a_{n+1} \mid A_{1,1} = a_1, \ldots, A_{n,1} = a_n) = \mathbb{P}(A_{n+1,1} = a_{n+1} \mid A_{n,1} = a_n)$$

qui vaut

$$\begin{cases} \dfrac{\theta}{\theta + n} & \text{si } a_{n+1} = a_n + 1 \text{ (s'attabler seul à une table vide)}\,; \\[2ex] \dfrac{a_n}{\theta + n} & \text{si } a_{n+1} = a_n - 1 \text{ (rejoindre la table d'un solitaire)}\,; \\[2ex] \dfrac{n - a_n}{\theta + n} & \text{si } a_{n+1} = a_n \text{ (rejoindre une table comptant 2 clients ou +)}\,; \\[2ex] 0 & \text{sinon.} \end{cases}$$

En particulier, $(A_{n,1})_{n \geqslant 1}$ est une chaîne de Markov inhomogène d'espace d'états $\mathbb{N}$. On obtient la remarquable formule affine [3]

$$\mathbb{E}(A_{n+1,1} \mid A_{n,1} = a) = \frac{a(\theta + n - 1) + \theta}{\theta + n}.$$

Cela donne $(n + \theta)m_{n+1} = (\theta + n - 1)m_n + \theta$ où $m_n := \mathbb{E}(A_{n,1})$. La formule annoncée pour m_n s'en déduit. Pour la variance, les calculs sont semblables mais plus lourds, et utilisent la formule

$$\text{Var}(X) = \mathbb{E}(\text{Var}(X \mid Y)) + \text{Var}(\mathbb{E}(X \mid Y))$$

où $\text{Var}(X \mid Y) := \mathbb{E}(X^2 \mid Y) - \mathbb{E}(X \mid Y)^2$ est la variance conditionnelle. $\square$

L'entier $A_{n,n}$ représente le nombre de tables comportant n clients, autrement dit le nombre de blocs de taille n dans π_n. Lorsqu'une telle table existe, elle regroupe tous les clients, et on dit donc qu'il s'agit d'une table unique. On a $A_{n,n} = 1$ si et seulement si $|\pi_n| = 1$. Le théorème suivant précise les choses, et montre en particulier qu'asymptotiquement, le modèle des restaurants chinois ne fait pas apparaître de table unique.

---

3. Une martingale se cache dans la chaîne de Markov !

Théorème 14.15 (Table unique). *On a $A_{1,1} = 1$ et $A_{n,n} \in \{0,1\}$ pour tout $n \geqslant 1$. Pour tout $n \geqslant 2$, la probabilité qu'il n'y ait qu'une seule table vaut*

$$\mathbb{P}(A_{n,n} = 1) = \prod_{k=1}^{n-1} \frac{k}{\theta + k}.$$

Enfin, la suite $(A_{n,n})_{n \geqslant 1}$ décroît presque sûrement vers 0.

Démonstration. Les premières assertions du théorème découlent directement de la définition de π_n. L'expression de la probabilité $\mathbb{P}(A_{n,n} = 1)$ s'obtient en notant que $\mathbb{P}(A_{n,n} = 1) = \mathbb{P}(\xi_2 = 0, \ldots, \xi_n = 0) = \mathbb{P}(\xi_2 = 0) \cdots \mathbb{P}(\xi_n = 0)$. Pour la convergence presque sûre, on remarque d'abord que, puisque $\theta > 0$, le produit infini $\prod_{k=1}^{\infty}(1 + \theta k^{-1})$ diverge car la série harmonique diverge, et par conséquent $\lim_{n \to \infty} \mathbb{P}(A_{n,n} = 1) = 0$. D'autre part, la suite d'événements $(E_n)_{n \geqslant 1}$ définie par $E_n = \{A_{n,n} = 0\}$ est croissante, et donc

$$\mathbb{P}(\lim_{n \to \infty} A_{n,n} = 0) = \mathbb{P}(\cup_{n=1}^{\infty} E_n) = \lim_{n \to \infty} \mathbb{P}(E_n) = 1 - \lim_{n \to \infty} \mathbb{P}(A_{n,n} = 1) = 1.$$

En fait, $A_{n,n} = \mathbb{1}_{\{n < T\}}$ où $T := \inf\{n \geqslant 1 : \xi_n = 1\}$ est l'instant de premier succès dans un jeu de pile ou face dont la probabilité de gagner change à chaque lancer, et décroît vers 0 au fil du temps. La décroissance est cependant suffisamment lente pour assurer un succès certain. En effet $\{T < \infty\} = \cup_{n=1}^{\infty} E_n$ et donc $\mathbb{P}(T < \infty) = 1$. Alternativement, on peut utiliser le lemme de Borel-Cantelli pour les événements indépendants $F_n = \{\xi_n = 1\}$ qui vérifient

$$\sum_{n \geqslant 1} \mathbb{P}(F_n = 1) = \sum_{n \geqslant 1} \frac{\theta}{\theta + n} = \infty$$

et

$$\overline{\lim} \, F_n = \{\sum_{n \geqslant 1} \mathbb{1}_{\{\xi_n = 1\}} = \infty\} \subset \{T < \infty\}.$$

$\square$

14.4 Compléments de combinatoire

Le cardinal de B_n est le n-ème nombre de Bell B_n (chapitre 4). On a

$$B_n = \sum_{k=1}^{n} \begin{Bmatrix} n \\ k \end{Bmatrix}$$

où la notation entre accolades désigne le nombre de Stirling de seconde espèce, qui compte le nombre de partitions à k blocs de $\{1, \ldots, n\}$. On dispose de la formule de récurrence

$$\begin{Bmatrix} n \\ k \end{Bmatrix} = \begin{Bmatrix} n-1 \\ k-1 \end{Bmatrix} + k \begin{Bmatrix} n-1 \\ k \end{Bmatrix}$$

avec conditions au bord

$$\begin{Bmatrix} n \\ 1 \end{Bmatrix} = 1 \quad \text{et} \quad \begin{Bmatrix} n \\ n \end{Bmatrix} = 1$$

car pour choisir une partition de $\{1, \dots, n\}$ ayant k blocs il faut et il suffit soit de choisir une partition de $\{1, \dots, n-1\}$ ayant $k-1$ blocs et de la compléter avec le bloc singleton $\{n\}$, soit d'ajouter l'élément n à l'un des k blocs d'une partition de $\{1, \dots, n-1\}$ ayant k blocs. Si X est une variable aléatoire de loi de Poisson de paramètre λ alors

$$\mathbb{E}(X^n) = \sum_{k=1}^{n} \begin{Bmatrix} n \\ k \end{Bmatrix} \lambda^k \quad \text{en particulier} \quad \mathbb{E}(X^n) = B_n \quad \text{si } \lambda = 1.$$

On dispose également de la formule explicite suivante :

$$\begin{Bmatrix} n \\ k \end{Bmatrix} = \frac{1}{k!} \sum_{j=1}^{k} (-1)^{k-j} \binom{k}{j} j^n$$

qui peut s'obtenir grâce au principe d'inclusion-exclusion car le nombre de Stirling de seconde espèce est égal au nombre de surjections de $\{1, \dots, n\}$ dans $\{1, \dots, k\}$ divisé par $k!$.

Une partition de $\{1, \dots, n\}$ prescrit le support des cycles mais ne précise pas la structure interne de chaque cycle. Il peut donc y avoir plusieurs permutations pour chaque partition. Le nombre de permutations de $\{1, \dots, n\}$ qui possèdent exactement k cycles est donné par le nombre de Stirling de première espèce non signé, noté

$$\begin{bmatrix} n \\ k \end{bmatrix},$$

égal au coefficient de x^k dans le polynôme de Pochhammer

$$x_{(n)} = x(x+1) \cdots (x+n-1).$$

14.5 Pour aller plus loin

L'essentiel de ce chapitre est tiré de l'article didactique [CDM13]. Warren Ewens est un professeur de biologie mathématique né en 1937 en Australie. C'est à la fin des années 1960 qu'il découvre la loi qui porte aujourd'hui son nom, en étudiant un problème d'échantillonnage en génétique des populations, lié au modèle de Wright-Fisher, abordé dans le chapitre 12. Le paramètre θ

apparaît comme un taux de mutation des allèles, comme expliqué dans le chapitre 13. Une synthèse sur le sujet se trouve dans son livre [Ewe04], ainsi que dans ceux de John Kingman [Kin80] et de Rick Durrett [Dur08], ou encore dans le cours de Sylvie Méléard [Mé13]. De nombreux aspects statistiques sont abordés dans le cours de Simon Tavaré [Tav04]. Le travail d'Ewens a engendré un nombre considérable de travaux en biologie quantitative et en probabilités. La loi d'Ewens apparaît dans une large gamme de structures aléatoires discrètes dites logarithmiques, allant de la combinatoire à la théorie des nombres. On pourra consulter à ce sujet le livre de Richard Arratia, Andrew Barbour, et Simon Tavaré [ABT03]. Il semble que le processus des restaurants chinois doive son nom à Jim Pitman. Il apparaît sous ce nom dans un cours de David Aldous [Ald85]. Fred Hoppe a montré dans [Hop84] qu'on peut le relier à un modèle d'urne de type Pólya. On peut aussi le relier aux processus de Dirichlet et aux partitions aléatoires de $[0, 1]$ (voir ci-dessous). De nos jours, le processus des restaurants chinois et la loi d'Ewens font partie du folklore d'une théorie plus générale de la (fragmentation et de la) coalescence. On pourra à ce sujet consulter les livres de Kingman [Kin93], de Jean Bertoin [Ber06], de Pitman [Pit06], ainsi que de Nathanaël Berestycki [Ber09].

Voici deux autres représentations remarquables de la loi d'Ewens :

1. Si $Z_1, \ldots, Z_n$ sont des variables aléatoires indépendantes de lois de Poisson de moyennes $\theta/1, \ldots, \theta/n$ alors

$$\mathrm{Loi}(Z_1, \ldots, Z_n \mid Z_1 + 2Z_2 + \cdots + nZ_n = n) \sim \mathrm{Ewens}(n, \theta) \, ;$$

2. Soit $(P_r)_{r \geqslant 1}$ la loi sur $\mathbb{N}^*$ aléatoire générée à partir de la partition aléatoire suivante de l'intervalle $[0, 1]$ conçu comme un bâton de craie [4] :

$$P_1 = W_1, \quad P_2 = (1 - W_1)W_2, \quad P_3 = (1 - W_1)(1 - W_2)W_3, \ldots$$

   où $(W_r)_{r \geqslant 1}$ sont des variables aléatoires i.i.d. de loi $\mathrm{Beta}(1, \theta)$ de densité $w \mapsto \theta(1 - w)^{\theta - 1} \mathbb{1}_{[0,1]}(w)$. Conditionnellement à $(P_r)_{r \geqslant 1}$, soient $X_1, \ldots, X_n$ des variables aléatoires i.i.d. sur $\mathbb{N}^*$ de loi $(P_r)_{r \geqslant 1}$. La suite $X_1, \ldots, X_n$ fait apparaître au plus n entiers différents. Il se trouve que leurs effectifs suit la loi $\mathrm{Ewens}(n, \theta)$!

Signalons enfin qu'il est possible d'établir que pour tous $0 \leqslant k \leqslant n$,

$$\mathbb{P}(|\pi_n| = k) = \begin{bmatrix} n \\ k \end{bmatrix} \frac{\theta^k}{\theta(\theta + 1) \cdots (\theta + n - 1)}$$

et d'obtenir une formule du même genre pour la loi du couple $(A_n, |\pi_n|)$, voir l'article de Ewens et Tavaré dans [JKB97].

---

4. Cette construction est connue sous le nom de «*stick breaking*» en anglais.

15

Renforcement

Mots-clés. Renforcement ; urne ; graphe aléatoire ; attachement préférentiel ; loi de puissance.

Outils. Chaîne de Markov ; martingale ; marche aléatoire ; échangeabilité ; loi exponentielle.

Difficulté. **

Le phénomène du *renforcement* est très présent dans la nature, notamment en génétique, en physique statistique, en sociologie, en psychologie, et en neurosciences. Ce chapitre présente trois modèles emblématiques du phénomène : l'urne de Pólya, le graphe aléatoire à attachement préférentiel de Barabási-Albert, et une marche aléatoire renforcée. Il se termine par un théorème de Rubin sur les urnes de Pólya généralisées. D'autres instances se trouvent par exemple dans les modèles de Wright-Fisher et de Moran (chapitre 12), de Ewens (chapitre 14), dans certains modèles de croissance (chapitre 6), et dans le modèle d'Ehrenfest (chapitre 9). Dans les modèles markoviens, le phénomène du renforcement apparaît souvent en liaison avec une propriété de monotonie partielle dans une récurrence aléatoire.

15.1 Urne de Pólya

L'*urne de Pólya* est un modèle simple de renforcement, qui modélise par exemple le fait que le succès ou la richesse s'auto-amplifie au cours du temps.

Au temps $n = 0$, on prépare une urne contenant $a > 0$ boules argentées et $b > 0$ boules blanches. Pour fabriquer la configuration de l'urne au temps $n = 1$, on tire au hasard une boule dans l'urne, puis on remet la boule tirée dans l'urne, ainsi qu'une nouvelle boule de même couleur. On répète ce mécanisme de manière indépendante pour fabriquer la configuration de l'urne en tout temps $n \in \mathbb{N}$. Notons $M_n \in [0, 1]$ la proportion de boules argentées à l'instant

© Springer-Verlag Berlin Heidelberg 2016
D. Chafaï and F. Malrieu, *Recueil de Modèles Aléatoires*,
Mathématiques et Applications 78, DOI 10.1007/978-3-662-49768-5_15

$n \in \mathbb{N}$. Alors, à l'instant $n \in \mathbb{N}$, l'urne contient $a + b + n$ boules dont $(a + b + n)M_n$ sont argentées. Conditionnellement à M_n, une boule argentée est ajoutée au temps $n + 1$ avec probabilité M_n. Ainsi, $M_0 = a/(a + b)$, et

$$M_{n+1} = \frac{(a + b + n)M_n + \mathbb{1}_{U_{n+1} \leqslant M_n}}{a + b + n + 1}$$

où $(U_n)_{n \geqslant 1}$ est une suite de variables aléatoires indépendantes et identiquement distribuées de loi uniforme sur $[0, 1]$, l'événement $\{U_{n+1} \leqslant M_n\}$ correspondant à l'ajout d'une boule argentée. La suite récurrente aléatoire $(M_n)_{n \geqslant 0}$ est à la fois une chaîne de Markov non homogène d'espace d'états $[0, 1]$ et une martingale. Codons le résultat du n^e tirage par une variable aléatoire X_n à valeurs dans $\{\alpha, \beta\}$ où α et β indiquent respectivement que la boule tirée est argentée ou blanche. Notons enfin Y_n et Z_n les nombres respectifs de boules argentées et blanches ajoutées après les n premiers tirages. À l'instant n, l'urne contient $a + Y_n + b + Z_n = a + b + n$ boules, dont $a + Y_n = a + \sum_{k=1}^{n} \mathbb{1}_{\{X_k = \alpha\}} = (a + b + n)M_n$ boules argentées et $b + Z_n = b + \sum_{k=1}^{n} \mathbb{1}_{\{X_k = \beta\}}$ boules blanches. On a $Y_n + Z_n = n$. La suite $(X_n, Y_n, Z_n)_{n \geqslant 1}$ vérifie la récurrente aléatoire

$$(X_{n+1}, Y_{n+1}, Z_{n+1}) = \begin{cases} (\alpha, Y_n + 1, Z_n) & \text{si } U_{n+1} \leqslant \frac{a + Y_n}{a + b + n}, \\ (\beta, Y_n, Z_n + 1) & \text{si } U_{n+1} > \frac{a + Y_n}{a + b + n}, \end{cases}$$

avec la convention $Y_0 = 0$ et $Z_0 = 0$ (il est inutile de définir X_0).

Théorème 15.1 (Martingale). *La suite $(M_n)_{n \geqslant 0}$ est une martingale à valeurs dans $[0, 1]$ pour la filtration $(\mathcal{F}_n)_{n \geqslant 0}$ définie par $\mathcal{F}_n = \sigma(U_1, \ldots, U_n)$, et en particulier la proportion moyenne de boules argentées est conservée au cours du temps : pour tout $n \in \mathbb{N}$,*

$$\mathbb{E}(M_n) = \mathbb{E}(M_0) = \frac{a}{a + b}.$$

De plus, il existe une variable aléatoire M_∞ sur $[0, 1]$ telle que

$$\lim_{n \to \infty} M_n = M_\infty$$

p.s. et dans L^p pour tout $p \geqslant 1$. En particulier $\mathbb{E}(M_\infty) = \mathbb{E}(M_0) = \frac{a}{a+b}$.

Démonstration. Pour tout $n \in \mathbb{N}$, M_n est $\mathcal{F}_n$-mesurable, à valeurs dans $[0, 1]$ donc bornée donc intégrable, et

$$\mathbb{E}(M_{n+1} \mid \mathcal{F}_n) = \mathbb{E}(M_{n+1} \mid M_n) = \frac{(a + b + n)M_n + M_n}{a + b + n + 1} = M_n.$$

Ainsi $(M_n)_{n \geqslant 0}$ est une martingale pour $(\mathcal{F}_n)_{n \geqslant 0}$. Le théorème de convergence des martingales uniformément bornées donne $M_n \to M_\infty$ presque sûrement et dans L^p où M_∞ est une variable aléatoire à valeurs dans $[0, 1]$ [1]. $\square$

---

1. La martingale est uniformément intégrable. Alternativement, on peut utiliser le théorème de convergence des martingales positives pour obtenir la convergence presque sûre puis le théorème de convergence dominée pour la convergence dans L^p.

Théorème 15.2 (Équilibre). *La variable aléatoire M_∞ qui apparaît dans le théorème 15.1 suit la loi Beta sur $[0,1]$ de paramètre (a,b) de densité*

$$u \in [0,1] \mapsto \frac{u^{a-1}(1-u)^{b-1}}{\mathrm{Beta}(a,b)} \quad \text{où} \quad \mathrm{Beta}(a,b) := \int_0^1 p^{a-1}(1-p)^{b-1}\, dp.$$

En particulier, si $a = b = 1$ alors M_∞ suit la loi uniforme sur $[0,1]$.

Démonstration. Rappelons tout d'abord que

$$\mathrm{Beta}(a,b) = \frac{\Gamma(a)\Gamma(b)}{\Gamma(a+b)} \quad \text{où} \quad \Gamma(x) := \int_0^\infty t^{x-1}e^{-x}\, dx.$$

À présent, pour tous c et k on note

$$c^{(k)} = c(c+1)\cdots(c+k-1) = \frac{(c+k-1)!}{(c-1)!} = \frac{\Gamma(c+k)}{\Gamma(c)}.$$

Pour tous $x_1, \ldots, x_n$ dans $\{0,1\}$, on a, en notant $k = x_1 + \cdots + x_n$,

$$\mathbb{P}(\mathbb{1}_{\{X_1=\alpha\}} = x_1, \ldots, \mathbb{1}_{\{X_n=\alpha\}} = x_n) = \frac{a^{(k)}b^{(n-k)}}{(a+b)^{(n)}}.$$

Cette probabilité est invariante par permutation des $x_1, \ldots, x_n$: la loi du vecteur aléatoire $(\mathbb{1}_{\{X_1=\alpha\}}, \ldots, \mathbb{1}_{\{X_n=\alpha\}})$ est échangeable. Ainsi le nombre (aléatoire) $Y_n = \sum_{k=1}^n \mathbb{1}_{\{X_k=\alpha\}}$ de boules argentées tirées au cours des n premiers tirages vérifie, pour tout $k \in \{0,1,\ldots,n\}$,

$$\begin{aligned}
\mathbb{P}(Y_n = k) &= \binom{n}{k}\frac{a^{(k)}b^{(n-k)}}{(a+b)^{(n)}} \\
&= \binom{n}{k}\frac{\Gamma(a+k)\Gamma(b+n-k)\Gamma(a+b)}{\Gamma(a)\Gamma(b)\Gamma(a+b+n)} \\
&= \binom{n}{k}\frac{\mathrm{Beta}(a+k, b+n-k)}{\mathrm{Beta}(a,b)} \\
&= \int_0^1 \binom{n}{k}p^k(1-p)^{n-k}\frac{p^{a-1}(1-p)^{b-1}}{\mathrm{Beta}(a,b)}\, dp.
\end{aligned}$$

On dit que Y_n suit la loi Beta-binomiale, qui est un mélange de lois binomiales de taille n dont le paramètre p suit la loi Beta de paramètre (a,b). On a $M_n = (a + Y_n)/(a + b + n)$ avec $Y_0 = 0$. Lorsque $a = b = 1$, la formule pour la loi de Y_n indique que Y_n est uniforme sur $\{0,1,\ldots,n\}$, et donc M_n est uniforme sur $\{1/(n+2),\ldots,(n+1)/(n+2)\}$, ce qui entraîne que M_∞ est uniforme sur $[0,1]$. Dans le cas général, on peut établir, en utilisant la correspondance Beta-binomiale (chapitre 1), que pour tout $t \in [0,1]$,

$$\mathbb{P}(M_\infty \leqslant t) = \lim_{n \to \infty} \mathbb{P}(Y_n \leqslant (a+b+n)t - a)$$

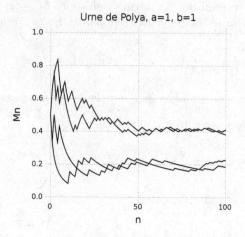

Fig. 15.1. Quelques trajectoires de l'urne de Pólya.

$$= \cdots = \frac{1}{\mathrm{Beta}(a,b)} \int_0^t u^{a-1}(1-u)^{b-1}\,du.$$

$\square$

Les théorèmes 15.1 et 15.2 s'étendent au cas où a et b sont réels > 0, ce qui motive en particulier l'usage des fonctions Gamma et Beta plutôt que des factorielles. Dans ce cas, on peut remplacer le concept d'urne par le concept de partition d'intervalle.

Remarque 15.3 (Urne de Pólya généralisée). *Généralisons le mécanisme de renforcement comme suit : on se donne un entier $r \geqslant -1$, et, à chaque tirage, on remet dans l'urne $1 + r$ boules de la couleur tirée.*

— *si $r = 1$ on retrouve l'urne de Pólya que nous avons étudiée, pour laquelle Y_n suit la loi Beta-binomiale ;*
— *si $r = 0$, alors on a des tirages avec remise et Y_n est binomiale ;*
— *si $r = -1$ alors on a des tirages sans remise et Y_n est hypergéométrique ;*
— *de manière générale, pour tout $r \geqslant -1$ et tout $k \in \{0, 1, \ldots, n\}$, on a*

$$\mathbb{P}(Y_n = k) = \frac{a^{(r,k)} b^{(r,k)}}{(a+b)^{(r,k)}} \quad où \quad c^{(r,k)} := c(c+r)\cdots(c+(k-1)r).$$

On obtient dans ce cas que M_∞ suit la loi Beta de paramètre $(a/r, b/r)$. Il est possible de considérer un nombre arbitraire de couleurs, ce qui fournit un modèle incluant le modèle d'échantillonnage de la loi hypergéométrique multitypes. De nombreux modèles de renforcement peuvent être obtenus comme une version généralisée de l'urne de Pólya.

Remarque 15.4 (Matrice de remise). *Soit* $A = (a_{i,j})_{1 \leqslant i,j \leqslant k}$ *une matrice* $k \times k$ *de nombres entiers. Considérons une urne de Pólya généralisée à* k *couleurs qui évolue comme suit : on tire une boule au hasard dans l'urne, on repère sa couleur, notée* i, *puis on remet dans l'urne* $a_{i,j}$ *boules de couleur* j *pour tout* $1 \leqslant j \leqslant k$. *On dit que* A *est la matrice de remise de l'urne. Pour l'urne de Pólya standard que nous avons étudiée on a* $k = 2$ *et* $A = 2I_2$.

15.2 Graphe de Barabási-Albert

Les graphes aléatoires permettent de modéliser un certain nombre de phénomènes naturels, comme les structures d'amitié dans les réseaux sociaux, les structures des liens entre pages dans le World Wide Web, les structures de collaboration dans les productions artistiques et scientifiques, les structures de régulation entre protéines, les liaisons entre machines dans le réseau Internet, etc. Les arbres de type Galton-Watson du chapitre 3 constituent un modèle de graphe aléatoire adapté aux structures de filiations. Le modèle le plus célèbre et le plus simple de graphe aléatoire est sans doute celui de Erdős-Rényi, évoqué dans le chapitre 16 : il se construit récursivement en ajoutant un nouveau site puis en tirant à pile ou face de manière indépendante sa connexion avec chacun des sites existants. Ce modèle ne colle pas avec la réalité de graphes aléatoires sociaux, pour lesquels les nouveaux sites se connectent préférentiellement aux sites existants les plus importants au sens de la connectivité (degré). Il y a là une instance du phénomène de renforcement dont il faut tenir compte spécifiquement.

Le *graphe aléatoire à attachement préférentiel* de Barabási-Albert est défini de la manière suivante : au temps $n \geqslant 1$, le graphe contient n sites (sommets) et un certain nombre de liens non orientés (arêtes) entre ces sites (voir la figure 15.2). Le degré d'un sommet est le nombre d'arêtes pointant vers ce sommet. Au temps $n = 1$, le site 1 est relié à lui même. Cette initialisation assure de belles formules, mais n'a rien de canonique, et d'autres initialisations sont possibles. Le degré du site 1 à l'instant 1 est donc 2. Pour faire évoluer récursivement le graphe, du temps n au temps $n + 1$, on considère les degrés $d_{n,1}, \ldots, d_{n,n}$ des n sites du graphe au temps n, et la loi de probabilité associée

$$p_{n,k} = \frac{d_{n,k}}{d_{n,1} + \cdots + d_{n,n}},$$

puis on connecte le nouveau site $n + 1$ à un site choisi aléatoirement et indépendamment parmi les n sites existants, avec la loi de probabilité $p_{n,\cdot}$. Avec ce mécanisme, on obtient $d_{1,1} = 2$, $d_{2,1} = 3$, $d_{2,2} = 1$, et pour tout $n \geqslant 1$, $d_{n,1} + \cdots + d_{n,n} = 2n$ (soit n arêtes).

Remarque 15.5 (Urne). *On peut réaliser cette construction de la suite* $(d_{n,\cdot})_{n \geqslant 1}$ *(en perdant la géométrie du graphe) comme un modèle d'urne de Pólya généralisée : au temps* $n \geqslant 1$ *l'urne contient* $2n$ *boules dont les couleurs*

peuvent aller de 1 à n, on tire alors une boule au hasard, et si k est sa cou-
leur, on remet dans l'urne 2 boules de couleur k ainsi qu'une boule nouvelle de
couleur n + 1 ce qui correspond à renforcer le site de couleur k et à introduire
un nouveau site de couleur n + 1, autrement dit le graphe gagne un sommet
(n + 1) et une arête (k ↔ n + 1).

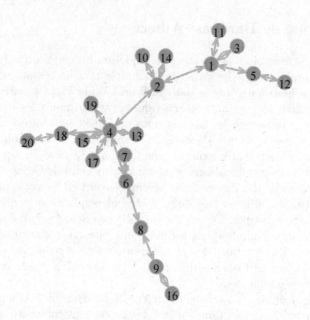

Fig. 15.2. Réalisation d'un graphe à attachement préférentiel de Barabási-Albert.

Si l'on omet l'arête reliant 1 à lui-même, le graphe à attachement préférentiel de Barabási-Albert n'a pas de cycles : c'est un arbre.

Théorème 15.6 (Loi de puissance). *Fixons $k \geqslant 1$. Soit $d_{n,k}$ le degré du site
k dans le graphe aléatoire à attachement préférentiel de Barabási-Albert à n
sites avec $n \geqslant k$. Alors la proportion $d_{n,k}/(d_{n,1} + \cdots + d_{n,k})$ converge presque
sûrement quand $n \to \infty$ vers une variable aléatoire de loi Beta de paramètre
$(1, 2k - 1)$ sur $[0, 1]$ de densité $u \in [0, 1] \mapsto (2k - 1)(1 - x)^{2(k-1)}$.*

La loi de puissance qui apparaît dans ce modèle à attachement préférentiel
correspond bien aux réseaux sociaux réels, et diffère du comportement sous-
exponentiel de la loi de Poisson des modèles de graphes aléatoires de Erdős-
Rényi à attachement non préférentiel [2].

---

2. Dans un graphe de Erdős-Rényi de paramètre (n, p), chaque sommet possède
un nombre de voisins aléatoire de loi binomiale $\mathrm{Bin}(n - 1, p)$, qui converge vers

Démonstration. Comme dans la remarque 15.5, on code l'évolution de la suite des degrés (sans souci de la structure de graphe sous-jacente) par un modèle d'urne. Au temps k, on décide d'une coloration parallèle : les $2k - 1$ boules de couleur inférieure à k sont blanches tandis que la $2k$-ième est argentée. Au temps $n > k$, on ne suit que l'évolution des boules de ces couleurs là. Elle correspond à une urne de Pólya avec une composition initiale de $a = 1$ et $b = 2k - 1$. On peut utiliser alors le théorème 15.2. □

Théorème 15.7 (Loi de puissance à degré fixé). *Pour tous $n, d \geqslant 1$, si $N(n, d)$ désigne le nombre de sites de degré d au temps n dans le graphe aléatoire à attachement préférentiel de Barabási-Albert à n sites, alors*

$$\lim_{n \to \infty} \mathbb{E}\left(\frac{N(n,d)}{n}\right) = \frac{4}{d(d+1)(d+2)}.$$

Ainsi, dans un très grand graphe à attachement préférentiel ($n \gg 1$), la probabilité qu'une arête soit de degré d a une décroissance polynomiale en d^{-3} quand $d \to \infty$. La queue lourde de la loi du degré moyen est liée à la présence, due au renforcement, de sites fortement connectés.

Démonstration. La suite $(N(n, \cdot))_{n \geqslant 1}$ est une chaîne de Markov. Conditionnellement à $N(n, \cdot)$, pour créer un nouveau site de degré d, il faut ajouter une arête à un site de degré $d - 1$, ce qui se produit avec probabilité $(d-1)N(n, d-1)/(2n)$, tandis qu'un site de degré d disparaît si on lui ajoute une arête, ce qui se produit avec probabilité $dN(n,d)/(2n)$. Enfin, un site de degré 1 est créé à chaque étape par construction. Aussi, le nombre moyen $m_n(d) := \mathbb{E}(N(n,d))$ de sites de degré d au temps n vérifie une équation de récurrence linéaire, qualifiée d'équation maîtresse par Dorogovstev, Mendes, et Samukhin : pour tout $n, d \geqslant 1$:

$$m_{n+1}(d) - m_n(d) = -\frac{d}{2n}m_n(d) + \frac{d-1}{2n}m_n(d-1) + \mathbb{1}_{d=1},$$

avec pour condition initiale $m_1 = \mathbb{1}_{d=2}$. Pour $d = 1$, l'équation s'écrit

$$m_{n+1}(1) = c + \left(1 - \frac{b}{n}\right)m_n(1) \quad \text{avec } c = 1 \text{ et } b = 1/2,$$

ce qui donne

$$m_{n+1}(1) = c + \left(1 - \frac{b}{n}\right)c + \left(1 - \frac{b}{n}\right)\left(1 - \frac{b}{n-1}\right)m_{n-1}(1)$$

$$= c \sum_{k=1}^{n} \prod_{j=k+1}^{n} \left(1 - \frac{b}{j}\right) + \underbrace{m_1(1)}_{=0} \prod_{k=1}^{n} \left(1 - \frac{b}{k}\right).$$

---

la loi de Poisson Poi(λ) si $np \to \lambda$ quand $n \to \infty$. Or si $X \sim$ Poi(λ) alors on a $\mathbb{P}(X \geqslant r) \leqslant C \exp(-cr \log(r))$ pour $r \gg 1$ où $c > 0$ et $C > 0$ sont des constantes.

Or

$$\prod_{j=k+1}^{n} \left(1 - \frac{b}{j}\right) \approx \exp\left(- \sum_{k=k+1}^{n} \frac{b}{j}\right) \approx \exp\left(- b(\log(n) - \log(k))\right) = \left(\frac{k}{n}\right)^{b},$$

d'où

$$m_n(1) \approx cn^{-b} \int_0^n s^b \, ds = cn^{-b} \frac{n^{b+1}}{b+1} = \frac{cn}{b+1},$$

de sorte que

$$\lim_{n \to \infty} \frac{m_n(1)}{n} = \frac{c}{b+1} = \frac{2}{3}.$$

Plus généralement, pour tout $d > 1$, on a

$$m_{n+1}(d) = c_n(d) + \left(1 - \frac{b(d)}{n}\right) m_n(d)$$

où

$$b(d) = d/2 \quad \text{et} \quad c_n(d) = \frac{d-1}{2} \frac{m_n(d-1)}{n},$$

et on montre par récurrence sur d que $c(d) = \lim_{n \to \infty} c_n(d)$ existe et

$$\frac{m_n(d)}{n} \xrightarrow[n \to \infty]{} \frac{c(d)}{b(d)+1}.$$

Ensuite, en posant

$$\ell(d) := \lim_{n \to \infty} \frac{m_n(d)}{n}$$

on obtient $\ell(1) = 2/3$, tandis que pour tout $d > 1$,

$$\ell(d) = \frac{\frac{(d-1)}{2}\ell(d-1)}{\frac{d}{2}+1} = \frac{d-1}{d+2}\ell(d-1).$$

Enfin, la solution de cette récurrence en d est (facile à vérifier !)

$$\ell(d) = \frac{4}{d(d+1)(d+2)}.$$

$\square$

15.3 Marche aléatoire renforcée

Le phénomène du renforcement est à l'œuvre dans l'apparition des chemins empruntés par les passants dans les montagnes ou par les fourmis sur le sol. Considérons deux chemins distincts α et β reliant les mêmes points de départ et d'arrivée, empruntés par des passants successifs. Pour tout $n \geqslant 1$, on code

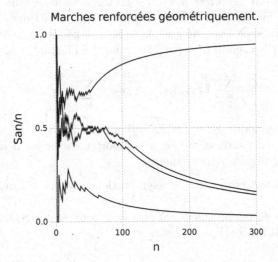

Fig. 15.3. Occupation d'un chemin pour la marche renforcée géométriquement.

par une variable aléatoire X_n à valeur dans $\{\alpha, \beta\}$ le chemin emprunté lors du n-ième passage. On code par des v.a. A_n et B_n l'attractivité des chemins α et β au moment du $(n+1)^e$ passage : pour les humains, il peut s'agir par exemple de la raréfaction de l'herbe, tandis que pour les fourmis, il peut s'agir de la quantité de phéromone. On se donne (A_0, B_0), ainsi qu'une fonction $r :]0, \infty[\rightarrow]0, \infty[$ appelée *fonction de renforcement* telle que $r(x) \geqslant x$ pour tout $x > 0$, et on modélise $(X_n)_{n \geqslant 1}$ par

$$(X_{n+1}, A_{n+1}, B_{n+1}) = \begin{cases} (\alpha, r(A_n), B_n) & \text{si } U_{n+1} \leqslant \frac{A_n}{A_n + B_n}; \\ (\beta, A_n, r(B_n)) & \text{si } U_{n+1} > \frac{A_n}{A_n + B_n}, \end{cases}$$

où $(U_n)_{n \geqslant 1}$ est une suite de variables aléatoires indépendantes et identiquement distribuées de loi uniforme sur $[0, 1]$. La suite récurrente aléatoire $((X_n, A_n, B_n))_{n \geqslant 0}$ est une chaîne de Markov (la valeur de X_0 ne joue aucun rôle dans la récurrence). Lorsque A_0, B_0, et r prennent des valeurs entières, tout se passe comme si nous avions une urne contenant, à tout instant n, A_n boules argentées et B_n boules blanches : on tire une boule au hasard dans cette urne, puis on introduit dans l'urne $r(A_n)$ boules de la même couleur, de sorte qu'on obtient le cas des tirages sans remise si $r(x) = x$, l'urne de Pólya si $r(x) = x + 1$, et une sorte d'urne de Pólya non-linéaire dans le cas général.

La suite $(X_n)_{n \geqslant 1}$ constitue une marche aléatoire non markovienne sur l'ensemble à deux points $\{\alpha, \beta\}$. Ses transitions dépendent les unes des autres via le mécanisme de renforcement lié au temps passé sur chaque site. On parle de *marche aléatoire renforcée par sites*. Le mécanisme de renforcement peut également être vu comme une sorte d'algorithme stochastique.

Pour simplifier, on suppose que $A_0 = B_0 = 1$ (X_0 est inutile). Le nombre de passages par le chemin α et par le chemin β à l'instant n sont donnés par

$$Y_n = \sum_{k=1}^{n} \mathbb{1}_{\{X_k = \alpha\}} \quad \text{et} \quad Z_n = \sum_{k=1}^{n} \mathbb{1}_{\{X_k = \beta\}}.$$

On pose par commodité $Y_0 = 0$ et $Z_0 = 0$ de sorte que $Y_n + Z_n = n$ pour tout $n \in \mathbb{N}$. Le théorème suivant précise le comportement de ces deux suites pour trois cas de fonction de renforcement r.

Théorème 15.8 (Comportement asymptotique presque sûr quand $n \to \infty$).

— Absence de renforcement. *Si $r(x) = x$ pour tout $x > 0$, alors presque sûrement* $\liminf |Y_n - Z_n| = 0$, *et*

$$Y_n \sim \frac{n}{2}, \quad Z_n \sim \frac{n}{2}, \quad \limsup \frac{|Y_n - Z_n|}{\sqrt{2n \log(\log(n))}} = 1.$$

— Renforcement linéaire. *Si $r(x) = x + 1$ pour tout $x > 0$ alors il existe une variable aléatoire U uniforme sur $[0, 1]$ telle que presque sûrement,*

$$\frac{Y_n}{n} \to U \quad \text{et} \quad \frac{Z_n}{n} \to 1 - U.$$

— Renforcement géométrique. *Si $r(x) = \rho x$ pour tout $x > 0$ où $\rho > 1$ est une constante alors presque sûrement la suite aléatoire $(X_n)_{n \geqslant 0}$ est constante à partir d'un certain rang sur n, et sa valeur limite suit la loi de Bernoulli symétrique sur $\{\alpha, \beta\}$.*

En l'absence de renforcement ou dans le cas du renforcement linéaire, la fréquence d'emprunt de chacun des deux chemins converge au fil du temps vers $1/2$ dans le premier cas et vers un nombre aléatoire uniforme sur $[0, 1]$ dans le second. Intuitivement, un renforcement sur-linéaire pourrait forcer la fréquence d'emprunt des chemins à converger vers les valeurs extrêmes 0 ou 1. Cela est confirmé pour le renforcement géométrique, pour lequel au bout d'un certain temps, l'un des deux chemins est emprunté systématiquement.

Le modèle du renforcement linéaire coïncide avec l'urne de Pólya étudiée précédemment. Le modèle du renforcement géométrique est particulièrement attrayant, car il fait apparaître un chemin privilégié, choisi aléatoirement au fil du renforcement. Il s'agit en quelque sorte d'une urne de Pólya généralisée non-linéaire, plus précisément sur-linéaire. Le théorème 15.9 de Rubin ci-après fournit un critère sur le renforcement pour que ce phénomène apparaisse.

Démonstration. On traite les trois cas séparément.

— *Absence de renforcement.* Dans ce cas $(A_n)_{n\geqslant 0}$ et $(B_n)_{n\geqslant 0}$ sont des suites constantes et égales à 1. On retrouve les tirages avec remise, le processus de Bernoulli (jeu de pile ou face). La suite $(Y_n)_{n\geqslant 0}$ est un processus de Bernoulli sur $\mathbb{N}$ issu de 0 dont les incréments sont de loi de Bernoulli sur $\{0, 1\}$ de paramètre $A_0/(A_0 + B_0) = 1/2$. D'après la loi forte des grands nombres, presque sûrement, $Y_n/n \to 1/2$ et $Z_n/n = 1 - Y_n/n \to 1/2$ quand $n \to \infty$. La suite $(Y_n - Z_n)_{n\geqslant 0}$ est une marche aléatoire sur $\mathbb{Z}$ issue de 0 dont les incréments sont de loi de Rademacher sur $\{-1, 1\}$ de paramètre $1/2$. C'est une chaîne de Markov irréductible récurrente : presque sûrement chaque état est visité une infinité de fois, et en particulier l'état 0, d'où $\underline{\lim}\,|Y_n - Z_n| = 0$ p.s. Le résultat sur $\overline{\lim}$ provient de la loi du logarithme itéré de Strassen ;
— *Renforcement linéaire.* Dans ce cas $A_n = 1 + Y_n$ et $B_n = 1 + Z_n$ pour tout $n \in \mathbb{N}$. On retrouve l'urne de Pólya et le résultat attendu découle alors directement du cas uniforme dans le théorème 15.2. Effectuons malgré tout le raisonnement allégé avec les notations actuelles. La relation $Y_n + Z_n = n$ réduit le problème à l'étude de Y_n. Soit $(\mathcal{F}_n)_{n\geqslant 0}$ la filtration définie par $\mathcal{F}_n = \sigma(U_1, \ldots, U_n)$. On a

$$\mathbb{E}(1 + Y_{n+1} \mid \mathcal{F}_n) = 1 + Y_n + \mathbb{E}(\mathbb{1}_{\{X_{n+1}=\alpha\}} \mid \mathcal{F}_n)$$
$$= 1 + Y_n + \mathbb{E}(\mathbb{1}_{\{U_{n+1}\leqslant\frac{1+Y_n}{n+2}\}} \mid \mathcal{F}_n)$$
$$= 1 + Y_n + \frac{1+Y_n}{n+2} = (2 + (n+1))\frac{1+Y_n}{2+n},$$

et donc $((1 + Y_n)/(n + 2))_{n\geqslant 0}$ est une martingale pour $(\mathcal{F}_n)_{n\geqslant 0}$. À valeurs dans $[0, 1]$, elle est uniformément bornée et converge donc presque sûrement (et en moyenne) vers une variable aléatoire U à valeurs dans $[0, 1]$. On montre enfin par récurrence sur n que $(1 + Y_n)/(n + 2)$ suit la loi uniforme sur $\{1/(n+2), \ldots, (n+1)/(n+2)\}$;
— *Renforcement géométrique.* Dans ce cas $A_n = \rho^{Y_n}$ et $B_n = \rho^{Z_n}$ pour tout $n \in \mathbb{N}$. La variable aléatoire $\Delta_n := Y_n - Z_n$ vérifie $\Delta_0 = 0$ et

$$\Delta_{n+1} = \Delta_n + \mathbb{1}_{\{U_{n+1}\leqslant 1/(1+\rho^{-\Delta_n})\}} - \mathbb{1}_{\{U_{n+1}>1/(1+\rho^{-\Delta_n})\}}.$$

Posons $\mathcal{F}_n = \sigma(U_1, \ldots, U_n)$. Il en découle que

$$\mathbb{P}(|\Delta_{n+1}| = |\Delta_n| + 1 \mid \mathcal{F}_n) = \frac{\rho^{|\Delta_n|}}{1 + \rho^{|\Delta_n|}}\mathbb{1}_{\{\Delta_n\neq 0\}} + \mathbb{1}_{\{\Delta_n=0\}}$$
$$\mathbb{P}(|\Delta_{n+1}| = |\Delta_n| - 1 \mid \mathcal{F}_n) = \frac{1}{1 + \rho^{|\Delta_n|}}\mathbb{1}_{\{\Delta_n\neq 0\}}.$$

Si $f : \mathbb{N} \to \mathbb{R}$ vérifie $f(1) \geqslant f(0)$ et pour tout $n \geqslant 1$,

$$\rho^n(f(n+1) - f(n)) = f(n) - f(n-1),$$

alors

$$\mathbb{E}(f(|\Delta_{n+1}|)\,|\,\mathcal{F}_n) = f(|\Delta_n|) + \mathbb{1}_{\{\Delta_n=0\}} \geqslant f(|\Delta_n|),$$

et $(f(|\Delta_n|))_{n\geqslant 0}$ est une sous-martingale. Considérons maintenant le cas spécial où $f(0) = 0$ et, pour tout $n \geqslant 1$,

$$f(n) = \sum_{k=0}^{n-1} \rho^{-\frac{k(k+1)}{2}}.$$

Comme f est bornée, il en découle que la sous-martingale $f(|\Delta|)$ est uniformément bornée : elle converge donc p.s. (et en moyenne). Comme f est injective et comme $|\Delta|$ prend ses valeurs dans $\mathbb{N}$, les valeurs prises par $f(|\Delta|)$ sont discrètes. Comme $f(|\Delta|)$ converge p.s., elle ne peut converger que vers le seul point d'accumulation de $f(\mathbb{N})$, qui est $\lim_{n\to\infty} f(n) = \sum_{k=0}^{\infty} \rho^{-\frac{k(k+1)}{2}}$. Ainsi p.s. $\lim_{n\to\infty} |\Delta_n| = \infty$. À présent, pour tous $N, d \geqslant 0$, la probabilité que la suite $|\Delta|$ soit croissante à partir du rang N sachant que $|\Delta_N| = d$ vaut

$$\mathbb{P}(\forall n \geqslant N : |\Delta_{n+1}| = |\Delta_n| + 1\,|\,|\Delta_N| = d) = \prod_{k=d}^{\infty} \frac{1}{1 + \rho^{-k}} =: p_d.$$

La probabilité p_d ne dépend pas de N, et tend en croissant vers 1 lorsque $d \to \infty$. Ainsi la probabilité que $|\Delta|$ soit croissante à partir d'un certain rang (aléatoire) s'écrit

$$\mathbb{P}(\exists N \geqslant 0, \forall n \geqslant N : |\Delta_{n+1}| = |\Delta_n| + 1)$$

Elle est supérieure à

$$\sup_{N\geqslant 0} \mathbb{P}(\forall n \geqslant N, |\Delta_{n+1}| = |\Delta_n| + 1) = \sup_{N\geqslant 0} \sum_{d=0}^{\infty} p_d \mathbb{P}(|\Delta_N| = d).$$

Or pour tout $d \geqslant 0$, on a $\lim_{N\to\infty} \mathbb{P}(|\Delta_N| = d) = 0$ car nous savons que $\lim_{N\to\infty} |\Delta_N| = \infty$ p.s. Par conséquent, pour tout $D \geqslant 0$,

$$\sup_{N\geqslant 0} \sum_{d=0}^{\infty} p_d \mathbb{P}(|\Delta_N| = d) \geqslant \sup_{N\geqslant 0} \sum_{d=D}^{\infty} p_d \mathbb{P}(|\Delta_N| = d) \geqslant p_D.$$

Comme $P_D \to 1$ quand $D \to \infty$, il en découle que presque sûrement $|\Delta|$ est croissante à partir d'un certain rang, et donc la suite X est absorbée par α ou par β. La loi de la limite de X est symétrique par symétrie du modèle en α et β car $A_0 = B_0$.

$\square$

15.4 Théorème de Rubin

Cette section est consacrée à un théorème de Rubin sur les urnes de Pólya généralisées. On se donne deux fonctions croissantes $S_\alpha, S_\beta : \mathbb{N} \to \mathbb{R}_+$

telles que $S_\alpha(0) > 0$ et $S_\beta(0) > 0$. On construit une suite récurrente aléatoire $(X_n)_{n \geqslant 1}$ à valeurs dans $\{\alpha, \beta\}$ comme suit : pour tout $n \in \mathbb{N}$, conditionnellement à $X_1, \ldots, X_n$, en notant $Y_n = \sum_{k=1}^n \mathbb{1}_{\{X_k = \alpha\}}$ le nombre de α et $Z_n = n - Y_n$ le nombre de β,

$$(X_{n+1}, Y_{n+1}, Z_{n+1}) = \begin{cases} (\alpha, Y_n + 1, Z_n) & \text{si } U_{n+1} \leqslant \frac{S_\alpha(Y_n)}{S_\alpha(Y_n) + S_\beta(Z_n)}, \\ (\beta, Y_n, Z_n + 1) & \text{si } U_{n+1} > \frac{S_\alpha(Y_n)}{S_\alpha(Y_n) + S_\beta(Z_n)}, \end{cases}$$

où $(U_n)_{n \geqslant 1}$ est une suite de variables aléatoires i.i.d. de loi uniforme sur $[0, 1]$. La suite $(X_n)_{n \geqslant 1}$ ainsi construite code les tirages successifs d'une urne de Pólya généralisée. Le modèle du théorème 15.8 dans le cas où (A_0, B_0) est déterministe s'obtient avec $(S_\alpha(0), S_\beta(0)) = (A_0, B_0)$, et $S_\alpha(n) = S_\beta(n) = r(n)$ pour tout $n > 0$. Si r est linéaire alors on retrouve l'absence de renforcement (tirages avec remise). Si r est affine alors on retrouve le renforcement linéaire (urne de Pólya standard). Enfin, si r est une fonction puissance, alors on retrouve le renforcement géométrique.

Pour étudier le cas général, on introduit la probabilité p_α (respectivement p_β) que la suite $(X_n)_{n \geqslant 1}$ ne comporte qu'un nombre fini de β (respectivement de α) c'est-à-dire que des α (respectivement que des β) à partir d'un certain rang sur n. Ces probabilités sont données par les formules suivantes :

$$p_\alpha = \mathbb{P}(\cup_n \cap_{k \geqslant n} \{X_k = \alpha\}) \quad \text{et} \quad p_\beta = \mathbb{P}(\cup_n \cap_{k \geqslant n} \{X_k = \beta\}).$$

On a $p_\alpha + p_\beta \leqslant 1$. Les nombres suivants dans $[0, \infty]$ vont jouer un rôle crucial :

$$\varphi_\alpha = \sum_{n=0}^\infty \frac{1}{S_\alpha(n)} \quad \text{et} \quad \varphi_\beta = \sum_{n=0}^\infty \frac{1}{S_\beta(n)}.$$

Théorème 15.9 (de Rubin). *Les valeurs de p_α, p_β sont liées à $\varphi_\alpha, \varphi_\beta$:*

	$\varphi_\beta < \infty$	$\varphi_\beta = \infty$
$\varphi_\alpha < \infty$	$p_\alpha > 0,\ p_\beta > 0,\ p_\alpha + p_\beta = 1$	$p_\alpha = 1$ *(donc $p_\beta = 0$)*
$\varphi_\alpha = \infty$	$p_\beta = 1$ *(donc $p_\alpha = 0$)*	$p_\alpha = 0,\ p_\beta = 0$

Ainsi, la trivialité des probabilités p_α et p_β ne dépend que du comportement asymptotique des fonctions de renforcement S_α et S_β, et les cas critiques sont liés à la condition de Riemann. En absence de renforcement (S_α et S_β sont linéaires) ainsi que dans le cas d'un renforcement linéaire (S_α et S_β sont affines) on a $\varphi_\alpha = \varphi_\beta = \infty$ car la série harmonique diverge. Dès que le renforcement est sur-linéaire, alors $\varphi_\alpha < \infty$ et $\varphi_\beta < \infty$, en particulier pour le cas du renforcement quadratique, et bien sûr le cas du renforcement géométrique.

Démonstration. Soient $(E_n^\alpha)_{n \geqslant 0}$ et $(E_n^\beta)_{n \geqslant 0}$ deux suites indépendantes de variables aléatoires indépendantes de loi exponentielle avec, pour tout $n \geqslant 0$,

$$\mathbb{E}(E_n^\alpha) = \frac{1}{S_\alpha(n)} \quad \text{et} \quad \mathbb{E}(E_n^\beta) = \frac{1}{S_\beta(n)}.$$

À présent, on définit les ensembles aléatoires

$$\mathcal{A} = \left\{ \sum_{k=0}^{n} E_k^{\alpha} : n \geqslant 0 \right\} \quad \text{et} \quad \mathcal{B} = \left\{ \sum_{k=0}^{n} E_k^{\beta} : n \geqslant 0 \right\} \quad \text{et} \quad \mathcal{G} = \mathcal{A} \cup \mathcal{B}.$$

Soit $\xi_0 < \xi_1 < \cdots$ les éléments de $\mathcal{G}$ rangés par ordre croissant. On considère à présent la suite aléatoire $(X_n')_{n \geqslant 1}$ à valeurs dans $\{\alpha, \beta\}$ définie par $X_n' = \alpha$ si $\xi_{n-1} \in \mathcal{A}$ et $X_n' = \beta$ si $\xi_{n-1} \in \mathcal{B}$. Les suites $(X_n')_{n \geqslant 1}$ et $(X_n)_{n \geqslant 1}$ ont même loi, et cela découle des propriétés des lois exponentielles dont l'absence de mémoire. Examinons l'égalité en loi de X_1 et X_1'. Si U et V sont deux variables aléatoires indépendantes de lois exponentielles de moyennes $1/u$ et $1/v$ alors $\mathbb{P}(U < V) = u/(u+v)$ et $\mathbb{P}(V < U) = v/(u+v)$, ce qui fait que

$$\mathbb{P}(X_1' = \alpha) = \mathbb{P}(\xi_0 \in \mathcal{A}) = \mathbb{P}(E_0^{\alpha} \leqslant E_0^{\beta}) = \frac{S_{\alpha}(0)}{S_{\alpha}(0) + S_{\beta}(0)} = \mathbb{P}(X_1 = \alpha).$$

La même idée fournit (avec du labeur !) l'égalité en loi de $(X_n)_{n \geqslant 1}$ et $(X_n')_{n \geqslant 1}$.

À présent une loi du zéro-un pour les lois exponentielles (théorème 11.5) affirme que $p := \mathbb{P}(\sum_{n=0}^{\infty} E_n^{\alpha} < \infty) \in \{0, 1\}$, avec $p = 1$ ssi $\varphi_{\alpha} < \infty$. La même propriété a lieu pour la suite $(E_n^{\beta})_{n \geqslant 0}$ avec φ_{β}. Par ailleurs, on a les formules $p_{\beta} = \mathbb{P}(\sum_{n=0}^{\infty} E_n^{\alpha} < \sum_{n=0}^{\infty} E_n^{\beta})$ et $p_{\alpha} = \mathbb{P}(\sum_{n=0}^{\infty} E_n^{\beta} < \sum_{n=0}^{\infty} E_n^{\alpha})$. □

15.5 Pour aller plus loin

Les urnes de Pólya sont étudiées notamment dans le livre de Hosam Mahmoud [Mah09], dans celui de Norman Johnson et Samuel Kotz [JK77], et dans les articles de survol de Samuel Kotz et Narayanaswamy Balakrishnan [KB97] et de Robin Pemantle [Pem07]. Les urnes de Pólya portent le nom du mathématicien hongrois George Pólya. L'école hongroise de mathématiques a beaucoup développé les mathématiques discrètes aléatoires, avec notamment les célèbres travaux de Paul Erdős et Alfréd Rényi des années 1950 sur les graphes aléatoires. Le modèle de graphe aléatoire à attachement préférentiel a été introduit par les physiciens hongrois Albert-László Barabási et Réka Albert [AB99, AB02]. Voici leur heuristique pour le comportement en d^{-3} : si les degrés et le temps étaient continus, on aurait l'équation d'évolution

$$\partial_t d_{t,k} = \frac{d_{t,k}}{\sum_k d_{t,k}} = \frac{d_{t,k}}{2t},$$

qui donne la formule $d_{t,k} = (t/t_k)^{1/2}$ où t_k est le temps d'apparition du site k, et comme les sites sont ajoutés uniformément sur $[0, t]$, on obtient la formule $\mathbb{P}(d_{t,k} > d) = \mathbb{P}(t_k < t/d^2) = 1/d^2$, d'où en dérivant, la formule très simple $\mathbb{P}(d_{t,k} = d) = 2/d^3$, qui est le comportement polynomial (puissance) suggéré par les simulations. Cette approche est peu rigoureuse, et la constante 2 notamment n'est pas bonne. Le modèle de Barabási et Albert a été ensuite étudié par Béla Bollobás, Oliver Riordan, Joel Spencer, et Gábor Tusnády [BRST01]. Il peut être vu comme une instance du phénomène d'auto-organisation. Le sujet fait toujours l'objet de recherches à l'heure où nous écrivons ces lignes, comme en témoigne par exemple l'article [BMR14] de Sébastien Bubeck, Elchanan Mossel, et Miklós Rácz, ou encore l'article [CDKM14] de Nicolas Curien, Thomas Duquesne, Igor Kortchemski, et Ioan Manolescu. La partie de ce chapitre sur les graphes aléatoires à attachement préférentiel est inspirée du cours [Bod14] de Thierry Bodineau à l'École Polytechnique, ainsi que des livres de Remco van der Hofstad [vdH14] et de Rick Durrett [Dur10b]. Il est possible d'utiliser l'inégalité d'Azuma-Hoeffding du chapitre 20 pour établir que $N(n, d)$ (sans espérance) a un comportement polynomial en d quand $n \to \infty$. Il est également possible de modifier la règle d'attachement préférentiel afin d'obtenir un comportement polynomial de degré différent de 3, ce qui correspond à considérer une urne de Pólya modifiée (non-linéaire). Le mécanisme d'attachement préférentiel est également présent dans le processus de branchement de Herbert Simon et Udny Yule. La loi discrète à décroissance polynomiale, version discrète de la loi de (Vilfredo) Pareto, est connue sous le nom de loi de (George Kingsley) Zipf.

La partie sur la marche aléatoire renforcée est inspirée d'un texte de Thierry Lévy. Nous renvoyons plus généralement au survol [Pem07] de Robin Pemantle sur les processus aléatoires renforcés, ainsi qu'à celui de Pierre Tarrès [Tar11] sur les marches aléaoires renforcées. Un résultat récent sur le renforcement se trouve par exemple dans l'article de Margherita Disertori, Christophe Sabot, et Pierre Tarrès [DST14]. Un modèle continu de renforcement est étudié par Michel Benaïm et Olivier Raimond dans [BR11]. Le théorème 15.9 de Herman Rubin figure dans un appendice d'un article de Burgess Davis [Dav90].

Au-delà des modèles évoqués, le phénomène de renforcement joue un rôle important dans la théorie de l'apprentissage. Il est également relié à une gamme d'algorithmes stochastiques comme l'algorithme d'approximation stochastique de Robbins-Monro, lié à la théorie des systèmes dynamiques et ses attracteurs. Les martingales constituent un outil privilégié de l'approche stochastique de la théorie des jeux et stratégies, présentée brièvement dans le livre de Michel Benaïm et Nicole El Karoui [BEK05].

16

Percolation

Mots-clés. Percolation ; phénomène de seuil ; graphe aléatoire ; arbre aléatoire ; arbre de Bethe ; réseau euclidien ; graphe complet ; graphe aléatoire de Erdős-Rényi.

Outils. Couplage ; lemme de sous-additivité de Fekete ; loi du zéro-un de Kolmogorov ; marche aléatoire ; processus de Galton-Watson ; martingale ; théorème d'arrêt ; inégalité de Markov ; transformée de Laplace.

Difficulté. **

La percolation désigne initialement le passage d'un fluide à travers un milieu perméable, comme l'eau dans le café ou le pétrole dans la roche. Signalons qu'une des motivations de l'étude mathématique de ce phénomène était la modélisation d'un filtre de masque à gaz. On peut également utiliser la notion de percolation pour modéliser la propagation d'une information au sein d'un réseau social par exemple : chaque individu est connecté directement à plusieurs autres et l'on cherche à comprendre à qui il est relié dans la population globale via ces connections locales.

Nous commençons par introduire la notion de percolation sur un graphe général. Nous abordons ensuite le cas plutôt simple du graphe de Bethe (arbre), puis celui plus physique du graphe euclidien. Nous terminons par quelques mots sur un modèle de graphe complet. Ces trois cadres peuvent modéliser la transmission d'information dans une entreprise à très fort sens de la hiérarchie (pour le premier) ou dans un réseau social (pour le troisième) ou encore la circulation d'un fluide dans une roche perméable (pour le deuxième).

16.1 Percolation dans un graphe

Un graphe (non-orienté) est un couple $G = (V, E)$ où V est un ensemble non-vide fini ou infini dénombrable, et où $E \subset \mathcal{P}_2(V)$, où $\mathcal{P}_2(V)$ est l'ensemble

© Springer-Verlag Berlin Heidelberg 2016
D. Chafaï and F. Malrieu, *Recueil de Modèles Aléatoires*,
Mathématiques et Applications 78, DOI 10.1007/978-3-662-49768-5_16

des parties de V à deux éléments. Les éléments de V et E sont respectivement appelés [1] *sommets* et *arêtes* du graphe G. Si l'arête $\{x, y\}$ appartient à E, on dit que x et y sont voisins et on note $x \sim y$. L'exemple le plus immédiat est celui du graphe euclidien $\mathcal{E}_d = (V, E)$ pour lequel $V = \mathbb{Z}^d$ et

$$E = \{\{x, y\} : x, y \in \mathbb{Z}^d, |x - y|_1 := |x_1 - y_1| + \cdots + |x_d - y_d| = 1\}.$$

Un *chemin* de longueur n dans le graphe (V, E) reliant un sommet x à un sommet y est une suite finie $x = x_0 \sim \cdots \sim x_n = y$. S'il existe un chemin reliant x à y, on dit que x et y *communiquent* (ou sont connectés) et on note $x \leftrightarrow y$. On n'a jamais $x \sim x$, mais on convient que $x \leftrightarrow x$ pour tout $x \in V$. La relation binaire $\leftrightarrow$ sur V est une relation d'équivalence et la classe d'équivalence (ou composante connexe) du point x est notée $C(x)$. Un chemin est dit *auto-évitant* si tous les sommets qui le composent sont distincts. Si $x \leftrightarrow y$ et $x \neq y$ alors il existe un chemin auto-évitant de x à y, construit à partir d'un chemin quelconque en effaçant les boucles. Un chemin reliant un sommet à lui-même est appelée *cycle*. On dit que (V, E) est un *arbre* lorsqu'il est connexe et n'a pas de cycles, ou de manière équivalente lorsque deux sommets distincts sont toujours reliés par un unique chemin auto-évitant.

Dans la suite V est, sauf mention du contraire, infini dénombrable. Soit $F \subset E$. On dit qu'il y a *percolation* en $x \in V$ (pour F) si la classe $C(x)$ de x dans le graphe (V, F) est de taille infinie ($|C(x)| = \infty$), et on note $x \leftrightarrow \infty$. On identifie l'ensemble des parties de E à l'ensemble

$$\Omega := \{0, 1\}^E.$$

Dans la suite, on choisit F de manière aléatoire dans Ω, et ainsi (V, F) est un *graphe aléatoire*. On décide de fabriquer F à partir de E en tirant à pile ou face pour savoir si on conserve ou si on efface chaque arête de E. Cela revient à introduire la loi de probabilité

$$\mathbb{P}_p = \bigotimes_{e \in E} \mathrm{Ber}(p)$$

sur Ω muni de sa tribu cylindrique $\mathcal{F}$, où $p \in [0, 1]$ est un paramètre fixé. On note $\mathbb{E}_p$ l'espérance sous $\mathbb{P}_p$. Pour étudier l'influence du paramètre p sur le phénomène de percolation sous $\mathbb{P}_p$, on distingue un sommet particulier $\varnothing \in V$, que nous appelons *racine* – on dit qu'on enracine (V, E) en $\varnothing$ – et on définit la *probabilité de percolation* sous $\mathbb{P}_p$ pour $\varnothing$ par

$$\theta(p) := \mathbb{P}_p(\varnothing \leftrightarrow \infty) = \mathbb{P}_p(|C(\varnothing)| = \infty).$$

Lemme 16.1 (Monotonie). *La fonction* $p \in [0, 1] \mapsto \theta(p)$ *est croissante, et*

$$\theta(0) = 0 \quad et \quad \theta(1) = 1.$$

---

1. On dit «*vertices*» et «*edges*» en anglais, d'où la notation.

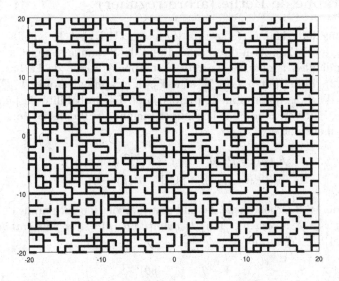

Fig. 16.1. Réalisation du graphe aléatoire (V, F) du graphe euclidien $\mathcal{E}_2$ sous $\mathbb{P}_{1/2}$.

La monotonie de θ conduit à introduire la notion de *probabilité critique* :

$$p_c = \sup \{p \in [0, 1] \ : \ \theta(p) = 0\} \in [0, 1].$$

Démonstration. Si $p = 0$ alors F est vide et donc $\theta(0) = 0$ tandis que si $p = 1$ alors $F = E$ et $\theta(1) = 1$. Pour établir la monotonie en p, on procède par un couplage de toutes les lois $(\mathbb{P}_p)_{p \in [0,1]}$. Soient $(U_e)_{e \in E}$ des v.a.r. i.i.d. de loi uniforme sur $[0, 1]$. Pour tout $p \in [0, 1]$ on réalise $\mathbb{P}_p$ comme la loi de $F_p := (\mathbb{1}_{\{U_e \leqslant p\}})_{e \in E}$. Si $p \leqslant p'$, alors $F_p \subset F_{p'}$. Toute arête de (V, F_p) est aussi une arête de $(V, F_{p'})$. Si $x \leftrightarrow y$ pour (V, F_p) alors c'est aussi le cas pour $(V, F_{p'})$. Par conséquent on obtient

$$\theta(p) = \mathbb{P}_p(\varnothing \leftrightarrow \infty) \leqslant \mathbb{P}_{p'}(\varnothing \leftrightarrow \infty) = \theta(p').$$

$\square$

Remarque 16.2 (Couplage et monotonie). *Munissons Ω de l'ordre partiel issu de l'inclusion dans $\mathcal{P}_2(V)$, ce qui signifie que $F \leqslant F'$ ssi toute arête de (V, F) est aussi une arête de (V, F'). Pour toute $f : \Omega \to \mathbb{R}$ bornée, l'argument de couplage utilisé dans la preuve du lemme 16.1 assure que si f est croissante alors $p \in [0, 1] \mapsto \mathbb{E}_p(f)$ l'est aussi.*

16.2 Graphe de Bethe (arbre régulier)

On considère dans cette section le cas où (V, E) est le *graphe de Bethe* $\mathcal{B}_r$ de degré $r \geqslant 2$, c'est-à-dire l'arbre infini dont chaque sommet a r voisins sauf un qui n'en a que $r - 1$, noté 0 et appelé *racine* de l'arbre (voir la figure 16.2). Pour tout $p \in [0, 1]$, sous $\mathbb{P}_p$, le graphe aléatoire (V, F) est un ensemble d'arbres qu'on appelle parfois *forêt*. La probabilité de percolation et la probabilité critique pour le sommet racine $\varnothing = 0$ dans $\mathcal{B}_r$ sous $\mathbb{P}_p$ sont respectivement notées

$$\theta_r(p) := \mathbb{P}_p(0 \leftrightarrow \infty) = \mathbb{P}_p(|C(0)| = \infty),$$
$$p_c(r) := \sup\{p \in [0, 1] : \theta_r(p) = 0\}.$$

Théorème 16.3 (Phénomène de seuil pour percolation sur graphe de Bethe). *Pour tout $r \geqslant 2$ et tout $p \in [0, 1]$ la quantité $\theta_r(p)$ est la plus grande racine en $\theta \in [0, 1]$ de l'équation*

$$1 - \theta = (1 - p\theta)^{r-1},$$

tandis que

$$p_c(r) = \frac{1}{r - 1}.$$

De plus, la fonction θ_r est continue, nulle sur $[0, p_c(r)]$, strictement croissante sur $[p_c(r), 1]$, et pour $r \geqslant 3$ on a

$$\lim_{p \to p_c(r)^+} \frac{\theta_r(p)}{p - p_c(r)} = \frac{2}{p_c(r)(1 - p_c(r))} = \frac{2(r-1)^2}{r - 2}.$$

Si $r \geqslant 3$ alors $0 < p_c(r) < 1$ ce qui indique la présence d'un phénomène de seuil pour la percolation sur le graphe de Bethe $\mathcal{B}_r$.

Démonstration. Le graphe de Bethe $\mathcal{B}_r$ coïncide avec l'arbre de Galton-Watson de loi de reproduction δ_{r-1}. Sous $\mathbb{P}_p$ on obtient un arbre aléatoire dans lequel chaque sommet de l'arbre est relié à chacun de ses $r - 1$ enfants avec une probabilité p. Le nombre de ces connexions est distribué selon la loi de reproduction $\mathrm{Bin}(r - 1, p)$ de moyenne $m = (r - 1)p$. D'après le chapitre 3, cet arbre est sous-critique si $m < 1$, critique si $m = 1$, et sur-critique si $m > 1$. D'après le théorème 3.7 la probabilité d'extinction de la population est la plus petite racine s_p de l'équation $g_p(s) = s$ où g_p est la fonction génératrice de la loi de reproduction : $g_p(s) = (ps + 1 - p)^{r-1}$ pour $s \in [0, 1]$. L'extinction de la population est synonyme de la finitude de la composante connexe de la racine. On a donc $\theta_r(p) = 1 - s_p$ et $\theta_r(p)$ est ainsi la plus grande racine dans $[0, 1]$ de l'équation $1 - \theta = (1 - p\theta)^{r-1}$.

Soit h_p la fonction définie sur $[0, 1]$ par $h_p(\theta) = (1 - p\theta)^{r-1} - 1 + \theta$. Elle est nulle en 0, strictement positive en 1, strictement convexe si $r \geqslant 3$ et affine si $r = 2$. De plus $h_p'(0)$ a le signe de $1 - p(r - 1)$. Ainsi, pour $p(r - 1) \leqslant 1$,

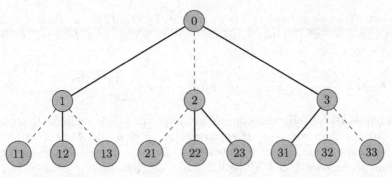

Fig. 16.2. Premières branches de $\mathcal{B}_4$ avec arêtes supprimées par $\mathbb{P}_p$ (en pointillé).

h_p ne s'annule qu'en 0 et $\theta_r(p) = 0$. En revanche, h_p s'annule exactement une fois sur $]0,1[$ dès que $p(r-1) > 0$. En conclusion, la probabilité $\theta_r(p)$ est nulle pour $p \leqslant (r-1)^{-1}$ et strictement positive pour $p > (r-1)^{-1}$. La fonction $p \mapsto h_p(\theta)$ est strictement décroissante et continue. Ceci assure que la fonction θ_r est continue sur $[0,1]$ et strictement croissante sur $[p_c(r), 1]$.

On a enfin $1 - \theta = 1 - (r-1)p\theta + \frac{1}{2}(r-1)(r-2)p^2\theta^2 + o(\theta^2)$. Puisque $\theta_r(p_c(r)) = 0$ et $\theta_r(p)$ est strictement positive pour $p > p_c = (r-1)^{-1}$, on obtient après simplification

$$\theta_r(p) = 2\frac{(r-1)p-1}{(r-1)(r-2)p^2} + o(\theta_r(p)) = \frac{2}{(r-2)p^2}(p - p_c) + o(\theta_r(p)).$$

On conclut en remarquant que $(r-2)p_c = 1 - p_c$.   □

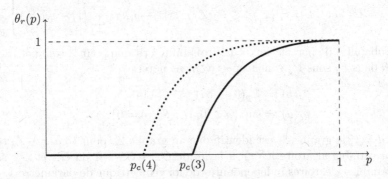

Fig. 16.3. Percolation pour $\mathcal{B}_r$ avec $r = 3$ (trait plein) et $r = 4$ (trait en pointillé).

Remarque 16.4 (Caractère explicite des cas $r \leqslant 4$). *Pour $r = 2$, le graphe de Berthe $\mathcal{B}_2$ est identifiable au graphe de $\mathbb{N}$ et sous $\mathbb{P}_p$ la v.a. $|C(0)|$ suit la* *loi géométrique de paramètre* $1 - p$, *et* $\theta_2 = \mathbb{1}_1$ *et* $p_c(2) = 1$. *Pour* $r = 3$ *et* $r = 4$ *l'équation vérifiée par* $\theta_r(p)$ *fournie par le théorème 16.3 est résoluble explicitement (voir la figure 16.3) :*

$$\theta_3(p) = \frac{2p-1}{p^2}\mathbb{1}_{\{p>1/2\}} \quad et \quad \theta_4(p) = \frac{3p^2 - \sqrt{4p^3 - 3p^4}}{2p^3}\mathbb{1}_{\{p>1/3\}}.$$

Remarque 16.5 (Taille moyenne de la composante de la racine). *Reprenons la preuve du théorème 16.3, et supposons que* $p \leqslant p_c(r)$. *Alors* $|C(0)| < \infty$ *p.s. car la lignée de la racine s'éteint p.s. De plus d'après la section 3.3 la fonction génératrice* h *de* $|C(0)|$ *est solution de l'équation*

$$h(s) = s(ph(s) + 1 - p)^{r-1}.$$

En particulier on obtient

$$\mathbb{E}_p(|C(0)|) = \begin{cases} \dfrac{1}{1 - p(r-1)} & si \ p < p_c(r), \\ \infty & si \ p = p_c(r). \end{cases}$$

D'autre part, si $p \in \left]p_c, 1\right[$ *alors il existe une infinité de classes de taille infinie car les individus non reliés à leur père sont les racines d'arbres aléatoires disjoints i.i.d. Cette situation, liée à la structure d'arbre, est très différente de celle du graphe euclidien étudié dans la suite.*

16.3 Graphe euclidien (grille)

On considère dans cette section le cas où (V, E) est le graphe euclidien $\mathcal{E}_d$:

$$V = \mathbb{Z}^d \quad et \quad E = \left\{ \{x, y\} \in \mathcal{P}_2(\mathbb{Z}^d) \ : \ |x - y|_1 = \sum_{i=1}^d |x_i - y_i| = 1 \right\}.$$

La probabilité de percolation et la probabilité critique pour le sommet racine $\varnothing = 0$ dans $\mathcal{E}_d$ sous $\mathbb{P}_p$ sont respectivement notées

$$\theta_d(p) := \mathbb{P}_p(0 \leftrightarrow \infty) = \mathbb{P}_p(|C(0)| = \infty)$$
$$p_c(d) := \sup \{p \in [0,1] \ : \ \theta_d(p) = 0\}.$$

Pour $d = 1$, le graphe $\mathcal{E}_1$ est identifiable au graphe $\mathbb{Z}$, pour tout $x \in \mathbb{Z}$, sous $\mathbb{P}_p$, la variable aléatoire $|C(x)|$ a la loi de $G_- + G_+ - 1$ où G_- et G_+ sont des variables aléatoires indépendantes de loi géométrique de paramètre $1 - p$. Ainsi pour $d = 1$ on obtient $\theta_1 = \mathbb{1}_1$ et $p_c(1) = 1$.

Dès que $d > 1$, la probabilité de l'évènement $\{x \leftrightarrow y\}$ pour $\mathcal{E}_d$ sous $\mathbb{P}_p$ n'est pas explicite même pour $x \sim y$ car toutes les arêtes du graphe sont susceptibles de jouer un rôle, contrairement au cas des graphes de Bethe. Du point de vue de la connectivité, la grille est beaucoup plus complexe qu'un arbre car la présence de cycles permet de faire des détours.

Lemme 16.6 (Petite classe). *Pour tous $d \geqslant 1$, $x \in \mathbb{Z}^d$, $p \in [0, 1]$,*

$$\mathbb{P}_p(C(x) = \{x\}) = (1 - p)^{2d} \quad et \quad \mathbb{P}_p(|C(x)| = 2) = p(1 - p)^{2(2d-1)}.$$

Démonstration. On a $|C(x)| = 1$ si et seulement si x n'est relié à aucun de ses $2d$ voisins, tandis que $|C(x)| = 2$ si et seulement si x n'est relié qu'à un seul de ses $2d$ voisins, lui-même n'étant relié qu'à x. $\qquad\square$

Théorème 16.7 (Phénomène de seuil pour percolation sur graphe euclidien). *Pour tous $2 \leqslant d \leqslant d'$ on a $\theta_d \leqslant \theta_{d'}$ et $p_c(d) \leqslant p_c(d')$. De plus on a*

$$0 < \frac{1}{2d - 1} \leqslant \frac{1}{\kappa(d)} \leqslant p_c(d) \leqslant 1 - \frac{1}{\kappa(2)} \leqslant \frac{2}{3} < 1,$$

où la constante $\kappa(d)$ est définie dans le lemme 16.8.

La constante $\kappa(d)$ est appelée *constante de connectivité* de $\mathcal{E}_d$. Pour plus de clarté, la démonstration du théorème 16.7 est découpée en quatre lemmes.

Lemme 16.8 (Constante de connectivité). *Pour tous $d \geqslant 2$ et $n \geqslant 1$ soit $\kappa_n(d)$ le cardinal de l'ensemble $\mathcal{C}_n^d$ des chemins auto-évitants dans $\mathcal{E}_d$ de longueur n issus de l'origine 0. On a*

$$d^n \leqslant \kappa_n(d) \leqslant 2d(2d - 1)^{n-1}.$$

De plus, la suite $(\kappa_n(d)^{1/n})_{n \geqslant 1}$ converge et sa limite $\kappa(d)$ vérifie

$$d \leqslant \kappa(d) \leqslant 2d - 1.$$

Démonstration du lemme 16.8. La première arête d'un chemin auto-évitant issu de 0 peut être choisie parmi les $2d$ arêtes issues de 0. Pour les pas suivants, les retours en arrière sont proscrits, d'où $k_n(d) \leqslant 2d(2d - 1)^{n-1}$. La borne inférieure $k_n(d) \geqslant d^n$ est obtenue en remarquant que tout chemin issu de 0 dont les coordonnées des sommets successifs sont croissantes est auto-évitant. La suite $(\kappa_n(d))_{n \geqslant 1}$ est sous-multiplicative : pour tous $n, m \geqslant 1$,

$$\kappa_{n+m}(d) \leqslant \kappa_n(d) \kappa_m(d),$$

car si $(0, x_1, \ldots, x_{n+m}) \in \mathcal{C}_{n+m}^d$ alors

$$(0, x_1, \ldots, x_n) \in \mathcal{C}_n^d \quad et \quad (0, x_{n+1} - x_n, \ldots, x_{n+m} - x_n) \in \mathcal{C}_m^d.$$

La suite $(\log(\kappa_n(d)))_{n \geqslant 1}$ est donc sous-additive, et le lemme de Fekete [2] donne

$$\lim_{n \to \infty} \frac{\log(\kappa_n(d))}{n} = \lambda \quad où \quad \lambda := \inf_{n \geqslant 1} \frac{\log(\kappa_n(d))}{n} \in [-\infty, \infty[.$$

Ceci donne $\kappa(d) = e^\lambda$, et l'encadrement de $\kappa(d)$ découle de celui de $\kappa_n(d)$. $\quad\square$

---

2. Si $u_{n+m} \leqslant u_n + u_m$ pour tous $m, n \geqslant 1$ alors $\frac{u_n}{n} \xrightarrow[n \to \infty]{} \inf_{n \geqslant 1} \frac{u_n}{n} \in [-\infty, \infty[$.

Lemme 16.9 (Minoration). *Pour tout $d \geqslant 2$ on a $p_c(d) \geqslant 1/\kappa(d)$.*

Démonstration du lemme 16.9. Soit $n \geqslant 1$ et N_n la v.a. égale au nombre d'éléments de $\mathcal{C}_n^d$ inclus dans l'ensemble aléatoire d'arêtes $C(0)$ sous $\mathbb{P}_p$. Si $|C(0)| = \infty$, alors $N_n \geqslant 1$. D'autre part, un élément de $\mathcal{C}_n^d$ est issu de l'origine et possède exactement n arêtes distinctes. Par indépendance, il a une probabilité p^n d'avoir toutes ses arêtes dans $C(0)$. Ainsi

$$\theta_d(p) \leqslant \mathbb{P}_p(N_n \geqslant 1) = \mathbb{E}_p(\mathbb{1}_{N_n \geqslant 1}) \leqslant \mathbb{E}_p(N_n) \leqslant p^n \kappa_n(d).$$

Le lemme 16.8 donne $\kappa_n(d)^{1/n} = \kappa(d) + o_n(1)$, d'où $\theta_d(p) \leqslant (p\kappa(d) + o_n(1))^n$. Par conséquent, si $p\kappa(d) < 1$ alors on obtient $\theta_d(p) = 0$ quand $n \to \infty$.   □

Lemme 16.10 (Décroissance). *Si $2 \leqslant d \leqslant d'$ alors $\theta_d \leqslant \theta_{d'}$ et $p_c(d') \leqslant p_c(d)$.*

Démonstration du lemme 16.10. L'idée est de procéder par couplage comme dans la preuve du lemme 16.1. Comme le graphe $\mathcal{E}_d$ est identifiable au graphe de $\mathcal{E}_{d'}$ correspondant par exemple aux d premières coordonnées dans $\mathbb{Z}^{d'}$, on peut coupler, pour tout $p \in [0,1]$ fixé, les graphes aléatoires $(\mathbb{Z}^d, F)$ et $(\mathbb{Z}^{d'}, F')$ de $\mathcal{E}_d$ et $\mathcal{E}_{d'}$ sous $\mathbb{P}_p$ de sorte que

$$\theta_d(p) = \mathbb{P}_p(0 \leftrightarrow +\infty \text{ dans } \mathcal{E}_d) \leqslant \mathbb{P}_p(0 \leftrightarrow +\infty \text{ dans } \mathcal{E}_{d'}) = \theta_{d'}(p).$$

Il en découle en particulier que $p_c(d) \leqslant p_c(d')$.   □

Lemme 16.11 (Majoration). *Si $d = 2$ alors $p_c(2) \leqslant 1 - 1/\kappa(2)$.*

Démonstration du lemme 16.11. Le graphe dual $\mathcal{E}_2^* = (V^*, E^*)$ du graphe $\mathcal{E}_2 = (V, E)$ est le translaté de $\mathcal{E}_2$ par le vecteur $(1/2, 1/2)$ (voir la figure 16.3). Chaque arête e du graphe initial rencontre une et une seule arête e_* du graphe dual. On construit le graphe aléatoire (V^*, F^*) de $\mathcal{E}_2^*$ à partir du graphe aléatoire (V, F) de $\mathcal{E}_2$ sous $\mathbb{P}_p$ en décidant que $e_* \in F^*$ ssi $e \notin F$.

Une boucle auto-évitante (ou courbe de Jordan!) de longueur n est un chemin $(x_0, x_1, \ldots, x_n)$ tel que le chemin $(x_0, x_1, \ldots, x_{n-1})$ est auto-évitant et $x_n = x_0$. Son complémentaire est formé de deux composantes connexes, l'une bornée (appelée *intérieur*) et l'autre pas.

Soit $\Lambda(m) := [-m, m]^2$. On introduit les évènements suivants :

$$F_m := \{\Lambda(m) \text{ est à l'intérieur d'une boucle}$$
$$\text{auto-évitante de } \mathcal{E}_2^* \text{ à arêtes dans } F^*\},$$

et

$$G_m := \{\text{les arêtes reliant les sommets de } \Lambda(m) \text{ sont dans } F\}.$$

Il y a percolation en 0 sur l'événement $F_m^c \cap G_m$, et comme F_m et G_m concernent des ensembles d'arêtes disjoints, ils sont indépendants sur $\mathbb{P}_p$. Considérons à présent une boucle γ dont l'intérieur contient $\Lambda(m)$. Sa longueur n est nécessairement supérieure à $4m$. De plus, elle contient nécessairement au moins un sommet de la forme $(1/2 + k, 1/2)$ avec $0 \leqslant k \leqslant n$. Soit x_0 le point de cette forme le plus à droite. On numérote les éléments de γ en parcourant la courbe dans le sens trigonométrique de sorte que $\gamma = (x_0, x_1, \ldots, x_{n-1})$. Ce chemin est auto-évitant. Il y a au plus $n\kappa_n(2)$ boucles auto-évitantes de longueur n entourant $\Lambda(m)$. Donc si M_n est le nombre de boucles auto-évitantes de longueur n entourant $\Lambda(m)$ dont toutes les arêtes sont dans F, on a

$$\mathbb{P}_p(F_m) \leqslant \mathbb{P}_p\left(\sum_{n \geqslant 4m} M_n \geqslant 1\right) \leqslant \sum_{n \geqslant 4m} \mathbb{E}_p(M_n) \leqslant \sum_{n \geqslant 4m} n\kappa_n(2)(1-p)^n.$$

Puisque $\kappa_n(2)^{1/n} = \kappa(2) + o_n(1)$, la série ci-dessus (membre de droite) est convergente dès que $\kappa(2)(1 - p) < 1$ et par suite, pour m assez grand, $\mathbb{P}_p(F_m) < 1/2$. Pour un tel m on a

$$\theta_2(p) \geqslant \mathbb{P}_p(F_m^c \cap G_m) = \mathbb{P}_p(F_m^c)\mathbb{P}_p(G_m) \geqslant \frac{1}{2}p^{4m^2} > 0.$$

Ainsi, si $(1-p)\kappa(2) < 1$ alors $\theta_2(p) > 0$, d'où $p_c(2) \leqslant 1 - 1/\kappa(2)$.   □

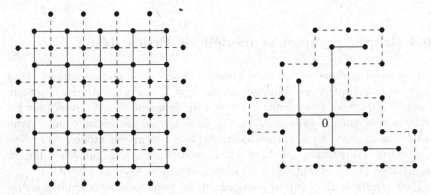

Fig. 16.4. À gauche, le graphe euclidien $\mathcal{E}_2$ (trait plein) et son dual $\mathcal{E}_2^*$ (trait pointillé). À droite, une composante finie et sa boucle ceinturante.

Dans le régime sur-critique $p > p_c(d)$, la classe $C(0)$ de l'origine 0 peut être infinie. Le théorème suivant complète ce résultat.

Théorème 16.12 (Existence de la classe infinie). *Si $p > p_c(d)$, alors $\mathbb{P}_p$-p.s. il existe au moins une classe infinie.*

Démonstration. L'événement $A := $«Il existe au moins une classe infinie» est dans la tribu terminale des événements $(A_e)_{e \in E}$ où $A_e := \{e \in F\}$. Or sous $\mathbb{P}_p$ ces événements sont indépendants, et donc $\mathbb{P}_p(A) = 0$ ou $\mathbb{P}_p(A) = 1$ par la loi du zéro-un de Kolmogorov. À présent si $p > p_c(d)$ alors $\mathbb{P}_p(|C(0)| = \infty) > 0$ et $\{|C(0)| = \infty\} \subset A$, d'où $\mathbb{P}_p(A) = 1$.   □

Toutefois, la situation est bien différente de celle du graphe de Bethe : on peut établir que la classe infinie est unique ! Cette démonstration dépasse le cadre de ce chapitre. Nous nous contentons d'une démonstration sur $\mathcal{E}_2$ en supposant connu le fait que $\theta_2(1/2) = 0$.

Théorème 16.13 (Unicité de la classe infinie). *Supposons que $d = 2$ et que $\theta_2(1/2) = 0$ sur le graphe $\mathcal{E}_2$. Alors, pour tout $p > p_c(2)$, il existe $\mathbb{P}_p$-p.s. une unique classe infinie.*

Démonstration. Reprenons les notations de la preuve du lemme 16.11.

Pour $p = 1/2$, la percolation sur le graphe $\mathcal{E}_2$ et sur son graphe dual $\mathcal{E}_2^*$ sont de même nature : $\mathbb{P}_p$-p.s. il n'y a pas de composante infinie car $\theta_2(1/2) = 0$. Soit $\Lambda(m) = [-m, m]^2$. Il existe une boucle γ_* auto-évitante dans $\mathcal{E}_2^*$ entourant $\Lambda(m)$ et dont les arêtes sont dans F^* (donc les arêtes duales dans $\mathcal{E}_2$ ne sont pas dans F). Par le même argument, il existe une boucle γ dans $\mathcal{E}_2$ qui contient γ_* et donc $\Lambda(m)$. Par couplage, ceci est encore vrai pour tout $p > 1/2$. Si deux classes d'équivalence infinies intersectent $\Lambda(m)$ alors elles intersectent également γ et sont donc confondues ! Puisque ceci est vrai pour tout m, il ne peut y avoir qu'une classe infinie.   □

16.4 Graphe complet et modèle de Erdős-Rényi

On considère dans cette section le cas où (V, E) est le *graphe complet infini* $\mathcal{K}_\infty$, c'est-à-dire que V est infini dénombrable et $E = \mathcal{P}_2(V)$. Ainsi $x \sim y$ pour tous $x \neq y$ dans V. Les sommets jouent tous le même rôle. Comme tous les sommets sont voisins dans $\mathcal{K}_\infty$, il n'y a donc pas de géométrie comme dans $\mathcal{B}_r$ ou dans $\mathcal{E}_d$. Sous $\mathbb{P}_p$ le graphe aléatoire (V, F) est appelé modèle de Erdős-Rényi infini. Pour tous $p \in]0, 1]$ et $x \in V$, le sommet x a un nombre infini de voisins dans (V, F) et $\mathbb{P}_p(|C(x)| = \infty) = 1$, d'où $\theta = \mathbb{1}_{]0,1]}$ et $p_c = 0$.

Pour rendre le modèle plus passionnant, on peut considérer le phénomène de la percolation dans le graphe complet fini $\mathcal{K}_n$ à n sommets $V = \{1, \dots, n\}$ et faire dépendre de n le paramètre p de $\mathbb{P}_p$. On note $\mathcal{G}(n, p)$ la loi du graphe aléatoire (V, F) sous $\mathbb{P}_p$. Dans ce modèle de Erdős-Rényi fini $\mathcal{G}(n, p)$, chaque sommet $x \in V$ possède un nombre aléatoire de voisins, qui suit la loi binomiale $\mathrm{Bin}(n - 1, p)$ de moyenne $(n - 1)p \sim np$. Lorsque $n \to \infty$ avec $np \to \lambda > 0$ alors $p_n \sim \lambda/n \to 0$ et le nombre de voisins de chaque site converge en loi vers la loi de Poisson $\mathrm{Poi}(\lambda)$ (loi des petits nombres).

Théorème 16.14 (Phénomène de seuil et composante connexe géante). *Soit $\lambda > 0$ un paramètre réel fixé, et $\alpha := \lambda - 1 - \log(\lambda) > 0$. Soit $(G_n)_{n \geqslant 1}$ une suite de graphes de Erdős-Rényi définis sur un même espace de probabilité, avec $G_n = (V_n, F_n)$ de loi de Erdős-Rényi $\mathcal{G}(n, p)$ avec $p = \lambda/n$. Pour tout $v \in V_n$, soit $G_n(v)$ la composante connexe du sommet v.*

1. Si $\lambda < 1$ alors pour tout $c > 1/\alpha$,

$$\lim_{n\to\infty} \mathbb{P}\left(\max_{v\in V_n} |G_n(v)| \geqslant c\log(n)\right) = 0.$$

2. *Si $\lambda > 1$ alors*

$$\frac{\max_{v\in V_n} |G(v)|}{n} \xrightarrow[n\to\infty]{\text{p.s.}} 1 - \rho$$

où $\rho \in \,]0,1[$ est la probabilité d'extinction d'un processus de branchement de Galton-Watson de loi de reproduction $\mathrm{Poi}(\lambda)$. De plus, il existe un réel $c > 0$ tel que presque sûrement la seconde composante connexe (en taille) a une taille au plus $c\log(n)$.

En substance, si $\lambda < 1$ alors la connectivité du graphe aléatoire est si faible qu'il ne comporte pas de composante connexe plus grande que $\mathcal{O}(\log(n))$. Le graphe est émietté. Si $\lambda > 1$ alors la connectivité du graphe aléatoire est si forte qu'il contient une unique composante connexe géante contenant une fraction strictement positive des sommets tandis que les autres composantes connexes ont une taille qui n'excède pas $\mathcal{O}(\log(n))$.

Démonstration. Par souci de simplicité, nous nous contentons d'établir la première propriété seulement. Pour ce faire, on explore $G(v)$ en utilisant un *algorithme de parcours en largeur*[3], qui consiste à explorer les voisins de v, qui constituent la première génération, puis leurs voisins qui n'ont pas déjà été visités, qui constituent la seconde génération, etc. Cela donne un arbre fini couvrant[4] $G(v)$, similaire à celui de la figure 3.2. En forçant l'absence de cycles, cette approche fournit également un couplage avec un arbre aléatoire de Galton-Watson de loi de reproduction $\mathrm{Bin}(n-1,p)$, sous-critique car $(n-1)p \leqslant \lambda < 1$, dont la taille totale N vérifie $N \geqslant |G(v)|$ (l'arbre est plus gros par absence de cycles). Or le théorème 3.17 affirme que

$$N \overset{\text{loi}}{=} T \quad \text{où} \quad T := \inf\{k \geqslant 1 : S_k = -1\}$$

est le temps d'atteinte de -1 d'une marche aléatoire $(S_k)_{k\geqslant 0}$ sur $\mathbb{Z}$ issue de $S_0 = 0$ et d'incréments $(U_i)_{i\geqslant 1}$ i.i.d. tels que $1 + U_i \sim \mathrm{Bin}(n-1,p)$. Fixons $\theta > 0$ quelconque et posons

$$M_k = e^{\theta S_k} \varphi(\theta)^{-k} \quad \text{où} \quad \varphi(\theta) = \mathbb{E}(e^{\theta U_1})$$

est la transformée de Laplace de la loi des incréments de $(S_k)_{k\geqslant 0}$. La suite $(M_k)_{k\geqslant 0}$ est une martingale positive pour la filtration naturelle de $(S_k)_{k\geqslant 0}$, et T est un temps d'arrêt fini p.s. On a $\lim_{n\to\infty} M_{T\wedge n} = M_T$ p.s. de sorte que grâce au lemme de Fatou et au théorème d'arrêt,

$$e^{-\theta}\mathbb{E}(\varphi(\theta)^{-T}) = \mathbb{E}(M_T) = \mathbb{E}(\lim_{n\to\infty} M_{T\wedge n}) \leqslant \lim_{n\to\infty} \mathbb{E}(M_{T\wedge n}) = \mathbb{E}(M_0) = 1.$$

---

3. «*Breadth-First Search*» en anglais (BFS).
4. «*Spanning tree*» en anglais et on parle de «*Minimal Spanning Tree*» (MST).

Soit $\theta > 0$ tel que $\varphi(\theta) < 1$. Pour tout $r > 0$, par l'inégalité de Markov,

$$\mathbb{P}(T \geqslant r) = \mathbb{P}(\varphi(\theta)^{-T} \geqslant \varphi(\theta)^{-r}) \leqslant \varphi(\theta)^r \mathbb{E}(\varphi(\theta)^{-T}) \leqslant \varphi(\theta)^r e^\theta.$$

L'inégalité de convexité $1 + x \leqslant e^x$ valable pour tout $x \in \mathbb{R}$ donne

$$\varphi(\theta) = e^{-\theta}(1 - p + pe^\theta)^{n-1} = e^{-\theta}\left(1 + \frac{\lambda(e^\theta - 1)}{n}\right)^{n-1} \leqslant e^{\lambda(e^\theta - 1) - \theta}$$

(notons que $e^{\lambda(e^\theta - 1)}$ est la transformée de Laplace de $\mathrm{Poi}(\lambda)$). La fonction $\theta \in \mathbb{R} \mapsto \lambda(e^\theta - 1) - \theta$ atteint son minimum en $\theta_* = -\log(\lambda) > 0$, et $\varphi(\theta_*) = e^{-\alpha}$ où $\alpha := 1 - \lambda + \log(\lambda) > 0$, d'où

$$\mathbb{P}(T \geqslant r) \leqslant \varphi(\theta_*)^r e^{\theta_*} = e^{-r\alpha + \theta_*} = \lambda^{-1} e^{-\alpha r}.$$

Par conséquent, pour tout $c > 0$,

$$\mathbb{P}(|G(v)| \geqslant c\log(n)) \leqslant \mathbb{P}(N \geqslant c\log(n)) = \mathbb{P}(T \geqslant c\log(n)) \leqslant \lambda^{-1} n^{-\alpha c}.$$

À présent, comme les v.a. $(G(v))_{v \in V}$ sont identiquement distribuées, on a

$$\mathbb{P}\left(\max_{v \in V} |G(v)| \geqslant c\log(n)\right) \leqslant \sum_{v \in V} \mathbb{P}(|G(v)| \geqslant c\log(n))$$
$$= n\mathbb{P}(|G(1)| \geqslant c\log(n))$$
$$\leqslant \lambda^{-1} n^{1-\alpha c},$$

d'où le résultat en prenant $c > 1/\alpha$. $\qquad\square$

16.5 Pour aller plus loin

La géométrie des arbres réguliers (graphe de Bethe) et des graphes complets est plus simple que celle du graphe euclidien (grille), ce qui facilite en principe l'étude de propriétés probabilistes. En informatique, en télécommunication, mais aussi en électricité, un *réseau*[5] est un graphe muni d'une marque ou d'un poids sur chaque arête, représentant une conductance, une résistance, une longueur, un coût, etc, dans notre cas 0 (arête indisponible) ou 1 (arête disponible). En ce sens, nos graphes aléatoires sont des réseaux aléatoires[6]. Dans le cas euclidien, le graphe est également un réseau au sens de la géométrie[7], c'est-à-dire un sous-groupe discret de l'espace vectoriel euclidien.

Le phénomène de la percolation est un classique de la physique statistique, qui peut être étudié sur tout graphe aléatoire. Le mécanisme de la percolation possède par ailleurs de nombreuses variantes : percolation orientée (les arêtes

---

5. «*Network*» en anglais.
6. «*Random networks*» en anglais.
7. «*Lattice*» en anglais.

sont orientées), percolation de premier passage, de dernier passage, percolation par sommets (ce sont les sommets et non les arêtes qui sont déclarés ouverts ou fermés), etc. Une bonne partie de ce chapitre est inspirée des notes de cours de Thierry Lévy [Lé08]. La théorie mathématique de la percolation, développée depuis le milieu du vingtième siècle par John Hammersley et Harry Kesten notamment, constitue depuis lors un domaine très actif des probabilités. Un panorama sur le sujet se trouve dans les livres [Gri99, Gri10] de Geoffrey Grimmett, dont la thèse soutenue en 1974 sous la direction de Hammersley et Dominic Welsh (ancien élève de Hammersley également) portait déjà sur les champs et graphes aléatoires! Le théorème 16.14 date des travaux du milieu du vingtième siècle de Paul Erdős et Alfréd Rényi [ER59, ER61b] et de Edgar Gilbert [Gil59]. La preuve du théorème 16.14 est inspirée des notes de cours de Charles Bordenave [Bor14a]. Plus généralement, on peut établir ce qui suit :

Condition sur (n, p)	Comportement p.s. du graphe aléatoire $G(n, p)$ quand $n \to \infty$
$np < (1 - \varepsilon) \log(n)$	existence de sommets isolés (donc graphe non connexe)
$np > (1 + \varepsilon) \log(n)$	graphe connexe (donc $np \sim \log(n)$ est un seuil de connectivité)
$np < 1$	pas de composante connexe de taille $> \mathcal{O}(\log(n))$
$np = 1$	plus grande composante connexe de taille $\approx n^{2/3}$
$np \to \lambda > 1$	unique composante connexe géante (fraction > 0 des sommets) aucune autre composante connexe n'est $> \mathcal{O}(\log(n))$.

On renvoie à ce sujet à [Bor14a] et au livre de Remco van der Hofstad [vdH14]. On y trouvera la démonstration du second point du théorème 16.14.

Le lemme 16.8 sur la constante de connectivité du graphe euclidien est l'une des clés de la démonstration du théorème 16.7. Toutefois, la valeur exacte de cette constante $\kappa(d)$ est inconnue pour tout $d \geqslant 2$. Hugo Duminil-Copin et Stanislav Smirnov ont montré dans [DCS12] qu'elle vaut $\sqrt{2 + \sqrt{2}}$ pour le graphe hexagonal sur $\mathbb{Z}^2$. La démonstration du théorème 16.13, tirée de l'article de synthèse [HJ06], est due à Theodore Harris [Har60]. Dans ce travail, Harris établit également que $\theta_2(1/2) = 0$ c'est-à-dire que $p_c(2) \geqslant 1/2$. Il faudra attendre le travail de Kesten [Kes80] pour que l'égalité $p_c(2) = 1/2$ soit démontrée. Pour les autres valeurs de d, la valeur de la probabilité critique n'est pas connue. On peut toutefois établir que θ_d est de classe $\mathcal{C}^\infty$ sur l'intervalle $]p_c(d), 1[$.

Croissance et fragmentation

Mots-clés. Modèle de croissance et de fragmentation ; processus de Markov déterministe par morceaux ; générateur infinitésimal ; processus de Yule.

Outils. Processus de Poisson ; couplage ; distance de Wasserstein ; processus autorégressif ; loi exponentielle ; loi géométrique ; fonction génératrice ; transformée de Laplace.

Difficulté. **

17.1 Processus TCP window-size en informatique

Le débit instantané maximal sortant d'un ordinateur connecté à un réseau TCP/IP [1] comme Internet est régulé par l'algorithme suivant : le débit maximal est augmenté de manière déterministe d'une unité à chaque pas de temps, et en cas de signal de congestion, il est multiplié par un facteur entre $[0, 1[$, typiquement $1/2$. Ce mécanisme simple permet à la fois une bonne exploitation du réseau et une réaction efficace en cas de congestion.

Nous allons étudier un modèle markovien idéalisé de ce mécanisme. Si on admet que, pendant une durée donnée, chacun des autres ordinateurs du réseau provoque une congestion avec une petite probabilité, indépendamment des autres, alors la loi des petits nombres suggère que les signaux de congestion suivent un processus de Poisson. Soit $N = (N_t)_{t \geqslant 0}$ un processus de Poisson issu de 0 et d'intensité λ comptant les signaux de congestion, de temps de saut successifs $(T_n)_{n \geqslant 0}$, où $T_0 := 0$. Si $E_n := T_n - T_{n-1}$ pour tout $n \geqslant 1$ alors

$$T_n = E_1 + \cdots + E_n,$$

---

1. Pour « *Transmission Control Protocol* » et « *Internet Protocol* ».

© Springer-Verlag Berlin Heidelberg 2016
D. Chafaï and F. Malrieu, *Recueil de Modèles Aléatoires*,
Mathématiques et Applications 78, DOI 10.1007/978-3-662-49768-5_17

et la suite $E = (E_n)_{n \geqslant 1}$ est constituée de variables aléatoires i.i.d. de loi
exponentielle de moyenne $1/\lambda$. Pour tout $t \in \mathbb{R}_+$ on a

$$N_t = \sum_{n \geqslant 1} \mathbb{1}_{[0,t]}(T_n).$$

Soit $Q = (Q_n)_{n \geqslant 1}$ une suite de variables aléatoires indépendantes à valeurs
dans $[0,1[$ de même loi $\mathcal{Q}$. Soit X_0 une variable aléatoire positive. On suppose
que X_0, E, et Q sont indépendants. On définit le processus $X = (X_t)_{t \geqslant 0}$ à
temps continu et à espace d'états $\mathbb{R}_+$ de la manière suivante :

$$X_t = \begin{cases} X_{T_n} + t - T_n & \text{si } T_n \leqslant t < T_{n+1}, \\ Q_{n+1}(X_{T_n} + T_{n+1} - T_n) & \text{si } t = T_{n+1}, \end{cases}$$

où $n = N_t \in \mathbb{N}$ est le nombre de sauts avant l'instant t. Les trajectoires de X
sont affines de pente 1 par morceaux, continues à droite avec limite à gauche,
et chaque saut correspond à une multiplication par un nombre dans $[0,1[$.
On dit qu'il s'agit d'un processus de Markov déterministe par morceaux [2]
et plus particulièrement un processus à croissance linéaire et décroissance
multiplicative [3]. Le processus X est connu sous le nom de processus de taille
de fenêtre TCP [4] car en informatique, le débit maximal sortant est réglé par
une taille de « fenêtre TCP ».

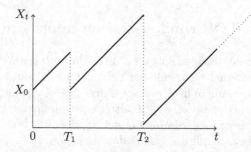

Fig. 17.1. Allure d'une trajectoire typique du processus X.

Théorème 17.1 (Générateur infinitésimal). *Le générateur infinitésimal du
processus X est donné, pour toute fonction $f \in \mathcal{C}^1(\mathbb{R}_+, \mathbb{R})$ et tout $x \geqslant 0$, par*

$$L(f)(x) := \lim_{t \to 0^+} \frac{\mathbb{E}(f(X_t) \mid X_0 = x) - f(x)}{t}$$

---

2. «*Piecewise Deterministic Markov Processes (PDMP)*» en anglais.
3. «*Additive Increase Multiplicative Decrease (AIMD)*» en anglais.
4. « *TCP window-size process*» en anglais.

$$= f'(x) + \lambda \int_0^1 (f(qx) - f(x)) \, \mathcal{Q}(dq).$$

Le processus X n'explose pas car N n'explose pas. L'espérance conditionnelle $\mathbb{E}(f(X_t) \,|\, X_0 = x)$ a un sens car sur $\{X_0 = x\}$, on a $X_t \leqslant x + t$, et comme f est $\mathcal{C}^1$, la v.a.r. $f(X_t)$ est bornée.

Démonstration. Soit $f \in \mathcal{C}^1(\mathbb{R}_+, \mathbb{R})$ et $t \leqslant 1$. Par définition de X et N,

$$\begin{aligned}
\mathbb{E}\big(f(X_t)\mathbb{1}_{\{N_t=0\}} \,|\, X_0 = x\big) &= f(x+t)\mathbb{P}(N_t = 0) = f(x+t)e^{-\lambda t} \\
&= (f(x) + f'(x)t + o(t))(1 - \lambda t + o(t)) \\
&= f(x) + t(f'(x) - \lambda f(x)) + o(t).
\end{aligned}$$

Conditionnellement à $\{N_t = 1\}$, T_1 suit la loi uniforme sur $[0, t]$, donc

$$\begin{aligned}
\mathbb{E}(f(X_t) \,|\, X_0 = x, N_t = 1) &= \mathbb{E}(f(Q_1(x + T_1) + t - T_1) \,|\, N_t = 1) \\
&= \int_0^t \frac{ds}{t} \int_0^1 \mathcal{Q}(dq) f(q(x+s) + t - s) \\
&= \int_0^1 \mathcal{Q}(dq) f(qx) + o(1)
\end{aligned}$$

où le $o(1)$ (quand $t \to 0$) provient de la continuité de f, et donc

$$\begin{aligned}
\mathbb{E}\big(f(X_t)\mathbb{1}_{\{N_t=1\}} | X_0 = x\big) &= \mathbb{P}(N_t = 1)\left(\int_0^1 \mathcal{Q}(dq) f(xq) + o(1) \right) \\
&= \lambda t \int_0^1 \mathcal{Q}(dq) f(xq) + o(t).
\end{aligned}$$

Troisièmement, sur $\{X_0 = x\}$ on a $X_t \leqslant x + t$ et donc comme $t \leqslant 1$, on a

$$\left| \mathbb{E}\big(f(X_t)\mathbb{1}_{\{N_t \geqslant 2\}} \,|\, X_0 = x\big) \right| \leqslant \left(\sup_{u \in [0, x+1]} |f(u)| \right) \mathbb{P}(N_t \geqslant 2) = \mathcal{O}(t^2).$$

Finalement, la collecte des trois termes donne bien le résultat voulu. □

Pour tout $t \geqslant 0$ on considère l'opérateur linéaire P_t qui à toute fonction $f : \mathbb{R}_+ \to \mathbb{R}$ mesurable et bornée associe la fonction mesurable et bornée

$$x \in \mathbb{R}_+ \mapsto P_t f(x) = \mathbb{E}(f(X_t) \,|\, X_0 = x).$$

Cette quantité fait encore sens pour f mesurable et localement bornée (par exemple continue) car conditionnellement à $X_0 = x$, X_t prend ses valeurs dans l'intervalle borné $[0, x + t]$. On a $P_0 = I$ et la propriété de Markov entraîne que $(P_t)_{t \geqslant 0}$ est un semi-groupe :

$$P_{t+s} = P_{s+t} = P_t \circ P_s.$$

On dit que ce semi-groupe est markovien car il préserve la positivité et l'unité : $P_t(f) \geqslant 0$ si $f \geqslant 0$ et $P_t(1) = 1$. On dit qu'une fonction mesurable et bornée $f : \mathbb{R}_+ \to \mathbb{R}$ appartient au domaine du générateur L du processus lorsque la limite suivante existe pour tout $x \geqslant 0$:

$$L(f)(x) = \lim_{t \to 0^+} \frac{P_t(f)(x) - f(x)}{t} = \partial_{t=0} P_t(f)(x).$$

Tout se passe comme si «$P_t = e^{tL}$». On peut établir que la propriété de semi-groupe donne, pour tout $t \geqslant 0$ et toute fonction f de classe $\mathcal{C}^1$,

$$\partial_t P_t(f) = \lim_{\varepsilon \to 0} P_t \left(\frac{P_\varepsilon f - f}{t} \right) = P_t(Lf)$$

$$\partial_t P_t(f) = \lim_{\varepsilon \to 0} \frac{P_\varepsilon(P_t f) - P_t f}{t} = L(P_t f).$$

On dit qu'il s'agit des équations de Chapman-Kolmogorov *progressive* et *rétrograde* respectivement («*forward*» et «*backward*» en anglais).

Le théorème 17.1 affirme que le domaine du générateur L contient les fonctions de classe $\mathcal{C}^1$. Il se trouve de plus que le générateur conserve les polynômes sans augmenter leur degré. Cela permet de calculer les moments de manière récursive.

Théorème 17.2 (Moments et loi invariante). *Pour tout $n \in \mathbb{N}$, tout $x \geqslant 0$ et tout $t \geqslant 0$, le moment d'ordre n de la loi de X_t sachant $\{X_0 = x\}$ vérifie*

$$\mathbb{E}(X_t^n \mid X_0 = x) = \frac{n!}{\prod_{k=1}^n \theta_k} + n! \sum_{m=1}^n \left(\sum_{k=0}^m \frac{x^k}{k!} \prod_{\substack{j=k \\ j \neq m}}^n \frac{1}{\theta_j - \theta_m} \right) e^{-\theta_m t}$$

où $\theta_p := \lambda(1 - \mathbb{E}(Q_1^p))$. De plus, conditionnellement à $\{X_0 = x\}$, la variable X_t converge en loi quand $t \to \infty$ vers la loi μ sur $\mathbb{R}_+$ dont les moments sont

$$\int x^n \, \mu(dx) = \frac{n!}{\prod_{k=1}^n \theta_k}$$

pour tout $n \geqslant 0$. Enfin, tous les moments de X_t convergent vers ceux de μ.

Démonstration. Posons $\alpha_n(t) = \mathbb{E}(X_t^n \mid X_0 = x) = P_t(f_n)(x)$ où $f_n(x) = x^n$. Pour tout $n \geqslant 1$, le théorème 17.1 donne

$$Lf_n(x) = nx^{n-1} + \lambda x^n \int_0^1 (q^n - 1) \, \mathcal{Q}(dq) = nf_{n-1}(x) - \theta_n f_n(x)$$

et donc, en utilisant l'équation de Chapman-Kolmogorov progressive,

$$\alpha_n'(t) = \partial_t P_t(f_n)(x) = P_t(Lf_n)(x) = P_t(nf_{n-1} - \theta_n f_n)(x)$$
$$= n\alpha_{n-1}(t) - \theta_n \alpha_n(t).$$

Comme α_0 est constante égale à 1, on obtient l'équation différentielle ordinaire $\alpha_1'(t) = 1 - \theta_1 \alpha_1(t)$ qui donne α_1. Une récurrence sur n (système triangulaire !) fournit la formule annoncée pour $(\alpha_n)_{n \geqslant 0}$.

Comme $\theta_p \leqslant \theta_1$ pour $p \geqslant 1$, les moments de μ sont majorés par ceux d'une loi exponentielle de paramètre θ_1. Ceci entraine que sa transformée de Laplace est finie sur $]-\infty, \theta_1[$. Elle est donc holomorphe sur un voisinage (dans $\mathcal{C}$) de l'origine. En particulier, la fonction caractéristique de μ est analytique sur un voisinage (dans $\mathbb{R}$) de l'origine. Le théorème 21.7 assure alors que la loi μ est caractérisée par ses moments.

Ainsi, conditionnellement à $\{X_0 = x\}$, chaque moment de X_t converge quand $t \to \infty$ vers une limite finie. Le fait que cette suite de limites soit la suite des moments d'une loi et que X_t converge en loi vers cette loi découle d'une étude similaire à celle menée dans la preuve du théorème de Wigner par la méthode des moments dans le chapitre 21. On prendra garde au fait qu'on se trouve ici sur $\mathbb{R}_+$ et non pas sur $\mathbb{R}$ tout entier.   □

Remarque 17.3 (Décomposition spectrale). *Pour tous $n \geqslant 0$ et $t \geqslant 0$, les opérateurs L et P_t, restreints à l'ensemble $\mathbb{R}_n[X]$ des polynômes de degré inférieur ou égal à n, sont des endomorphismes dont les valeurs propres sont respectivement $(-\theta_k)_{0 \leqslant k \leqslant n}$ et $(e^{-t\theta_k})_{0 \leqslant k \leqslant n}$.*

Remarque 17.4 (Croissance-annihilation[5]). *Si $\mathcal{Q} = \delta_0$ alors le moment d'ordre n de la loi invariante μ de X vaut $n!/\lambda^n$ ce qui assure que μ est la loi exponentielle de paramère λ.*

Remarque 17.5 (Loi du processus à un instant donné). *Plaçons-nous dans le cas où $\mathcal{Q} = \delta_q$ avec $0 < q < 1$ et conditionnellement à $\{X_0 = x\}$ avec $x \geqslant 0$. Alors pour tout $t > 0$, il existe une loi absolument continue μ_t portée par l'intervalle $[0, qx + t]$ telle que*

$$\mathrm{Loi}(X_t) = e^{-\lambda t} \delta_{x+t} + (1 - e^{-\lambda t}) \mu_t$$

et $\mathrm{dist}(x + t, \mathrm{supp}(\mu_t)) = (1 - q)x$. En effet, conditionnellement à $\{N_t = n\}$,

$$X_t = \begin{cases} x + t & si\ n = 0, \\ q^n x + \sum_{k=1}^{n+1} q^{n-k+1}(U_k - U_{k-1}) & si\ n > 0, \end{cases}$$

où $0 = U_0 < U_1 < \cdots < U_n < U_{n+1} = t$ est une statistique d'ordre uniforme sur $[0, t]$. Ainsi, $\mathrm{Loi}(X_t \mid N_t = 0) = \delta_{x+t}$ tandis que $\mathrm{Loi}(X_t \mid N_t = n)$ est absolument continue si $n > 0$, portée par $[q^n(x + t), q^n x + t]$. D'où le résultat avec $\mu_t = \mathrm{Loi}(X_t \mid N_t > 0)$. Ceci montre que X est asymptotiquement régularisant car la masse de la partie atomique de μ_t tend vers 0 quand $t \to \infty$. C'est le mécanisme de sauts, seul source d'aléa, qui en est responsable.

---

5. « *Growth-collapse* » en anglais.

Remarque 17.6 (Irréductibilité). *Pour tout $x \geqslant 0$ et conditionnellement à l'événement $\{X_0 = x\}$, le processus X entre dans tout intervalle en un temps fini avec probabilité positive. En d'autres termes, sa trajectoire coupe toute bande horizontale en un temps fini avec probabilité positive. Cela est immédiat si la bande est au-dessus de x. Si la bande est en dessous de x, il suffit de considérer une trajectoire en dents de scie.*

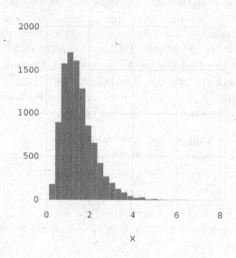

Fig. 17.2. Histogramme d'un échantillon de X_t pour $t = 100$, $\lambda = 1$, $\mathcal{Q} = \delta_{1/2}$.

Soit $p \geqslant 1$ un réel fixé. Si (E, d) est un espace métrique et μ une loi sur E, alors la quantité $\int d(x, y)^p \, \mu(dy)$ est soit infinie pour tout $x \in E$, soit finie pour tout $x \in E$ et on dit dans ce cas que μ a un moment d'ordre p fini. La distance de Wasserstein W_p sur l'ensemble des lois sur E possédant un moment d'ordre p fini est définie par

$$W_p(\mu_1, \mu_2) = \inf_{\substack{(X, Y) \\ X_1 \sim \mu_1 \\ X_2 \sim \mu_2}} \mathbb{E}(d(X, Y)^p)^{1/p} = \inf_{\pi \in \Pi(\mu_1, \mu_2)} \left[\int_{E \times E} d(x, y)^p \, \pi(dx, dy) \right]^{1/p}$$

où $\Pi(\mu_1, \mu_2)$ est l'ensemble convexe des lois de probabilité sur $E \times E$ qui ont pour lois marginales μ_1 et μ_2. Il contient la loi produit $\mu_1 \otimes \mu_2$. Un élément π de cet ensemble constitue un *couplage* de μ_1 et μ_2. Ici on prend $E = \mathbb{R}$ et $d(x, y) = |x - y|$. On peut montrer qu'une suite $(\mu_n)_n$ converge vers μ pour W_p si et seulement si elle converge faiblement pour $\mathcal{C}_b$ et si tous les moments d'ordre inférieur ou égal à p de μ_n convergent vers ceux de μ.

Théorème 17.7 (Comportement en temps long par couplage). *Soit νP_t la loi au temps t du processus TCP de loi initiale ν et de paramètres λ et Q. Alors, pour toutes mesures de probabilités ν_1 et ν_2 sur $\mathbb{R}_+$ possédant un moment d'ordre $p \geqslant 1$ fini, pour tout $t \geqslant 0$, en posant $\theta_p := \lambda(1 - \mathbb{E}(Q_1^p))$, on a*

$$W_p(\nu_1 P_t, \nu_2 P_t) \leqslant W_p(\nu_1, \nu_2) \exp\left(-\frac{\theta_p t}{p}\right).$$

Démonstration. Considérons un couple (X, Y) où X et Y partent de x et y mais utilisent le même N et le même Q (mêmes temps de sauts et coefficients multiplicateurs). Remarquablement, la quantité $|X_t - Y_t|$ reste constante entre deux sauts et au k^e saut elle est multipliée par Q_k. Par conséquent, pour tout $t \geqslant 0$, on a

$$\mathbb{E}(|X_t - Y_t|^p) = \sum_{k=0}^{\infty} \mathbb{E}(|X_t - Y_t|^p \mathbb{1}_{\{N_t = k\}})$$

$$= \sum_{k=0}^{\infty} \mathbb{E}(|x - y|^p Q_1^p \ldots Q_k^p \mathbb{1}_{\{N_t = k\}})$$

$$= |x - y|^p \sum_{k=0}^{\infty} \mathbb{E}(Q_1^p)^k \mathbb{P}(N_t = k)$$

$$= |x - y|^p e^{-\lambda t(1 - \mathbb{E}(Q_1^p))}.$$

Par conséquent, si X et Y sont deux processus TCP de paramètres λ et Q et de lois initiales respectives ν_1 et ν_2, alors pour tout couplage π de ν_1 et ν_2, pour tout $t \geqslant 0$ et tout $p \geqslant 1$,

$$W_p(\nu_1 P_t, \nu_2 P_t)^p \leqslant e^{-\theta_p t} \int_{\mathbb{R}_+ \times \mathbb{R}_+} |x - y|^p \, \pi(dx, dy).$$

Il ne reste plus qu'à prendre l'infimum sur le couplage π de ν_1 et ν_2 pour conclure la preuve du théorème. $\square$

La chaîne incluse $\widehat{X} := (\widehat{X}_n)_{n \geqslant 0} = (X_{T_n})_{n \geqslant 0}$ de X est le processus pris aux instants de saut. Il s'agit d'une chaîne de Markov homogène à temps discret et à espace d'états continu $\mathbb{R}_+$. Elle vérifie $\widehat{X}_0 = X_0$ et constitue un processus autorégressif linéaire :

$$\widehat{X}_{n+1} = Q_{n+1}(\widehat{X}_n + E_{n+1}).$$

Le noyau de transition $\widehat{K}$ de $\widehat{X}$ vaut, pour tout $f \in \mathcal{C}_b(\mathbb{R}_+, \mathbb{R})$ et $x \geqslant 0$,

$$\widehat{K}(x, f) = \mathbb{E}(f(\widehat{X}_{n+1}) \,|\, \widehat{X}_n = x) = \lambda \int_{[0,1] \times \mathbb{R}_+} e^{-\lambda y} f(q(x + y)) \, \mathcal{Q}(dq) \, dy.$$

Théorème 17.8 (Convergence en loi de la chaîne incluse). *Quel que soit X_0 la chaîne incluse $(\widehat{X}_n)_{n \geqslant 0}$ converge en loi vers $\widehat{\mu} = \mathrm{Loi}(\sum_{n=1}^{\infty} Q_1 \cdots Q_n E_n)$.*

Démonstration. La formule autoregressive et les hypothèses d'indépendance et de stationnarité, donnent, par récurrence sur n,

$$\widehat{X}_n = Q_n \cdots Q_1 X_0 + \sum_{k=1}^n Q_n \cdots Q_{n-k+1} E_{n-k+1}$$

$$\stackrel{\text{loi}}{=} Q_1 \cdots Q_n X_0 + \sum_{k=1}^n Q_1 \cdots Q_k E_k.$$

On a $\mathbb{E}(Q_1 \cdots Q_n) = \mathbb{E}(Q)^n$. Or $\mathbb{E}(Q) < 1$ car $\mathbb{P}(0 \leqslant Q < 1) = 1$ et donc par convergence monotone $\mathbb{E}(\sum_n Q_1 \cdots Q_n) = \sum_n \mathbb{E}(Q)^n < \infty$, donc $\mathbb{P}(\sum_n Q_n < \infty) = 1$ et donc $\mathbb{P}(Q_1 \cdots Q_n \to 0) = 1$. Par conséquent, $Q_1 \cdots Q_n X_0 \to 0$ p.s. D'autre part, par convergence monotone,

$$\sum_{k=1}^n Q_1 \ldots Q_k E_k \xrightarrow[n \to \infty]{\text{p.s.}} \sum_{n=1}^\infty Q_1 \cdots Q_n E_n \sim \widehat{\mu}.$$

Par conséquent, la chaîne incluse converge en loi vers $\widehat{\mu}$ quel que soit X_0.   □

La loi $\widehat{\mu}$ a pour moyenne $\lambda^{-1} \mathbb{E}(Q_1)/\mathbb{E}(1 - Q_1)$. Pour la chaîne incluse, l'oubli de la condition initiale apparaît clairement sur la formule suivante :

$$\mathbb{E}(\widehat{X}_n) = \mathbb{E}(Q)^n \mathbb{E}(X_0) + \mathbb{E}(Q_1) \frac{1 - \mathbb{E}(Q_1)^n}{\lambda(1 - \mathbb{E}(Q_1))}.$$

La loi $\widehat{\mu}$ vérifie l'équation en loi

$$F \stackrel{\text{loi}}{=} Q_1(F + E_1)$$

où $F \sim \widehat{\mu}$ est indépendante de Q_1, E_1.

17.2 Intensité des sauts variable selon la position

Il est possible de faire dépendre l'intensité de sauts du chemin parcouru par le processus. On considère une fonction localement intégrable $\lambda : x \in \mathbb{R}_+ \mapsto \lambda(x) \in \mathbb{R}_+$ et une suite $(E_n)_{n \geqslant 1}$ de v.a.r. i.i.d. de loi exponentielle de paramètre 1. On construit la trajectoire du processus $(X_t)_{t \geqslant 0}$ partant de $X_0 = x$ en posant $X_s = x_0 + s$ pour tout $0 \leqslant s < T_1$ où le premier temps de saut T_1 est défini par l'équation (instant ou l'$\int$ atteint E_1)

$$\int_0^{T_1} \lambda(X_s)\, ds = \int_0^{T_1} \lambda(x_0 + s)\, ds = E_1.$$

Ensuite on pose $X_{T_1} = Q_1 X_{T_1^-} = Q_1(x_0 + T_1)$, et plus généralement, on pose

$$X_t = \begin{cases} X_{T_n} + t - T_n & \text{si } T_n \leqslant t < T_{n+1}, \\ Q_{n+1}(X_{T_n} + T_{n+1} - T_n) & \text{si } t = T_{n+1}, \end{cases}$$

où la suite croissante des temps de saut $(T_n)_{n \geqslant 0}$ est définie par $T_0 = 0$ et

$$\int_{T_n}^{T_{n+1}} \lambda(X_s) \, ds = \int_0^{T_{n+1} - T_n} \lambda(X_{T_n} + s) \, ds = E_{n+1}.$$

Par exemple, le cas spécial $\lambda(x) = x$ donne

$$T_{n+1} - T_n = \sqrt{2E_{n+1} + (X_{T_n})^2} - X_{T_n}.$$

Cette construction fournit la trajectoire $t \mapsto X_t$ sur l'intervalle $[0, T_\infty[$ où $T_\infty := \lim_{n \to \infty} T_n$ est le temps d'explosion du processus. Si λ est une fonction bornée, alors par comparaison au cas constant, on obtient $\mathbb{P}(T_\infty = \infty) = 1$ et on dit que le processus n'explose pas. Lorsque λ n'est pas bornée, par exemple $\lambda(x) = x$, ce sont les propriétés de $\mathcal{Q}$ qui permettent d'établir la non explosion éventuelle. On peut montrer que le générateur du processus $(X_t)_{t \geqslant 0}$ est

$$L(f)(x) = f'(x) + \lambda(x) \int_0^1 (f(qx) - f(x)) \, \mathcal{Q}(dq).$$

Le même procédé permet plus généralement de construire les trajectoires d'un processus de générateur infinitésimal

$$L(f)(x) = G(f)(x) + \lambda(x) \int (f(y) - f(x)) \, K(x, dy)$$

où K est un noyau markovien, où λ est une fonction positive localement intégrable, et où G est le générateur d'un processus quelconque, qui «agit» entre les temps de sauts.

17.3 Branchement et croissance-fragmentation

Le processus TCP permet de modéliser bien plus de choses que la taille de fenêtre TCP du protocole TCP/IP. On peut penser par exemple à la taille ou masse d'une cellule, qui grossit linéairement puis subit une division. On peut également penser à un polymère[6] dont la longueur augmente linéairement au cours du temps puis subit une dislocation. Du point de vue de la masse, la division ou la dislocation constituent une fragmentation qui conserve la masse. Supposons pour simplifier que les fragments obtenus sont toujours au nombre de deux et évoluent selon le même processus, de manière indépendante. Intéressons-nous à la taille N_t de la population à l'instant $t \geqslant 0$. Cela

---

6. Molécule constituée d'une chaîne de molécules identiques (monomères).

revient à étudier un arbre binaire où la longueur des segments de branches sont i.i.d. de loi exponentielle de paramètre λ. À l'instant $t \geqslant 0$, l'arbre possède N_t branches, et $N_0 = 1$. Le processus $(N_t)_{t \geqslant 0}$ est appelé processus de Yule de paramètre λ. Il s'agit d'un processus de Galton-Watson à temps continu de loi de reproduction δ_2. C'est aussi un processus de vie pur à temps continu.

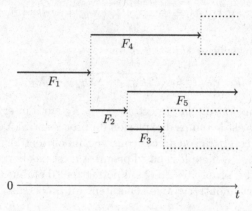

Fig. 17.3. Début de l'arbre binaire définissant le processus N.

Théorème 17.9 (Taille de la population). *Pour tout $t \geqslant 0$ la taille de la population N_t suit la loi géométrique sur $\mathbb{N}^*$ de paramètre $e^{-\lambda t}$. En particulier,*

$$\mathbb{E}(N_t) = e^{\lambda t} \quad et \quad \mathrm{Var}(N_t) = (1 - e^{-\lambda t})e^{2\lambda t}.$$

Démonstration. La propriété d'absence de mémoire des lois exponentielles permet d'établir que $(N_t)_{t \geqslant 0}$ est le processus de comptage issu de $N_0 = 1$ de la suite de v.a.r. $(S_n)_{n \geqslant 1}$ où $S_n = F_1 + \cdots + F_n$ avec $(F_n)_{n \geqslant 1}$ suite de v.a.r. indépendantes et F_n de loi exponentielle de paramètre $n\lambda$ pour tout $n \geqslant 1$. On a $N_t - 1 = \sum_{n=1}^{\infty} \mathbb{1}_{[0,t]}(S_n)$. Or d'après le lemme de Rényi 11.3, la v.a.r. S_n a la loi de $\max(E_1, \ldots, E_n)$ où $E_1, \ldots, E_n$ sont i.i.d. de loi exponentielle de paramètre λ. Donc, pour tout entier $n \geqslant 0$,

$$\mathbb{P}(N_t - 1 \geqslant n) = \mathbb{P}(S_n \leqslant t) = \mathbb{P}(E_1 \leqslant t) \cdots \mathbb{P}(E_n \leqslant t) = (1 - e^{-\lambda t})^n.$$

$\square$

Considérons le cas où chaque fragmentation donne lieu à $k + 1$ fragments où $k \geqslant 1$ est fixé. On note $(N_t^{(k)})_{t \geqslant 0}$ le processus de comptage associé. Pour tout $n \geqslant 2$, le processus issu de n est la somme de n copies i.i.d. du processus issu de 1. C'est la propriété de superposition ou de branchement. On dit que $(N_t^{(k)})_{t \geqslant 0}$ est un processus de Yule de loi de reproduction δ_{k+1}. Il s'agit d'un processus de Markov homogène à temps continu d'espace d'état $\mathbb{N}$ et de générateur infinitésimal $L^{(k)}$ donné pour tous $f : \mathbb{N} \to \mathbb{R}$ et $n \in \mathbb{N}$ par

$$L^{(k)}(f)(n) = \lim_{t \to 0^+} \frac{\mathbb{E}(f(N_t^{(k)}) \mid N_0^{(k)} = n) - f(n)}{t} = n\lambda(f(n+k) - f(n)).$$

À comparer, au passage, avec le générateur $\lambda(f(n+1) - f(n))$ du processus de Poisson. Si $f(n) = n$ et $\alpha_n(t) = \mathbb{E}(N_t^{(k)} \mid N_0^{(k)} = n) = P_t^{(k)}(f)(n)$ alors $(L^{(k)}f)(n) = k\lambda n = k\lambda f(n)$ et l'équation de Chapman-Kolmogorov progressive (forward) donne l'équation différentielle ordinaire

$$\partial_t \alpha_n(t) = \partial_t P_t^{(k)}(f) = P_t(L^{(k)}f) = k\lambda P_t^{(k)}(f) = k\lambda \alpha_n(t).$$

La condition initiale $\alpha_n(0) = n$ donne alors $\mathbb{E}(N_t^{(k)} \mid N_0^{(k)} = n) = ne^{k\lambda t}$. L'exploitation systématique de cette méthode conduit au résultat suivant.

Théorème 17.10 (Processus de Yule). *Supposons que $N_0^{(k)} \sim \delta_1$. Pour tout réel $t \geqslant 0$ et tout entier $k \geqslant 1$, si $Z_1, \ldots, Z_k$ sont copies i.i.d. de $N_t^{(k)}$ alors*

$$\frac{Z_1 + \cdots + Z_k}{k} \sim \mathrm{Geo}(e^{-k\lambda t}).$$

En particulier, la moyenne et la variance de $N_t^{(k)}$ sont données par

$$\mathbb{E}(N_t^{(k)}) = e^{k\lambda t} \quad et \quad \mathrm{Var}(N_t^{(k)}) = k(1 - e^{-k\lambda t})e^{2k\lambda t}.$$

De plus, il existe une v.a. $M_\infty \in L^2$ de loi $\mathrm{Gamma}(1/k, 1/k)$ de densité

$$x \mapsto \frac{(1/k)^{1/k}}{\Gamma(1/k)} x^{1/k-1} e^{-x/k} \mathbb{1}_{\mathbb{R}_+}(x)$$

telle que

$$e^{-k\lambda t} N_t^{(k)} \xrightarrow[t \to \infty]{} M_\infty \quad p.s. \ et \ dans \ L^2.$$

Démonstration. On se ramène à $\lambda = 1$ par changement de temps. Fixons à présent $s \in [0,1]$ et considérons la fonction $f(n) = s^n$. On a $P_t^{(k)}(f)(n) = \mathbb{E}(s^{N_t^{(k)}} \mid N_0^{(k)} = n)$. On s'intéresse à la fonction génératrice

$$g_t(s) := \mathbb{E}(s^{N_t^{(k)}} \mid N_0^{(k)} = 1) = P_t^{(k)}(f)(1).$$

Par la propriété de branchement, $P_t^{(k)}(f)(n) = (P_t^{(k)}(f)(1))^n = g_t(s)^n$, d'où

$$L^{(k)}(P_t^{(k)}(f))(n) = n(P_t^{(k)}(f)(n+k) - P_t^{(k)}(f)(n)) = n(g_t(s)^{n+k} - g_t(s)^n).$$

L'équation de Chapman-Kolmogorov rétrograde donne à présent l'É.D.O.

$$\partial_t g_t(s) = \partial_t P_t^{(k)}(f)(1) = L^{(k)}(P_t^{(k)}(f))(1) = g_t(s)^{k+1} - g_t(s).$$

La condition initiale $g_0(s) = s$ donne enfin

$$g_t(s) = se^{-t}(1 - (1 - e^{-kt})s^k)^{-1/k}.$$

En particulier, g_t^k est la fonction génératrice de kG où G est une v.a.r. de loi géométrique sur $\mathbb{N}^*$ de paramètre e^{-kt}. Pour la convergence en loi, pour $\theta < 0$, la transformée de Laplace

$$\mathbb{E}\left(\exp\left(\theta e^{-kt} N_t^{(k)}\right)\right) = \exp\left(\theta e^{-kt}\right)e^{-t}\left(1 - \left(1 - e^{-kt}\right)\exp\left(\theta k e^{-kt}\right)\right)^{-1/k}$$

$$= \left(e^{kt}\exp\left(-\theta k e^{-kt}\right) - e^{kt} + 1\right)^{-1/k}$$

qui converge quand $t \to \infty$ vers

$$(1 - k\theta)^{-1/k} = \left(\frac{1/k}{1/k - \theta}\right)^{1/k},$$

qui est la transformée de Laplace au point θ de la loi Gamma$(1/k, 1/k)$. Enfin $(e^{-k\lambda t} N_t^{(k)})_{t \geqslant 0}$ est une martingale bornée dans L^2, et converge donc p.s. et dans L^2, lorsque $t \to \infty$, vers une v.a. de loi Gamma$(1/k, 1/k)$. $\square$

La fragmentation serait bien sûr modélisable plus généralement en utilisant une loi sur les partitions de $[0, 1]$ avec un nombre possiblement infini de morceaux. Cela mène à la théorie probabiliste de la fragmentation.

Supposons que le mécanisme de fragmentation en $k + 1$ fragments consiste en une division équitable de la masse. À l'instant $t \geqslant 0$, la population de fragments est constituée de $N_t^{(k)}$ individus, positionnés sur un arbre $k + 1$ régulier (chaque individu fait $k + 1$ enfants puis meurt). Pour numéroter les individus, on procède comme dans le chapitre 22, et on introduit les étiquettes $\mathcal{U} = \cup_{r=0}^{\infty}(\mathbb{N}^*)^r$ avec la convention $(\mathbb{N}^*)^0 = \varnothing$, et où $(\mathbb{N}^*)^r$ sert à numéroter les individus de la génération r. Les individus vivant à un instant t donné peuvent appartenir à différentes générations. La population à l'instant t est un sous-ensemble aléatoire G_t de $\mathcal{U}$, et vérifie $N_t^{(k)} = |G_t|$. Si $X_{u,t}$ représente la taille de l'individu $u \in G_t$ vivant à l'instant t alors la répartition des masses à l'instant t dans la population est capturée par la mesure empirique

$$\mu_t = \frac{1}{N_t^{(k)}} \sum_{u \in G_t} \delta_{X_{u,t}}.$$

Cette loi aléatoire donne la masse d'un individu choisi uniformément parmi ceux vivant à l'instant t. Pour une fonction test $f : \mathbb{R}_+ \to \mathbb{R}$, on a

$$\mathbb{E}\left(\int f \, d\mu_t\right) = \mathbb{E}\left(\frac{1}{N_t^{(k)}} \sum_{u \in G_t} f(X_{u,t})\right) = \mathbb{E}(f(X_{U_t,t}))$$

où U_t est de loi uniforme sur G_t. Intuitivement, l'évolution de la masse le long d'une branche quelconque de l'arbre suit le processus TCP. En réalité, il faut préciser ce que l'on entend par « branche quelconque » car un phénomène de biais par la taille peut apparaître[7].

17.4 Pour aller plus loin

Le véritable modèle de taille de fenêtre TCP est plus complexe et incorpore notamment une taille maximale de fenêtre. Il est étudié par Teunis Ott et Johannes Kamperman dans [OK08], et par Vincent Dumas, Fabrice Guillemin, et Philippe Robert dans [DGR02]. Un lien avec les fonctionnelles exponentielles des processus de Lévy est mené par Fabrice Guillemin, Philippe Robert, et Bert Zwart dans [GRZ04]. Le processus est enfin abordé dans les écrits pédagogiques de Philippe Robert [Rob05, Rob10]. Le comportement en temps long est étudié dans l'article [CMP10]. Des aspects graphiques sont explorés dans l'article [GR10] de Carl Graham et Philippe Robert. La version branchante est étudiée par Vincent Bansaye, Jean-François Delmas, Laurence Marsalle, et Viet Chi Trần dans [BDMT11] ainsi que par Bertrand Cloez dans [Clo13]. Le processus de Yule doit son nom à Udny Yule et est étudié dans les livres [Har02, AN04]. Un lien avec des équations d'évolution de transport-fragmentation se trouve dans le livre de Benoît Perthame [Per07] et dans le travail de Bertrand Cloez [Clo13]. Une théorie de la fragmentation se trouve dans le livre de Jean Bertoin [Ber06].

Les distances de Wasserstein sont également connues sous le nom de distances de couplage, de transport, de Kantorovich, de Mallows, ou de Fréchet. Ces multiples noms témoignent de leur utilité dans des domaines variés. Ces distances sont au cœur de la théorie du transport optimal de la mesure, développée notamment par Cédric Villani [Vil03]. Si $E = \mathbb{R}$ et $d(x,y) = |x - y|$ alors, en notant F_μ^{-1} l'inverse généralisé de la fonction de répartition de μ, on montre que W_p est une distance L^p inter-quantiles en ce sens que

$$W_p(\mu_1, \mu_2) = \left(\int_0^1 |F_{\mu_1}^{-1}(x) - F_{\mu_2}^{-1}(x)|^p \, dx \right)^{1/p} = \|F_{\mu_1} - F_{\mu_2}\|_p.$$

---

7. Il s'agit d'un biais d'échantillonnage classique en statistique : un individu tiré au hasard a plus de chance d'être issu d'une famille nombreuse.

Ruine d'une compagnie d'assurance

Mots-clés. Actuariat ; temps de ruine ; temps d'atteinte ; processus de Markov à temps continu.

Outils. Processus de Poisson composé ; transformée de Laplace ; fonction caractéristique ; martingale ; marche aléatoire ; loi des grands nombres ; loi du logarithme itéré.

Difficulté. *

Ce chapitre est consacré essentiellement à un modèle simple et classique de risque en assurance, connu sous le nom de modèle de Cramér-Lundberg. Une nouvelle compagnie d'assurance veut entrer sur le marché. Elle souhaite évaluer sa probabilité de faillite en fonction du capital initial investi et du prix de ses polices d'assurance. On suppose que la compagnie a un capital initial c et on note R_t sa réserve à l'instant t. La compagnie d'assurance
  — perçoit des cotisations de ses clients que l'on supposera mensualisées, uniformément réparties sur l'année et constantes au cours du temps : les recettes de la compagnie pendant un temps t sont donc égales à pt où p est le taux de cotisations par unité de temps ;
  — verse des primes à ses assurés sinistrés en fonction des dommages subis.
On modélise l'apparition et les coûts des sinistres de la manière suivante :
  — les coûts des sinistres $(X_k)_{k \geqslant 1}$ sont des v.a.r. aléatoires indépendantes, de même loi ν, d'espérance commune λ et de variance finie $a - \lambda^2$;
  — les temps d'apparition $(T_n)_{n \geqslant 1}$ des sinistres sont distribués selon un processus de Poisson $(N_t)_{t \geqslant 0}$ d'intensité μ. Les intervalles de temps entre deux sinistres, notés $(\Delta_n)_{n \geqslant 1}$ avec $\Delta_n = T_n - T_{n-1}$, sont des v.a.r. i.i.d. de loi exponentielle $\mathrm{Exp}(\mu)$.
  — la suite $(X_k)_{k \geqslant 1}$ et le processus $(N_t)_{t \geqslant 0}$ sont indépendants.
La réserve de la compagnie d'assurance à l'instant t est par conséquent :

$$R_t = c + pt - \sum_{k=1}^{N_t} X_k.$$

© Springer-Verlag Berlin Heidelberg 2016
D. Chafaï and F. Malrieu, *Recueil de Modèles Aléatoires*,
Mathématiques et Applications 78, DOI 10.1007/978-3-662-49768-5_18

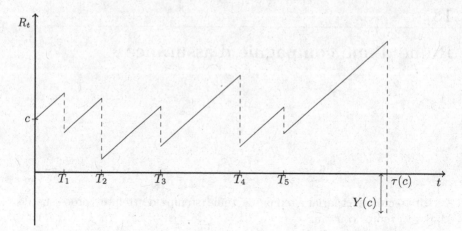

Fig. 18.1. Une trajectoire menant à la ruine au temps $\tau(c)$ avec un découvert $Y(c)$.

Pour simplifier légèrement les calculs, on considérera plutôt la quantité

$$\tilde{R}_t = c - R_t = \sum_{k=1}^{N_t} X_k - pt.$$

La ruine survient lorsque la réserve R descend sous 0 ou que $\tilde{R}$ excède c. L'instant de ruine, ou de défaut, de la compagnie est défini par

$$\tau(c) = \inf\{t \geqslant 0 : R_t < 0\} = \inf\{t \geqslant 0 : \tilde{R}_t > c\}.$$

La probabilité de ruine de la compagnie est donnée par

$$\psi(c) = \mathbb{P}\left(\sup_{t \geqslant 0} \tilde{R}_t > c\right) = \mathbb{P}(\tau(c) < \infty).$$

On notera enfin $Y(c)$ le découvert en cas de ruine (voir figure 18.1) :

$$Y(c) = -R_{\tau(c)} = \tilde{R}_{\tau(c)} - c.$$

Remarque 18.1 (Processus de Markov et générateur infinitésimal). *On peut montrer que $\tilde{R}$ est un processus de Markov sur $\mathbb{R}$ de générateur infinitésimal*

$$Lf(x) = -pf'(x) + \mu \int_0^\infty (f(x+y) - f(x))\,\nu(dy).$$

Ce processus évolue de manière déterministe entre ses temps de saut. On parle de processus de Markov déterministe par morceaux.

18.1 Processus de Poisson composé

Rappelons qu'il est facile d'estimer l'intensité d'un processus de Poisson à partir d'une de ses trajectoires comme le montre le résultat suivant.

Lemme 18.2 (Temps long). *La loi des grands nombres et le théorème limite central suivants ont lieu :*

$$\frac{N_t}{t} \xrightarrow[t \to \infty]{\text{p.s.}} \mu \quad et \quad \sqrt{t}\left(\frac{N_t}{t} - \mu\right) \xrightarrow[t \to \infty]{\text{loi}} \mathcal{N}(0, \mu),$$

Démonstration. Pour tout $i \in \mathbb{N}^*$, posons $Y_i = N_i - N_{i-1}$. La variable Y_i représente le nombre de sauts du processus de Poisson dans l'intervalle de temps $]i-1, i]$. Le processus de Poisson est à accroissements stationnaires et indépendants. En particulier, les variables aléatoires $(Y_i)_{i \geqslant 1}$ sont indépendantes de même loi de Poisson de paramètre μ. Donc, en vertu de la loi des grands nombres, $N_{\lfloor t \rfloor}/\lfloor t \rfloor \to \mu$ p.s. On remarque ensuite l'encadrement suivant

$$\frac{N_{\lfloor t \rfloor}}{\lfloor t \rfloor} \frac{\lfloor t \rfloor}{t} \leqslant \frac{N_t}{t} \leqslant \frac{N_{\lfloor t \rfloor + 1}}{\lfloor t \rfloor + 1} \frac{\lfloor t \rfloor + 1}{t}$$

qui entraîne que $N_t/t \xrightarrow[t \to \infty]{\text{p.s.}} \mu$. La convergence en loi se déduit du calcul explicite de la fonction caractéristique de $\sqrt{t}(N_t/t - \mu)$ puisque $N_t \sim \mathrm{Poi}(\mu t)$. $\square$

Le processus $C = (C_t)_{t \geqslant 0}$ défini par

$$C_t = \sum_{k=1}^{N_t} X_k,$$

est appelé processus de Poisson composé de paramètre μ et de loi de saut ν.

Lemme 18.3 (Fonction caractéristique). *Pour tous $t \geqslant 0$ et $u \in \mathbb{R}$,*

$$\varphi_{C_t}(u) := \mathbb{E}(e^{iuC_t}) = \exp(\mu t(\varphi_\nu(u) - 1)),$$

où φ_ν est la fonction caractéristique de ν. Si les deux premiers moments λ et a de ν existent, alors les deux premiers moments de C_t existent et vérifient

$$\mathbb{E}(C_t) = \mu \lambda t \quad et \quad \mathrm{Var}(C_t) = \mu a t,$$

et de plus

$$\frac{C_t}{t} \xrightarrow[t \to \infty]{\text{p.s.}} \mu \lambda \quad et \quad \sqrt{t}\left(\frac{C_t}{t} - \mu \lambda\right) \xrightarrow[t \to \infty]{\text{loi}} \mathcal{N}(0, \mu a).$$

Les moments de C_t peuvent aussi être calculés grâce au lemme de Wald.

Démonstration. L'expression des moments de C_t et le résultat de convergence en loi découlent de l'expression de la fonction caractéristique de C_t. La convergence p.s. s'obtient en utilisant le lemme 18.2 et la loi des grands nombres. $\square$

18.2 La ruine est-elle presque sûre ?

Comme les trajectoires de $\tilde{R}$ sont décroissantes entre les sauts, le franchissement du niveau c ne peut intervenir qu'à un instant de saut. Définissons la suite $(S_n)_{n \geqslant 0}$ par $S_n = \tilde{R}_{T_n}$. On dit que $(S_n)_{n \in \mathbb{N}}$ est la chaîne incluse de $(\tilde{R}_t)_{t \in \mathbb{R}_+}$. Par construction, puisque $\Delta_k = T_k - T_{k-1}$ pour $k \geqslant 1$,

$$S_0 = 0 \quad \text{et} \quad \forall n \geqslant 1, \quad S_n = \sum_{k=1}^{n} (X_k - p\Delta_k).$$

En particulier, S_n s'écrit comme la somme de n variables aléatoires i.i.d. de moyenne $\lambda - p/\mu$. La quantité $\lambda\mu$ représente le montant moyen des sinistres par unité de temps et sa position par rapport à p dicte, comme le montre le résultat suivant, la valeur de la probabilité de ruine qui s'écrit encore

$$\psi(c) = \mathbb{P}\left(\sup_{n \geqslant 0} S_n > c\right).$$

Notons $\tilde{\tau}(c) = \inf\{n \in \mathbb{N} : S_n > c\}$. Par construction, on a

$$\tilde{\tau}(c) = n \Leftrightarrow \tau(c) = T_n \quad \text{et} \quad \tilde{\tau}(c) < +\infty \Leftrightarrow \tau(c) < +\infty.$$

Théorème 18.4 (Caractérisation de la ruine presque sûre).

$$p \leqslant \lambda\mu \quad \Longleftrightarrow \quad \forall c \geqslant 0, \ \psi(c) = 1.$$

Démonstration. Si $p < \lambda\mu$, le résultat découle de la loi des grands nombres appliquée à la suite $(X_k - p\Delta_k)_{k \geqslant 1}$. Si $p = \lambda\mu$, la loi du logarithme itéré de Strassen appliquée aux variables aléatoires i.i.d. $(X_k - p\Delta_k)_{1 \leqslant k \leqslant n}$ centrées et de variance $\sigma^2 = a - \lambda^2 + p^2/\mu^2$ donne

$$\liminf_{n \to \infty} \frac{S_n}{\sigma\sqrt{2n\log(\log(n))}} = -1 \quad \text{p.s.}$$

et

$$\limsup_{n \to \infty} \frac{S_n}{\sigma\sqrt{2n\log(\log(n))}} = +1 \quad \text{p.s.}$$

Enfin, si $p > \lambda\mu$, la loi des grands nombres assure ici que $S_n \to -\infty$ p.s. Supposons que le temps d'arrêt $\tau_1 = \inf\{n > 0 : S_n > c\}$ soit fini p.s. La marche aléatoire $(S_{n+\tau_1} - S_{\tau_1})_{n \geqslant 0}$ est de même loi que $(S_n)_{n \geqslant 0}$. Par conséquent, le temps d'arrêt $\tau_2 = \inf\{n > 0 : S_{n+\tau_1} - S_{\tau_1} > c\}$ est lui aussi fini p.s. En itérant le procédé, on montre que $\limsup S_n = \infty$, d'où la contradiction. $\square$

Remarque 18.5 (Condition de profit net). *Comme le suggère l'intuition, la compagnie doit s'assurer que $p > \lambda\mu$ pour éviter une ruine p.s. Les lemmes 18.2 et 18.3 permettent, à partir d'un historique des sinistres, d'estimer les paramètres λ et μ, ce qui peut ensuite aider à choisir p.*

18.3 Expression de la probabilité de ruine

On suppose dans la suite que la condition, dite de profit net, $p > \lambda\mu$ est satisfaite et on cherche à exprimer la probabilité de ruine $\psi(c)$. On introduit la transformée de Laplace H de la loi des sinistres ν :

$$\forall x \in \mathbb{R}, \quad H(x) = \mathbb{E}(e^{xX_1}) \in [0, +\infty].$$

La fonction H est finie sur un intervalle I qui contient $]-\infty, 0]$ car X_1 est une variable aléatoire positive. De plus, H est de classe $\mathcal{C}^\infty$ et strictement convexe sur l'intérieur de I.

Lemme 18.6 (Transformé de Laplace des sinistres). *Supposons que l'intervalle I sur lequel la transformée de Laplace H est finie soit un ouvert qui contient 0. Alors la fonction*

$$x \mapsto H(x) - \frac{px}{\mu} - 1$$

s'annule en 0 et en un unique réel $u > 0$.

Le réel u est appelé *coefficient d'ajustement*.

Démonstration. La fonction $x \mapsto H(x) - px/\mu - 1$ est strictement convexe sur I, nulle en 0 avec une dérivée strictement négative car $H'(0) = \mathbb{E}(X_1) = \lambda < p/\mu$. D'autre part, puisque I est ouvert, la fonction H tend vers $+\infty$ au bord droit de I, et, pour tout $x_0 > 0$ tel que $\mathbb{P}(X_1 \geqslant x_0) > 0$, et tout $x \in I$,

$$H(x) \geqslant e^{xx_0}\mathbb{P}(X_1 \geqslant x_0).$$

Ainsi, la fonction $x \mapsto H(x) - px/\mu - 1$ tend vers $+\infty$ au bord droit de I. □

Théorème 18.7 (Probabilité de ruine). *Sous les hypothèses du lemme 18.6, la probabilité de ruine est donnée par*

$$\psi(c) = \frac{e^{-uc}}{\mathbb{E}(e^{uY(c)}|\tau(c) < +\infty)}$$

où $Y(c) = S_{\tilde{\tau}(c)} - c$ est le découvert de la compagnie à l'instant de ruine.

Démonstration. La suite $(e^{uS_n})_{n\geqslant 0}$ est une martingale positive car

$$\mathbb{E}(e^{uS_{n+1}} \mid \sigma(S_0, \ldots, S_n)) = e^{uS_n}\mathbb{E}(e^{u(X_{n+1}-p\Delta_{n+1})}).$$

Comme X_{n+1} et Δ_{n+1} sont indépendantes et comme Δ_{n+1} suit la loi $\mathrm{Exp}(\mu)$,

$$\mathbb{E}(e^{u(X_{n+1}-p\Delta_{n+1})}) = H(u)\frac{\mu}{\mu + pu} = 1.$$

Ainsi $E[e^{uS_n}] = 1$ pour tout $n \geqslant 0$. Si $n > 0$ alors $\tilde{\tau}(c) \wedge n$ est un temps d'arrêt borné et

$$1 = \mathbb{E}\big(e^{uS_{\tilde{\tau}(c)\wedge n}}\big) = \mathbb{E}\big(e^{uS_{\tilde{\tau}(c)}}\mathbb{1}_{\{\tilde{\tau}(c)\leqslant n\}}\big) + \mathbb{E}\big(e^{uS_n}\mathbb{1}_{\{\tilde{\tau}(c)>n\}}\big).$$

Sous l'hypothèse $p > \lambda\mu$, $S_n \xrightarrow[n\to\infty]{\text{p.s.}} -\infty$. De plus, sur $\{\tilde{\tau}(c) > n\}$, on a $S_n \leqslant c$. Ainsi, par convergence dominée, la seconde espérance ci-dessus converge vers 0 lorsque $n \to +\infty$. La première espérance converge par convergence monotone. Par conséquent, on obtient

$$1 = \mathbb{E}\big(e^{uS_{\tilde{\tau}(c)}}\mathbb{1}_{\{\tilde{\tau}(c)<+\infty\}}\big) = e^{uc}\mathbb{E}\big(e^{uY(c)}\,|\,\tilde{\tau}(c) < +\infty\big)\mathbb{P}(\tilde{\tau}(c) < +\infty),$$

ce qui fournit le résultat annoncé. □

Remarque 18.8 (Borne de Lundberg). *Du théorème précédent, $\psi(c) \leqslant e^{-uc}$.*

La transformée de Laplace de la mesure de densité

$$x \mapsto \frac{e^{-x}}{1+x^2}\mathbb{1}_{[0,\infty[}(x)$$

est finie au point x si et seulement si $x \leqslant 1$. Si $H(1) < 1 + p/\mu$, la fonction $x \mapsto H(x) - px/\mu - 1$ ne s'annule qu'en 0 : cette fonction, infinie sur $]1, +\infty[$, est strictement négative sur $]0, 1]$. Dans ce cas, le théorème 18.7 ne s'applique pas. Cependant, la suite $(e^{S_n})_{n\geqslant 0}$ est une sur-martingale :

$$\mathbb{E}\big(e^{S_{n+1}}\,|\,\sigma(S_0,\ldots,S_n)\big) = e^{S_n}\frac{H(1)}{1+p/\mu} < e^{S_n}.$$

On en déduit, en procédant comme dans la preuve du théorème 18.7 que

$$\psi(c) \leqslant \frac{e^{-c}}{\mathbb{E}\big(e^{Y(c)}\,|\,\tilde{\tau}(c) < +\infty\big)}.$$

18.4 Sinistres exponentiels

La probabilité de ruine est explicite pour des coûts de sinistres exponentiellement distribués.

Théorème 18.9 (Probabilité de ruine). *Si la distribution des coûts des sinistres est la loi exponentielle de paramètre $1/\lambda$, ou de moyenne λ avec $p > \lambda\mu$, alors, pour tout $c \geqslant 0$, on a*

$$\psi(c) = \frac{\lambda\mu}{p}\exp\left(-\frac{p-\lambda\mu}{p\lambda}c\right).$$

Démonstration. Pour $x < 1/\lambda$, on a

$$H(x) = \frac{1}{1 - \lambda x} \quad \text{et} \quad u = \frac{p - \mu\lambda}{p\lambda} < \frac{1}{\lambda}.$$

Il suffit de montrer que, sachant que $\tilde{\tau}(c) < +\infty$, la variable $Y(c) = S_{\tilde{\tau}(c)} - c$ suit la loi exponentielle d'espérance λ. Si $\tilde{\tau}(c) = n$ alors

$$Y(c) = S_n - c = X_n - p\Delta_n + S_{n-1} - c,$$

d'où

$$\mathbb{P}(Y(c) > y, \tilde{\tau}(c) = n)$$
$$= \mathbb{P}\left(Y(c) > y, \max_{1 \leqslant i \leqslant n-1} S_i \leqslant c, S_n > c \right)$$
$$= \mathbb{P}\left(X_n > y + p\Delta_n + c - S_{n-1}, \max_{1 \leqslant i \leqslant n-1} S_i \leqslant c \right)$$
$$= \mathbb{P}\left(X_n > y, X_n > y + p\Delta_n + c - S_{n-1}, \max_{1 \leqslant i \leqslant n-1} S_i \leqslant c \right).$$

La dernière égalité provient du fait que $X_n = Y(c) + c - S_{n-1} > y$ lorsque $Y(c) > y$ et $\max_{1 \leqslant i \leqslant n-1} S_i \leqslant c$. À présent, puisque la variable aléatoire X_n suit la loi $\mathrm{Exp}(1/\lambda)$ et est indépendante de $(\Delta_n, S_1, \ldots, S_{n-1})$, on a

$$\mathbb{P}(Y(c) > y, \tilde{\tau}(c) = n)$$
$$= \int_y^\infty \mathbb{P}\left(x > y + p\Delta_n + c - S_{n-1}, \max_{1 \leqslant i \leqslant n-1} S_i \leqslant c \right) \lambda e^{-\lambda x} \, dx$$
$$= e^{-\lambda y} \int_0^\infty \mathbb{P}\left(x > p\Delta_n + c - S_{n-1}, \max_{1 \leqslant i \leqslant n-1} S_i \leqslant c \right) \lambda e^{-\lambda x} \, dx$$
$$= e^{-y/\lambda} \mathbb{P}\left(S_n > c, \max_{1 \leqslant i \leqslant n-1} S_i \leqslant c \right) = e^{-y/\lambda} \mathbb{P}(\tilde{\tau}(c) = n).$$

Ainsi, $\mathbb{P}(Y(c) > y \,|\, \tilde{\tau}(c) < +\infty) = e^{-y/\lambda}$ pour tout $y > 0$. Ceci assure que

$$\mathbb{E}\left(e^{uY(c)} \,|\, \tilde{\tau}(c) < +\infty \right) = H(u).$$

On conclut en appliquant le théorème 18.7. $\qquad\qquad\qquad\qquad\qquad\qquad\square$

Considérons deux compagnies qui assurent le même type de risques et pratiquent les mêmes politiques de tarif et d'indemnisation. Supposons que la clientèle de la seconde diffère d'un facteur multiplicatif ρ de la première. Si (λ, μ, p) désigne les paramètres de la première compagnie, ceux de la seconde sont donnés par $(\lambda, \rho\mu, \rho p)$. On suppose que les sinistres sont toujours exponentiellement distribués. Par homogénéité, la probabilité de ruine de la compagnie $i = 1, 2$ est donnée par le théorème 18.9 :

$$\psi(c_i) = \frac{\lambda\mu}{p} \exp\left(-\frac{p - \lambda\mu}{p\lambda} c_i\right).$$

Supposons à présent qu'elles s'unissent pour ne former qu'une seule compagnie. On supposera à nouveau que les sinistres assurés par chacune des compagnies sont indépendants. Les paramètres de la nouvelle entité sont $(\lambda, (1 + \rho)\mu, (1 + \rho)p)$ et le capital initial vaut $c_1 + c_2$. Une fois de plus, la probabilité de ruine est donc donnée par $\psi(c_1 + c_2)$ qui est inférieure aux probabilités de ruine de chacune des deux compagnies. Les assureurs ont donc intérêt à se regrouper pour mutualiser les risques.

18.5 Pour aller plus loin

La définition et les propriétés essentielles des processus de Poisson se trouve par exemple dans le livre de Dominique Foata et Aimé Fuchs [FF04], dans celui de James Norris [Nor98a], et dans celui de Christiane Cocozza-Thivent [CT97]. Les probabilités sont un des outils essentiels de l'*actuariat*, nom donné à la science de l'assurance. Le modèle présenté ici appelé modèle de Cramér-Lundberg a été introduit par Filip Lundberg vers 1903 puis popularisé par Harald Cramér dans les années 1930. On pourra notamment consulter les ouvrages de Søren Asmussen [Asm00], Thomas Mikosch [Mik09] ou encore de Arthur Charpentier et Michel Denuit [CD04]. Du point de vue de la théorie des processus stochastiques, le processus de Cramér-Lundberg est un processus de Markov déterministe par morceaux (un autre exemple est traité dans le chapitre 17). Un modèle plus sophistiqué prend en compte le fait que les assureurs placent l'argent des cotisations au fur et à mesure. Le générateur infinitésimal du processus décrivant la fortune de la compagnie s'écrit alors

$$Lf(x) = (\gamma x + p)f'(x) + \mu \int_0^\infty (f(x - y) - f(x))\,\nu(dy).$$

Les lois de franchissement d'un niveau sont alors plus difficiles à décrire.

Polymères dirigés en environnement aléatoire

Mots-clés. Phénomène de seuil ; transition de phase ; inégalité FKG ; espérance dépendant d'un paramètre ; polymère dirigé ; environnement aléatoire ; mesure de Boltzmann-Gibbs.

Outils. Chaîne de Markov ; transformée de Laplace ; martingale ; loi du zéro-un.

Difficulté. ***

Un polymère est une longue molécule constituée de briques élémentaires identiques appelées monomères. On s'intéresse à la modélisation de la structure d'un polymère constitué de monomères hydrophiles, placé dans une émulsion d'huile et d'eau. L'huile est présente sous la forme de gouttelettes microscopiques. On suppose que les monomères sont régulièrement espacés et que le polymère se déroule dans une direction privilégiée. On dit que le polymère est dirigé. Par analogie avec les processus, cette dimension est dite temporelle, et le polymère est vu comme un chemin dans $\mathbb{Z}^d$, c'est-à-dire une application de $\{0, 1, \ldots, n\}$ dans $\mathbb{Z}^d$ où n est la longueur du polymère. On positionne sur les points de $\mathbb{N} \times \mathbb{Z}^d$ des variables aléatoires i.i.d. qui quantifient la sensibilité de chaque monomère du polymère à la présence d'huile ou d'eau sur chaque site. Dans tout le chapitre, l'entier d est fixé supérieur ou égal à 1.

La sensibilité du polymère à son environnement est modélisée par un paramètre réel noté β introduit par la suite. Toute la question est de déterminer pour quelles valeurs de ce paramètre le comportement du polymère est sensiblement différent d'une marche aléatoire simple qui modélise la structure d'un polymère indifférent à son environnement.

19.1 Modèle et résultats principaux

On modélise un polymère insensible à son environnement par une marche aléatoire simple sur $\mathbb{Z}^d$, c'est-à-dire une suite $(S_n)_{n \geqslant 0}$ avec $S_0 = 0$ et

© Springer-Verlag Berlin Heidelberg 2016
D. Chafaï and F. Malrieu, *Recueil de Modèles Aléatoires*,
Mathématiques et Applications 78, DOI 10.1007/978-3-662-49768-5_19

$$S_n = \sum_{i=1}^{n} U_i, \quad n \geqslant 1,$$

où $(U_n)_{n\geqslant 1}$ est une suite de v.a. i.i.d. de loi uniforme sur $\{\pm e_i : 1 \leqslant i \leqslant d\}$, où $e_1, \ldots, e_d$ est la base canonique de $\mathbb{Z}^d$. On note $(\mathcal{F}_n)_{n\geqslant 0}$ la filtration naturelle de $(S_n)_{n\geqslant 0}$, et $\mathcal{F}$ la tribu engendrée par les variables aléatoires $(U_n)_{n\geqslant 1}$.

Il est commode de représenter les $n+1$ premiers termes de $(S_n)_{n\geqslant 0}$ par la variable aléatoire $S_{0:n} = (S_0, S_1, \ldots, S_n)$, qui prend ses valeurs dans Γ_n, l'ensemble des chemins issus de 0 et de longueur n dans $\mathbb{Z}^d$, c'est-à-dire l'ensemble des $(n+1)$-uplets $\gamma = (\gamma_0, \gamma_1, \ldots, \gamma_n)$ avec $\gamma_0, \ldots, \gamma_n$ dans $\mathbb{Z}^d$, tels que $\gamma_0 = 0$ et $\gamma_{i+1} - \gamma_i \in \{\pm e_j : 1 \leqslant j \leqslant d\}$ pour tout $0 \leqslant i \leqslant n-1$.

On modélise l'environnement par des variables aléatoires réelles

$$(\eta(n, x))_{n\geqslant 1, \, x \in \mathbb{Z}^d}$$

i.i.d. non constantes. On suppose que $(U_n)_{n\geqslant 1}$ et $(\eta(n, x))_{n\geqslant 0, \, x \in \mathbb{Z}^d}$ sont indépendantes. On note $\mathcal{G}$ la tribu engendrée par $(\eta(i, x))_{i\geqslant 1, \, x \in \mathbb{Z}^d}$ et $\mathcal{G}_n$ la tribu engendrée par $(\eta(i, x))_{(i,x) \in E_n}$ où $E_n = \{(i, \gamma_i) : 1 \leqslant i \leqslant n, \, \gamma \in \Gamma_n\}$ est l'environnement vu par les chemins de longueur n.

Pour tout $\beta \geqslant 0$, on définit la mesure de probabilité μ_n sur Γ_n en posant, pour tout $\gamma \in \Gamma_n$,

$$\mu_n(\gamma) = \frac{1}{Z_n(\beta)} e^{\beta H_n(\gamma)} \, \mathbb{P}(S_{0:n} = \gamma),$$

avec

$$H_n(\gamma) = \sum_{i=1}^{n} \eta(i, \gamma_i) \quad \text{et} \quad Z_n(\beta) = \mathbb{E}\Big(e^{\beta H_n(S_{0:n})} \,\big|\, \mathcal{G}\Big).$$

La mesure de probabilité μ_n est une mesure de Gibbs (voir chapitre 5). La quantité $H_n(S_{0:n})$ représente l'affinité de la configuration du polymère dans son environnement. Plus elle est élevée, plus la configuration du polymère est probable. Le paramètre β quantifie l'influence de l'environnement sur la structure du polymère. Il s'interprète comme l'inverse de la température. Si $\beta = 0$ (la température est infinie) alors tous les chemins de longueur n ont le même poids : le polymère n'est pas sensible à l'environnement et se comporte comme la marche aléatoire simple. Si $\beta = +\infty$ (température nulle), le polymère ne charge que les chemins de longueur n qui maximisent H_n.

La quantité $Z_n(\beta)$ est une constante de normalisation appelée *fonction de partition* du système. On pose $\eta = \eta(0, 0)$ et on suppose que la fonction suivante est bien définie :

$$\lambda : t \in \mathbb{R} \mapsto \lambda(t) = \log \mathbb{E}(e^{t\eta}) \in \mathbb{R}_+.$$

La fonction de partition normalisée est

$$W_n(\beta) = \mathbb{E}\Big(e^{\beta H_n(S_{0:n}) - n\lambda(\beta)} \,\big|\, \mathcal{G}\Big).$$

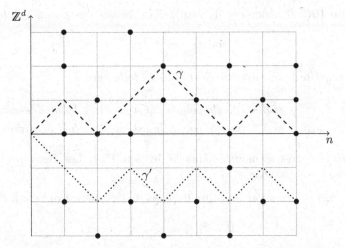

Fig. 19.1. Environnement Bernoulli : les points noirs représentent les sites où l'environnement vaut +1). Pour les chemins γ et γ', $H_8(\gamma) = 7$ et $H_8(\gamma') = 1$. Le premier est favorisé par rapport au second dès que $\beta > 0$.

L'*énergie libre* du système et son espérance sont définies par

$$q_n(\beta) = \frac{1}{n} \log Z_n(\beta) \quad \text{et} \quad u_n(\beta) = \mathbb{E}(q_n(\beta)).$$

Les quantités $Z_n(\beta)$, $q_n(\beta)$, $W_n(\beta)$ et μ_n sont aléatoires, et nous allons étudier leur comportement asymptotique quand n tend vers l'infini. Il y a plusieurs façons de mesurer l'influence de l'environnement sur la structure du polymère. Nous en présentons deux basées sur les comportements asymptotiques de $q_n(\beta)$ et $W_n(\beta)$. Les résultats sont présentés dans cette section, leurs démonstrations sont données dans les suivantes.

Nous commençons par le premier résultat significatif sur une dichotomie possible dans le comportement du polymère. Il est basé sur le comportement asymptotique de la fonction de partition normalisée $W_n(\beta)$.

Théorème 19.1 (Phénomène de seuil). *Il existe une v.a.* $W_\infty(\beta)$ *telle que*

$$W_n(\beta) \xrightarrow[n \to \infty]{\text{p.s.}} W_\infty(\beta).$$

De plus, il existe une constante $\bar{\beta}_c \in [0, +\infty]$ *telle que, p.s.*

$$\begin{cases} W_\infty(\beta) > 0 & \text{si } \beta < \bar{\beta}_c, \text{ et on dit que le polymère est en «faible désordre»,} \\ W_\infty(\beta) = 0 & \text{si } \beta > \bar{\beta}_c, \text{ et on dit que le polymère est en «fort désordre».} \end{cases}$$

Ce résultat sera démontré dans la section 19.2. Il donne la première notion de désordre. Présentons à présent l'autre notion de désordre. Elle s'appuie sur le résultat suivant.

Théorème 19.2 (Phénomène de seuil). *Il existe une fonction $u \leqslant \lambda$ telle que*

$$u_n(\beta) \xrightarrow[n\to\infty]{} u(\beta).$$

De plus, il existe une constante $\beta_c \in [0, +\infty]$ telle que

$$\begin{cases} u(\beta) = \lambda(\beta) & \text{si } \beta < \beta_c, \text{ (le polymère est en «très faible désordre»)}, \\ u(\beta) < \lambda(\beta) & \text{si } \beta > \beta_c, \text{ (le polymère est en «très fort désordre»)}. \end{cases}$$

Ce théorème est démontré dans la section 19.4. Les deux notions de désordre sont comparables.

Lemme 19.3 (Le très fort désordre implique le fort désordre). *On a toujours*

$$0 \leqslant \bar{\beta}_c \leqslant \beta_c \leqslant +\infty.$$

Démonstration. Si $\beta < \bar{\beta}_c$ alors $\mathbb{P}(\{W_\infty(\beta) > 0\}) = 1$ et par suite

$$(u - \lambda)(\beta) = \lim_{n\to\infty} \frac{1}{n} \log W_n(\beta) = 0.$$

En d'autres termes, $\beta \leqslant \beta_c$. □

Notons que la terminologie est délicate car le modèle peut être à la fois en très faible désordre et en fort désordre. Le tableau suivant résume les choses.

β	$(0, \bar{\beta}_c)$	$(\bar{\beta}_c, \beta_c)$	$(\beta_c, +\infty)$
Fort Désordre	*non*	*oui*	*oui*
Très Fort Désordre	*non*	*non*	*oui*

Les deux questions essentielles sont les suivantes :
— ces phénomènes de seuil – on parle parfois en physique de transition de phase – ont-ils vraiment lieu, en d'autres termes, les paramètres critiques sont-ils finis et non nuls ?
— les deux paramètres critiques sont-ils différents ?

Les réponses à ces questions peuvent dépendre de la loi de l'environnement et de la dimension d du polymère. Nous obtenons dans la section 19.3 une borne supérieure pour β_c qui est finie ou non selon la loi de l'environnement et la dimension d. Dans la section 19.5, nous montrons que si $d \geqslant 3$ alors quel que soit l'environnement, $\bar{\beta}_c > 0$. On pourra se reporter à la section 19.6 pour le cas des petites dimensions qui s'avère beaucoup plus délicat.

Certaines démonstrations ci-dessous reposent sur la remarque simple suivante : si f et g sont croissantes, alors $f(X)$ et $g(X)$ sont positivement corrélées. Cette propriété, appelée inégalité FKG [1] est vraie pour des fonctions de plusieurs variables aléatoires indépendantes, comme l'affirme le lemme 19.4.

---

1. Pour Fortuin, Kasteleyn et Ginibre.

Lemme 19.4 (Inégalité FKG). *Soient $X = (X_i)_{1 \leqslant i \leqslant k}$ des v.a.r. indépendantes et $f, g : \mathbb{R}^k \to \mathbb{R}$ deux fonctions telles que $f(X)$ et $g(X)$ sont de carré intégrable, croissantes au sens où $f(x) \leqslant f(y)$ si $x_i \leqslant y_i$ pour tout $1 \leqslant i \leqslant k$. Alors $f(X)$ et $g(X)$ sont positivement corrélées :*

$$\mathbb{E}[f(X)g(X)] \geqslant \mathbb{E}[f(X)]\,\mathbb{E}[g(X)].$$

Démonstration. Pour $k = 1$, si X' est une copie indépendante de X, on a

$$\mathbb{E}(f(X)g(X)) - \mathbb{E}f(X)\mathbb{E}g(X) = \frac{1}{2}\mathbb{E}[(f(X) - f(X'))(g(X) - g(X'))] \geqslant 0.$$

Pour $k > 1$, on procède par récurrence en utilisant un conditionnement :

$$
\begin{aligned}
\mathbb{E}(f(X)g(X)) &- \mathbb{E}f(X)\mathbb{E}g(X) \\
&= \mathbb{E}(\mathbb{E}(f(X)g(X)|X_1) - \mathbb{E}(f(X)|X_1)\mathbb{E}(g(X)|X_1)) \\
&\quad + \mathbb{E}(\mathbb{E}(f(X)|X_1)\mathbb{E}(g(X)|X_1)) - \mathbb{E}f(X)\mathbb{E}g(X) \\
&= \mathbb{E}\mathrm{Cov}(f(X), g(X)|X_1) + \mathrm{Cov}(\mathbb{E}(f(X)|X_1), \mathbb{E}(g(X)|X_1)).
\end{aligned}
$$

Le premier terme est positif par hypothèse de récurrence car à x_1 fixé les fonctions f et g sont croissantes comme fonctions des $k - 1$ variables $(x_2, \ldots, x_k)$. Le second l'est aussi car les fonctions $\mathbb{E}(f(X)|X_1 = \cdot)$ et $\mathbb{E}(g(X)|X_1 = \cdot)$ sont croissantes et la propriété est vraie au rang 1. □

19.2 Fonction de partition normalisée

Cette section est consacrée à la preuve du théorème 19.1.

Lemme 19.5 (Convergence). *La suite $(W_n(\beta))_{n \geqslant 1}$ converge p.s. vers une variable aléatoire $W_\infty(\beta)$ qui est positive et d'intégrale inférieure à 1.*

Démonstration. L'inégalité de Jensen assure que, pour $p \geqslant 1$,

$$\mathbb{E}(W_n(\beta)^p) = \mathbb{E}\left(\mathbb{E}\left(e^{\beta H_n(S_{0:n}) - n\lambda(\beta)} \,\middle|\, \mathcal{G}\right)^p\right) \leqslant \mathbb{E}\left(e^{p\beta H_n(S_{0:n})}\right)e^{-pn\lambda(\beta)}.$$

Pour tout $\gamma \in \Gamma_n$, on a

$$\mathbb{E}\left(e^{p\beta H_n(\gamma)}\right) = \left[\mathbb{E}\left(e^{p\beta\eta}\right)\right]^n = e^{n\lambda(p\beta)}.$$

La variable aléatoire W_n^p est donc intégrable et $\mathbb{E}(W_n(\beta)^p) \leqslant e^{n(\lambda(p\beta) - p\lambda(\beta))}$. Pour $p = 1$, la majoration est une égalité : $\mathbb{E}(W_n(\beta)) = 1$. Pour tout $n \geqslant 1$,

$$\mathbb{E}(W_{n+1}(\beta) \,|\, \mathcal{G}_n) = \frac{e^{-(n+1)\lambda(\beta)}}{(2d)^{n+1}} \sum_{\gamma \in \Gamma_{n+1}} \mathbb{E}\left(e^{\beta \sum_{i=1}^{n+1} \eta(i, \gamma_i)} \,\middle|\, \mathcal{G}_n\right)$$

$$= \frac{e^{-(n+1)\lambda(\beta)}}{(2d)^{n+1}} \sum_{\gamma \in \Gamma_{n+1}} e^{\beta \sum_{i=1}^{n} \eta(i,\gamma_i)} e^{\lambda(\beta)}$$

$$= \frac{1}{(2d)^n} \sum_{\gamma \in \Gamma_n} e^{\beta H_n(\gamma) - n\lambda(\beta)} = W_n(\beta).$$

La suite $(W_n(\beta))_{n \geqslant 1}$ est donc une martingale positive pour la filtration $(\mathcal{G}_n)_n$. Elle converge donc p.s. vers une variable aléatoire positive $W_\infty(\beta)$. De plus, d'après le lemme de Fatou,

$$\mathbb{E}(W_\infty(\beta)) = \mathbb{E}\left(\liminf_{n \to \infty} W_n(\beta)\right) \leqslant \liminf_{n \to \infty} \mathbb{E}(W_n(\beta)) = 1,$$

ce qui est le résultat annoncé. $\qquad \square$

Rien n'assure pour l'instant que la martingale converge dans L^1 ni que $W_\infty(\beta)$ soit d'intégrale 1. Le résultat suivant établit que $W_\infty(\beta)$ est soit nulle soit strictement positive presque sûrement.

Lemme 19.6 (loi du zéro-un). *Pour tout $\beta \geqslant 0$ et tout $\theta \in (0,1)$,*

$$\mathbb{P}(W_\infty(\beta) = 0) \in \{0,1\} \quad et \quad \lim_{n \to \infty} \mathbb{E}(W_n(\beta)^\theta) = \mathbb{E}(W_\infty(\beta)^\theta).$$

Démonstration. La propriété de Markov de la marche assure que

$$W_{n+m}(\beta) = \mathbb{E}\left(e^{\beta H_n(S_{0:n}) - n\lambda(\beta)} Z_{n,m}^{S_n} e^{-m\lambda(\beta)} \,|\, \mathcal{G}\right)$$

où, pour $x \in \mathbb{Z}^d$ et n et m entiers strictement positifs,

$$Z_{n,m}^x(\beta) = \mathbb{E}\left[\exp\left(\beta \sum_{i=1}^{m} \eta(n+i, x+S_i)\right) \,|\, \mathcal{G}\right].$$

Ainsi,

$$W_\infty(\beta) = \lim_{m \to \infty} W_{n+m}(\beta) = \mathbb{E}\left(e^{\beta H_n(S_{0:n}) - n\lambda(\beta)} \lim_{m \to \infty} \left(Z_{n,m}^{S_n} e^{-m\lambda(\beta)}\right) \,|\, \mathcal{G}\right).$$

Puisque $e^{\beta H_n(S_{0:n}) - n\lambda(\beta)}$ est strictement positif presque sûrement, l'événement

$$\{W_\infty(\beta) = 0\} = \left\{\lim_{m \to \infty}\left(Z_{n,m}^x e^{-m\lambda(\beta)}\right) = 0 \;:\; \forall x, \; \mathbb{P}(S_n = x) > 0\right\}$$

appartient à la tribu $\sigma\big(\eta(j,x), \; j \geqslant n, \; x \in \mathbb{Z}^d\big)$. Ceci est vrai pour tout n. Il appartient donc à la tribu asymptotique $\bigcap_{n \geqslant 1} \sigma\big(\eta(j,x) : j \geqslant n, \; x \in \mathbb{Z}^d\big)$. D'après la loi du zéro-un de Kolmogorov, tous les éléments de la tribu asymptotique sont de probabilité 0 ou 1. Puisque $W_n(\beta)$ est d'espérance 1, la suite $(W_n(\beta)^\theta)_{n \geqslant 0}$ est bornée dans $L^{1/\theta}$. De plus, elle converge vers $W_\infty(\beta)^\theta$ p.s. On a donc

$$\lim_{n \to \infty} \mathbb{E}(W_n(\beta)^\theta) = \mathbb{E}(W_\infty(\beta)^\theta).$$

Cette limite est nulle si et seulement si $W_\infty(\beta)$ est nul presque sûrement. $\qquad \square$

Il reste à établir une propriété de monotonie pour la dichotomie ci-dessus.

Lemme 19.7 (Monotonie). *Pour tout $\theta \in]0,1[$, $\beta \mapsto \mathbb{E}(W_\infty(\beta)^\theta)$ décroît.*

Démonstration. On remarque tout d'abord que

$$\partial_\beta W_n(\beta) = \mathbb{E}\Big((H_n(S_{0:n}) - n\lambda'(\beta))e^{\beta H_n(S_{0:n}) - n\lambda(\beta)} \mid \mathcal{G}\Big).$$

On a donc, après dérivation sous l'espérance,

$$\partial_\beta \mathbb{E}(W_n(\beta)^\theta) = \theta \mathbb{E}\Big(W_n(\beta)^{\theta-1}(H_n(S_{0:n}) - n\lambda'(\beta))e^{\beta H_n(S_{0:n}) - n\lambda(\beta)}\Big).$$

L'inégalité FKG du lemme 19.4 appliquée à la mesure de probabilité de densité $e^{\beta H_n(\gamma) - n\lambda(\beta)}$ par rapport à $\mathbb{P}$ et aux fonctions $W_n(\beta)^{\theta-1}$ et $H_n(\gamma) - n\lambda'(\beta)$ – qui sont des fonctions respectivement décroissante et croissante des variables $(\eta(k,x))_{(k,x)\in E_n}$ – assure que

$$\mathbb{E}\Big(W_n(\beta)^{\theta-1}(H_n(\gamma) - n\lambda'(\beta))e^{\beta H_n(\gamma) - n\lambda(\beta)}\Big)$$

est inférieur à

$$\mathbb{E}\Big(W_n(\beta)^{\theta-1}e^{\beta H_n(\gamma) - n\lambda(\beta)}\Big)\mathbb{E}\Big((H_n(\gamma) - n\lambda'(\beta))e^{\beta H_n(\gamma) - n\lambda(\beta)}\Big).$$

Pour conclure, on utilise alors que

$$\mathbb{E}\Big((H_n(\gamma) - n\lambda'(\beta))e^{\beta H_n(\gamma) - n\lambda(\beta)}\Big) = \partial_\beta \mathbb{E}(W_n(\beta)) = 0.$$

$\square$

On peut à présent conclure. Par passage à la limite $\theta \to 1$, on obtient que

$$\beta \mapsto \mathbb{E}(W_\infty(\beta))$$

est décroissante. Il existe donc $\bar{\beta}_c \in [0, +\infty]$ tel que, presque sûrement,

$$\begin{cases} W_\infty(\beta) > 0 & \text{si } \beta < \bar{\beta}_c, \\ W_\infty(\beta) = 0 & \text{si } \beta > \bar{\beta}_c. \end{cases}$$

Ceci achève la démonstration du théorème 19.1.

19.3 Borne inférieure en grandes dimensions

On se place ici en dimension $d \geqslant 3$. Dans ce cas, la marche aléatoire simple $(S_n)_{n\geqslant 0}$ est transiente (voir le théorème 2.7). La probabilité qu'elle revienne en 0 est strictement inférieure à 1. Notons π_d cette probabilité.

Théorème 19.8 (Critère de non nullité). *Si* $d \geqslant 3$ *et si*

$$\tau(\beta) = \lambda(2\beta) - 2\lambda(\beta) < \log(1/\pi_d)$$

alors $W_\infty > 0$ *presque sûrement.*

Démonstration. Pour tout $\beta \geqslant 0$, on a $\tau'(\beta) = 2(\lambda'(2\beta) - \lambda'(\beta)) > 0$ puisque λ est strictement convexe car logarithme d'une transformée de Laplace. Il en découle que τ est donc strictement croissante. Soit à présent une suite $(U'_n)_{n \geqslant 1}$ de même loi que $(U_n)_{n \geqslant 1}$, de sorte que

$$(U_n)_{n \geqslant 1}, \quad (U'_n)_{n \geqslant 1}, \quad (\eta(n, x))_{n \geqslant 0, \, x \in \mathbb{Z}^d}$$

soient indépendantes. Soit $(S'_n)_{n \geqslant 1}$ la suite construite à partir de $(U'_n)_{n \geqslant 1}$ à la manière de $(S_n)_{n \geqslant 1}$ à partir de $(U_n)_{n \geqslant 1}$. Par indépendance de (S_n) et (S'_n),

$$W_n(\beta)^2 = \mathbb{E}\left(\prod_{k=1}^{n} e^{\beta\eta(k, S_k) - \lambda(\beta)} \mid \mathcal{G}\right) \mathbb{E}\left(\prod_{k=1}^{n} e^{\beta\eta(k, S'_k) - \lambda(\beta)} \mid \mathcal{G}\right)$$

$$= \mathbb{E}\left(\prod_{k=1}^{n} e^{\beta(\eta(k, S_k) + \eta(k, S'_k)) - 2\lambda(\beta)} \mid \mathcal{G}\right).$$

Prenons l'espérance :

$$\mathbb{E}(W_n^2) = \mathbb{E}\left[\mathbb{E}\left(\prod_{k=1}^{n} e^{\beta(\eta(k, S_k) + \eta(k, S'_k)) - 2\lambda(\beta)} \mid \mathcal{F}' \vee \mathcal{F}\right)\right].$$

Or, pour tout $x, x' \in \mathbb{Z}^d$,

$$\mathbb{E}\left(e^{\beta(\eta(k, x) + \eta(k, x')) - 2\lambda(\beta)}\right) = \begin{cases} e^{\tau(\beta)} & \text{si } x = x', \\ 1 & \text{si } x \neq x'. \end{cases}$$

On a donc

$$\mathbb{E}(W_n(\beta)^2) = \mathbb{E}\left(e^{\tau(\beta) I_n}\right) \quad \text{où} \quad I_n = \sum_{k=0}^{n} \mathbb{1}_{\{S_k = S'_k\}}.$$

On remarque alors que les suites $(S_k - S'_k)_{k \geqslant 0}$ et $(S_{2k})_{k \geqslant 0}$ ont même loi puisque $-U'_n$ et U_n sont indépendantes et ont même loi. La variable aléatoire I_n a donc même loi que le nombre N_{2n} de retours en 0 de S avant l'instant $2n$. Par convergence monotone,

$$\mathbb{E}\left(e^{\tau(\beta) I_n}\right) = \mathbb{E}\left(e^{\tau(\beta) N_{2n}}\right) \xrightarrow[n \to \infty]{} \mathbb{E}\left(e^{\tau(\beta) N_\infty}\right).$$

La propriété de Markov forte de S assure que la loi de N_∞ est la loi géométrique de paramètre $1 - \pi_d$ et que, pour tout $t \in \mathbb{R}$,

$$\mathbb{E}\big(e^{tN_\infty}\big) = \sum_{k=1}^{\infty}(1-\pi_d)\pi_d^{k-1}e^{tk} = \begin{cases} \dfrac{(1-\pi_d)e^t}{1-\pi_d e^t} & \text{si } t < -\log(\pi_d), \\ +\infty & \text{sinon.} \end{cases}$$

On obtient ainsi une condition nécessaire et suffisante pour que la suite $(W_n(\beta))_{n\geqslant 1}$ soit bornée dans L^2 :

$$\sup_{n\geqslant 1}\mathbb{E}\big(W_n(\beta)^2\big) < \infty \iff \tau(\beta) < \log(1/\pi_d).$$

Si $\tau(\beta) < \log(1/\pi_d)$, alors $(W_n(\beta))_{n\geqslant 1}$ est une martingale bornée dans L^2, elle converge donc p.s. et dans L^2 vers une variable aléatoire de carré intégrable $W_\infty(\beta)$. En particulier on a $\mathbb{E}(W_\infty(\beta)) = \lim_n \mathbb{E}(W_n(\beta)) = 1$ et donc $W_\infty(\beta) > 0$ p.s. grâce à la loi du zéro-un du lemme 19.6. $\qquad\square$

Corollaire 19.9 (Critère de non nullité). *Si $d \geqslant 3$ alors pour tout environnement, $\bar{\beta}_c > 0$.*

Démonstration. La fonction τ est nulle en 0 et régulière sur $\mathbb{R}$. Elle est de plus strictement croissante car

$$\tau'(\beta) = 2(\lambda'(2\beta) - \lambda'(\beta)) > 0,$$

par stricte convexité de λ. La condition du théorème 19.8 est donc toujours vérifiée pour β assez petit et ce, quel que soit l'environnement. $\qquad\square$

Exemple 19.10 (Environnement gaussien). *Si $\eta \sim \mathcal{N}(0,1)$, alors $\tau(\beta) = \beta^2$ et $\tau(\beta) < \log(1/\pi_d)$ ssi $\beta < \sqrt{\log(1/\pi_d)}$. On a donc $\bar{\beta}_c > \sqrt{\log(1/\pi_d)}$.*

Exemple 19.11 (Environnement Bernoulli). *Si $\eta \sim \mathrm{Ber}(p)$, alors*

$$\lambda(\beta) = \log\big(pe^\beta + 1 - p\big) \quad \text{et} \quad \lim_{\beta\to\infty}\tau(\beta) = -\log(p).$$

Ainsi, dès que $p > \pi_d$, la condition du théorème 19.8 est satisfaite pour tout $\beta \geqslant 0$, et $\bar{\beta}_c$ est infini.

19.4 Énergie libre moyenne

L'objet principal de cette section est de démontrer le théorème 19.2. On démontre tout d'abord que l'énergie libre moyenne converge.

Lemme 19.12 (Convergence de l'énergie libre moyenne). *Pour tout $\beta \geqslant 0$, il existe une constante $u(\beta)$ inférieure à $\lambda(\beta)$ telle que*

$$u_n(\beta) \xrightarrow[n\to\infty]{} u(\beta).$$

Démonstration. L'inégalité de Jensen assure que

$$u_n(\beta) = \frac{1}{n}\mathbb{E}(\log(Z_n(\beta))) \leqslant \frac{1}{n}\log\mathbb{E}(Z_n(\beta)).$$

Puisque $\mathbb{E}(W_n(\beta)) = 1$, on a $\mathbb{E}(Z_n(\beta)) = e^{n\lambda(\beta)}$ et $u_n(\beta) \leqslant \lambda(\beta)$.

Conditionnellement à $\mathcal{G}$, la propriété de Markov de la marche S assure que

$$\mathbb{E}\left(e^{\beta H_{n+m}(S_{0:n+m})} \mid \mathcal{G}\right) = \mathbb{E}\left(e^{\beta H_n(S_{0:n})} Z_{n,m}^{S_n} \mid \mathcal{G}\right).$$

Par définition de $Z_n(\beta)$ et μ_n, on a simplement

$$\mathbb{E}\left(e^{\beta H_n(S_{0:n})} Z_{n,m}^{S_n} \mid \mathcal{G}\right) = \frac{\mathbb{E}\left(e^{\beta H_n(S_{0:n})} Z_{n,m}^{S_n} \mid \mathcal{G}\right)}{\mathbb{E}\left(e^{\beta H_n(S_{0:n})} \mid \mathcal{G}\right)} Z_n(\beta)$$

$$= \mu_n\left(Z_{n,m}^{S_n}\right) Z_n(\beta).$$

En d'autres termes,

$$\log(Z_{n+m}(\beta)) = \log(Z_n(\beta)) + \log\sum_{x\in\mathbb{Z}^d} \mu_n(S_n = x) Z_{n,m}^x.$$

L'inégalité de Jensen pour la mesure μ_n assure que

$$\log(Z_{n+m}(\beta)) \geqslant \log(Z_n(\beta)) + \sum_{x\in\mathbb{Z}^d} \mu_n(S_n = x)\log(Z_{n,m}^x).$$

La mesure aléatoire μ_n est $\mathcal{G}_n$-mesurable et $Z_{n,m}^x$ est indépendante de $\mathcal{G}_n$. On a donc

$$\mathbb{E}\left(\sum_{x\in\mathbb{Z}^d} \mu_n(S_n = x)\log(Z_{n,m}^x) \mid \mathcal{G}_n\right) = \sum_{x\in\mathbb{Z}^d} \mu_n(S_n = x)\mathbb{E}\left(\log(Z_{n,m}^x) \mid \mathcal{G}_n\right).$$

Les v.a. $Z_{n,m}^x$ et Z_m ont même loi car les v.a. $(\eta(n,x))_{n,x}$ sont i.i.d. En prenant l'espérance, on obtient que la suite $(\mathbb{E}(\log(Z_m)))_{n\geqslant 1}$ est *sur-additive*, et donc, d'après le lemme de Fekete (voir page 221), la suite $(u_n(\beta))_{n\geqslant 1}$ converge dans $\mathbb{R}\cup\{+\infty\}$. Comme elle est bornée par $\lambda(\beta)$, sa limite $u(\beta)$ est finie.   □

Le phénomène de seuil va découler d'une propriété de monotonie.

Lemme 19.13 (Monotonie). *La fonction $\beta \mapsto u(\beta) - \lambda(\beta)$ décroît sur $\mathbb{R}_+$.*

Démonstration. Étudions les variations de $\beta \mapsto u_n(\beta) - \lambda(\beta)$. On a

$$\frac{\partial}{\partial\beta}\mathbb{E}(\log(Z_n(\beta))) = \mathbb{E}\left(\frac{\mathbb{E}\left(H_n(S_{0:n})e^{\beta H_n(S_{0:n})} \mid \mathcal{G}\right)}{Z_n(\beta)}\right)$$

$$= \frac{1}{(2d)^n}\sum_{\gamma\in\Gamma_n} \mathbb{E}\left(\frac{H_n(\gamma)e^{\beta H_n(\gamma)}}{Z_n(\beta)}\right).$$

Remarquons que $H_n(\gamma)$ (respectivement $Z_n^{-1}(\beta)$) est une fonction croissante (respectivement décroissante) des variables $(\eta(i,x))_{(i,x)\in E_n}$. D'autre part, la mesure de densité $e^{\beta H_n(\gamma)-n\lambda(\beta)}$ par rapport à la mesure $\mathbb{P}$ est une mesure de probabilité. L'inégalité FKG du lemme 19.4 assure donc

$$\mathbb{E}\left(\frac{H_n(\gamma)}{Z_n(\beta)}e^{\beta H_n(\gamma)-n\lambda(\beta)}\right)$$
$$\leqslant \mathbb{E}\left(H_n(\gamma)e^{\beta H_n(\gamma)-n\lambda(\beta)}\right)\mathbb{E}\left(Z_n(\beta)^{-1}e^{\beta H_n(\gamma)-n\lambda(\beta)}\right).$$

On obtient ainsi

$$\frac{\partial}{\partial\beta}\mathbb{E}(\log(Z_n(\beta))) \leqslant \frac{1}{(2d)^n}\sum_{\gamma\in\Gamma_n}e^{-n\lambda(\beta)}\mathbb{E}\left(\frac{e^{\beta H_n(\gamma)}}{Z_n(\beta)}\right)\mathbb{E}\left(H_n(\gamma)e^{\beta H_n(\gamma)}\right)$$
$$\leqslant n\lambda'(\beta)\mathbb{E}\left(\frac{1}{(2d)^n}\sum_{\gamma\in\Gamma_n}\frac{e^{\beta H_n(\gamma)}}{Z_n(\beta)}\right)$$
$$\leqslant n\lambda'(\beta).$$

En d'autres termes, $(u_n - \lambda)'(\beta) \leqslant 0$: pour tout $n \geqslant 1$ la fonction $u_n - \lambda$ est décroissante. C'est encore vrai en passant à la limite quand $n \to \infty$: la fonction $u - \lambda$ est décroissante sur $\mathbb{R}_+$.   □

Les fonctions u et λ sont nulles en 0. Il existe donc $\beta_c \in [0, +\infty]$ tel que

$$\begin{cases} u(\beta) = \lambda(\beta) & \text{si } \beta < \beta_c, \\ u(\beta) < \lambda(\beta) & \text{si } \beta > \beta_c. \end{cases}$$

19.5 Borne supérieure sur le paramètre critique

Le but de cette section est d'établir une borne supérieure sur β_c.

Lemme 19.14. *Les fonctions $(q_n)_{n\geqslant 1}$ et u vérifient les propriétés suivantes :*

1. *q_n est strictement convexe, $q_n(0) = 0$; u est convexe et nulle en 0.*

2. *$\beta \mapsto \beta^{-1}q_n(\beta)$ est croissante.*

3. *$\beta \mapsto \beta^{-1}(q_n(\beta) + \log(2d))$ est décroissante.*

Démonstration. La fonction $\beta \mapsto nq_n(\beta)$ est le logarithme de la transformée de Laplace de la v.a.r. $H_n(S_{0:n})$ (les variables $\eta(\cdot,\cdot)$ étant fixées). La fonction q_n est donc de classe $\mathcal{C}^2$, convexe et nulle en 0. Ces propriétés sont stables par passage à l'espérance puis à la limite quand n tend vers l'infini : u est convexe sur $\mathbb{R}_+$ et nulle en 0. Puisque q_n est convexe, la fonction (pente de la corde entre $(0,0)$ et $(\beta, q_n(\beta))$) $\beta \mapsto q_n(\beta)/\beta = (q_n(\beta) - q_n(0))/\beta$ est croissante.

Pour le point 3. on dérive pour obtenir

$$\left(\frac{q_n(\beta) + \log(2d)}{\beta}\right)' = -\frac{1}{\beta^2}(q_n(\beta) + \log(2d)) + \frac{1}{n\beta}\mu_n(H_n).$$

Par ailleurs, l'entropie de μ_n définie par

$$h_n(\mu_n) = \sum_{\gamma \in \Gamma_n} \frac{e^{\beta H(\gamma)}}{Z_n(2d)^n} \log\left(\frac{e^{\beta H(\gamma)}}{Z_n(2d)^n}\right)$$

$$= \beta\,\mu_n(H_n) - (\log(Z_n) + n\log(2d))$$

est négative. Ainsi,

$$\left(\frac{q_n(\beta) + \log(2d)}{\beta}\right)' = \frac{1}{n\beta^2}h_n(\mu_n) \leqslant 0.$$

La fonction $\beta \mapsto \beta^{-1}(q_n(\beta) + \log(2d))$ est décroissante sur $\mathbb{R}_+^*$. $\qquad\square$

Le lemme 19.14 fournit une majoration de u et de β_c.

Théorème 19.15 (Majorations). *Si la condition suivante est vérifiée :*

$$\lim_{\beta \to +\infty} \beta\lambda'(\beta) - \lambda(\beta) > \log(2d),$$

alors l'équation en β suivante

$$\beta\lambda'(\beta) = \lambda(\beta) + \log(2d)$$

admet une unique racine β_1 et, pour tout $\beta > \beta_1$,

$$u(\beta) \leqslant \frac{\beta}{\beta_1}(\lambda(\beta_1) + \log(2d)) - \log(2d),$$

Enfin, on a $\beta_c \leqslant \beta_1$.

Démonstration. Puisque λ est strictement convexe, $\beta \mapsto \beta\lambda'(\beta) - \lambda(\beta)$ est strictement croissante sur $\mathbb{R}_+$ (sa dérivée vaut $\beta \mapsto \beta\lambda''(\beta)$). Elle est de plus nulle en 0. L'équation $\beta\lambda'(\beta) = \lambda(\beta) + \log(2d)$ a donc au plus une solution. Elle existe si et seulement si la condition du théorème est satisfaite.

Le lemme 19.14 assure que la fonction $\beta \mapsto (u_n(\beta) + \log(2d))/\beta$ est décroissante. Comme de plus $u_n \leqslant \lambda$, on obtient

$$\frac{u_n(\beta) + \log(2d)}{\beta} = \inf_{\alpha \in]0,\beta]} \frac{u_n(\alpha) + \log(2d)}{\alpha}$$

$$\leqslant \inf_{\alpha \in]0,\beta]} \frac{\lambda(\alpha) + \log(2d)}{\alpha}.$$

La fonction $\alpha \mapsto (\lambda(\alpha) + \log(2d))/\alpha$ atteint son minimum sur $[0,\beta]$ en β ou au point où sa dérivée s'annule à savoir en β_1. Donc, pour tout $\beta > \beta_1$,

$$u(\beta) \leqslant \frac{(\lambda(\beta_1) + \log(2d))}{\beta_1} \beta - \log(2d).$$

Il reste à remarquer que pour $\beta > \beta_1$,

$$\frac{(\lambda(\beta_1) + \log(2d))}{\beta_1} \beta - \log(2d) < \lambda(\beta)$$

puisque λ est strictement convexe et qu'il y a égalité en β_1.   □

Exemple 19.16 (Environnement gaussien et environnement Bernoulli). *Si* $\eta \sim \mathcal{N}(0,1)$ *alors* $\beta\lambda'(\beta) - \lambda(\beta) = \beta^2/2$, *et dans ce cas* $\beta_1 = \sqrt{2\log(2d)}$. *En revanche, si* $\eta \sim \mathrm{Ber}(p)$ *alors*

$$\beta\lambda'(\beta) - \lambda(\beta) = \frac{p\beta e^\beta}{pe^\beta + 1 - p} - \log\left(pe^\beta + 1 - p\right) \underset{\beta \to \infty}{\sim} -\log(p),$$

et β_1 *est fini si et seulement si* $2dp < 1$.

19.6 Pour aller plus loin

Ce modèle de polymère dirigé en environnement aléatoire a été introduit par John Imbrie et Thomas Spencer [IS88]. La notion de fort désordre a été étudiée en détail par Erwin Bolthausen dans [Bol89], qui démontre en particulier les théorèmes 19.1 et 19.8. Plus tard la notion de très fort désordre a été étudiée notamment par Francis Comets et Nobuo Yoshida [CY06], qui démontrent le théorème 19.2. En utilisant une inégalité de concentration pour q_n autour de sa moyenne, il est possible (voir [CH02, LW09]) d'améliorer les conclusions du théorème 19.2, en démontrant que pour tout $\beta \geqslant 0$,

$$q_n(\beta) \xrightarrow[n \to \infty]{\mathrm{p.s.}} u(\beta) \quad \text{et} \quad q_n(\beta) \xrightarrow[n \to \infty]{L^1} u(\beta).$$

En dimension 1 et 2, on sait démontrer que $\beta_c = 0$. Philippe Carmona et Yueyun Hu ont établi dans [CH02] que $\bar{\beta}_c = 0$ pour $d = 1$ et $d = 2$ lorsque l'environnement est gaussien. Le cas général est traité par Francis Comets, Tokuzo Shiga et Nobuo Yoshida dans [CSY03]. Par la suite, Francis Comets et Vincent Vargas ont établi dans [CV06] que β_c est nul pour $d = 1$. Enfin, Hubert Lacoin a démontré dans [Lac10] que c'est encore vrai pour $d = 2$. La question de l'égalité des deux paramètres critiques si $d \geqslant 3$ semble ouverte.

L'inégalité FKG, due à Cees Fortuin, Pieter Kasteleyn, et Jean Ginibre [FKG71], constitue un outil mathématique important en physique statistique. On peut par exemple consulter à ce sujet le livre de Thomas Liggett [Lig85] sur les systèmes de particules en interaction.

Pour conclure, signalons que par soucis de clarté nous avons modifié légèrement les notations classiques utilisées dans les articles cités plus haut. En effet, la mesure de référence est en général écrite comme le produit de deux mesures, l'une pour l'environnement et l'autre pour la loi de la marche. Il faut alors introduire deux signes d'espérance, qui correspondent aux espérances conditionnelles par rapport aux tribus $\mathcal{F}$ et $\mathcal{G}$ dans le présent chapitre.

Problème du voyageur de commerce

Mots-clés. Optimisation combinatoire randomisée.

Outils. Inégalité d'Azuma-Hoeffding ; sous-additivité ; poissonisation ; processus ponctuel de Poisson.

Difficulté. ***

Voici trois problèmes phares de l'optimisation combinatoire randomisée :
— problème du voyageur de commerce [1] ;
— arbre couvrant minimal [2] ;
— appariement euclidien minimal [3].
Parmi les méthodes utilisées, on compte la sous-additivité, la concentration de la mesure, la poissonisation, et la méthode objective. Nous allons aborder le premier problème, et utiliser certaines techniques. Le problème du voyageur de commerce consiste à trouver une tournée, c'est-à-dire un chemin circulaire (*circuit hamiltonien*) de longueur minimale passant par des points prescrits $X_1, \ldots, X_n \in \mathbb{R}^d$, $n, d \geqslant 2$. Cela revient à résoudre sur le groupe symétrique

$$\min_{\sigma \in \mathcal{S}_n} \sum_{k=1}^{n} \left| X_{\sigma(k)} - X_{\sigma(k+1)} \right|$$

où $|\cdot|$ désigne la norme euclidienne de $\mathbb{R}^d$, $\mathcal{S}_n$ est le groupe symétrique de $\{1, \ldots, n\}$ et avec la convention $\sigma(n+1) = \sigma(1)$. Il est clair que la notion de distance choisie a une influence sur la solution du problème. L'explosion combinatoire du groupe symétrique fait que dès que n dépasse quelques dizaines, il n'est plus possible de tester toutes les permutations pour trouver la meilleure. Il est cependant possible d'utiliser un algorithme d'optimisation

---

1. En anglais : « *Traveling Salesman Problem* » ou TSP.
2. En anglais : « *Minimum Spanning Tree* ».
3. En anglais : « *Minimum Euclidean Matching* ».

© Springer-Verlag Berlin Heidelberg 2016
D. Chafaï and F. Malrieu, *Recueil de Modèles Aléatoires*,
Mathématiques et Applications 78, DOI 10.1007/978-3-662-49768-5_20

globale comme par exemple le *recuit simulé*, abordé dans la section 5.3, pour produire en un temps raisonnable une solution approchée : une permutation pour laquelle le minimum est (presque) atteint.

Plutôt que de rechercher une permutation optimale, nous nous intéressons dans ce chapitre à la valeur du minimum, et à son comportement lorsque n est grand et les points $X_1, \ldots, X_n$ sont des variables aléatoires indépendantes et de même loi μ sur $\mathbb{R}^d$. On note $L_n = L_n(X_1, \ldots, X_n)$ la longueur minimale de la tournée, qui est une fonction de $X_1, \ldots, X_n$.

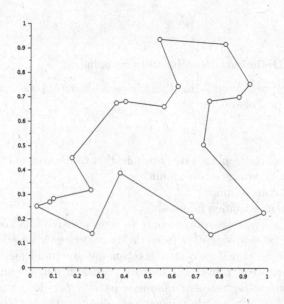

Fig. 20.1. Trajet le plus court pour $n = 20$ points uniformément répartis dans le carré unité obtenu par l'algorithme stochastique du recuit simulé (chapitre 4).

Théorème 20.1 (Bearwood-Halton-Hammersley). *Il existe une constante* $0 < \gamma_d < \infty$ *qui dépend de* $d \geqslant 2$ *telle que si* μ *est à support compact et de densité* $f : \mathbb{R}^d \to \mathbb{R}_+$ *par rapport à la mesure de Lebesgue, alors*

$$\frac{L_n(X_1, \ldots, X_n)}{n^{(d-1)/d}} \xrightarrow[n \to \infty]{\text{p.s.}} \gamma_d \int_{\mathbb{R}^d} f(x)^{(d-1)/d} \, dx.$$

En particulier $L_n(X_1, \ldots, X_n)$ est d'ordre $\sqrt{n}$ en dimension $d = 2$. Nous allons établir ce théorème lorsque μ est la loi uniforme sur le cube $[0,1]^d$. Nous allons montrer que la variable aléatoire $L_n(X_1, \ldots, X_n)$ est d'autant plus concentrée autour de son espérance $\mathbb{E}(L_n(X_1, \ldots, X_n))$ que n est grand, puis que cette espérance est d'ordre $n^{(d-1)/d}$.

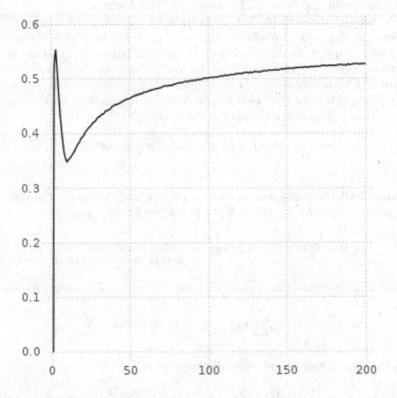

Fig. 20.2. Tracé d'une approximation de $n \mapsto n^{-1/2}\mathbb{E}(L_n)$ dans le cas uniforme, avec une méthode de Monte-Carlo et l'algorithme du recuit simulé (chapitre 5).

20.1 Concentration pour le cas uniforme

Théorème 20.2 (Concentration autour de la moyenne). *Si μ est la loi uniforme sur le cube $[0,1]^d$ alors pour tout $n \geqslant 1$ et tout réel $t \geqslant 0$ on a*

$$\mathbb{P}(|L_n - \mathbb{E}(L_n)| \geqslant t) \leqslant 2 \exp \begin{cases} -\dfrac{ct^2}{\log(n)} & si\ d = 2, \\[2ex] -\dfrac{ct^2}{n^{(d-2)/d}} & si\ d > 2, \end{cases}$$

où $c > 0$ est une constante qui ne dépend que de la dimension d. Ainsi,

$$\mathbb{P}\left(\left|\frac{L_n}{n^{(d-1)/d}} - \mathbb{E}\left(\frac{L_n}{n^{(d-1)/d}}\right)\right| \geqslant t\right) \leqslant 2 \exp \begin{cases} -\dfrac{cnt^2}{\log(n)} & si\ d = 2, \\[2ex] -cnt^2 & si\ d > 2. \end{cases}$$

La preuve du théorème 20.2 s'appuie sur deux lemmes.

On dit qu'une variable est concentrée lorsqu'elle reste proche de sa moyenne avec grande probabilité. Une telle propriété peut être obtenue en contrôlant la queue de distribution de la variable, par exemple au moyen de moments, comme dans l'inégalité de Tchebychev basée sur la variance, et l'inégalité de Chernoff basée sur la transformée de Laplace (moments exponentiels). L'inégalité d'Azuma-Hoeffding exploite une information sur l'oscillation de la variable (diamètre du support). On a $\operatorname{osc}(f) \leqslant 2\|f\|_\infty$ où

$$\operatorname{osc}(f) := \sup f - \inf f = \text{diamètre}(\text{support}(f)).$$

Lemme 20.3 (Inégalité de concentration d'Azuma-Hoeffding). *Considérons une variable aléatoire $Y : (\Omega, \mathcal{F}, \mathbb{P}) \to \mathbb{R}$ intégrable, alors pour tout $r \geqslant 0$,*

$$\mathbb{P}(|Y - \mathbb{E}(Y)| \geqslant r) \leqslant 2 \exp\left(- \frac{2r^2}{\operatorname{osc}(d_1)^2 + \cdots + \operatorname{osc}(d_n)^2} \right)$$

pour la décomposition télescopique en somme de différences de martingale[4]

$$Y - \mathbb{E}(Y) = \sum_{k=1}^n \mathbb{E}(Y \mid \mathcal{F}_k) - \mathbb{E}(Y \mid \mathcal{F}_{k-1}) = \sum_{k=1}^n d_k$$

associée à une filtration arbitraire d'interpolation

$$\{\varnothing, \Omega\} = \mathcal{F}_0 \subset \mathcal{F}_1 \subset \cdots \subset \mathcal{F}_n = \mathcal{F}.$$

Démonstration. Soit U une v.a.r. telle que $\mathbb{E}(U) = 0$ et $a \leqslant U \leqslant b$. La convexité de $u \mapsto e^u$ donne, pour tout $t \geqslant 0$ et tout $x \in [a, b]$,

$$e^{tx} \leqslant \frac{x-a}{b-a} e^{tb} + \frac{b-x}{b-a} e^{ta}.$$

En posant $p = -a/(b-a)$ et $f(u) = -pu + \log(1 - p + pe^u)$ il vient donc

$$\mathbb{E}(e^{tU}) \leqslant \frac{b}{b-a} e^{ta} - \frac{a}{b-a} e^{tb} = e^{ta}\left((1-p) + pe^{t(b-a)}\right) = e^{f(t(b-a))}.$$

À présent on a

$$f'(u) = -p + \frac{pe^u}{1 - p + pe^u} \quad \text{et} \quad f''(u) = p(1-p)\frac{e^u}{(1 - p + e^u)^2} \leqslant \frac{1}{4}.$$

Comme $f(0) = f'(0) = 0$, on en déduit que $f(u) \leqslant u^2/8$ et donc

$$\mathbb{E}(e^{tU}) \leqslant e^{\frac{t^2}{8}(b-a)^2}.$$

---

4. On parle parfois de martingale de Doob.

Appliquée à $U = d_k = \mathbb{E}(Y \mid \mathcal{F}_k) - \mathbb{E}(Y \mid \mathcal{F}_{k-1})$ sachant $\mathcal{F}_{k-1}$, cela donne

$$\mathbb{E}(e^{td_k} \mid \mathcal{F}_{k-1}) \leqslant e^{\frac{t^2}{8} \operatorname{osc}(d_k)^2}.$$

Ensuite, en écrivant la somme télescopique $Y - \mathbb{E}(Y) = d_n + \cdots + d_1$ on obtient

$$\mathbb{E}(e^{t(Y - \mathbb{E}(Y))}) = \mathbb{E}(e^{t(d_{n-1} + \cdots + d_1)} \mathbb{E}(e^{td_n} \mid \mathcal{F}_{n-1})) \leqslant \cdots \leqslant e^{\frac{t^2}{8} c},$$

où $c := \sum_{k=1}^{n} \operatorname{osc}(d_k)^2$. À présent, pour tout $t, r > 0$, par l'inégalité de Markov,

$$\begin{aligned}
\mathbb{P}(Y - \mathbb{E}(Y) \geqslant r) &= \mathbb{P}(e^{t(Y - \mathbb{E}(Y))} \geqslant e^{tr}) \\
&\leqslant e^{-tr} \mathbb{E}(e^{t(Y - \mathbb{E}(Y))}) \\
&\leqslant e^{-tr + \frac{ct^2}{8}}.
\end{aligned}$$

Ainsi, pour tout $r \geqslant 0$,

$$\mathbb{P}(Y - \mathbb{E}(Y) \geqslant r) \leqslant \exp\left(\inf_{t > 0} \left\{ -tr + \frac{ct^2}{8} \right\} \right) = \exp\left(-\frac{2r^2}{c} \right).$$

En utilisant cela pour les variables Y et $-Y$, on obtient le résultat souhaité pour $\mathbb{P}(|Y - \mathbb{E}(Y)| \geqslant r)$. $\qquad\square$

Lemme 20.4 (Lemme géométrique). *Il existe une constante $c_d > 0$ telle que si $X_1, \ldots, X_k$ sont i.i.d. de loi uniforme sur $[0,1]^d$ alors pour tout $x \in [0,1]^d$,*

$$g_k(x) := \mathbb{E}\left(\min_{1 \leqslant i \leqslant k} |X_i - x| \right) \leqslant c_d k^{-1/d}.$$

Démonstration. Si $B(x, r)$ désigne la boule de centre x et de rayon $r > 0$ dans $\mathbb{R}^d$, le volume minimal de $B(x, r) \cap [0,1]^d$ quand x parcourt $[0,1]^d$ est atteint lorsque x est un coin du cube $[0,1]^d$. Lorsque $r \leqslant 1$, la valeur du minimum est $2^{-d}|B(0, r)| = 2^{-d}|B(0,1)|r^d$ (dessin). Si $1 < r \leqslant \sqrt{d}$, la valeur du minimum est difficile à calculer. Elle reste néanmoins supérieure ou égale à celle du cas $r = 1$. Ainsi, pour tout $0 < r \leqslant \sqrt{d}$, ce volume minimal est supérieur ou égal à $2^{-d}|B(0,1)|(r/\sqrt{d})^d = a_d r^d$. Donc pour tout $x \in [0,1]^d$ et tout $0 < r \leqslant \sqrt{d}$, en utilisant à la fin l'inégalité de convexité $1 - u \leqslant e^{-u}$,

$$\begin{aligned}
\mathbb{P}\left(\min_{1 \leqslant i \leqslant k} |X_i - x| \geqslant r \right) &= \prod_{i=1}^{k} \mathbb{P}(X_i \in B(x, r)^c) \\
&= \left(1 - |B(x, r) \cap [0,1]^d| \right)^k \\
&\leqslant \left(1 - a_d r^d \right)^k \\
&\leqslant \exp\left(-a_d k r^d \right).
\end{aligned}$$

Ceci reste valable si $r > \sqrt{d}$ car dans ce cas $\mathbb{P}(\min_{1 \leqslant i \leqslant k} |X_i - x| \geqslant r) = 0$. On a

$$\mathbb{E}\Big(\min_{1 \leqslant i \leqslant k} |X_i - x| \Big) = \int_0^\infty \mathbb{P}\Big(\min_{1 \leqslant i \leqslant k} |X_i - x| \geqslant r \Big) \, dr$$

et

$$\int_0^\infty e^{-br^d} \, dr = \frac{\Gamma(1/d)}{db^{1/d}}.$$

$\square$

Démonstration du théorème 20.2. Appliquons l'inégalité d'Azuma-Hoeffding (lemme 20.3) à $Y = L_n(X_1, \ldots, X_n)$ et à la filtration $\mathcal{F}_k = \sigma(X_1, \ldots, X_k)$ avec $\mathcal{F}_0 = \{\varnothing, \Omega\}$. Cela ramène le problème à la majoration uniforme de

$$d_k = \mathbb{E}(L_n(X_1, \ldots, X_n) \,|\, \mathcal{F}_k) - \mathbb{E}(L_n(X_1, \ldots, X_n) \,|\, \mathcal{F}_{k-1}).$$

Si $(X_1', \ldots, X_n')$ est une copie indépendante de $(X_1, \ldots, X_n)$ on remarque que

$$\mathbb{E}(L_n(X_1, \ldots, X_k, \ldots, X_n) \,|\, \mathcal{F}_{k-1}) = \mathbb{E}(L_n(X_1, \ldots, X_k', \ldots, X_n) \,|\, \mathcal{F}_k)$$

et donc

$$d_k := \mathbb{E}(L_n(X_1, \ldots, X_k, \ldots, X_n) - L_n(X_1, \ldots, X_k', \ldots, X_n) \,|\, \mathcal{F}_k).$$

Nous allons maintenant majorer $\|d_k\|_\infty$. Soit L la fonction qui associe à un ensemble fini de $\mathbb{R}^d$ la longueur minimale de la tournée. On a, pour tout $S \subset \mathbb{R}^d$ fini et tout $x \in \mathbb{R}^d$,

$$L(S) \leqslant L(S \cup \{x\}) \leqslant L(S) + 2 \min_{y \in S} |x - y|.$$

En appliquant cette inégalité à $S = \{x_1, \ldots, x_n\} \setminus \{x_k\}$ et à $x = x_k$ et $x = x_k'$ on obtient que

$$|L_n(x_1, \ldots, x_k, \ldots, x_n) - L_n(x_1, \ldots, x_k', \ldots, x_n)|$$
$$\leqslant 2 \min_{i \neq k} |x_k' - x_i| + 2 \min_{i \neq k} |x_k - x_i|$$
$$\leqslant 2 \min_{i > k} |x_k' - x_i| + 2 \min_{i > k} |x_k - x_i|.$$

En posant $g_k(x) := \mathbb{E}\Big(\min_{1 \leqslant i \leqslant k} |X_i - x| \Big)$ on obtient pour $1 \leqslant k \leqslant n-1$,

$$|d_k| \leqslant 2\mathbb{E}\Big(\min_{i > k} |X_k - X_i| + \min_{i > k} |X_k' - X_i| \,\Big|\, \mathcal{F}_k \Big)$$
$$= 2g_{n-k}(X_k) + 2\mathbb{E}(g_{n-k}(X_k')).$$

Le lemme géométrique 20.4 donne, pour $d \geqslant 2$ et $1 \leqslant k \leqslant n-1$,

$$\|d_k\|_\infty \leqslant c_d(n-k)^{-1/d}.$$

Or $\|d_n\|_\infty \leqslant c_d$ pour une autre constante car les X_i sont bornées, d'où

$$\sum_{k=1}^n \|d_k\|_\infty^2 \leqslant \begin{cases} c_d \log(n) & \text{pour } d = 2, \\ c_d n^{(d-2)/d} & \text{pour } d > 2. \end{cases}$$

$\square$

20.2 Évaluation de la moyenne du cas uniforme

Lemme 20.5 (Un bon début). *Si $\mu \sim \text{Unif}([0,1]^d)$ alors pour tout $n \geqslant 1$,*

$$\|L_n(X_1,\ldots,X_n)\|_\infty \leqslant c_d n^{(d-1)/d}$$

et

$$c_d^- n^{(d-1)/d} \leqslant \mathbb{E}(L_n(X_1,\ldots,X_n)) \leqslant c_d^+ n^{(d-1)/d}$$

où $0 < c_d^- \leqslant c_d^+ < \infty$ sont des constantes qui ne dépendent que de d.

Démonstration. Le cube $[0,1]^d$ est l'union de $(1/\varepsilon)^d$ petits cubes isométriques à $[0,\varepsilon]^d$. Avec $\varepsilon = n^{-1/d}$ on obtient que $[0,1]^d$ peut être recouvert par $\mathcal{O}(n)$ petits cubes de diamètre $\mathcal{O}(n^{-1/d})$. Par le principe des tiroirs [5], pour tous $x_1,\ldots,x_n \in [0,1]^d$ on a, pour une constante c_d qui peut dépendre de d,

$$\min_{1 \leqslant i \neq j \leqslant n} |x_i - x_j| \leqslant c_d n^{-1/d}.$$

Par conséquent, si ℓ_n est le maximum sur $x_1,\ldots,x_n$ de la longueur de tournée minimale pour $x_1,\ldots,x_n$, alors

$$\ell_n \leqslant \ell_{n-1} + 2c_d n^{-1/d}$$

qui donne, pour une nouvelle constante c_d qui peut dépendre de d,

$$\|L_n(X_1,\ldots,X_n)\|_\infty \leqslant c_d n^{-1/d+1} = c_d n^{(d-1)/d}.$$

Par ailleurs, la preuve du lemme 20.4 indique que $|B(x,r) \cap [0,1]^d|$ est maximal quand x est au centre du cube, d'où, pour tout $x \in [0,1]^d$ et tout $0 < r \leqslant 1/2$,

$$\mathbb{P}\left(\min_{1 \leqslant i \leqslant n-1} |X_i - x| \geqslant r\right) \geqslant (1 - \omega_d r^d)^{n-1}$$

avec $\omega_d := |B(0,1)|$. En utilisant l'inégalité élémentaire $(1-u)^\alpha \geqslant 1 - \alpha u$ valable dès que $0 \leqslant u \leqslant 1/\alpha$, on en déduit que

$$\mathbb{E}\left(\min_{1 \leqslant i \leqslant n-1} |X_i - x|\right) \geqslant \int_0^{1/2} (1 - \omega_d r^d)^{n-1}\, dr \geqslant c_d n^{-1/d}.$$

Ainsi,

$$\min_{1 \leqslant j \leqslant n} \mathbb{E}\left(\min_{1 \leqslant i \neq j \leqslant n} |X_i - X_j|\right) = \min_{1 \leqslant j \leqslant n} \mathbb{E}\left(\mathbb{E}\left(\min_{1 \leqslant i \neq j \leqslant n} |X_i - X_j| \,|\, X_j\right)\right)$$
$$\geqslant c_d n^{-1/d}$$

où c_d est une constante qui dépend de la dimension d. Or le circuit optimal à travers $X_1,\ldots,X_n$ possède n arêtes et passe par chacun des n sommets.

---

5. *Pigeonhole principle* en anglais : si on dispose n objets dans m boîtes avec $n > m$ alors au moins l'une des boîtes contient deux objets ou plus.

On dispose donc d'une écriture $L_n(X_1, \ldots, X_n) = \sum_{i=1}^n |X_i - X_{j_i}|$ pour des entiers aléatoires $j_1, \ldots, j_n$, ce qui donne

$$\mathbb{E}(L_n(X_1, \ldots, X_n)) \geqslant \sum_{j=1}^n \mathbb{E}\Big(\min_{1 \leqslant i \neq j \leqslant n} |X_i - X_j| \Big)$$

$$\geqslant nc_d n^{-1/d}$$

$$= c_d n^{(d-1)/d}.$$

□

Théorème 20.6 (Le bon résultat). *Si μ est la loi uniforme sur $[0,1]^d$ alors*

$$\lim_{n \to \infty} \frac{\mathbb{E}(L_n(X_1, \ldots, X_n))}{n^{(d-1)/d}} = \gamma_d$$

où $0 < \gamma_d < \infty$ est un réel qui dépend de d.

Nous savons déjà que $a_n := \mathbb{E}(L_n) \approx n^{(d-1)/d}$ ce qui rend naturel de chercher à établir que $n^{d/(d-1)} a_n$ converge quand n tend vers l'infini. Ce comportement non linéaire empêche l'usage direct d'une technique de sous-additivité. Il est cependant possible de linéariser le problème par poissonisation puis dépoissonisation. L'heuristique est la suivante : si N est une v.a.r. à valeurs entières alors $\mathbb{E}(a_N) \approx \mathbb{E}(N^{(d-1)/d}) \approx \mathbb{E}(N)^{(d-1)/d}$ qui est linéaire en t lorsque $N \sim \mathrm{Poi}(t^{d/(d-1)})$. Par ailleurs si $N \sim \mathrm{Poi}(n)$ alors $a_n \approx \mathbb{E}(a_N)$.

Démonstration. On procède par étapes.
Poissonisation. On note $L(S)$ la longueur minimale de la tournée pour un ensemble fini de points $S = \{x_1, \ldots, x_n\} \subset \mathbb{R}^d$, avec la convention $L(S) = 0$ si $\mathrm{card}(S) \leqslant 2$. Soit P un processus ponctuel de Poisson sur $\mathbb{R}^d$ de mesure d'intensité Lebesgue. Soit $(Z_t)_{t \geqslant 0}$ le processus défini par $Z_t = L(P \cap [0,t]^d)$ c'est-à-dire la longueur minimale de la tournée pour les atomes du processus de Poisson P se trouvant dans le cube $[0,t]^d$. Pour tout $n \geqslant 0$,

$$\mathrm{Loi}(P \mid \mathrm{card}(P \cap [0,t]^d) = n) = \mathrm{Unif}([0,t]^d)^{\otimes n}.$$

D'autre part, $L(tS) = tL(S)$ et $\mathrm{card}(P \cap [0,t]^d) \sim \mathrm{Poi}(t^d)$, ce qui donne

$$\mathbb{E}(Z_t) = \sum_{n=0}^{\infty} \mathbb{E}(Z_t \mid \mathrm{card}(P \cap [0,t]^d) = n) \mathbb{P}(\mathrm{card}(P \cap [0,t]^d) = n)$$

$$= \sum_{n=0}^{\infty} \mathbb{E}(L(P \cap [0,t]^d) \mid \mathrm{card}(P \cap [0,t]^d) = n) e^{-t^d} \frac{t^{dn}}{n!}$$

$$= e^{-t^d} \sum_{n=0}^{\infty} t a_n \frac{t^{dn}}{n!}$$

où

$$a_n := \mathbb{E}(L_n(X_1, \ldots, X_n)).$$

Le facteur t devant a_n vient du fait que a_n concerne $[0,1]^d$ et non pas $[0,t]^d$. Le lemme 20.5 entraîne que $a_n = \mathcal{O}(n^{(d-1)/d})$ et donc $t \mapsto \mathbb{E}(Z_t)$ est continue et même analytique. La suite $(a_n)_{n \geqslant 1}$ peut donc s'obtenir à partir de la donnée de la fonction $t \mapsto \mathbb{E}(Z_t)$ au voisinage de $t = 0$. Cependant, nous allons plutôt montrer que $\lim_{t \to \infty} t^{-1}\mathbb{E}(Z_t)$ existe, ce qui suffira.

Sous-additivité. Soit $C_1, \ldots, C_{k^d}$ une partition (aux bords près) de $[0,t]^d$ en k^d cubes similaires à $[0, t/k]^d$. Pour tous $x_1, \ldots, x_n \in \mathbb{R}^d$, les k^d tournées des ensembles $S_i = \{x_1, \ldots, x_n\} \cap C_i$ peuvent être concaténées pour former une tournée pour $\{x_1, \ldots, x_n\} \cap [0,t]^d$, avec un coût supplémentaire $\mathcal{O}(k^{d-1})$: choisir un point dans chacune des k^d tournées et les connecter avec une tournée de coût $\mathcal{O}(k^{d-1})$ grâce à la première borne du lemme 20.5 ce qui donne une grande tournée en chapelet. Ainsi, il existe une constante $c > 0$ telle que pour tout $k \geqslant 1$ et tout $t \geqslant 0$,

$$L(\{x_1, \ldots, x_n\} \cap [0,t]^d) \leqslant \sum_{i=1}^{k^d} L(\{x_1, \ldots, x_n\} \cap C_i) + ctk^{d-1}.$$

Cela donne $\mathbb{E}(Z_t) \leqslant k^d \mathbb{E}(Z_{t/k}) + ctk^{d-1}$, d'où une première estimation :

$$\frac{\mathbb{E}(Z_{tk})}{(tk)^d} \leqslant \frac{\mathbb{E}(Z_t)}{t^d} + ct^{1-d}.$$

En prenant $t = 1$ on obtient

$$0 \leqslant \gamma := \lim_{k \to \infty} \frac{\mathbb{E}(Z_k)}{k^d} \leqslant \mathbb{E}(Z_1) + c < \infty.$$

Par définition de γ, pour tout $\varepsilon > 0$ on peut choisir k_0 assez grand pour que

$$\frac{\mathbb{E}(Z_{k_0})}{k_0^d} + ck_0^{1-d} \leqslant \gamma + \varepsilon.$$

Comme $t \mapsto \mathbb{E}(Z_t)$ est continue, on peut choisir $\delta > 0$ tel que pour tout $k_0 < t < k_0 + \delta$,

$$\frac{\mathbb{E}(Z_t)}{t^d} + ct^{1-d} \leqslant \gamma + 2\varepsilon.$$

Grâce à notre première estimation, on voit que cette deuxième estimation a lieu pour tout $kk_0 < t < k(k_0 + \delta)$. Or pour $k > k_0/\delta$ les intervalles $I_k :=]kk_0, k(k_0 + \delta)[$ et I_{k+1} se recouvrent. On en déduit qu'elle a lieu pour tout $t \geqslant \lfloor k_0^2/\delta \rfloor$, ce qui implique en particulier

$$\overline{\lim_{t \to \infty}} \frac{\mathbb{E}(Z_t)}{t^d} \leqslant \varliminf_{t \to \infty} \frac{\mathbb{E}(Z_t)}{t^d} + 2\varepsilon = \gamma + 2\varepsilon.$$

Comme $\varepsilon > 0$ est arbitraire, on obtient donc

$$\lim_{t \to \infty} \frac{\mathbb{E}(Z_t)}{t^d} = \gamma.$$

Ainsi, le développement en série de $\mathbb{E}(Z_t)$ donne, après le changement de variable $u = t^d$,

$$\sum_{k=0}^{\infty} e^{-u} a_k \frac{u^k}{k!} \underset{n \to \infty}{\sim} \gamma u^{(d-1)/d}.$$

Dépoissonisation. On commence par montrer que $n \mapsto a_n$ est assez régulière. Comme il est possible de concaténer un circuit pour $X_1, \ldots, X_m$ et un circuit pour $X_{m+1}, \ldots, X_{m+n}$ avec un coût inférieur à $2\sqrt{d}$ (diamètre du cube) on en déduit que

$$a_{n+m} \leqslant a_n + a_m + 2\sqrt{d}$$

ce qui donne $0 \leqslant a_n - a_k \leqslant a_{n-k} + 2\sqrt{d}$ pour tout $0 \leqslant k \leqslant n$. Or le lemme 20.5 donne $a_n = \mathcal{O}(n^{(d-1)/d})$ et on en déduit

$$|a_n - a_k| \leqslant |a_{n-k} + 2\sqrt{d}| \leqslant c|n - k|^{(d-1)/d}.$$

Si N est une v.a.r. de Poisson de moyenne n alors

$$\mathbb{E}(a_N) = \sum_{k=0}^{\infty} a_k e^{-n} \frac{n^k}{k!}$$

et donc

$$
\begin{aligned}
|a_n - \mathbb{E}(a_N)| &\leqslant \sum_{k=0}^{\infty} |a_n - a_k| e^{-n} \frac{n^k}{k!} \\
&\leqslant c \sum_{k=0}^{\infty} |n - k|^{(d-1)/d} e^{-n} \frac{n^k}{k!} \\
&= c\mathbb{E}(|N - \mathbb{E}(N)|^{(d-1)/d}) \\
&\leqslant c\mathbb{E}(|N - \mathbb{E}(N)|^2)^{(d-1)/(2d)} \\
&= c\mathrm{Var}(N)^{(d-1)/(2d)} \\
&= \mathcal{O}(n^{(d-1)/(2d)}) = o(n^{(d-1)/d}).
\end{aligned}
$$

Or le résultat de la poissonisation avec $t = n$ donne

$$\mathbb{E}(a_N) = \sum_{k=0}^{\infty} a_k e^{-n} \frac{n^k}{k!} \underset{n \to \infty}{\sim} \gamma n^{(d-1)/d}$$

et donc

$$\lim_{n \to \infty} \frac{\mathbb{E}(L_n(X_1, \ldots, X_n))}{n^{(d-1)/d}} = \lim_{n \to \infty} \frac{a_n}{n^{(d-1)/d}} = \gamma.$$

Le fait que $\gamma > 0$ découle de la borne inférieure du lemme 20.5. $\square$

20.3 Démonstration du cas uniforme

Nous sommes en mesure à présent de démontrer le théorème 20.1 dans le cas où μ suit la loi uniforme sur le cube $[0,1]^d$. Par le théorème 20.2 et le lemme de Borel-Cantelli, p.s.

$$L_n - \mathbb{E}(L_n) = \begin{cases} \mathcal{O}_{n\to\infty}(\log(n)) & \text{si } d = 2, \\ \mathcal{O}_{n\to\infty}(n^{(d-2)/(2d)}\sqrt{\log(n)}) & \text{si } d > 2 \end{cases}$$

tandis que par le théorème 20.6 on a, pour un $0 < \gamma < \infty$,

$$\mathbb{E}(L_n(X_1,\ldots,X_n)) \sim_{n\to\infty} \gamma n^{(d-1)/d}.$$

20.4 Pour aller plus loin

Lorsque $d = 2$ et $X_1,\ldots,X_n$ sont i.i.d. uniforme sur $[0,1]^2$, on peut se convaincre intuitivement que probablement $L_n(X_1,\ldots,X_n)$ est de l'ordre de $\sqrt{n}$ lorsque n est grand en parcourant le carré par zigzags parallèles régulièrement espacés, par exemple horizontaux : il y a approximativement $\sqrt{n}$ lignes de longueur unité contenant chacune approximativement $\sqrt{n}$ points. Plus rigoureusement, cela conduit à aborder le problème du voyageur de commerce en dimension $d = 2$ en utilisant une courbe qui «remplit l'espace».

Le contenu de ce chapitre est directement inspiré du joli livre de Michael Steele [Ste97]. On pourra également consulter sur ce thème le livre de Joseph Yukich [Yuk98] ainsi que le livre de Marc Mézard et Andrea Montanari [MM09]. L'inégalité de concentration d'Azuma-Hoeffding est étudiée par Colin McDiarmid dans [McD89, McD98]. Le théorème 20.1 a été obtenu par John Hammersley et ses élèves Jillian Beardwood et John Halton vers 1959 et peut être démontré par réduction au cas uniforme sur le cube $[0,1]^d$. On sait par ailleurs que $\gamma_2 \approx 0,7$ et que $\gamma_d \sim_{d\to\infty} \sqrt{d2\pi e}$.

En théorie de la complexité algorithmique, la complexité d'un algorithme est le coût d'exécution en fonction de la taille (n pour TSP) du problème. Un algorithme polynomial est préférable à un algorithme exponentiel au-delà d'une certaine taille. On dit qu'un problème est NP lorsqu'il est possible de vérifier la validité d'une solution avec un algorithme polynomial. L'explosion combinatoire fait qu'un problème NP n'est pas automatiquement résoluble par un algorithme polynomial en testant toutes les solutions. On dit qu'un problème est NP-complet lorsque le problème est au moins aussi difficile à résoudre que tout autre problème NP, c'est-à-dire que tout problème NP se réduit à celui-ci avec un algorithme polynomial. Les problèmes NP-complets sont donc des problèmes clés. À l'heure actuelle, tous les algorithmes connus pour résoudre les problèmes NP-complets sont exponentiels, ce qui les rend assez rapidement inexploitables. La question ouverte la plus fameuse de l'informatique consiste à trouver un algorithme polynomial pour résoudre un

problème NP complet. On sait démontrer que TSP est NP-complet, et on
ne connaît pas d'algorithme de résolution polynomial. Il est cependant possible de rechercher une solution approchée, par exemple avec un algorithme
stochastique générique comme l'algorithme du recuit simulé, comme expliqué
dans le chapitre 5. Contrairement à TSP, les deux autres problèmes phares
de l'optimisation combinatoire (arbre couvrant minimal et appariement euclidien minimal) sont résolubles en temps polynomial. Pour en savoir plus, on
renvoie par exemple au livre de Alfred Aho, John Hopcroft, et Jeffrey Ullman
[AHU75], au livre de Giorgio Ausiello, Pierluigi Crescenzi, Giorgio Gambosi,
et Viggo Kann [ACG$^+$99], ainsi qu'au cours de Charles Bordenave [Bor14a].

21

Matrices aléatoires

Mots-clés. Matrice aléatoire ; matrice de covariance ; spectre ; nombres de Catalan ; théorème de Wigner ; loi du demi-cercle ; théorème de Marchenko-Pastur ; loi du quart-de-cercle.

Outils. Méthode des moments ; fonction caractéristique ; théorème de Prohorov ; formule de Courant-Fischer ; inégalité de Hoffman-Wielandt ; inégalité d'Azuma-Hoeffding ; distance de Wasserstein ; distance de Kolmogorov-Smirnov ; combinatoire.

Difficulté. ***

Ce chapitre est consacré à un phénomène d'universalité concernant le comportement asymptotique du spectre de matrices aléatoires de grande dimension. Nous commençons par une motivation statistique, dont le dénouement n'est abordé que dans la section 21.5. Soient $X_1, \ldots, X_n$ des vecteurs colonnes aléatoires i.i.d. de $\mathbb{R}^d$ centrés et de matrice de covariance Σ. La matrice Σ est symétrique $d \times d$ et ses valeurs propres sont positives ou nulles. On a $\Sigma_{ij} = \mathbb{E}(X_{ki}X_{kj})$ pour tous $1 \leqslant i, j \leqslant d$ et tout $1 \leqslant k \leqslant n$ ou encore

$$\Sigma = \mathbb{E}(X_1 X_1^\top) = \cdots = \mathbb{E}(X_n X_n^\top).$$

La matrice de covariance empirique $\widehat{\Sigma}_n$ est la matrice symétrique $d \times d$ suivante

$$\widehat{\Sigma}_n = \frac{1}{n}\sum_{k=1}^{n} X_k X_k^\top = \frac{1}{n}(X_1 \cdots X_n)(X_1 \cdots X_n)^\top.$$

On a

$$\mathbb{E}(\widehat{\Sigma}_n) = \Sigma.$$

Par la loi des grands nombres appliquée aux $d \times d$ coefficients,

$$\widehat{\Sigma}_n \xrightarrow[n \to \infty]{\text{p.s.}} \Sigma.$$

© Springer-Verlag Berlin Heidelberg 2016
D. Chafaï and F. Malrieu, *Recueil de Modèles Aléatoires*,
Mathématiques et Applications 78, DOI 10.1007/978-3-662-49768-5_21

On souhaite étudier le comportement de la matrice aléatoire $\widehat{\Sigma}_n$ lorsque la dimension des données $d = d_n$ dépend de n et tend vers ∞. Simplifions en posant $\Sigma = I_d$. Cela nous conduit au modèle suivant : on se donne une famille $(Y_{ij})_{i,j \geqslant 1}$ de v.a.r. i.i.d. de moyenne 0 et de variance 1, et pour tout entier $n \geqslant 1$, on considère la matrice aléatoire $d_n \times d_n$ symétrique

$$\frac{1}{n} Y Y^\top$$

où $Y = (Y_{ij})_{1 \leqslant i \leqslant d_n, 1 \leqslant j \leqslant n}$. Si $n \mapsto d_n$ est constante et égale à d alors $\frac{1}{n} Y Y^\top$ converge presque sûrement vers la matrice $\Sigma = I$. Il est naturel de chercher à comprendre le comportement de la matrice aléatoire $\frac{1}{n} Y Y^\top$ lorsque d_n dépend de n, par exemple en étudiant son spectre. L'analyse de la matrice symétrique $Y Y^\top$ est rendue difficile par le fait que ses coefficients sont dépendants. Cela suggère d'analyser en première approche des matrices aléatoires symétriques dont les coefficients sont indépendants dans le triangle supérieur, ce qui conduit au théorème de Wigner, objet principal de ce chapitre. Nous reviendrons aux matrices de covariance empiriques dans la section 21.5.

21.1 Théorème de Wigner

Soient $(M_{ij})_{i \geqslant 1, j \geqslant 1}$ des v.a.r. indépendantes. On considère le tableau aléatoire symétrique infini obtenu en posant $M_{ij} := M_{ji}$ pour tous $i, j \geqslant 1$:

$$\begin{pmatrix} M_{1,1} & M_{1,2} & \cdots \\ M_{2,1} & M_{2,2} & \cdots \\ \vdots & \vdots & \ddots \end{pmatrix}.$$

On se donne un entier $n \geqslant 1$ et on note $M := (M_{ij})_{1 \leqslant i,j \leqslant n}$ la matrice réelle symétrique aléatoire obtenue en extrayant le carré $n \times n$ situé dans le coin supérieur gauche du tableau. Soient

$$\lambda_{n,1}, \ldots, \lambda_{n,n}$$

les valeurs propres de la matrice réelle symétrique $\frac{1}{\sqrt{n}} M$, ordonnées de sorte que $\lambda_{n,1} \geqslant \cdots \geqslant \lambda_{n,n}$. On s'intéresse à leur mesure de comptage, appelée mesure spectrale empirique, définie par

$$\mu_n := \frac{1}{n} \sum_{k=1}^{n} \delta_{\lambda_{n,k}}.$$

Il s'agit d'une mesure de probabilité aléatoire, de même nature que la mesure empirique dans le théorème de Glivenko-Cantelli [1], mis à part que les atomes

---

1. Si $(Z_n)_{n \geqslant 1}$ sont i.i.d. de loi η alors presque sûrement, la mesure empirique $\frac{1}{n} \sum_{k=1}^{n} \delta_{Z_k}$ converge étroitement vers η quand $n \to \infty$, et la convergence des fonctions de répartition est uniforme. Il s'agit d'une conséquence de la loi forte des grands nombres, et du fait que la topologie de la convergence étroite sur $\mathbb{R}$ est séparable.

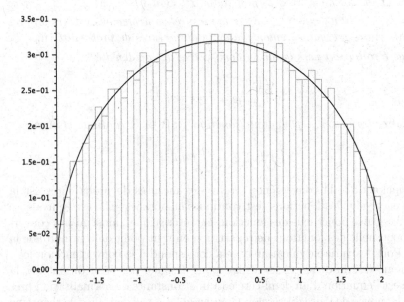

Fig. 21.1. Illustration du théorème 21.1 de Wigner : densité de la loi du demi-cercle $\mu_1^\ominus$ et histogramme des valeurs propres d'une matrice symétrique de taille $n = 1000$ dont les coefficients du triangle supérieur, diagonale incluse, sont des v.a.r. i.i.d. de loi uniforme sur l'intervalle $[-\sqrt{3/n}, \sqrt{3/n}]$ (la variance vaut donc $1/n$).

$\lambda_{n,1}, \ldots, \lambda_{n,n}$ sont ici des v.a.r. dépendantes [2]. Pour tout borélien $B \subset \mathbb{R}$,

$$\mu_n(B) = \frac{\mathrm{card}\{1 \leqslant k \leqslant n : \lambda_{n,k} \in B\}}{n}.$$

Pour toute fonction $f : \mathbb{R} \to \mathbb{R}$ mesurable, on a

$$\int f \, d\mu_n = \frac{1}{n} \sum_{k=1}^{n} f(\lambda_{n,k}).$$

La fonction de répartition F_n de μ_n est donnée pour tout $x \in \mathbb{R}$ par

$$F_n(x) := \mu_n(]-\infty, x]) = \int \mathbb{1}_{]-\infty,x]} \, d\mu_n = \frac{\mathrm{card}\{1 \leqslant k \leqslant n : \lambda_{n,k} \leqslant x\}}{n}.$$

Le théorème de Wigner est un analogue de la loi des grands nombres.

---

2. Fonctions non linéaires de M (racines du polynôme caractéristique !).

Théorème 21.1 (Wigner). *Supposons que* $(M_{ij})_{i \geqslant 1, j \geqslant 1}$ *soient des v.a.r. i.i.d. centrées et de variance finie et non nulle* σ^2. *Soit* $M = (M_{i,j})_{1 \leqslant i,j \leqslant n}$ *avec* $M_{j,i} := M_{i,j}$. *Soit* $\mu_n = \frac{1}{n} \sum_{k=1}^{n} \delta_{\lambda_{n,k}}$ *la mesure empirique des valeurs propres de* $\frac{1}{\sqrt{n}} M$. *Alors presque sûrement, la suite de mesures de probabilité* $(\mu_n)_{n \geqslant 1}$ *converge étroitement vers la loi du demi-cercle* $\mu_\sigma^\ominus$ *de densité*

$$x \mapsto \frac{\sqrt{4\sigma^2 - x^2}}{2\pi\sigma^2} \mathbb{1}_{[-2\sigma, 2\sigma]}(x).$$

En d'autres termes, p.s. pour toute fonction $f : \mathbb{R} \to \mathbb{R}$ *continue et bornée,*

$$\int f \, d\mu_n \xrightarrow[n \to \infty]{} \int f \, d\mu_\sigma^\ominus.$$

Rappelons que la convergence étroite des mesures de probabilités est la convergence pour les fonctions test continues et bornées. Elle est équivalente à la convergence ponctuelle des fonctions caractéristiques, ainsi qu'à la convergence ponctuelle des fonctions de répartition en tout point de continuité de la limite. Pour les variables aléatoires, cela correspond à la convergence en loi.

Le nom «loi du demi-cercle» utilisé pour désigner $\mu_\sigma^\ominus$ vient du fait que la densité est l'équation d'un demi-cercle (à une constante de normalisation près égale à la moitié de l'aire du cercle). Comme $\mu_\sigma^\ominus$ n'a pas d'atomes, le théorème de Wigner affirme que presque sûrement, pour tout intervalle $I \subset \mathbb{R}$,

$$\lim_{n \to \infty} \mu_n(I) = \mu_\sigma^\ominus(I) = \int_{I \cap [-2\sigma, 2\sigma]} \frac{\sqrt{4\sigma^2 - x^2}}{2\pi\sigma^2} \, dx.$$

Ainsi, la proportion de valeurs propres de M n'appartenant pas à l'intervalle $[-2\sigma\sqrt{n}, 2\sigma\sqrt{n}]$ tend vers zéro quand $n \to \infty$. Le théorème de Wigner met en lumière un phénomène d'universalité, en ce sens que la loi limite $\mu_\sigma^\ominus$ ne dépend de la loi des coefficients de la matrice M qu'à travers leur variance σ^2.

Le comportement de la moyenne de μ_n peut être compris en observant que

$$\int x \, d\mu_n(x) = \frac{1}{n} \sum_{k=1}^{n} \lambda_{n,k} = \frac{1}{n} \mathrm{Tr}\left(\frac{1}{\sqrt{n}} M\right)$$

$$= \frac{1}{n^{3/2}} \sum_{1 \leqslant i \leqslant n} M_{ii} \xrightarrow[n \to \infty]{\text{p.s.}} 0 = \int x \, d\mu_\sigma^\ominus(x)$$

où la convergence p.s. provient de la loi des grands nombres. La normalisation en $1/\sqrt{n}$ de M peut être comprise à son tour en observant tout d'abord que

$$\int x^2 \, d\mu_n(x) = \frac{1}{n} \sum_{k=1}^{n} \lambda_{n,k}^2 = \frac{1}{n} \mathrm{Tr}\left(\left(\frac{1}{\sqrt{n}} M\right)^2\right)$$

$$= \frac{1}{n^2} \sum_{1 \leqslant i,j \leqslant n} M_{ij}^2 \xrightarrow[n \to \infty]{\text{p.s.}} \sigma^2 = \int x^2 \, d\mu_\sigma^\ominus(x)$$

où la convergence p.s. provient ici encore de la loi des grands nombres. D'autre part, par l'inégalité de Markov, p.s. pour tout $r > 0$,

$$\mu_n([-r,r]^c) \leqslant \frac{1}{r^2} \int x^2 \, d\mu_n(x) \underset{n \to \infty}{\longrightarrow} \frac{\sigma^2}{r^2}.$$

Par conséquent, presque sûrement, pour tout $\varepsilon > 0$ il existe un compact $K_\varepsilon = [-r_\varepsilon, r_\varepsilon]$ tel que $\mu_n(K_\varepsilon) \leqslant \varepsilon$ pour tout $n \geqslant 1$. Ainsi, presque sûrement, la suite $(\mu_n)_{n \geqslant 1}$ est tendue, et le théorème de Prohorov[3] affirme alors que cette suite est relativement compacte pour la convergence étroite, en ce sens que si elle possède une unique valeur d'adhérence pour la convergence étroite alors elle converge étroitement. Malgré cette observation réconfortante, nous allons utiliser une autre approche pour démontrer le théorème de Wigner.

L'idée consiste à se ramener à des fonctions test f polynomiales (section 21.3) puis à établir la convergence des moments (section 21.4) en s'inspirant de la méthode utilisée ci-dessus pour les moments d'ordre 1 et 2. Mais cela nécessite tout d'abord de réduire le problème à un cas plus simple!

21.2 Réduction à un cas plus simple

La mesure spectrale empirique moyenne $\mathbb{E}\mu_n$ est la mesure de probabilité définie pour toute fonction $f : \mathbb{R} \to \mathbb{R}$ mesurable et positive (ou bornée) par

$$\int f \, d\mathbb{E}\mu_n := \mathbb{E} \int f \, d\mu_n := \mathbb{E}\left(\frac{1}{n} \sum_{k=1}^{n} f(\lambda_{n,k}) \right).$$

Le but de cette section est de réduire le théorème de Wigner 21.1 à une version simplifiée, le théorème 21.2 ci-dessous, qui concerne la suite de mesures de probabilités $(\mathbb{E}\mu_n)_{n \geqslant 1}$ lorsque la matrice M a une diagonale nulle et des coefficients hors diagonale bornés. Le théorème 21.2 est démontré plus loin, dans la section 21.4, en utilisant la méthode des moments de la section 21.3.

Théorème 21.2 (de Wigner simplifié). *Soit $M = (M_{ij})_{1 \leqslant i,j \leqslant n}$ une matrice réelle symétrique aléatoire, à diagonale nulle $M_{11} = \cdots = M_{nn} = 0$, telle que les variables aléatoires $(M_{ij})_{1 \leqslant i < j \leqslant n}$ sont indépendantes et identiquement distribuées, centrées, de variance σ^2 finie et non nulle, et à support compact $[-C,C]$, $C > 0$. Soit $\mu_n = \frac{1}{n}\sum_{k=1}^{n} \delta_{\lambda_{n,k}}$ la mesure empirique des valeurs propres de $\frac{1}{\sqrt{n}}M$. Alors pour toute fonction $f : \mathbb{R} \to \mathbb{R}$ continue et bornée,*

$$\lim_{n \to \infty} \mathbb{E} \int f \, d\mu_n = \int f \, d\mu_\sigma^\ominus.$$

Le théorème 21.2 est démontré dans la section 21.4.

---

3. Un ensemble de mesures de probabilités est tendu si et seulement si il est séquentiellement relativement compact pour la topologie de la convergence étroite. En particulier, si une suite de mesures de probabilités est tendue et possède une unique valeur d'adhérence pour la convergence étroite, alors elle converge étroitement.

Réduction au cas borné

Dans cette sous-section, nous allons montrer qu'il suffit d'établir le théorème de Wigner 21.1 dans le cas particulier où les coefficients de la matrice sont bornés. On procède par troncature. Soit $C > 0$ un réel et

$$(M_C)_{ij} := M_{ij} \mathbb{1}_{\{|M_{ij}| \leqslant C\}}.$$

Notons $\mathcal{P}_2$ l'ensemble des lois sur $\mathbb{R}$ possédant un moment d'ordre 2 fini. La distance de Wasserstein W_2 sur $\mathcal{P}_2$ est définie pour tous $\nu_1, \nu_2 \in \mathcal{P}_2$ par

$$W_2(\nu_1, \nu_2)^2 := \inf_{\substack{(X_1, X_2) \\ X_1 \sim \nu_1, X_2 \sim \nu_2}} \mathbb{E}(|X_1 - X_2|^2)$$

où l'infimum porte sur l'ensemble des couples de variables aléatoires (X_1, X_2) de lois marginales ν_1 et ν_2. La convergence pour la distance de Wasserstein W_2 entraîne la convergence étroite. Dans le cas de lois discrètes de la forme

$$\nu_1 = \frac{1}{n} \sum_{k=1}^{n} \delta_{a_k} \quad \text{et} \quad \nu_2 = \frac{1}{n} \sum_{k=1}^{n} \delta_{b_k}$$

avec $a_1 \leqslant \cdots \leqslant a_n$ et $b_1 \leqslant \cdots \leqslant b_n$, on trouve

$$W_2(\nu_1, \nu_2)^2 = \frac{1}{n} \sum_{k=1}^{n} (a_i - b_i)^2.$$

Rappelons que $\mathcal{M}_n(\mathbb{C})$ est un espace de Hilbert pour le produit scalaire $\langle A, B \rangle := \text{Tr}(AB^*)$. La norme associée est appelée norme de Hilbert-Schmidt [4]

$$\|A\|_{\text{HS}}^2 = \text{Tr}(AA^*) = \sum_{i=1}^{n} \sum_{j=1}^{n} |A_{ij}|^2 = \sum_{i=1}^{n} \lambda_i(A)^2.$$

Le lemme suivant, admis, est un résultat classique d'algèbre linéaire. Des références sont données dans la section 21.5.

Lemme 21.3 (Inégalité de Hoffman-Wielandt). *Si $A, B \in \mathcal{M}_n(\mathbb{C})$ sont hermitiennes de spectres $\lambda_1(A) \geqslant \cdots \geqslant \lambda_n(A)$ et $\lambda_1(B) \geqslant \cdots \geqslant \lambda_n(B)$ alors*

$$nW_2(\mu_A, \mu_B)^2 = \sum_{k=1}^{n} (\lambda_k(A) - \lambda_k(B))^2 \leqslant \sum_{i=1}^{n} \sum_{j=1}^{n} |A_{ij} - B_{ij}|^2 = \|A - B\|_{\text{HS}}^2.$$

Par le lemme de Hoffman-Wielandt 21.3 et la loi forte des grands nombres,

$$W_2(\mu_{\frac{1}{\sqrt{n}}M}, \mu_{\frac{1}{\sqrt{n}}M_C})^2$$

---

4. Ou encore norme de Schur ou norme de Frobenius.

$$\leqslant \frac{1}{n^2} \sum_{i=1}^{n} \sum_{j=1}^{n} |M_{ij}|^2 \mathbb{1}_{\{|M_{ij}|>C\}} \xrightarrow[n\to\infty]{\text{p.s.}} \mathbb{E}(|M_{12}|^2 \mathbb{1}_{\{|M_{12}|>C\}}).$$

Par le théorème de convergence dominée ou par le théorème de convergence monotone, le membre de droite peut être rendu arbitrairement proche de 0 en choisissant C assez grand. Par conséquent, il suffit d'établir le théorème de Wigner 21.1 pour M_C (en lieu et place de M) pour tout réel $C > 0$. Cependant les coefficients de la matrice M_C ne sont plus forcément centrés car la loi des coefficients de M n'est pas forcément symétrique.

Réduction au cas centré

Dans cette sous-section, nous allons montrer qu'il suffit d'établir le théorème de Wigner 21.1 pour $M_C - \mathbb{E}(M_C)$ pour tout réel $C > 0$.

L'orthogonalité des sous-espaces propres des matrices symétriques conduit aux formules variationnelles min-max de Courant-Fischer pour les valeurs propres. Plus précisément, si $A \in \mathcal{M}_n(\mathbb{C})$ est hermitienne de valeurs propres $\lambda_1(A) \geqslant \cdots \geqslant \lambda_n(A)$, alors pour tout $1 \leqslant k \leqslant n$, en notant $\mathcal{G}_k$ l'ensemble des sous-espaces vectoriels de $\mathbb{C}^n$ de dimension k, on a

$$\lambda_k(A) = \max_{V \in \mathcal{G}_k} \min_{\substack{x \in V \\ \|x\|_2=1}} \langle Ax, x \rangle = \min_{V \in \mathcal{G}_{n-k+1}} \max_{\substack{x \in V \\ \|x\|_2=1}} \langle Ax, x \rangle.$$

Les cas $k = 1$ et $k = n$ sont familiers. Ces formules sont un résultat classique d'algèbre linéaire, tout comme le lemme suivant, que nous admettons. Des références sont données dans la section 21.5. On note F_A la la fonction de répartition de la mesure spectrale $\mu_A := \frac{1}{n} \sum_{k=1}^{n} \delta_{\lambda_k(A)}$. Pour tout $t \in \mathbb{R}$,

$$F_A(t) := \mu_A(]-\infty, t]) = \int \mathbb{1}_{]-\infty,t]} \, d\mu_A = \frac{\text{card}\{1 \leqslant k \leqslant n : \lambda_k(A) \leqslant t\}}{n}.$$

Lemme 21.4 (Entrelacement pour les perturbations additives de faible rang). *Si $A, B \in \mathcal{M}_n(\mathbb{C})$ sont hermitiennes de valeurs propres $\lambda_1(A) \geqslant \cdots \geqslant \lambda_n(A)$ et $\lambda_1(B) \geqslant \cdots \geqslant \lambda_n(B)$ et si $r := \text{rang}(B - A)$ alors*

$$\lambda_{k+r}(A) \leqslant \lambda_k(B) \leqslant \lambda_{k-r}(A)$$

pour tout $1 \leqslant k \leqslant n$, avec la convention $\lambda_k(A) = +\infty$ si $k < 1$ et $\lambda_k(A) = -\infty$ si $k > n$. En particulier on a

$$d_{\text{KS}}(\mu_A, \mu_B) := \|F_A - F_B\|_\infty := \sup_{t \in \mathbb{R}} |F_A(t) - F_B(t)| \leqslant \frac{\text{rang}(A - B)}{n}.$$

La notation d_{KS} désigne la distance de Kolmogorov-Smirnov entre les lois de probabilités discrètes μ_A et μ_B. Il est bien connu que la convergence en distance de Kolmogorov-Smirnov entraîne la convergence étroite.

À présent, comme les variables aléatoires $((M_C)_{ij})_{1 \leqslant i,j \leqslant n}$ sont de même moyenne $m_C := \mathbb{E}((M_C)_{ij})$, on a $\text{rang}(\mathbb{E}(M_C)) = \text{rang}(m_C \mathbf{1}_n) \leqslant 1$ et donc

$$d_{\mathrm{KS}}\left(\mu_{\frac{1}{\sqrt{n}} M_C}, \mu_{\frac{1}{\sqrt{n}}(M_C - \mathbb{E}(M_C))}\right) \leqslant \frac{1}{n} \xrightarrow[n \to \infty]{} 0.$$

Par conséquent, il suffit d'établir le théorème de Wigner 21.1 pour la matrice $M_C - \mathbb{E}(M_C)$ (en lieu et place de M) pour tout réel $C > 0$.

Suppression de la diagonale

La méthode utilisée pour la troncature permet de la même manière de supprimer la diagonale : si $D_C := \text{diag}((M_C - \mathbb{E}(M_C))_{ii} : 1 \leqslant i \leqslant n)$ est la matrice diagonale formée par la diagonale de la matrice $M_C - \mathbb{E}(M_C)$, alors

$$W_2(\mu_{\frac{1}{\sqrt{n}}(M_C - \mathbb{E}(M_C))}, \mu_{\frac{1}{\sqrt{n}}(M_C - \mathbb{E}(M_C) - D_C)})^2 \leqslant \frac{1}{n^2} \sum_{i=1}^{n} |M_{ii}|^2 \mathbf{1}_{\{|M_{ii}| \leqslant C\}} \xrightarrow[n \to \infty]{\text{p.s.}} 0$$

grâce à la loi des grands nombres. Ceci montre qu'il suffit d'établir le théorème de Wigner 21.1 pour la matrice $M_C - \mathbb{E}(M_C) - D_C$, pour tout réel $C > 0$.

Réduction à la mesure spectrale empirique moyenne

Dans cette sous-section nous allons montrer qu'il suffit d'établir le théorème de Wigner 21.1 pour la mesure spectrale empirique moyenne

$$\mathbb{E}\mu_{\frac{1}{\sqrt{n}}(M_C - \mathbb{E}(M_C) - D_C)},$$

et ce pour tout réel $C > 0$. Le lemme suivant, de même nature que l'inégalité de Tchebychev, est une reformulation du lemme 20.3.

Lemme 21.5 (Inégalité de concentration d'Azuma-Hoeffding). *Considérons des vecteurs aléatoires $X_1, \ldots, X_n$ indépendants pas forcément de même dimension. Si $G(X_1, \ldots, X_n)$ est une variable aléatoire réelle et intégrable, fonction mesurable de ces vecteurs, alors pour tout $t \geqslant 0$,*

$$\mathbb{P}(|G(X_1, \ldots, X_n) - \mathbb{E}(G(X_1, \ldots, X_n))| \geqslant t) \leqslant 2 \exp\left(-\frac{2t^2}{c_1^2 + \cdots + c_n^2}\right)$$

où $c_k := \sup_{(x,x') \in \mathcal{D}_k} |G(x) - G(x')|$ et $\mathcal{D}_k := \{(x, x') : x_i = x_i' \ si \ i \neq k\}$.

Voyons comment utiliser ce lemme. Soit $f : \mathbb{R} \to \mathbb{R}$ est de classe $\mathcal{C}^1$ et à support compact, et $A, B \in \mathcal{M}_n(\mathbb{C})$ hermitiennes. Le lemme 21.4 donne

$$\|F_A - F_B\|_\infty \leqslant \frac{r}{n} \quad \text{où} \quad r := \text{rang}(A - B),$$

et par intégration par parties,

$$\left| \int f \, d\mu_A - \int f \, d\mu_B \right| = \left| \int_{-\infty}^{+\infty} f'(t)(F_A(t) - F_B(t)) \, dt \right|$$

$$\leqslant \frac{r}{n} \int_{-\infty}^{+\infty} |f'(t)| \, dt := \frac{r}{n} \|f'\|_1.$$

On note $A(x_1, \ldots, x_n) \in \mathcal{M}_n(\mathbb{C})$ la matrice hermitienne dont les lignes du triangle supérieur sont $x_1, \ldots, x_n$ (vecteurs de $\mathbb{C}^n, \mathbb{C}^{n-1}, \ldots, \mathbb{C}$), et on pose

$$G(x_1, \ldots, x_n) = \int f \, d\mu_{A(x_1, \ldots, x_n)}.$$

En notant $y := (x_1, \ldots, x_n)$ et $y' := (x_1, \ldots, x_{k-1}, x'_k, x_{k+1}, \ldots, x_n)$, il vient

$$\mathrm{rang}\{A(y) - A(y')\} \leqslant 2 \quad \text{et donc} \quad |G(y) - G(y')| \leqslant \frac{2}{n} \|f'\|_1.$$

À présent $H := \frac{1}{\sqrt{n}}(M_C - \mathbb{E}(M_C) - D_C)$ est hermitienne aléatoire à valeurs dans $\mathcal{M}_n(\mathbb{C})$. Les lignes de son triangle supérieur $(H_{ij})_{1 \leqslant i \leqslant j \leqslant n}$ sont indépendantes (vecteurs aléatoires de $\mathbb{C}^n, \mathbb{C}^{n-1}, \ldots, \mathbb{C}$). Grâce au lemme 21.5, pour toute fonction f de classe $\mathcal{C}^1$ et à support compact, et pour tout réel $t \geqslant 0$,

$$\mathbb{P}\left(\left| \int f \, d\mu_H - \mathbb{E} \int f \, d\mu_H \right| \geqslant t \right) \leqslant 2 \exp\left(-\frac{nt^2}{8\|f'\|_1^2} \right).$$

Cette inégalité exprime le fait que μ_H est très concentrée autour de son espérance $\mathbb{E}\mu_H$. C'est pour cette raison que les fluctuations sont si faibles dans les simulations, dès que la dimension dépasse quelques dizaines. On a

$$\int f \, d\mu_H - \mathbb{E} \int f \, d\mu_H \xrightarrow[n \to \infty]{\mathbb{P}} 0.$$

Pour tirer parti de la rapidité de convergence, on pose $t = n^{-1/2+\varepsilon}$ avec $\varepsilon > 0$ petit fixé, de sorte que la borne exponentielle dans le membre de droite de l'inégalité soit sommable en n. Le lemme de Borel-Cantelli entraîne alors que

$$\int f \, d\mu_H - \mathbb{E} \int f \, d\mu_H \xrightarrow[n \to \infty]{\text{p.s.}} 0.$$

Cela ramène l'étude de la convergence étroite presque sûre de μ_H à celle de la convergence étroite de $\mathbb{E}\mu_H$. Ainsi, le théorème de Wigner 21.1 est une conséquence du théorème de Wigner simplifié 21.2.

21.3 Convergence des moments et convergence étroite

Cette section est dédiée à ce qu'on appelle *méthode des moments*. Soit $\mathcal{P}$ l'ensemble des lois de probabilité ν sur $\mathbb{R}$ telles que $\mathbb{R}[X] \subset L^1(\nu)$, muni de la relation d'équivalence $\nu_1 \sim \nu_2$ ssi $\int P \, d\nu_1 = \int P \, d\nu_2$ pour tout $P \in \mathbb{R}[X]$, c'est-à-dire que ν_1 et ν_2 ont les mêmes moments. On dit que $\nu \in \mathcal{P}$ est *caractérisée par ses moments* lorsque sa classe d'équivalence est un singleton.

Théorème 21.6 (Convergence des moments et convergence étroite). *Si* $\nu, \nu_1, \nu_2, \ldots$ *sont des éléments de* $\mathcal{P}$ *vérifiant, pour tout polynôme* $P \in \mathbb{R}[X]$,

$$\lim_{n \to \infty} \int P \, d\nu_n = \int P \, d\nu,$$

et si ν *est caractérisée par ses moments, alors* $(\nu_n)_{n \geqslant 1}$ *converge vers* ν *étroitement, c'est-à-dire que pour tout* $f : \mathbb{R} \to \mathbb{R}$ *continue et bornée,*

$$\lim_{n \to \infty} \int f \, d\nu_n = \int f \, d\nu.$$

Démonstration. Par hypothèse, pour tout $P \in \mathbb{R}[X]$,

$$C_P := \sup_{n \geqslant 1} \int P \, d\nu_n < \infty.$$

Par conséquent, par l'inégalité de Markov, pour tout réel $R > 0$,

$$\nu_n([-R, R]^c) \leqslant \frac{C_{X^2}}{R^2}$$

et donc $(\nu_n)_{n \geqslant 1}$ est tendue. Grâce au théorème de Prohorov, il suffit donc d'établir que si $(\nu_{n_k})_{k \geqslant 1}$ converge étroitement vers ν' alors $\nu' = \nu$. Fixons $P \in \mathbb{R}[X]$ et un réel $R > 0$. Soit $\varphi_R : \mathbb{R} \to [0, 1]$ une fonction continue telle que $\mathbb{1}_{[-R, R]} \leqslant \varphi_R \leqslant \mathbb{1}_{[-R-1, R+1]}$. On a la décomposition

$$\int P \, d\nu_{n_k} = \int \varphi_R P \, d\nu_{n_k} + \int (1 - \varphi_R) P \, d\nu_{n_k}.$$

Or $\varphi_R P$ est continue et bornée et $(\nu_{n_k})_{k \geqslant 1} \xrightarrow[n \to \infty]{} \nu'$ étroitement, d'où

$$\lim_{k \to \infty} \int \varphi_R P \, d\nu_{n_k} = \int \varphi_R P \, d\nu'.$$

De plus, par les inégalités de Schwarz et de Markov, on a

$$\left| \int (1 - \varphi_R) P \, d\nu_{n_k} \right|^2 \leqslant \nu_{n_k}([-R, R]^c) \int P^2 \, d\nu_{n_k} \leqslant \frac{C_{X^2} C_{P^2}}{R^2}.$$

On obtient donc

$$\limsup_{k \to \infty} \left| \int P \, d\nu_{n_k} - \int \varphi_R P \, d\nu' \right| = \mathcal{O}\left(\frac{1}{R^2} \right) = o_{R \to \infty}(1).$$

D'un autre côté, on sait que

$$\lim_{k \to \infty} \int P \, d\nu_{n_k} = \int P \, d\nu$$

d'où enfin

$$\lim_{R \to \infty} \int \varphi_R P \, d\nu' = \int P \, d\nu.$$

En utilisant cela pour P^2, qui est positive, on obtient d'abord par convergence monotone que $P \in L^2(\nu') \subset L^1(\nu')$, puis par convergence dominée que

$$\int P \, d\nu' = \int P \, d\nu.$$

Comme P est arbitraire et ν est caractérisée par ses moments, on a $\nu = \nu'$. $\square$

Un théorème de Weierstrass affirme que pour tout compact $K \subset \mathbb{R}$, les polynômes $\mathbb{R}[X]$ restreints à K sont denses dans $\mathcal{C}(K, \mathbb{R}, \|\cdot\|_\infty)$. Ainsi, toute loi de probabilité à support compact est caractérisée par ses moments *parmi l'ensemble des lois à support compact*. Le théorème suivant permet d'aller plus loin, car il implique que toute loi à support compact est caractérisée par ses moments parmi l'ensemble des lois dont tous les moments sont finis. C'est le cas en particulier de la loi du demi-cercle $\mu_\sigma^\ominus$.

Théorème 21.7 (Analycité de la transformée de Fourier et moments). *Soit* $\mu \in \mathcal{P}$. *On pose* $\varphi(t) = \int e^{itx} \, d\mu(x)$ *et* $\kappa_n = \int x^n \, d\mu(x)$. *Les propositions suivantes sont équivalentes :*

1. φ *est analytique sur un voisinage de* 0,

2. φ *est analytique sur* $\mathbb{R}$,

3. $\overline{\lim}_{n \to \infty} \left(\frac{1}{n!} |\kappa_n| \right)^{\frac{1}{n}} < \infty$.

Si ces conditions sont vérifiées alors μ *est caractérisée par ses moments. En particulier, une loi à support compact est caractérisée par ses moments.*

Démonstration. Pour tout n, on a $\int |x|^n \, d\mu < \infty$ et donc φ est n fois dérivable sur $\mathbb{R}$. De plus, $\varphi^{(n)}$ est continue sur $\mathbb{R}$ et pour tout $t \in \mathbb{R}$,

$$\varphi^{(n)}(t) = \int_{\mathbb{R}} (ix)^n e^{itx} \, d\mu(x).$$

En particulier, $\varphi^{(n)}(0) = i^n \kappa_n$, et la série de Taylor de φ en 0 est déterminée par la suite $(\kappa_n)_{n \geqslant 1}$. Le rayon de convergence r de la série entière $\sum_n a_n z^n$ associée à la suite de nombres complexes $(a_n)_{n \geqslant 0}$ est donné par la formule de Hadamard $r^{-1} = \overline{\lim}_n |a_n|^{\frac{1}{n}}$. Ainsi, $1 \Leftrightarrow 3$ (prendre $a_n = i^n \kappa_n / n!$). D'autre part, comme pour tout $n \in \mathbb{N}$, $s, t \in \mathbb{R}$,

$$\left| e^{isx} \left(e^{itx} - 1 - \frac{itx}{1!} - \cdots - \frac{(itx)^{n-1}}{(n-1)!} \right) \right| \leqslant \frac{|tx|^n}{n!},$$

on a pour tout $n \in \mathbb{N}$ pair et tous $s, t \in \mathbb{R}$,

$$\left| \varphi(s+t) - \varphi(s) - \frac{t}{1!} \varphi'(s) - \cdots - \frac{t^{n-1}}{(n-1)!} \varphi^{(n-1)}(s) \right| \leqslant \kappa_n \frac{|t|^n}{n!},$$

qui montre que $3 \Rightarrow 2$. Comme $2 \Rightarrow 1$, on a bien $1 \Leftrightarrow 2 \Leftrightarrow 3$. Si ces propriétés ont lieu, alors les arguments précédents donnent un $r > 0$ tel que φ est développable en série entière en tout $x \in \mathbb{R}$ avec un rayon de convergence $\geqslant r$. De proche en proche, on obtient que φ est caractérisée par ses dérivées en zéro.

Enfin, si μ est à support compact, disons inclus dans $[-C, C]$ pour une constante $C > 0$, alors $|\kappa_n| \leqslant C^n$ pour tout $n \geqslant 1$, et comme la formule de Stirling $n! \sim \sqrt{2\pi n}(n/e)^n$ donne $(1/n!)^{1/n} = \mathcal{O}(1/n)$, il vient $\lim_{n \to \infty}(\frac{1}{n!}|\kappa_n|)^{1/n} = 0$, et donc μ est caractérisée par ses moments. $\qquad\square$

Théorème 21.8 (Moments de la loi du demi-cercle). *La loi du demi-cercle* $\mu_\sigma^\ominus$ *est caractérisée par ses moments. De plus, pour tout entier* $r \geqslant 0$,

$$\int x^{2r+1} \, d\mu_\sigma^\ominus(r) = 0 \quad et \quad \int x^{2r} \, d\mu_\sigma^\ominus(r) = \sigma^{2r} \frac{1}{r+1}\binom{2r}{r}.$$

En particulier $\mu_\sigma^\ominus$ *a pour moyenne* 0 *et variance* σ^2, *et les moments pairs de la loi du demi-cercle standard* $\mu_1^\ominus$ *sont les nombres de Catalan.*

Démonstration. La loi $\mu_\sigma^\ominus$ est caractérisée par ses moments car son support $[-\sigma, \sigma]$ est compact (lemme 21.7). Les moments impairs sont nuls car $\mu_\sigma^\ominus$ est symétrique. Pour calculer les moments pairs, par dilatation et parité,

$$\int x^{2r} \, d\mu_\sigma^\ominus(x) = \frac{\sigma^{2r}}{\pi} \int_0^2 x^{2r}\sqrt{4-x^2} \, dx.$$

Par le changement de variable $x = 2\cos(u)$ et une intégration par parties,

$$\int_0^2 x^{2r}\sqrt{4-x^2} \, dx = \int_0^{\frac{\pi}{2}} 4^{r+1}\cos^{2r}(u)\sin^2(u) \, du = \frac{4^{r+1}}{2r+1}\int_0^{\frac{\pi}{2}}\cos^{2(r+1)}(u) \, du.$$

Cette dernière expression est une classique intégrale de Wallis. $\qquad\square$

21.4 Preuve du théorème de Wigner simplifié

Grâce au théorème 21.6 et au théorème 21.8, la preuve du théorème de Wigner simplifié 21.2 se ramène à établir le théorème 21.9 ci-dessous.

Théorème 21.9 (Convergence des moments). *Sous les hypothèses du théorème de Wigner simplifié 21.2 on a, pour tout entier* $r \geqslant 1$,

$$\mathbb{E}\int x^r d\mu_n \xrightarrow[n \to \infty]{} \int x^r \, d\mu_\sigma^\ominus.$$

Démonstration. On se ramène au cas $\sigma^2 = 1$ par dilatation. Les moments de la loi du demi-cercle $\mu_1^\ominus$ sont donnés par le théorème 21.8. Pour tout entier $r \geqslant 1$, le moment d'ordre r de $\mathbb{E}\mu_n$ s'écrit (avec $i_{r+1} := i_1$)

$$\mathbb{E} \int x^r \, d\mu_n(x) = \frac{1}{n} \sum_{k=1}^n \lambda_{n,k}^r$$

$$= \frac{1}{n^{1+r/2}} \operatorname{Tr}(M^r)$$

$$= \frac{1}{n^{1+r/2}} \sum_{1 \leqslant i_1, \ldots, i_r \leqslant n} \mathbb{E}(M_{i_1 i_2} \cdots M_{i_r i_{r+1}}).$$

Comme les coefficients diagonaux de M sont nuls, on a

$$\mathbb{E} \int x \, d\mu_n = \frac{1}{n^{3/2}} \sum_{i=1}^n \mathbb{E} M_{ii} = 0 = \int x \, d\mu_1^{\ominus}(x)$$

et comme M a des coefficient hors diagonale centrés et réduits, on a

$$\mathbb{E} \int x^2 \, d\mu_n = \frac{1}{n^2} \sum_{1 \leqslant i,j \leqslant n} \mathbb{E}(M_{ij}^2) = \frac{n^2 - n}{n^2} \to 1 = \int x^2 \, d\mu_1^{\ominus}(x).$$

L'étude du moment d'ordre 3 est un peu plus subtile. On a

$$\mathbb{E} \int x^3 \, d\mu_n = \frac{1}{n^{1+3/2}} \sum_{1 \leqslant i,j,k \leqslant n} \mathbb{E}(M_{ij} M_{jk} M_{ki}).$$

Si deux éléments parmi $\{\{i,j\}, \{j,k\}, \{k,i\}\}$ sont distincts alors on a forcément $\mathbb{E}(M_{ij} M_{jk} M_{ki}) = 0$ par indépendance et centrage. Dans le cas contraire, on a $i = k$ ou $i = j$ ou $k = j$, ce qui conduit à $\mathbb{E}(M_{ij} M_{jk} M_{ki}) = 0$ car la diagonale de M est nulle. Ainsi, le moment d'ordre 3 de μ_n est égal à zéro, tout comme le moment d'ordre 3 de $\mu_1^{\ominus}$.

Pour le moment d'ordre 4, on pourrait procéder de même en utilisant

$$\mathbb{E} \int x^4 \, d\mu_n = \frac{1}{n^{1+4/2}} \sum_{1 \leqslant i,j,k,l \leqslant n} \mathbb{E}(M_{ij} M_{jk} M_{kl} M_{li}).$$

Mais un phénomène nouveau se produit cette fois-ci : le cas $i = k$ et $j = l$ avec $i \neq j$ donne $\mathbb{E}(M_{ij} M_{jk} M_{kl} M_{li}) = \mathbb{E}(M_{ij}^4)$, qui n'est pas fonction des deux premiers moments des coefficients de M. Cependant, il n'y a pas de contradiction : ces termes n'ont pas de contribution asymptotique quand n tend vers ∞ car leur nombre, $n(n-1)$, est négligeable devant $n^{1+4/2} = n^3$.

Plus généralement, pour tout entier $r > 1$ on a

$$\mathbb{E} \int x^r \, d\mu_n(x) = \frac{1}{n^{1+r/2}} \sum_{1 \leqslant i_1, \ldots, i_r \leqslant n} \mathbb{E}(M_{i_1 i_2} \cdots M_{i_r i_{r+1}}).$$

On peut supposer que $i_k \neq i_{k+1}$ pour tout $1 \leqslant k \leqslant r-1$ car la diagonale de M est nulle. On associe à chaque r-uplet d'indices de ce type $i_1, \ldots, i_r$ un multi-graphe orienté, voir figures 21.2 et 21.3. Les sommets du multi-graphe orienté sont les valeurs distinctes prises par ces indices, et on note t leur nombre. Les arêtes, du multi-graphe orienté sont les liaisons (i_k, i_{k+1}) avec $1 \leqslant k \leqslant r-1$. Elles peuvent avoir une multiplicité et sont orientées. De plus ce multi-graphe orienté est cyclique de longueur $r+1$. Si on note t le nombre de sommets distincts, on dit qu'il s'agit d'un multi-graphe orienté $G(r,t)$. Deux multi-graphes orientés $G(r,t)$ sont équivalents lorsque qu'on peut passer de l'un à l'autre en permutant les indices. Des multi-graphes orientés $G(r,t)$ équivalents donnent la même valeur à $\mathbb{E}(M_{i_1 i_2} \cdots M_{i_r i_{r+1}})$, notée $\mathbb{E}(M_G)$. Il y a

$$n(n-1)\cdots(n-t+1)$$

multi-graphes orientés $G(r,t)$ dans chaque classe d'équivalence (nombre d'arrangements de t objets parmi n). Chaque classe d'équivalence contient un représentant pour lequel les t valeurs distinctes prises par les indices $i_1, \ldots, i_r$ sont successivement $1, \ldots, t$. Afin de calculer les contributions, on distingue trois types de multi-graphes orientés $G(r,t)$ détaillés ci-après. Le type est constant sur chaque classe (c'est une propriété de la classe).

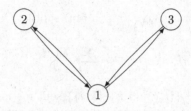

Fig. 21.2. Multi-graphe orienté associé à $\mathbb{E}(M_{12} M_{21} M_{13} M_{31})$. On a $r = 4$, $t = 3$, $i_1 = i_3 = 1$, $i_2 = 2$, $i_4 = 3$. Les arêtes successives sont 12, 21, 13, 31. Chaque arête présente, ainsi que l'arête de sens opposé, ne l'est qu'une fois. Le graphe non orienté squelette est l'arbre $2 \leftrightarrow 1 \leftrightarrow 3$. Ce multi-graphe orienté est donc de type 1.

— type 1 : ceux pour qui chaque arête présente, ainsi que l'arête de sens opposé, ne l'est qu'une fois, et le graphe non orienté squelette obtenu en effaçant les orientations et les multiplicités des arêtes est un arbre (c'est-à-dire qu'il n'a pas de cycles). C'est le cas par exemple de $\mathbb{E}(M_{12} M_{21} M_{13} M_{31}) = \mathbb{E}(M_{12}^2)\mathbb{E}(M_{13}^2) = 1$, voir figure 21.2. Un exemple plus long est donné par la figure 21.3 ;
— type 2 : ceux pour qui une arête au moins n'apparaît qu'une seule fois et l'arête de sens opposé n'apparaît pas, comme par exemple $\mathbb{E}(M_{12} M_{23} M_{31}) = \mathbb{E}(M_{12})\mathbb{E}(M_{23})\mathbb{E}(M_{31}) = 0$, voir figure 21.3 ;
— type 3 : ceux qui ne sont ni de type 1 ni de type 2. C'est le cas par exemple de $\mathbb{E}(M_{12} M_{21} M_{12} M_{21}) = \mathbb{E}(M_{12}^4) > 0$ car l'arête 12 (ainsi que l'arête 21) apparaît exactement deux fois. Un autre exemple est donné par $\mathbb{E}(M_{12} M_{21} M_{13} M_{32} M_{23} M_{31}) = \mathbb{E}(M_{12}^2)\mathbb{E}(M_{13}^2)\mathbb{E}(M_{23}^2) = 1$, car le graphe non orienté squelette associé est le cycle $1 \leftrightarrow 2 \leftrightarrow 3 \leftrightarrow 1$. Ces deux exemples sont illustrés par la figure 21.3.

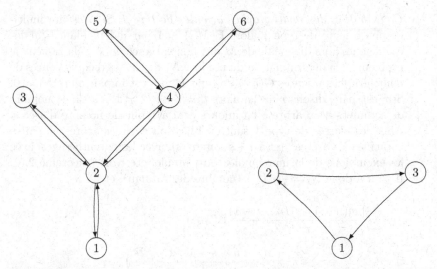

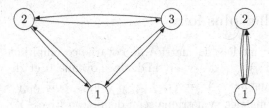

Fig. 21.3. En haut à gauche le multi-graphe orienté associé au long exemple $\mathbb{E}(M_{12}M_{23}M_{32}M_{24}M_{45}M_{54}M_{46}M_{64}M_{42}M_{21})$, qui est de type 1. En haut à droite le multi-graphe orienté associé à $\mathbb{E}(M_{12}M_{23}M_{31})$, qui est de type 2. En bas à gauche le multi-graphe orienté associé à $\mathbb{E}(M_{12}M_{21}M_{13}M_{32}M_{23}M_{31})$, et en bas à droite le multi-graphe orienté associé à $\mathbb{E}(M_{12}M_{21}M_{12}M_{21})$, tous deux de type 3.

Nous abordons à présent la phase finale :

— *Les multi-graphes orientés de type 2 ont une contribution nulle.* En effet dans ce cas $\mathbb{E}(M_G) = 0$ par indépendance et centrage ;

— *Les multi-graphes orientés de type 3 ont une contribution asymptotiquement nulle.* En effet, si G est de type 3 alors il contient au moins trois arêtes de mêmes extrémités ou un cycle d'arêtes d'extrémités différentes, ce qui implique dans les deux cas l'inégalité $2t \leqslant r+1$, qui donne la majoration $n(n-1)\cdots(n-t+1) \leqslant n^t \leqslant n^{1/2+r/2}$. D'autre part, le nombre de classes d'équivalences de multi-graphes orientés $G(r,t)$ est majoré par $t^r = \mathcal{O}(1)$. Comme les coefficients de M sont bornés à valeurs dans $[-C, C]$, on a également $\mathbb{E}(M_G) \leqslant C^r = \mathcal{O}(1)$, d'où enfin

$$\sum_{\text{cl. t. 3}} \frac{n(n-1)\cdots(n-t+1)}{n^{1+r/2}} \mathbb{E}(M_G) = \mathcal{O}(n^{-1/2}) = o_{n\to\infty}(1);$$

— *Contribution des multi-graphes orientés de type 1.* Si G est un multi-graphe orienté de type 1 alors $\mathbb{E}(M_G) = 1$ par indépendance car les coefficients hors diagonale de M ont une variance de 1. Cela ramène le problème à la détermination du nombre N_1 de classes d'équivalences de multi-graphes orientés $G(r, t)$ de type 1. Si r est impair alors $N_1 = 0$. Si r est pair, disons $r = 2s$, alors $t = 1 + r/2 = 1 + s$ car le nombre de sommets d'un arbre est toujours égal à 1 plus le nombre d'arêtes. Ainsi les classes de type 1 sont en bijection avec les arbres planaires enracinés à s arêtes [5] (et à $1+s$ sommets), avec les parenthésages, avec les excursions de la marche aléatoire simple, etc, voir (théorème 2.5). Il y en a donc $N_1 = \frac{1}{s+1}\binom{2s}{s}$ (nombre de Catalan), et

$$\sum_{\text{cl. t. 1}} \frac{n(n-1)\cdots(n-t+1)}{n^{1+r/2}}\mathbb{E}(M_G)$$

$$= \frac{n}{n}\cdots\frac{n-s+1}{n}\frac{1}{s+1}\binom{2s}{s}$$

$$\xrightarrow[n\to\infty]{} \frac{1}{1+s}\binom{2s}{s}.$$

$\square$

21.5 Pour aller plus loin

Reprenons le modèle de matrice de covariance empirique du début du chapitre avec $(Y_{ij})_{i,j\geqslant 1}$ des v.a.r. i.i.d. de moyenne 0 et de variance 1, et la matrice rectangulaire $Y = (Y_{ij})_{1\leqslant i\leqslant d_n, 1\leqslant j\leqslant n}$. Soit $\lambda_{n,1} \leqslant \cdots \leqslant \lambda_{n,d_n}$ le spectre de la matrice symétrique semi-définie positive $\frac{1}{n}YY^\top$, ordonné de manière croissante. Supposons que $\lim_{n\to\infty} d_n/n = \rho$ avec $0 < \rho < \infty$. Alors le théorème de Marchenko-Pastur, qui peut être démontré avec la même méthode que le théorème de Wigner, bien que la mise en œuvre soit un peu plus lourde, affirme que p.s. la mesure spectrale empirique $\mu_n := \frac{1}{d_n}\sum_{k=1}^{d_n} \delta_{\lambda_{n,k}}$ converge étroitement quand $n \to \infty$ vers la loi de Marchenko-Pastur

$$\mu_\rho^\oplus := q\delta_0 + \frac{\sqrt{(b-x)(x-a)}}{2\pi\rho x}\,\mathbb{1}_{[a,b]}(x)dx.$$

avec

$$q := \max(0, (1 - \rho^{-1})) \quad \text{et} \quad a := (1 - \sqrt{\rho})^2 \quad \text{et} \quad b := (1 + \sqrt{\rho})^2.$$

Une illustration du théorème de Marchenko-Pastur est donnée dans la figure 21.4. Les moments de $\mu_\rho^\oplus$ sont donnés pour tout $r \geqslant 1$ par

---

5. On prendra garde à ne pas confondre avec les arbres binaires planaires enracinés du chapitre 4, qui sont également comptés par les nombres de Catalan !

$$\int x^r \, d\mu_\rho^\oplus(x) = \sum_{k=0}^{r-1} \frac{\rho^k}{k+1} \binom{r}{k} \binom{r-1}{k}.$$

En particulier, la loi $\mu_\rho^\oplus$ a pour moyenne 1 et variance ρ. La loi $\mu_\rho^\oplus$ est un mélange entre une masse de Dirac en 0 et une loi à densité par rapport à la mesure de Lebesgue. L'atome en 0 est dû au fait que la matrice n'est pas forcément de rang plein. Il disparaît lorsque $\rho \leqslant 1$. Lorsque $\rho = 1$, la matrice Y est en quelque sorte asymptotiquement carrée. Dans ce cas, $a = 0$ et $b = 4$. Par changement de variable, presque sûrement la mesure de comptage du spectre[6] de $(\frac{1}{n}YY^\top)^{1/2}$ converge étroitement quand $n \to \infty$ vers la loi du quart-de-cercle de densité $x \mapsto \frac{1}{\pi}\sqrt{4-x^2} \, \mathbb{1}_{[0,2]}(x)$.

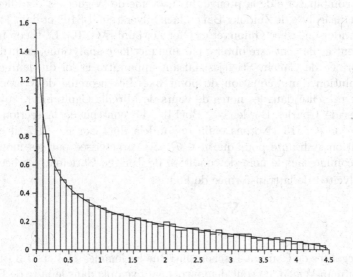

Fig. 21.4. Histogramme des valeurs propres non nulles d'une matrice de covariance empirique avec $n = 800$ et $d = 1000$ et loi de Marchenko-Pastur.

L'étude des matrices aléatoires constitue un vaste champ de recherche. Les travaux les plus anciens sont dus principalement à John Wishart (années 1920) sur les matrices de covariance empiriques des échantillons gaussiens, à John von Neumann et Herman Goldstine (années 1940) sur l'analyse numérique matricielle, et à Eugene Wigner, Freeman Dyson, et Madan Lal Mehta (années 1950-1960) sur les niveaux d'énergie des noyaux atomiques en physique

---

6. C'est aussi les *valeurs singulières* de la matrice rectangulaire $\frac{1}{\sqrt{n}}Y$.

mathématique. Le théorème de Marchenko-Pastur a été obtenu par Vladimir Marchenko et Leonid Pastur dans les années 1960. La loi du demi-cercle constitue un analogue de la loi gaussienne dans la théorie des probabilités libres initiée par Dan-Virgil Voiculescu, en liaison avec les matrices aléatoires.

Le théorème 21.1 de Wigner a été obtenu par Wigner dans les années 1950 sous des hypothèses plus restrictives. La version la plus aboutie date de la fin des années 1970. La convergence étroite de la mesure de comptage μ_n n'empêche pas une fraction asymptotiquement négligeable d'atomes d'exploser quand $n \to \infty$. Cependant, le théorème de Bai-Yin affirme que si $\mathbb{E}(M_{11}^4) < \infty$ alors presque sûrement le support de μ_n converge vers le support $[-2\sigma, 2\sigma]$ de la limite $\mu_\sigma^\ominus$, c'est-à-dire que presque sûrement

$$\lim_{n \to \infty} \lambda_n = -2\sigma \quad \text{et} \quad \lim_{n \to \infty} \lambda_1 = 2\sigma.$$

La partie combinatoire de la preuve du théorème de Wigner est détaillée par exemple dans le livre de Zhidong Bai et Jack Silverstein [BS10], et dans le livre de Greg Anderson, Alice Guionnet et Ofer Zeitouni [AGZ10]. Le théorème de Wigner peut également être obtenu par une méthode analytique, en utilisant la transformée de Cauchy-Stieltjes, faisant apparaître la loi du demi-cercle comme solution d'une équation de point fixe. Le théorème de Wigner est également présenté dans les notes de cours de Mireille Capitaine [Cap12] et dans celles de Charles Bordenave [Bor14b]. Le contenu de la section 21.2 est inspiré de [Cha13]. Notons enfin qu'au-delà du théorème 21.7, il existe une condition suffisante pour que $\mu \in \mathcal{P}$ soit caractérisée par ses moments $(\kappa_n)_{n \geqslant 1}$, connue sous le nom de condition de Torsten Carleman, et liée à la quasi-analycité [7] de la transformée de Fourier :

$$\sum_n \kappa_{2n}^{-1/(2n)} = \infty.$$

Les inégalités de Courant-Fischer ainsi que les lemmes 21.4 et 21.3 (inégalité de Hoffman-Wielandt) sont démontrés par exemple dans le livre de Roger Horn et Charles Johnson [HJ13] et dans le livre de Rajendra Bhatia [Bha97].

---

7. Une fonction $f : \mathbb{R} \to \mathbb{R}$ de classe $\mathcal{C}^\infty$ est quasi-analytique si elle est caractérisée par ses dérivées successives en 0, parmi une classe de fonctions assez large.

22

Naissances et assassinats

Mots-clés. Dynamique de population.

Outils. Processus de Poisson ; processus de Galton-Watson ; théorème de Chernoff.

Difficulté. ***

On s'intéresse à l'extinction ou à la survie d'une population organisée en clans. Chaque individu vivant donne naissance à des enfants selon un processus de Poisson et ne peut pas mourir tant que son père est en vie. Dès que celui-ci disparaît tous ses enfants sont exposés et meurent après un temps aléatoire propre de loi Q. Une configuration à un instant donné est une collection finie d'arbres généalogiques munis d'un patriarche qui seul peut être assassiné.

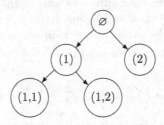

Fig. 22.1. Patriarche et quelques-uns de ses descendants.

Le patriarche de la population entière sera noté $(\varnothing)$. Chacun de ses descendants est identifié à un k-uplet d'entiers strictement positifs pour $k \geqslant 1$. Par exemple, (1) est le premier enfant de l'ancêtre, tandis que $(1,2)$ est le deuxième enfant du premier enfant de l'ancêtre, voir figure 22.1. Le nombre de coordonnées indique la génération de l'individu. Soit

© Springer-Verlag Berlin Heidelberg 2016
D. Chafaï and F. Malrieu, *Recueil de Modèles Aléatoires*,
Mathématiques et Applications 78, DOI 10.1007/978-3-662-49768-5_22

$$\mathcal{N} = \cup_{n \geqslant 0}(\mathbb{N}^*)^n$$

l'ensemble des n-uplets d'entiers strictement positifs, avec la convention $(\mathbb{N}^*)^0 = \varnothing$. Pour $\mathbf{n} \in \mathcal{N}$, notons $k(\mathbf{n})$ le nombre de coordonnées de $\mathbf{n}$. Le nombre d'individus qui ont dû naître pour que $\mathbf{n}$ naisse vaut

$$\sigma(\mathbf{n}) := n_1 + \cdots + n_{k(\mathbf{n})}.$$

On adopte les conventions $k(\varnothing) = 0 = \sigma(\varnothing)$.

Soit $(X^{\mathbf{n}})_{\mathbf{n} \in \mathcal{N}}$ une famille de processus de Poisson indépendants de même intensité λ. On notera $(T_k^{\mathbf{n}})_{k \geqslant 1}$ les temps de saut du processus $X^{\mathbf{n}}$. Soit $(K_{\mathbf{n}})_{\mathbf{n} \in \mathcal{N}}$ une famille de v.a.r. i.i.d. strictement positives de même loi Q. On suppose que les familles $(X^{\mathbf{n}})_{\mathbf{n} \in \mathcal{N}}$ et $(K_{\mathbf{n}})_{\mathbf{n} \in \mathcal{N}}$ sont indépendantes.

Le processus est initialisé à $t = 0$ avec un unique ancêtre étiqueté par $\varnothing$. Cet individu donne naissance à des enfants aux instants de saut du processus de Poisson $X^{\varnothing}$ qui entrent dans le système à leur tour avec les indices $(1), (2), \ldots$ dans l'ordre de leurs naissances. Chaque nouvel individu $\mathbf{n}$ entrant dans le système commence à donner des descendants aux instants de saut du processus $X^{\mathbf{n}}$; les descendants de $\mathbf{n}$ sont indicés par $(\mathbf{n}, 1), (\mathbf{n}, 2), \ldots$ toujours dans l'ordre chronologique.

Le patriarche est exposé dès le temps 0. Il donne naissance à des enfants jusqu'au temps aléatoire $Y_{\varnothing} := K_{\varnothing}$ où il disparaît. Chacun de ses enfants devient le patriarche de son clan et est à son tour exposé. Soit $\mathbf{n} = (n_1, \ldots, n_{k-1}, n_k)$ dans $\mathcal{N}$ et $\mathbf{n}' := (n_1, \ldots, n_{k-1})$. Quand $\mathbf{n}'$ est supprimé, au temps aléatoire $Y_{\mathbf{n}'}$, $\mathbf{n}$ devient exposé; il continue à avoir des descendants jusqu'au temps aléatoire $Y_{\mathbf{n}} := Y_{\mathbf{n}'} + K_{\mathbf{n}}$ puis est à son tour supprimé.

Exemple 22.1. *Dire que l'individu $(3, 2)$ est né, c'est dire que*

— *l'individu $\varnothing$ a eu au moins trois enfants avant de mourir : $T_3^{\varnothing}$ intervient avant la mort de $\varnothing$ à l'instant $K_{\varnothing}$;*

— *l'individu (3) a eu au moins deux enfants avant de mourir c'est-à-dire que $T_2^{(3)}$ intervient avant la mort de (3) à l'instant $K_{\varnothing} + K_{(3)}$.*

On a donc

$$\{(3, 2) \text{ est né}\} = \left\{ T_3^{\varnothing} < K_{\varnothing}, \ T_3^{\varnothing} + T_2^{(3)} < K_{\varnothing} + K_{(3)} \right\}.$$

On dit que le système de naissances et d'assassinats est *stable* si, avec probabilité 1, il existe un temps fini à partir duquel le système est vide. Sinon on dit que le système est *instable*.

Théorème 22.2 (Conditions suffisantes de stabilité et d'instabilité). *Soit $\mathcal{B}$ un processus de naissances et d'assassinats d'intensité λ dont la transformée de Laplace $u \mapsto \varphi(u) = \int_0^{\infty} e^{ux} Q(dx)$ de Q est finie au voisinage de 0, et soit*

$$\alpha := \min_{u > 0} \frac{\lambda \varphi(u)}{u}.$$

Alors on dispose de conditions suffisantes de stabilité et d'instabilité :

— le processus $\mathcal{B}$ est stable si $\alpha < 1$;
— le processus $\mathcal{B}$ est instable si $\alpha > 1$.

Les sections 22.1 et 22.2 sont consacrées à la preuve des deux conclusions du théorème 22.2.

22.1 Condition suffisante de stabilité

Introduisons le nombre moyen de descendants de $\varnothing$,

$$m := \sum_{\mathbf{n}} \mathbb{P}(\mathbf{n} \text{ est né}) \in [0, +\infty].$$

Si $\mathcal{B}$ est instable, alors par définition, il n'existe pas de temps (aléatoire) fini à partir duquel le système est vide, donc le nombre de descendants de $\varnothing$ est infini avec probabilité non nulle, et donc $m = \infty$. Par conséquent, si $m < \infty$ alors $\mathcal{B}$ est stable. Il suffit donc d'établir que $m < \infty$ dès que $\alpha < 1$.

À l'individu $\mathbf{n} = (n_1, \ldots, n_k)$, on associe sa lignée ancestrale formée des individus $\mathbf{n}(i) = (n_1, \ldots, n_i)$ pour $0 \leqslant i \leqslant k$ (avec $\mathbf{n}(0) = \varnothing$). L'individu $\mathbf{n}$ voit le jour si, pour tout $0 \leqslant i \leqslant k$, son ancêtre $\mathbf{n}(i-1)$ à la génération i a eu au moins n_i descendants :

$$\{\mathbf{n} \text{ est né}\} = \left\{ \sum_{i=1}^{j} T_{n_i}^{\mathbf{n}(i-1)} < \sum_{i=1}^{j} K_{\mathbf{n}(i-1)}, \ j = 1, 2, \ldots, k(\mathbf{n}) \right\}.$$

En particulier,

$$\mathbb{P}(\mathbf{n} \text{ est né}) \leqslant \mathbb{P}\left(\sum_{i=1}^{k(\mathbf{n})} T_{n_i}^{\mathbf{n}(i-1)} < \sum_{i=1}^{k(\mathbf{n})} K_{\mathbf{n}(i-1)} \right).$$

L'inégalité de Markov assure que, pour tout $u > 0$,

$$\mathbb{P}\left(\sum_{i=1}^{k(\mathbf{n})} T_{n_i}^{\mathbf{n}(i-1)} < \sum_{i=1}^{k(\mathbf{n})} K_{\mathbf{n}(i-1)} \right)$$
$$\leqslant \mathbb{E}\left(\exp\left(u \sum_{i=1}^{k(\mathbf{n})} K_{\mathbf{n}(i-1)} - u \sum_{i=1}^{k(\mathbf{n})} T_{n_i}^{\mathbf{n}(i-1)} \right) \right).$$

L'indépendance des processus de naissances et d'assassinats permet d'écrire

$$\mathbb{E}\left(\exp\left(u \sum_{i=1}^{k(\mathbf{n})} K_{\mathbf{n}(i-1)} - u \sum_{i=1}^{k(\mathbf{n})} T_{n_i}^{\mathbf{n}(i-1)} \right) \right) = \varphi(u)^{k(\mathbf{n})} \prod_{i=1}^{k(\mathbf{n})} \left(\frac{\lambda}{\lambda + u} \right)^{n_i}.$$

En sommant sur $\mathbf{n}$, on obtient

$$\sum_{\mathbf{n}} \mathbb{P}(\mathbf{n} \text{ est né}) \leqslant \sum_{k=1}^{\infty} \varphi(u)^k \left[\sum_{\mathbf{n},\, k(\mathbf{n})=k} \left(\frac{\lambda}{\lambda+u} \right)^{\sigma(\mathbf{n})} \right].$$

D'autre part,

$$\sum_{\mathbf{n},\, k(\mathbf{n})=k} \left(\frac{\lambda}{\lambda+u} \right)^{\sigma(\mathbf{n})}$$

$$= \sum_{m \geqslant k} \operatorname{card}\{\mathbf{n} : k(\mathbf{n})=k,\ \sigma(\mathbf{n})=m\} \left(\frac{\lambda}{\lambda+u} \right)^{m}$$

$$= \left(\frac{\lambda}{u} \right)^k \sum_{m \geqslant k} \operatorname{card}\{\mathbf{n} : k(\mathbf{n})=k,\ \sigma(\mathbf{n})=m\} \left(\frac{u}{u+\lambda} \right)^{k} \left(\frac{\lambda}{u+\lambda} \right)^{m-k}.$$

L'entier $\operatorname{card}\{\mathbf{n} : k(\mathbf{n})=k,\ \sigma(\mathbf{n})=m\}$ représente le nombre de m-uplets à coordonnées 0 ou 1 contenant exactement k 1. Le terme général de la dernière somme ci-dessus est donc la probabilité que dans un schéma de Bernoulli de probabilité de succès $u/(u+\lambda)$ le k^{e} succès survienne au temps m (c'est la loi binomiale négative). On retrouve au passage

$$\operatorname{card}\{\mathbf{n} : k(\mathbf{n})=k,\ \sigma(\mathbf{n})=m\} = \binom{m-1}{k-1}.$$

On a donc

$$\sum_{\mathbf{n},\, k(\mathbf{n})=k} \left(\frac{\lambda}{\lambda+u} \right)^{\sigma(\mathbf{n})} = \left(\frac{\lambda}{u} \right)^{k}.$$

En d'autres termes, on a donc montré que

$$m \leqslant \sum_{k \geqslant 1} \left(\frac{\lambda \varphi(u)}{u} \right)^{k}.$$

Si $\alpha < 1$, alors le nombre moyen d'individus créés est fini, et $\mathcal{B}$ est stable.

22.2 Condition suffisante d'instabilité

Démontrons à présent la seconde partie du théorème 22.2. L'idée principale est de montrer que, si $\alpha > 1$, il existe $k \geqslant 1$ tel que

$$\sum_{\mathbf{n},\, k(\mathbf{n})=k} \mathbb{P}(\mathbf{n} \text{ est né}) > 1$$

puis de conclure grâce à un argument de type branchement.

Soit $(N_i)_{i \geqslant 1}$ une suite de variables aléatoires indépendantes de loi géométrique de paramètre p indépendante du processus $\mathcal{B}$. À la génération k, on considère l'individu $\mathbf{N} = (N_1, \ldots, N_k)$ ainsi que sa lignée ancestrale formée des individus $\mathbf{N}(i) = (N_1, \ldots, N_i)$ pour $0 \leqslant i \leqslant k$. Exprimons de deux manières différentes la probabilité que $\mathbf{N}$ naisse. D'une part,

$$\mathbb{P}(\mathbf{N} \text{ est né}) = \sum_{\mathbf{n},\, k(\mathbf{n})=k} \mathbb{P}\Big(\mathbf{N} \text{ est né} \,\Big|\, \mathbf{N} = \mathbf{n}\Big)\mathbb{P}(\mathbf{N} = \mathbf{n})$$

$$= \sum_{\mathbf{n},\, k(\mathbf{n})=k} \mathbb{P}(\mathbf{n} \text{ est né})p^k(1-p)^{n_1+\cdots+n_k-k}$$

$$= \left(\frac{p}{1-p}\right)^k \sum_{\mathbf{n},\, k(\mathbf{n})=k} \mathbb{P}(\mathbf{n} \text{ est né})(1-p)^{\sigma(\mathbf{n})}.$$

D'autre part, posons

$$Z_i = K_{\mathbf{N}(i-1)} - T_{N_i}^{\mathbf{N}(i-1)},$$

pour tout $i \geqslant 1$. Comme dans la première partie de la preuve,

$$\mathbb{P}(\mathbf{N} \text{ est né}) = \mathbb{P}\left(\sum_{i=1}^{j} T_{N_i}^{\mathbf{N}(i-1)} < \sum_{i=1}^{j} K_{\mathbf{N}(i-1)},\ j = 1, \ldots, k\right)$$

$$= \mathbb{P}\left(\sum_{i=1}^{j} Z_i > 0,\ j = 1, \ldots, k\right).$$

On estime cette probabilité avec le lemme suivant, démontré en fin de section.

Lemme 22.3 (Déviation asymptotique). *Si $(X_i)_{i \geqslant 1}$ est une suite de v.a.r. i.i.d. avec $\mathbb{E}(X_1) < 0$, $\mathbb{P}(X_1 > 0) > 0$, et si la transformée de Laplace ψ de X_1 est finie au voisinage de 0, alors*

$$\lim_{n \to \infty} \frac{1}{n} \log \mathbb{P}\left(\min_{1 \leqslant k \leqslant n} \sum_{i=1}^{k} X_i > 0\right) \geqslant \log(\rho), \quad \text{où} \quad \rho := \min_{u>0} \psi(u).$$

La variable aléatoire $T_{N_i}^{\mathbf{N}(i-1)}$ suit la loi exponentielle [1] $\text{Exp}(\lambda p)$. Les variables aléatoires $(Z_i)_{i \geqslant 1}$ sont i.i.d. de transformée de Laplace et de moyenne

$$\mathbb{E}\big(e^{uZ_1}\big) = \varphi(u)\frac{\lambda p}{\lambda p + u} \quad \text{et} \quad \mathbb{E}(Z_1) = \varphi'(0) - \frac{1}{p\lambda}.$$

Ainsi, l'espérance de Z_1 est strictement négative pour p assez petit. De plus, si l'on note $\alpha = 1 + \varepsilon$, on peut choisir p suffisamment petit pour que

---

1. Le lemme 11.4 affirme que si $G, E_1, E_2, \ldots$ sont des v.a. indépendantes avec G de loi géométrique de paramètre p et $E_1, E_2, \ldots$ de loi exponentielle de paramètre λ alors la somme aléatoire $E_1 + \cdots + E_G$ suit la loi exponentielle de paramètre $p\lambda$.

$$\min_{u>0} \mathbb{E}\left(e^{uZ_1}\right) = p\min_{u>0} \frac{\lambda\varphi(u)}{\lambda p + u} > p(1 + \varepsilon/2).$$

Le lemme 22.3 appliqué à la suite $(Z_n)_{n\geqslant 1}$ assure que, pour k assez grand,

$$\mathbb{P}\left(\min_{1\leqslant j\leqslant k} \sum_{i=1}^{j} Z_i > 0\right) > p^k(1 + \varepsilon/2)^k.$$

On obtient donc

$$\left(\frac{p}{1-p}\right)^k \sum_{\mathbf{n},\, k(\mathbf{n})=k} \mathbb{P}(\mathbf{n} \text{ est né})(1-p)^{\sigma(\mathbf{n})} > p^k(1 + \varepsilon/2)^k.$$

On divise par p^k et on fait tendre p vers 0. Par convergence monotone,

$$\sum_{\mathbf{n},\, k(\mathbf{n})=k} \mathbb{P}(\mathbf{n} \text{ est né}) \geqslant (1 + \varepsilon/2)^k > 1,$$

ce qui fournit la relation

$$\sum_{\mathbf{n},\, k(\mathbf{n})=k} \mathbb{P}(\mathbf{n} \text{ est né}) > 1.$$

Achevons la démonstration du théorème 22.2. On dira qu'un individu est *spécial* si c'est l'ancêtre ou si c'est un individu de la génération nk qui descend d'un individu spécial à la génération $(n-1)k$ dont le père est mort. La relation obtenue ci-dessus nous apprend que le nombre moyen d'individus spéciaux à la génération k est strictement supérieur à $(1+\varepsilon/2)^k$. De même, le nombre moyen d'individus spéciaux à la génération nk est supérieur à $(1 + \varepsilon/2)^{nk}$. Ainsi, le processus de comptage des individus spéciaux est un processus de Galton-Watson sur-critique. Avec une probabilité strictement positive, ce processus ne s'éteint pas (voir le théorème 3.7 page 3.7). C'est donc également pour $\mathcal{B}$.

Terminons cette section par la démonstration du lemme 22.3.

Démonstration du lemme 22.3. Sous les hypothèses du lemme 22.3, on peut démontrer que le résultat du lemme 22.3 est vrai pour l'instant terminal en utilisant le théorème de Chernoff :

$$\lim_{n\to\infty} \frac{1}{n}\log\mathbb{P}\left(\sum_{i=1}^{n} X_i > 0\right) = \log(\rho).$$

Montrons à présent que

$$\mathbb{P}\left(\min_{1\leqslant k\leqslant n} S_k > 0\right) \geqslant \frac{1}{n}\mathbb{P}(S_n > 0) \quad \text{où} \quad S_k = \sum_{i=1}^{k} X_i.$$

On procède comme pour le principe de rotation du lemme 3.18. Pour tout k, notons $\sigma(k)$ l'entier compris entre 1 et n égal à k modulo n. Pour tout $l = 1, \ldots, n$, on définit S^l par

$$S_0^{(l)} = 0 \quad \text{et} \quad S_{k+1}^{(l)} = S_k^{(l)} + X_{\sigma(k+l)}.$$

On a $S' = S^{(l)}$. La somme totale $S_n^{(l)}$ ne dépend pas de l et vaut S_n. Comme $(X_1, \ldots, X_n)$ et $(X_l, \ldots, X_n, X_1, \ldots, X_{l-1})$ ont même loi, il vient

$$\mathbb{P}\left(\min_{1 \leqslant k \leqslant n} S_k > 0 \,\big|\, S_n > 0 \right) = \frac{1}{n} \mathbb{E}\left(\sum_{l=1}^{n} \mathbb{1}_{\left\{ \min_{1 \leqslant k \leqslant n} S_k^{(l)} > 0 \right\}} \,\big|\, S_n > 0 \right).$$

À présent, la somme dans le membre de droite est minorée par 1 car sur $\{S_n > 0\}$, il existe une valeur (aléatoire) de l pour laquelle le minimum de $S^{(l)}$ est strictement positif : le plus grand indice pour lequel $l \mapsto S_l$ atteint son minimum. Il est utile de faire un dessin et comparer avec la figure 3.3 page 3.3. Ceci fournit la minoration annoncée. $\qquad \square$

22.3 Pour aller plus loin

Le modèle présenté a été introduit dans un article [AK90] de David Aldous et William Krebs. Le lien avec un modèle de file d'attente est abordé dans l'article [TPH86] de John Tsitsiklis, Christos Papadimitriou, et Pierre Humblet. Un lien avec la marche aléatoire branchante se trouve dans l'article [Kor15] de Igor Kortchemski. Le théorème de (Herman) Chernoff, qui serait dû à Herman Rubin, est démontré par exemple dans le livre [DZ10] de Amir Dembo et Ofer Zeitouni.

Le théorème 22.2 laisse entière la question de la stabilité éventuelle de $\mathcal{B}$ au point critique. Une réponse précise peut être apportée dans un cas particulier important. Supposons que la loi d'assassinat soit exponentielle. Par changement d'échelle de temps, on peut supposer sans perte de généralité que son paramètre vaut 1, ce qui donne $\varphi(u) = (1-u)^{-1} \mathbb{1}_{[0,1[}(u) + \infty \mathbb{1}_{[1,\infty[}(u)$, d'où $\min_{u>0} \lambda u^{-1} \varphi(u) = 4\lambda$ (minimum atteint en $u = 1/2$). Le théorème 22.2 assure que $\mathcal{B}$ est stable si $0 < \lambda < 1/4$ et instable si $\lambda > 1/4$. On note $\mathbb{E}_\lambda$ l'espérance par rapport à la loi de $\mathcal{B}_\lambda$ et N le nombre total d'individus qui sont nés, ancêtre compris. L'article [Bor08] de Charles Bordenave montre notamment que les moments de N satisfont les propriétés d'intégrabilité suivantes :

— si $0 < \lambda < 1/4$ alors

$$\mathbb{E}_\lambda(N) = \frac{2}{1 + \sqrt{1 - 4\lambda}};$$

— si $0 < \lambda < 2/9$ alors

$$\mathbb{E}_\lambda(N^2) = \frac{2}{3\sqrt{1 - 4\lambda} - 1};$$

— pour tout $p \geqslant 2$, $\mathbb{E}_\lambda(N^p) < \infty$ si et seulement si

$$0 < \lambda < \frac{p}{(p+1)^2}.$$

En particulier, si $\lambda = 1/4$, le processus $\mathcal{B}$ est stable puisque $\mathbb{E}_{1/4}N = 2$. Il est aussi montré dans [Bor08] que la loi de N a une queue polynomiale pour tout $0 < \lambda < 1/4$. En effet, pour tout $\varepsilon > 0$, il existe C tel que pour tout $t > 0$,

$$\mathbb{P}_\lambda(N > t) \leqslant Ct^{-\gamma(\lambda)+\varepsilon} \quad \text{avec} \quad \gamma(\lambda) = \frac{1 + \sqrt{1 - 4\lambda}}{1 - \sqrt{1 - 4\lambda}}.$$

Les processus de Galton-Watson sous-critiques étudiés au chapitre 3 ne présentent pas ce comportement à queues lourdes : il existe une constante $c > 0$ telle que $\mathbb{E}_\lambda \exp(cN) < \infty$ pour $\lambda < 1$. D'autre part, le nombre moyen d'individus est donné par $\mathbb{E}_\lambda(N) = (1 - \lambda)^{-1}$: il explose donc quand λ tend vers la valeur critique 1.

23

Modèle du télégraphe

Mots-clés. Processus de Markov déterministe par morceaux ; équation aux dérivées partielles ; générateur infinitésimal.

Outils. Processus de Poisson ; chaîne de Markov à temps continu ; transformée de Laplace.

Difficulté. ***

On s'intéresse au mouvement d'une bactérie qui possède de quatre à six flagelles répartis sur sa surface et se déplace en les faisant tourner à la manière d'un tire-bouchon. Quand ils tournent dans le sens anti-horaire, les flagelles forment un faisceau propulsif qui produit un déplacement en quasi-ligne droite. Quand ils tournent dans le sens des aiguilles d'une montre, les flagelles sont décorrélés et produisent une rotation de la cellule sans déplacement significatif. La cellule alterne donc les déplacements en ligne droite ou «*runs*» et les rotations sur place ou «*tumbles*». La durée moyenne d'un run est d'environ une seconde tandis que le temps moyen d'une rotation est de l'ordre du dixième de seconde. Dans la suite, on néglige le temps de rotation et on suppose que le mouvement s'effectue en dimension 1. Dans un milieu isotrope, le taux d'apparition d'une rotation au cours d'un run est essentiellement indépendant du temps passé depuis la dernière rotation : la longueur d'un run peut donc être modélisée par une loi exponentielle de paramètre noté α.

Notons X_t et V_t la position et la vitesse de la bactérie à l'instant t. La vitesse de la bactérie prend ses valeurs dans l'ensemble $\{-1, +1\}$ après un changement d'échelle adéquat. Soit $(N_t)_{t \geqslant 0}$ un processus de Poisson d'intensité α et (V_0, X_0) une variable aléatoire à valeurs dans $E = \{-1, +1\} \times \mathbb{R}$ indépendante de $(N_t)_{t \geqslant 0}$. On définit le processus $((V_t, X_t))_{t \geqslant 0}$ à valeurs dans E en posant, pour tout $t \geqslant 0$

$$V_t = (-1)^{N_t} V_0 \quad \text{et} \quad X_t = X_0 + \int_0^t V_s \, ds.$$

© Springer-Verlag Berlin Heidelberg 2016
D. Chafaï and F. Malrieu, *Recueil de Modèles Aléatoires*,
Mathématiques et Applications 78, DOI 10.1007/978-3-662-49768-5_23

On souhaite savoir comment évolue la répartition des bactéries au cours du temps connaissant la répartition à l'instant initial.

Tout d'abord, le processus des vitesses $(V_t)_{t \geqslant 0}$ est un processus de Markov sur $\{-1, +1\}$ dont on peut déterminer la loi. Pour tout $t \geqslant 0$, notons

$$p_+(t) = \mathbb{P}(V_t = +1) \quad \text{et} \quad p_-(t) = \mathbb{P}(V_t = -1).$$

Théorème 23.1 (Loi de la vitesse). *Le processus $(V_t)_{t \geqslant 0}$ admet une unique loi invariante, qui est la loi de Rademacher symétrique $\frac{1}{2}\delta_{-1} + \frac{1}{2}\delta_{+1}$. De plus, pour tout $t \geqslant 0$, loi de V_t est donnée par*

$$p_+(t) = \frac{1}{2} + \frac{p_+(0) - p_-(0)}{2} e^{-2\alpha t} \quad \text{et} \quad p_-(t) = \frac{1}{2} - \frac{p_+(0) - p_-(0)}{2} e^{-2\alpha t},$$

solutions des équations différentielles

$$p'_+(t) = \alpha(p_-(t) - p_+(t)) \quad \text{et} \quad p'_-(t) = \alpha(p_+(t) - p_-(t)).$$

Démonstration. La formule

$$p_+(t) = \sum_{n=0}^{\infty} \mathbb{P}((-1)^n = V_0)\mathbb{P}(N_t = n) = \sum_{n=0}^{\infty} \mathbb{P}((-1)^n = V_0)e^{-\alpha t}\frac{(\alpha t)^n}{n!}$$

conduit immédiatement à l'équation différentielle

$$p'_+(t) = -\alpha p_+(t) + \alpha p_-(t).$$

Or $p_+ + p_- = 1$, d'où l'équation différentielle vérifiée par p_-. De plus

$$(p_+ - p_-)'(t) = -2\alpha(p_+ - p_-)(t) \quad \text{et} \quad (p_+ + p_-)'(t) = 0.$$

La résolution de ces équations différentielles linéaires donne le résultat. □

Dans la section 23.1, on étudie les propriétés markoviennes du processus V et du processus complet (V, X), héritées de celles du processus de Poisson. Nous faisons ensuite le lien entre ce processus et une équation aux dérivées partielles dite du télégraphe dans la section 23.2.

23.1 Aspects markoviens du processus complet

Nous étudions dans cette section le semi-groupe de Markov et le générateur infinitésimal associés au processus (V, X). L'approche est similaire à celle adoptée pour le processus de croissance-fragmentation dans le chapitre 17 et pour la file d'attente M/M/∞ dans le chapitre 11. Pour tout $t \geqslant 0$ et toute fonction f mesurable bornée de E dans $\mathbb{R}$, on note

$$P_t f(v, x) = \mathbb{E}(f(V_t, X_t)|V_0 = v, X_0 = x)$$

$$= \mathbb{E}\left[f\left((-1)^{N_t}v, x + v \int_0^t (-1)^{N_s}\, ds\right)\right].$$

Pour $k \in \mathbb{N}$, on note $\mathcal{C}_E^k$ l'ensemble des fonctions $f : E \to \mathbb{R}$ mesurables, bornées, de classe $\mathcal{C}^k$ en la deuxième variable, à dérivées successives bornées.

Théorème 23.2 (Semi-groupe de Markov). *La famille* $(P_t)_{t \geqslant 0}$ *vérifie :*
— *pour tout* $t \geqslant 0$, *si* $\mathbb{1}$ *est la fonction constante égale à* 1, *alors* $P_t\mathbb{1} = \mathbb{1}$;
— *si* f *est positive, alors* $P_t f$ *l'est aussi ;*
— *pour tout* $f \in \mathcal{C}_E^k$ *et tout* $t \geqslant 0$, $P_t f \in \mathcal{C}_E^k$;
— *pour tout* $f \in \mathcal{C}_E^1$, $\lim_{t \to 0} P_t f = f$ *uniformément ;*
— *pour tous* $t, s \geqslant 0$ *et toute fonction* $f : E \to \mathbb{R}$ *mesurable et bornée,*

$$P_{t+s}f(v, x) = P_t \circ P_s f(v, x).$$

On dit que $(P_t)_{t \geqslant 0}$ *est un semi-groupe de Markov.*

Démonstration. Les deux premiers points n'offrent pas de difficulté. Pour établir le troisième, on écrit

$$
\begin{aligned}
|P_t f(v, x) - f(v, x)| &\leqslant \mathbb{E}(|f(V_t, X_t) - f(v, x)| \,|\, V_0 = v, X_0 = x) \\
&\leqslant \mathbb{E}\big(|f(V_t, X_t) - f(v, x)|\mathbb{1}_{\{N_t = 0\}} \,|\, V_0 = v, X_0 = x\big) \\
&\quad + \mathbb{E}\big(|f(V_t, X_t) - f(v, x)|\mathbb{1}_{\{N_t \geqslant 1\}} \,|\, V_0 = v, X_0 = x\big)
\end{aligned}
$$

Si $N_t = 0$, alors, pour tout $s \in [0, t]$, $V_s = v$ et $X_t = x + tv$. On a donc

$$
\mathbb{E}\big(|f(V_t, X_t) - f(v, x)|\mathbb{1}_{\{N_t = 0\}} \,|\, V_0 = v, X_0 = x\big) = |f(v, x + vt) - f(v, x)|
$$
$$
\leqslant \|\partial_x f\|_\infty t,
$$

où on a utilisé $|v| = 1$. D'autre part,

$$
\mathbb{E}\big(|f(V_t, X_t) - f(v, x)|\mathbb{1}_{\{N_t \geqslant 1\}} \,|\, V_0 = v, X_0 = x\big) \leqslant 2\|f\|_\infty \mathbb{P}(N_t \geqslant 1)
$$
$$
= 2\|f\|_\infty\big(1 - e^{-\alpha t}\big).
$$

Démontrons la dernière propriété. Pour tous $s, t \geqslant 0$, on a

$$P_{t+s}f(v, x) = \mathbb{E}\{\mathbb{E}\{f(V_{t+s}, X_{t+s}) \,|\, X_0, V_0, X_t, V_t\} \,|\, X_0 = x, V_0 = v\}.$$

Par définition de (V, X) on écrit

$$V_{t+s} = (-1)^{N_{t+s} - N_t}V_t \quad \text{et} \quad X_{t+s} = X_t + V_t \int_0^s (-1)^{N_{t+u} - N_t}\, du.$$

On utilise ensuite le fait que le processus de Poisson est à accroissements indépendants et stationnaires, et, en particulier, que $(N_{t+s} - N_t)_{s \geqslant 0}$ est un processus de Poisson de paramètre α indépendant de $(N_u)_{0 \leqslant u \leqslant t}$, d'où

$$\mathbb{E}\left(f\left((-1)^{N_{t+s}-N_t}V_t, X_t + V_t\int_0^s(-1)^{N_{t+u}-N_u}\,du\right)\,\Big|\,X_0, V_0, X_t, V_t\right)$$
$$= P_s f(V_t, X_t).$$

On retrouve alors la relation de semi-groupe $P_{t+s}f(v,x) = P_t \circ P_s f(v,x)$. □

Théorème 23.3 (Générateur infinitésimal). *Pour tout $t \geqslant 0$ et tout $f \in \mathcal{C}_E^1$,*

$$\left\|\frac{P_{t+h}f - P_t f}{h} - AP_t f\right\|_\infty \xrightarrow[h\to 0]{} 0,$$

où l'opérateur A est défini par

$$Af(v,x) := \alpha(f(-v,x) - f(v,x)) + v\partial_x f(v,x),$$

pour tout $f \in \mathcal{C}_E^1$. En particulier, pour tout $t \geqslant 0$ et pour tout $f \in \mathcal{C}_E^1$,

$$\partial_t P_t f(v,x) = AP_t f(v,x) = P_t(Af)(v,x).$$

Démonstration. Démontrons d'abord le résultat pour $t = 0$. Soit $f \in \mathcal{C}_E^1$, on a

$$P_h f(v,x) = \mathbb{E}\big(f(V_h, X_h)\mathbb{1}_{\{N_h=0\}}\,|\,V_0 = v, X_0 = x\big)$$
$$+ \mathbb{E}\big(f(V_h, X_h)\mathbb{1}_{\{N_h=1\}}\,|\,V_0 = v, X_0 = x\big)$$
$$+ \mathbb{E}\big(f(V_h, X_h)\mathbb{1}_{\{N_h\geqslant 2\}}\,|\,V_0 = v, X_0 = x\big).$$

On étudie ces trois espérances séparément. La valeur absolue de la troisième et dernière espérance est bornée par

$$\|f\|_\infty\mathbb{P}(N_h \geqslant 2) = \|f\|_\infty(1 - e^{-\alpha h}(1 + \alpha h)) = \mathcal{O}(h^2).$$

La première espérance vaut

$$\mathbb{E}\big(f(v, x + vh)\mathbb{1}_{\{N_h=0\}}\big) = f(v, x + vh)e^{-\alpha h}$$
$$= f(v,x) + h(v\partial_x f(v,x) - \alpha f(v,x)) + o(h).$$

Enfin, la deuxième espérance s'écrit

$$\mathbb{E}\left[f\left(-v, x + v\int_0^h(-1)^{N_u}\,du\right)\mathbb{1}_{\{N_h=1\}}\right] = \alpha h e^{-\alpha h}(f(-v,x) + \mathcal{O}(h))$$
$$= \alpha h f(-v,x) + o(h)$$

puisque le terme intégral est borné (en valeur absolue) par h. On a ainsi obtenu

$$P_h f(v,x) = f(v,x) + hAf(v,x) + o(h),$$

ce qui achève le cas $t = 0$. Pour étendre le résultat à tout temps $t \geqslant 0$, on utilise la propriété de semi-groupe et la première partie de la preuve :

$$\frac{P_{t+h}f - P_t f}{h} - AP_t f = \left(\frac{P_h - P_0}{h} - A\right) P_t f \xrightarrow[h\to 0]{\|\cdot\|_\infty} 0,$$

puisque que $P_t f \in \mathcal{C}_E^1$. De même, l'écriture alternative

$$\frac{P_{t+h}f - P_t f}{h} = P_t\left(\frac{P_h - P_0}{h}\right) f;$$

fournit la relation $\partial_t P_t f = P_t A f$. $\qquad\qquad\qquad\square$

23.2 Lien entre équation et processus

Soit $\phi : \mathbb{R} \to \mathbb{R}$ de classe $\mathcal{C}^2$. Définissons u^+ et u^- sur $\mathbb{R}_+ \times \mathbb{R}$ par

$$\begin{cases} u^+(t,x) := P_t\phi(1,x) = \mathbb{E}(\phi(X_t)\,|\,V_0 = 1, X_0 = x), \\ u^-(t,x) := P_t\phi(-1,x) = \mathbb{E}(\phi(X_t)\,|\,V_0 = -1, X_0 = x), \end{cases}$$

avec l'abus de notation suivant : on note encore ϕ l'application $(v,x) \mapsto \phi(x)$. Par définition de u^+ et u^-, la dernière formule du théorème 23.3 assure que

$$\begin{aligned} \partial_t u^+(t,x) &= \partial_t P_t\phi(1,x) = AP_t\phi(1,x) \\ &= \alpha(P_t\phi(-1,x) - P_t\phi(1,x)) + \partial_x P_t\phi(1,x) \\ &= \alpha(u^-(t,x) - u^+(t,x)) + \partial_x u^+(t,x). \end{aligned}$$

On peut faire de même pour u^- et en déduire que (u^+, u^-) est solution de

$$\begin{cases} \partial_t u^+(t,x) = \alpha(u^-(t,x) - u^+(t,x)) + \partial_x u^+(t,x) \\ \partial_t u^-(t,x) = \alpha(u^+(t,x) - u^-(t,x)) - \partial_x u^-(t,x). \end{cases}$$

En posant

$$u(t,x) := \frac{u^+(t,x) + u^-(t,x)}{2} \quad \text{et} \quad \tilde{u}(t,x) := \frac{u^+(t,x) - u^-(t,x)}{2},$$

le couple $(u, \tilde{u})$ est solution de

$$\begin{cases} \partial_t u(t,x) = \partial_x \tilde{u}(t,x), \\ \partial_t \tilde{u}(t,x) = -2\alpha\tilde{u}(t,x) + \partial_x u(t,x). \end{cases}$$

Dériver la première équation par rapport à t et la seconde par rapport à x permet de supprimer le terme $\partial_t \partial_x \tilde{u}(t,x)$ pour obtenir

$$\partial_{tt}^2 u(t,x) = -2\alpha\partial_x\tilde{u}(t,x) + \partial_{xx}^2 u(t,x).$$

Il reste alors à remplacer $\partial_x\tilde{u}(t,x)$ par $\partial_t u(t,x)$ pour obtenir que

$$\partial_{tt}^2 u(t,x) - \partial_{xx}^2 u(t,x) + 2\alpha\partial_t u(t,x) = 0.$$

Or lorsque $X_0 = x$ pour un $x \in \mathbb{R}$ et $V_0 \sim \frac{1}{2}\delta_{-1} + \frac{1}{2}\delta_1$ alors on trouve $u(t,x) = \mathbb{E}(\phi(x + X_t))$, et on a donc démontré le résultat suivant.

Théorème 23.4 (Représentation probabiliste de la solution d'une ÉDP). *La fonction u définie par $u(t, x) = \mathbb{E}(\phi(x + X_t))$ pour tout $t \geqslant 0$ et $x \in \mathbb{R}$ où $X_0 = 0$ et V_0 suit la loi $\frac{1}{2}\delta_{-1} + \frac{1}{2}\delta_1$ est solution de l'équation du télégraphe :*

$$\begin{cases} \partial_{tt}^2 u(t, x) - \partial_{xx}^2 u(t, x) + 2\alpha \partial_t u(t, x) = 0 & \text{pour tous } t \geqslant 0, \ x \in \mathbb{R}, \\ u(0, x) = \phi(x) & \text{pour tout } x \in \mathbb{R}, \\ \partial_t u(0, x) = 0 & \text{pour tout } x \in \mathbb{R}. \end{cases}$$

L'équation aux dérivées partielles du théorème 23.4 est une superposition de deux équations classiques : l'équation des ondes ou des cordes vibrantes, et l'équation de la chaleur. La première décrit la propagation d'un signal sans amortissement tandis que la seconde traduit un phénomène de diffusion.

23.3 Modification ergodique

Dans cette section, on modifie légèrement la dynamique du processus (V, X). La vitesse est toujours à valeurs dans $\{-1, +1\}$ et X correspond encore à l'intégrale de V. Toutefois, on complique légèrement le mécanisme de saut de V. Pour simplifier, on construit par récurrence les positions aux instants de saut de V et on complète ensuite par interpolation.

Soit $a > 0$ et $b > 0$ des réels fixés. Soit $(E_n)_{n \geqslant 1}$ une suite de v.a.r. i.i.d. de loi exponentielle de paramètre 1 indépendante de $(\tilde{V}_0, \tilde{X}_0) \in \{-1, +1\} \times \mathbb{R}_+$. On note $T_0 = 0$. On définit par récurrence les quantités suivantes :

$$T_n = T_{n-1} + \begin{cases} \dfrac{E_n}{b} & \text{si } \tilde{V}_{n-1} = 1, \\ \min\left(\dfrac{E_n}{a}, \tilde{X}_{n-1}\right) & \text{si } \tilde{V}_{n-1} = -1, \end{cases}$$

puis

$$\tilde{V}_n = -\tilde{V}_{n-1} \quad \text{et} \quad \tilde{X}_n = \tilde{X}_{n-1} + \tilde{V}_{n-1}(T_n - T_{n-1}).$$

On construit alors le processus (X, V) en posant $V_t := \tilde{V}_{n-1}$ si $T_{n-1} \leqslant t < T_n$ et X comme interpolation linéaire de $\tilde{X}$. Pour résumer, le taux de saut de V est donné par

$$b\mathbb{1}_{\{v=1\}} + \left(a + \infty \mathbb{1}_{\{x=0\}}\right)\mathbb{1}_{\{v=-1\}}.$$

Une excursion de (V, X) est une trajectoire issue de $(+1, 0)$ arrêtée à l'instant

$$S := \inf\{t > 0 \ : \ X_t = 0\}.$$

On note ψ la transformée de Laplace de S :

$$\psi : \lambda \in \mathbb{R} \mapsto \psi(\lambda) = \mathbb{E}_{(1,0)}\left(e^{\lambda S}\right).$$

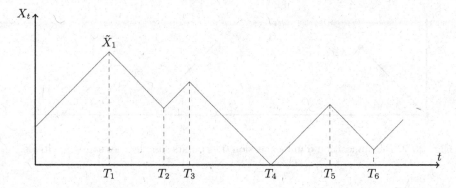

Fig. 23.1. Une trajectoire.

Lemme 23.5 (Longueur d'une excursion). *Le domaine de définition de ψ est* $]-\infty, \lambda_c]$, *où λ_c est donné par*

$$\lambda_c = \frac{a+b}{2} - \sqrt{ab} = \frac{(\sqrt{b} - \sqrt{a})^2}{2}.$$

De plus, si $\lambda \leqslant \lambda_c$, alors

$$\psi(\lambda) = \frac{a+b-2\lambda - \sqrt{(a+b-2\lambda)^2 - 4ab}}{2a}.$$

En particulier, $\psi(\lambda_c) = \sqrt{b/a}$ et $\mathbb{E}_{(1,0)}(S) = 2/(b-a)$.

Démonstration. Le premier temps de saut $T_1 = E$ pour V lorsque $(V_0, X_0) = (1, 0)$ suit la loi exponentielle de paramètre b. Si V ne saute pas entre E et $2E$ alors $S = 2E$. Dans le cas contraire, (V, X) fait une excursion au-dessus de X_{T_2} qui a même loi que X. Après cette excursion, (V, X) se trouve en $(-1, X_{T_2})$. Encore une fois, de deux choses l'une : X atteint 0 avant que V ne saute ou non (dans ce cas, une autre excursion se greffe). La figure 23.2 illustre ce découpage. Le nombre N d'excursions incluses dans la descente depuis E suit la loi $\mathrm{Poi}(aE)$. On peut donc écrire

$$S \overset{\text{loi}}{=} 2E + \sum_{k=1}^{N} S_k,$$

où E, N et $(S_k)_{k \geqslant 1}$ sont indépendantes. Ainsi on a, pour tout λ dans le domaine de définition de ψ (qui contient $]-\infty, 0]$),

$$\psi(\lambda) = \mathbb{E}\left(\mathbb{E}\left(e^{2\lambda E + \lambda \sum_{k=1}^{N} S_k} \big| E, N \right) \right) = \left(e^{2\lambda E} \mathbb{E}(\psi(\lambda)^N | E) \right)$$

$$= \mathbb{E}\left(e^{2\lambda E} e^{aE(\psi(\lambda)-1)} \right) = \frac{b}{b+a-2\lambda - a\psi(\lambda)},$$

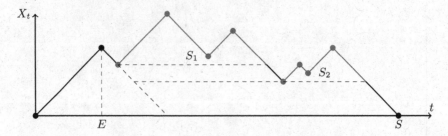

Fig. 23.2. Décomposition d'une excursion. Les points signalent les sauts de vitesse.

d'où la formule.   □

Plus de précision est possible sur la structure d'une excursion issue de $(+1, 0)$. Ceci va permettre d'exprimer la quantité suivante en termes de variables aléatoires classiques :

$$I = \int_0^S e^{\lambda X_s} g(V_s)\, ds$$

où g est une fonction définie sur $\{-1, +1\}$. Le premier temps de saut E suit la loi exponentielle de paramètre b. Conditionnellement à $\{E = x\}$, le nombre N d'excursions «greffées» sur le retour à 0 est distribué selon la loi de Poisson de paramètre ax. Conditionnellement à $\{E = x, N = k\}$ les k hauteurs auxquelles elles ont lieu sont distribuées comme $(xU_{(k,k)}, xU_{(k,k-1)}, \ldots, xU_{(k,1)})$ où les v.a.r. $(U_i)_{i \geqslant 1}$ sont i.i.d. de loi uniforme sur $[0,1]$ et où $(U_{(1,k)}, \ldots, U_{(k,k)})$ représente l'échantillon réordonné dans l'ordre croissant. Soient

$$\left((V_t^{(i)}, X_t^{(i)})_{0 \leqslant t \leqslant S^{(i)}} \right)_{i \geqslant 1}$$

des trajectoires indépendantes sur une excursion issue de $(+1, 0)$. On a alors

$$I = (g(1) + g(-1)) \int_0^E e^{\lambda y}\, dy + \sum_{i=1}^N \int_0^{S_i} e^{\lambda(EU_{(i,N)} + X_s^{(i)})} g(V_s^{(i)})\, ds.$$

On a alors

$$\mathbb{E}\left(\int_0^{S_i} e^{\lambda(EU_{(i,N)} + X_s^{(i)})} g(V_s^{(i)})\, ds \,\middle|\, E, N, (U_i)_{i \geqslant 1} \right) = \mathbb{E}(I) e^{\lambda EU_{(i,N)}}.$$

On en déduit la relation suivante

$$\mathbb{E}(I) = \mathbb{E}\left(\frac{g(1) + g(-1)}{\lambda} (e^{\lambda E} - 1) + \mathbb{E}(I) \sum_{i=1}^N e^{\lambda EU_{(i,N)}} \right)$$

$$= \frac{g(1) + g(-1)}{b - \lambda} + \mathbb{E}(I)\mathbb{E}\left(\sum_{i=1}^{N} e^{\lambda E U_i}\right).$$

Enfin, par indépendance des variables aléatoires considérées,

$$\mathbb{E}\left(\sum_{i=1}^{N} e^{\lambda E U_i} | E\right) = \mathbb{E}\left(N e^{\lambda E U_1} | E\right)$$

$$= \mathbb{E}\left(\frac{N}{\lambda E}(e^{\lambda E} - 1) | E\right)$$

$$= \frac{a}{\lambda}(e^{\lambda E} - 1).$$

Ainsi, pour tout $\lambda < b - a$, on obtient

$$\mathbb{E}(I) = \frac{g(1) + g(-1)}{b - a - \lambda}.$$

Le théorème ergodique montre que si ν est la loi invariante de (V, X) alors

$$\int_{\{-1,+1\}\times\mathbb{R}_+} e^{\lambda x} g(v)\nu(dv, dx) = \frac{\mathbb{E}(I)}{\mathbb{E}(S)} = \frac{g(1) + g(-1)}{2}\frac{b - a}{b - a - \lambda}.$$

Ainsi, la loi invariante ν est la loi $(1/2)(\delta_{-1} + \delta_{+1}) \otimes \mathrm{Exp}(b - a)$.

23.4 Pour aller plus loin

De nombreux modèles mathématiques pour ces problèmes de déplacement de bactéries se trouvent par exemple dans les articles de Hans Othmer, Steven Dunbar, et Wolfgang Alt [ODA88], et de Radek Erban et Hans Othmer [EO05]. Le théorème 23.4 est dû à Marc Kac [Kac74]. Dans l'article de Kac, l'équation aux dérivées partielles du théorème 23.4 apparaît comme une limite d'échelle de marches aléatoires persistantes, qui modélisent l'évolution d'un courant électrique dans un câble coaxial, ce qui explique le nom d'équation du télégraphe. Ce lien avec les marches aléatoires persistantes est également au cœur d'un article de Samuel Herman et Pierre Vallois [HV10].

Problème de Dirichlet

Mots-clés. Diffusion ; mouvement brownien ; temps de sortie ; équation de la chaleur ; fonction harmonique.

Outils. Chaîne de Markov ; propriété de Markov ; martingale ; méthode de Monte-Carlo.

Difficulté. ***

Ce chapitre est consacré au problème de Dirichlet continu, en liaison avec le mouvement brownien. La version discrète est abordée dans le chapitre 2 consacré aux marches aléatoires. La motivation est l'étude de la répartition de la température dans un solide. Considérons donc un solide homogène identifié à l'adhérence $\overline{D}$ d'un ouvert connexe borné D de $\mathbb{R}^d$ dont on fixe la température de surface non nécessairement constante égale à une fonction b. La température à l'intérieur du solide converge vers un équilibre thermique que l'on souhaite exprimer en fonction de D et b. Intuitivement, la température en un point intérieur du solide est égale à la moyenne des températures prises sur toute boule centrée en ce point et incluse dans le solide : la température φ vérifie la formule de la moyenne. Pour tout $x \in \mathbb{R}^d$ et tout réel $r \geqslant 0$, la boule et la sphère de centre x et de rayon r sont notées

$$B(x,r) := \{y \in \mathbb{R}^d : |x - y| < r\} \quad \text{et} \quad S(x,r) := \{y \in \mathbb{R}^d : |x - y| = r\},$$

tandis que la boule fermée de centre x et de rayon r est notée

$$\overline{B(x,r)} := B(x,r) \cup S(x,r) = \{y \in \mathbb{R}^d : |x - y| \leqslant r\}.$$

On notera parfois $\partial B(x,r) := S(x,r)$. On dit que φ est harmonique sur D si elle est localement intégrable et vérifie la formule de la moyenne :

$$\forall x \in D, \ \forall r < \text{dist}(x, \partial D), \quad \varphi(x) = \frac{1}{|B(0,r)|} \int_{B(0,r)} \varphi(x + y) \, dy.$$

D. Chafaï and F. Malrieu, *Recueil de Modèles Aléatoires*,
Mathématiques et Applications 78, DOI 10.1007/978-3-662-49768-5_24

La température devrait être continue sur l'ensemble du solide si b l'est au bord ∂D de D. On peut donc formuler ainsi le problème de Dirichlet : une fonction φ définie sur $\overline{D}$ à valeurs dans $\mathbb{R}$ est solution du problème de Dirichlet si

1. pour tout point x de ∂D, $\varphi(x) = b(x)$,

2. φ est continue sur $\overline{D}$,

3. φ est harmonique sur D.

Il existe de nombreux théorèmes étudiant l'existence et/ou l'unicité de la solution du problème de Dirichlet mais bien sûr la solution n'est en général pas explicite. Dans certains cas très particuliers, il est cependant possible de donner une représentation intégrale relativement explicite de la solution. Dans les autres cas, des méthodes numériques, déterministes ou probabilistes, permettent de résoudre le problème de manière approchée.

Théorème 24.1 (Fonctions harmoniques). *Pour toute fonction $\varphi : D \to \mathbb{R}$ les trois propriétés suivantes sont équivalentes :*

1. *Moyenne sur les boules : φ est harmonique ;*

2. *Moyenne sur les sphères : φ est localement intégrable sur D et vérifie*

$$\forall x \in D, \ \forall r < \mathrm{dist}(x, \partial D), \quad \varphi(x) = \int_{S(0,r)} \varphi(x + y)\, \sigma_r(dy),$$

où σ_r est la loi uniforme sur la sphère centrée de rayon r ;

3. *Laplacien nul : φ est de classe $\mathcal{C}^\infty$ sur D et $\Delta\varphi = 0$ sur D.*

De plus, si φ est harmonique sur D alors toutes ses dérivées partielles sont harmoniques sur D. Enfin, si $|\varphi|$ est bornée sur $\overline{D}$, alors il en va de même pour toutes les dérivées partielles de φ.

Le théorème 24.1 permet de reformuler le problème de Dirichlet en termes d'équations aux dérivées partielles (ÉDP).

Corollaire 24.2 (Problème de Dirichlet et ÉDP). *Une fonction φ est solution du problème de Dirichlet sur D avec conditions aux bords b, si et seulement si, elle est de classe $\mathcal{C}^\infty$ sur D et continue sur $\overline{D}$ et vérifie*

$$\begin{cases} \Delta\varphi(x) = 0 & \text{pour tout } x \in D, \\ \varphi(x) = b(x) & \text{pour tout } x \in \partial D. \end{cases}$$

Démonstration du théorème 24.1. Montrons que la seconde propriété implique la première. Supposons sans perte de généralité que $x = 0$. Grâce à un changement de variables polaires, on a

$$\frac{1}{|B(0,r)|} \int_{B(0,r)} \varphi(y)\, dy = \frac{1}{r^d |B(0,1)|} \int_0^r \int_{\partial B(0,s)} \varphi(y)\, \sigma_s(dy) |\partial B(0,s)|\, ds$$

$$= \frac{d}{r^d} \int_0^r \int_{\partial B(0,s)} \varphi(y)\, \sigma_s(dy) s^{d-1}\, ds.$$

Ainsi, si φ vérifie la formule de la moyenne sur les sphères, alors φ vérifie la formule de la moyenne sur les boules. Réciproquement, si φ est harmonique, l'expression ci-dessus donne

$$r^d \varphi(0) = d \int_0^r \int_{\partial B(0,s)} \varphi(y)\, \sigma_s(dy) s^{d-1}\, ds.$$

Une dérivation par rapport à r donne la formule de la moyenne sur les sphères.

Montrons que les deux dernières propriétés sont équivalentes. La première étape consiste à régulariser la fonction φ par convolution. Soit $x \in D$, $\mathcal{V}$ un voisinage de x inclus dans D, et $\varepsilon < \mathrm{dist}(\mathcal{V}, \partial D)$. La fonction

$$\Psi_\varepsilon : x \mapsto c(\varepsilon) \exp((|x|^2 - \varepsilon^2)^{-1}) \mathbb{1}_{\{|x| < \varepsilon\}}$$

est de classe $\mathcal{C}^\infty$, positive, d'intégrale 1 pour $c(\varepsilon)$ bien choisi, à support dans la boule $\overline{B(0,\varepsilon)}$ et radiale. La fonction $\varphi * \Psi_\varepsilon$ est donc de classe $\mathcal{C}^\infty$ sur $\mathcal{V}$. De plus, pour tout $y \in \mathcal{V}$, la formule de la moyenne sur les sphères assure que

$$\varphi * \Psi_\varepsilon(y) = \int_{B(0,\varepsilon)} \varphi(y+u) \Psi_\varepsilon(u) du$$

$$= \int_0^\varepsilon \left(\int_{S(0,s)} \varphi(y + sz)\, \sigma_s(dz) \right) |S(0,s)| \Psi_\varepsilon(s) ds$$

$$= \varphi(y) \int_{B(0,\varepsilon)} \Psi_\varepsilon(z)\, dz,$$

puisque Ψ_ε est radiale. Elle est de plus d'intégrale 1 : φ et $\varphi * \Psi_\varepsilon$ coïncident sur $\mathcal{V}$ et φ est ainsi de classe $\mathcal{C}^\infty$ sur $\mathcal{V}$. Enfin, pour $|y|$ assez petit, on a

$$\varphi(x+y) = \varphi(x) + \nabla\varphi(x) \cdot y + \frac{1}{2}(\mathrm{Hess}(\varphi)(x)y) \cdot y + o(|y|^2).$$

En intégrant cette relation sur la sphère centrée de rayon r contre la mesure uniforme et en faisant tendre r vers 0, on obtient que $\Delta\varphi(x) = 0$, tandis que la réciproque s'obtient en intégrant la relation sur une petite boule.

Il reste à établir les propriétés de régularité automatiques des dérivées. La propagation de l'harmonicité s'obtient par récurrence en dérivant la formule de la moyenne. De plus, pour tout multi-indice $\alpha \in \mathbb{N}^d$, il existe $K(\varepsilon, \alpha)$ tel que, pour tout $y \in \mathcal{V}$,

$$|\partial_\alpha \varphi(y)| = |\varphi * \partial_\alpha \Psi_\varepsilon| \leqslant K(\varepsilon, \alpha) \sup_{z \in \overline{D}} |\varphi(z)|.$$

Un argument de compacité assure le résultat. $\qquad\qquad\qquad\qquad\qquad\square$

24.1 Interprétation probabiliste

La théorie des probabilités fournit les outils nécessaires à l'étude du problème de Dirichlet sous sa forme ÉDP, notamment une représentation probabiliste de la solution. Soit $(B_t)_{t \geqslant 0}$ un mouvement brownien sur $\mathbb{R}^d$ et

$$\tau := \inf \{t > 0 \,:\, B_t \notin D\}$$

le *temps de sortie* de D pour $(B_t)_{t \geqslant 0}$. On notera $\mathbb{P}_x$ la loi de $(B_t)_{t \geqslant 0}$ sachant que $B_0 = x$ et $\mathbb{E}_x$ l'espérance par rapport à cette loi. Le mouvement brownien est un processus de Markov fort et la formule d'Itô assure que si f est une fonction de classe $\mathcal{C}^2$ de $\mathbb{R}^d$ dans $\mathbb{R}$ à dérivées bornées, alors

$$f(B_t) = f(B_0) + \int_0^t \frac{1}{2} \Delta f(B_s) \, ds + \int_0^t \nabla f(B_s) \, dB_s.$$

L'intégrale stochastique (dernier terme) ci-dessus est une martingale. La clé du lien entre probabilités et analyse est contenue dans la remarque suivante : $(f(B_t))_{t \geqslant 0}$ est une martingale si f est une fonction harmonique.

Théorème 24.3 (Harmonicité de la représentation probabiliste). *La fonction v définie sur D par $v(x) = \mathbb{E}_x[b(B_\tau)]$ est harmonique sur D.*

Il est délicat d'établir la continuité sur $\overline{D}$ de la fonction v donnée par le théorème 24.3. Cela fait intervenir les propriétés géométriques du domaine D.

Démonstration. Soit $x \in D$ et $r < \operatorname{dist}(x, \partial D)$. Notons

$$\tau_r := \inf \{t \geqslant 0 \,:\, B_t \notin B(x, r)\}$$

le temps de sortie de la boule centrée en x de rayon r pour le mouvement brownien issu de x. Voir la figure 24.1. La propriété de Markov forte de $(B_t)_{t \geqslant 0}$ assure alors que

$$v(x) = \mathbb{E}_x[\mathbb{E}_x(b(B_\tau)|\mathcal{F}_{\tau_r})] = \mathbb{E}_x\big[\mathbb{E}_{X_{\tau_r}}(b(B_\tau))\big] = \mathbb{E}_x(v(B_{\tau_r})).$$

Enfin, comme la loi du mouvement brownien est invariante par rotation, la v.a. B_{τ_r} est distribuée selon la loi uniforme sur $S(x, r)$. Cette propriété assure que la fonction v vérifie la formule de la moyenne sur les sphères. $\qquad \square$

Remarque 24.4 (Noyau de Poisson). *La représentation probabiliste ci-dessus montre que la solution du problème de Dirichlet en un point x de D s'écrit comme la moyenne des valeurs aux bords pondérées par la loi du lieu de sortie d'un mouvement brownien issu de x. La densité de cette mesure est appelée noyau de Poisson de D.*

Une fonction h harmonique sur un domaine D atteint nécessairement son maximum sur un compact K en un point du bord de K. Ce principe du maximum fournit l'unicité de la solution du problème de Dirichlet : la différence de deux solutions est une fonction harmonique nulle sur ∂D et donc nulle sur D. Le théorème suivant montre que la l'unicité de la solution du problème de Dirichlet peut aussi se déduit de l'interprétation probabiliste.

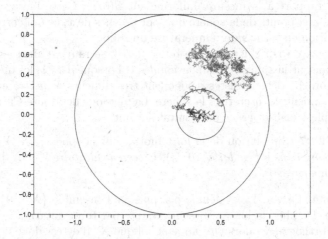

Fig. 24.1. Découpage d'une trajectoire sortant de D après être sortie de $B(x,r)$.

Théorème 24.5 (Unicité). *Si φ est une solution du problème de Dirichlet sur D de condition aux bords b, alors cette solution est unique et s'écrit*

$$\forall x \in D, \quad \varphi(x) = \mathbb{E}_x[b(B_\tau)].$$

Démonstration. La formule d'Itô fournit la décomposition suivante :

$$\varphi(B_{t\wedge\tau}) = \varphi(x) + \int_0^{t\wedge\tau} \frac{1}{2}\Delta\varphi(B_s)\,ds + M_{t\wedge\tau}$$

où $(M_{t\wedge\tau})_{t\geqslant 0}$ est une martingale bornée d'après les propriétés de régularités automatiques des fonctions harmoniques (théorème 24.1). En effet, φ est harmonique sur D et bornée sur $\overline{D}$. Il en est alors de même pour ses dérivées. En prenant l'espérance et en faisant $t \to \infty$, on obtient le résultat annoncé.   □

24.2 Cas de la boule unité

Il existe très peu de domaines D pour lesquels une expression explicite de la solution du problème de Dirichlet est disponible. Cette section est consacrée au cas des boules euclidiennes.

Théorème 24.6 (Noyau de Poisson des boules). *Le problème de Dirichlet sur la boule centrée de rayon r dans $\mathbb{R}^d$ de condition aux bords b a pour solution*

$$\varphi(x) = \int_{S(0,r)} b(y)P_r(x,y)\,\sigma_r(dy), \quad \text{où} \quad P_r(x,y) = \frac{r^{d-2}(r^2 - |x|^2)}{|y-x|^d}.$$

Ici encore $\varphi(x)$ s'écrit comme la moyenne de b sur ∂D contre la densité $P_r(x, y)$ par rapport à la mesure uniforme sur $S(0, r)$. Cette mesure donne plus de poids aux points de la sphère qui sont proches de x, ce qui correspond bien à l'intuition en termes de température du solide.

Le problème de Dirichlet sur une boule de $\mathbb{R}^d$ se ramène ainsi au calcul d'une intégrale sur la sphère de dimension $d - 1$. Lorsque $d \gg 1$, les méthodes de calcul approché déterministes deviennent très difficiles à mettre en place car elles demandent de discrétiser la sphère. La méthode de Monte-Carlo reste elle très simple à utiliser grâce au résultat suivant.

Théorème 24.7 (Simulation de la loi uniforme sur la sphère). *Si X est un vecteur aléatoire dans $\mathbb{R}^d$ de loi $\mathcal{N}_d(0, I_d)$, le vecteur aléatoire $Y = X/|X|$ suit la loi uniforme sur $S(0, 1)$.*

Démonstration. La v.a. Y est définie p.s. puisque l'ensemble $\{X = 0\}$ est de mesure nulle. De plus, la loi de X est invariante par toute rotation : si O est une matrice orthogonale alors OX a même loi que X. Il en est donc de même pour Y. Or la seule loi de probabilité sur la sphère unité munie de sa tribu borélienne qui soit invariante par rotation est la loi uniforme. □

Remarque 24.8 (Algorithme de Box-Muller). *Si U et V sont deux v.a.r. indépendantes avec U de loi uniforme sur $[0, 1]$ et V de loi exponentielle de paramètre $1/2$ alors les v.a.r.*

$$X = \sqrt{V} \cos(2\pi U) \quad et \quad Y = \sqrt{V} \sin(2\pi U)$$

sont indépendantes et de même loi gaussienne centrée réduite $\mathcal{N}(0, 1)$. Cette propriété a longtemps été utilisée par les logiciels de calcul scientifique avant d'être délaissée pour des procédures plus efficaces comme l'algorithme du Ziggurat de Marsaglia basé sur une méthode de polygonalisation.

24.3 Approches numériques

Dans le cas d'un domaine général D, on ne dispose pas d'une expression explicite du noyau de Poisson. Il faut donc envisager des méthodes de résolutions approchées. Pour cela, on discrétise D. Soit $h > 0$ le pas de discrétisation. On définit la grille D_h comme l'intersection de D et du réseau $h\mathbb{Z}^d$:

$$D_h := D \cap h\mathbb{Z}^d = \{x \in D, \ \exists (i_1, \ldots, i_d) \in \mathbb{Z}^d, \ x = (hi_1, \ldots, hi_d)\}.$$

On dit que $x, y \in h\mathbb{Z}^d$ sont voisins, et on note $x \sim y$, si $|x - y| = h$. La frontière de D_h s'écrit

$$\partial_h D_h = \{y \in D_h^c : \exists x \in D_h, \ x \sim y\}.$$

L'opérateur laplacien est lui remplacé par l'opérateur aux différences :

$$\Delta_h f(x) = \frac{1}{2d} \sum_{y \sim x} (f(y) - f(x)).$$

On dit que φ_h est h-harmonique sur D_h si $\Delta_h \varphi_h = 0$ sur D_h. Il convient également de définir une fonction b_h sur $\partial_h D_h$ qui soit une approximation raisonnable de b définie sur ∂D. Le problème de Dirichlet discret est alors le suivant : trouver φ_h sur $D_h \cup \partial_h D_h$ telle que

$$\begin{cases} \Delta_h \varphi_h(x) = 0 & \text{pour tout } x \in D_h, \\ \varphi_h(x) = b_h(x) & \text{pour tout } x \in \partial_h D_h. \end{cases}$$

C'est exactement le problème de Dirichlet discret étudié dans le chapitre 2, qui possède une solution probabiliste dans le même esprit que celle du problème de Dirichlet continu, avec la marche aléatoire simple en lieu et place du mouvement brownien. Cette substitution est justifiée par la remarque suivante. Si f est une fonction de classe $\mathcal{C}^2$ de $\mathbb{R}^d$ dans $\mathbb{R}$, alors

$$\Delta_h f(x) = \frac{h^2}{2d} \Delta f(x) + o(h^2).$$

Ainsi, quand h est petit, Δ_h apparaît comme une approximation du laplacien. D'autre part, dire que $\Delta_h \varphi_h(x) = 0$ revient à dire que $\varphi_h(x)$ est la moyenne (avec la mesure uniforme) des valeurs de φ_h en les $2d$ voisins de x, ce qui est un analogue de la propriété de la moyenne.

Remarque 24.9 (Approches déterministe et probabiliste). *Comme D_h est fini, le problème de Dirichlet discret est un système linéaire de $\mathrm{card}(D_h)$ équations à $\mathrm{card}(D_h)$ inconnues, qui possède une unique solution. Sa résolution est simplifiée par le fait que la matrice associée au système est creuse : au plus $2d + 1$ inconnues sont impliquées dans chaque équation. Cette méthode directe permet, au terme des calculs, de déterminer simultanément la valeur de la solution φ_h en tout point de la grille D_h. Cette méthode est payante lorsque l'on veut déterminer la température du corps en tous les points du solide.*

24.4 Demi-plan supérieur : du discret au continu

Le but de cette section est d'illustrer dans un cas particulier la convergence de la solution du problème de Dirichlet discret vers la solution du problème de Dirichlet continu formulé dans le corollaire 24.2. Même s'il n'est pas borné, le demi-plan supérieur dans $\mathbb{R}^2$ possède un noyau de Poisson explicite. Il est également possible de déterminer la loi du lieu de sortie de la marche aléatoire sur le réseau de $h\mathbb{Z}^2$. Soit $N \in \mathbb{N}^*$. Le pas de discrétisation est choisi de la forme $h = 1/N$. On note $(X_n^N, Y_n^N)_n$ la marche aléatoire sur $h\mathbb{Z}^2$ issue de $(X_0^N, Y_0^N) = (0, 1)$ telle que les suites de variables aléatoires $(X_{n+1}^N - X_n^N)$ et $(Y_{n+1}^N - Y_n^N)$ soient indépendantes entre elles, formées de variables indépendantes de même loi :

$$\mathbb{P}((X_{n+1}^N - X_n^N) = -1/N) = \mathbb{P}((X_{n+1}^N - X_n^N) = 1/N) = 1/2,$$
$$\mathbb{P}((Y_{n+1}^N - Y_n^N) = -1/N) = \mathbb{P}((Y_{n+1}^N - X_n^Y) = 1/N) = 1/2.$$

À chaque pas, la marche choisit au hasard entre les 4 points à distance $\sqrt{2}/N$ (nord-ouest, nord-est, sud-ouest et sud-est). Cette modification légère de dynamique de la marche aléatoire permet d'assurer que $(X_n^N)_n$ et $(Y_n^N)_n$ sont deux marches aléatoires simples indépendantes, ce qui simplifiera le raisonnement par la suite.

On s'intéresse à l'instant et à l'abscisse de sortie du demi-plan supérieur pour la marche aléatoire ainsi définie. L'instant de sortie est la v.a.r.

$$T^N := \inf\left\{k \geqslant 0 \,:\, Y_k^N = 0\right\}.$$

L'abscisse de sortie U^N est l'abscisse de la marche aléatoire à l'instant T^N,

$$U^N := X_{T^N}^N.$$

Théorème 24.10 (Convergence en loi du lieu de sortie). *La suite $(U^N)_{N \geqslant 1}$ converge en loi, quand N tend vers l'infini, vers la loi de Cauchy de densité :*

$$x \in \mathbb{R} \mapsto \frac{1}{\pi}\frac{1}{1+x^2}.$$

Démonstration. Notons S_k le temps d'atteinte de 0 pour la marche aléatoire simple $(Z_n)_{n \geqslant 0}$ sur $\mathbb{Z}$ issue de k, et G_k sa fonction génératrice. La propriété de Markov forte assure que

$$S_k \overset{\text{loi}}{=} S_1^1 + \cdots + S_1^k$$

où $(S_1^i)_{1 \leqslant i \leqslant k}$ sont i.i.d. de même loi que S_1, d'où $G_k(s) = G_1(s)^k$. De même,

$$S_1 \overset{\text{loi}}{=} 1 + ZS_2$$

où Z est une v.a. de loi de Bernoulli $\mathrm{Ber}(1/2)$ indépendante de S_2, d'où

$$G_1(s) = \frac{s}{2} + \frac{s}{2}G_2(s), \quad s \in [0,1[.$$

Pour tout $s \in [0,1[$, $G_1(s)$ est solution de $sx^2 - 2x + s = 0$ et vaut donc

$$G_1(s) = \frac{1 - \sqrt{1-s^2}}{s}$$

puisque $G_1(s) < 1$. En conclusion, T^N a même loi que S_N, et sa fonction génératrice G_N est donnée par $G_N(s) = G_1(s)^N$.

Déterminons à présent la fonction caractéristique de U^N. Pour tout $t \in \mathbb{R}$,

$$\varphi_{U^N}(t) = \mathbb{E}\left(e^{itU^N}\right) = \left(\frac{1 - \sqrt{1 - \cos(t/N)^2}}{\cos(t/N)}\right)^N,$$

puisque la fonction caractéristique de X_n^N vaut $\cos(t/N)^n$. Enfin,

$$\varphi_{U^N}(t) = \left(\frac{1 - |\sin(t/N)|}{\cos(t/N)}\right)^N \underset{N \to \infty}{\sim} \left(1 - \frac{|t|}{N}\right)^N \xrightarrow[N \to \infty]{} e^{-|t|},$$

et la limite est la fonction caractéristique de la loi de Cauchy standard.   □

Remarque 24.11 (Noyau de Poisson du demi-plan). *Le problème de Dirichlet sur $\mathbb{R} \times \mathbb{R}_+^*$ admet la représentation suivante : pour tout $(x, y) \in \mathbb{R} \times \mathbb{R}_+^*$,*

$$u(x, y) = \int_{\mathbb{R}} b(z) P_H(x, y, z)\, dz, \quad avec \quad P((x, y), z) = \frac{1}{\pi} \frac{y}{y^2 + (x - z)^2}.$$

24.5 Récurrence, transience, et fonctions harmoniques

La connaissance des fonctions harmoniques radiales sur $\mathbb{R}^d$ permet d'obtenir des propriétés de récurrence et transience pour le mouvement brownien. Pour $r < |x| < R$, notons

$$T_{B(0,r)} := \inf \{t \geqslant 0 \,:\, B_t \in B(0, r)\}$$

et

$$\tau_{B(0,R)} := \inf \{t \geqslant 0 \,:\, B_t \notin B(0, R)\}.$$

Le temps $S := T_{B(0,r)} \wedge \tau_{B(0,R)}$ est le temps de sortie de la couronne $C(0, r, R)$.

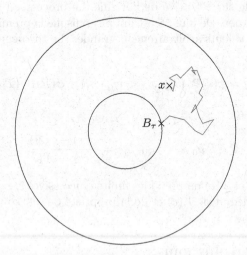

Fig. 24.2. Une trajectoire brownienne issue de x arrêtée hors d'une couronne.

Théorème 24.12 (Récurrence ou transience du mouvement brownien). *Soit* $(B_t)_{t \geqslant 0}$ *un mouvement brownien sur* $\mathbb{R}^d$.

1. *Si* $d = 2$ *et* $r < |x| < R$, *alors*

   a) $\mathbb{P}_x(T_{B(0,r)} < \tau_{B(0,R)}) = \dfrac{\log(R) - \log(|x|)}{\log(R) - \log(r)}$,

   b) $\mathbb{P}_x(T_{\{0\}} < \infty) = 0$,

   c) $\mathbb{P}_x(T_{B(0,r)} < \infty) = 1$,

   d) $\mathbb{P}_x(T_{B(0,r)} < \infty \ i.s.) = 1$.

2. *Si* $d \geqslant 3$ *et* $r < |x| < R$, *alors*

   a) $\mathbb{P}_x(T_{B(0,r)} < \tau_{B(0,R)}) = \dfrac{|x|^{2-d} - R^{2-d}}{r^{2-d} - R^{2-d}}$,

   b) $\mathbb{P}_x(T_{\{0\}} < \infty) = 0$,

   c) $\mathbb{P}_x(T_{B(0,r)} < \infty) = \dfrac{|x|^{2-d}}{r^{2-d}}$.

Le théorème 24.12 établit la récurrence du mouvement brownien dans $\mathbb{R}^2$: s'il n'atteint aucun point donné, il atteint presque sûrement tout voisinage de ce point une infinité de fois ! Ceci n'est plus vrai en dimensions supérieures. Le comportement est semblable à celui de la marche aléatoire simple symétrique sur $\mathbb{Z}^d$, étudié dans le chapitre 2.

Démonstration. Soit φ la fonction $x \mapsto \log(|x|)$, respectivement $x \mapsto |x|^{2-d}$, pour $d = 2$, respectivement $d \geqslant 3$. Dans les deux cas, φ est une fonction harmonique radiale sur $\mathbb{R}^d$ privé de l'origine. Le processus $(\varphi(B_{t \wedge S}))_{t \geqslant 0}$ est une martingale bornée. De plus, S est fini p.s. puisque la première coordonnée de (B_t) prend des valeurs arbitrairement grandes. Le théorème d'arrêt assure donc que

$$\varphi(x) = \mathbb{E}_x(\varphi(B_S)) = \varphi(r)\mathbb{P}_x(T_{B(0,r)} < \tau_{B(0,R)}) + \varphi(R)\mathbb{P}_x(T_{B(0,r)} > \tau_{B(0,R)})$$

que l'on écrit encore

$$\mathbb{P}_x(T_{B(0,r)} < \tau_{B(0,R)}) = \frac{\varphi(x) - \varphi(R)}{\varphi(r) - \varphi(R)}.$$

Pour obtenir 1.(b) et 2.(b) on prend les limites successives $r \to 0$ puis $R \to \infty$. Le point 1.(d) se déduit de 1.(c) et de la propriété de Markov forte. □

24.6 Pour aller plus loin

Le problème de Dirichlet continu a été étudié au dix-neuvième siècle et doit son nom au mathématicien Peter Gustav Lejeune Dirichlet. La solution probabiliste du problème de Dirichlet continu, due à Shizuo Kakutani, date du milieu du vingtième siècle. Le problème de Dirichlet continu se situe à la confluence des probabilités (mouvement brownien), de la théorie du potentiel, de l'analyse harmonique, et des équations aux dérivées partielles, confluence fortement développée par Paul Lévy et Joseph Leo Doob au cours du vingtième siècle. Des aspects variés sont développés notamment dans le livre de Richard Bass [Bas95], ainsi que dans celui de Peter Mörters et Yuval Peres [MP10]. La version discrétisée constitue une ouverture vers l'analyse numérique matricielle (matrices creuses) et l'analyse numérique des équations aux dérivées partielles, ainsi que vers l'analyse numérique stochastique comme les schémas d'Euler stochastiques (voir la section 27.6). La solution explicite du problème de Dirichlet dans le cas de la boule se trouve par exemple dans le livre de Walter Rudin [Rud87]. L'existence et la continuité sur $\overline{D}$ sont abordées dans le livre de Richard Bass [Bas95]. Notre section 24.4 est inspirée du livre de Bernard Ycart [Yca02]. La plupart des résultats sont généralisables à des opérateurs différentiels bien au-delà du laplacien usuel.

Processus d'Ornstein-Uhlenbeck

Mots-clés. Diffusion ; mouvement brownien ; processus gaussien ; processus d'Ornstein-Uhlenbeck ; équation différentielle stochastique ; équation aux dérivées partielles.

Outils. Vecteurs gaussiens ; semi-groupe de Markov ; formule d'Itô ; analyse hilbertienne ; transformée de Laplace ; polynômes d'Hermite ; couplage ; entropie relative ; inégalité de Poincaré ; inégalité de Sobolev logarithmique ; distance de Wasserstein.

Difficulté. ***

Le processus d'Ornstein-Uhlenbeck $(X_t)_{t \geqslant 0}$ sur $\mathbb{R}$ est la solution de l'équation différentielle stochastique (ÉDS) linéaire suivante :

$$X_t = X_0 - \int_0^t X_s \, ds + \sqrt{2} B_t,$$

où $(B_t)_{t \geqslant 0}$ est un mouvement brownien standard sur $\mathbb{R}$ indépendant de X_0. Le facteur $\sqrt{2}$ dans l'ÉDS rend certaines formules plus belles. On utilise aussi la version abrégée suivante de l'ÉDS :

$$dX_t = -X_t \, dt + \sqrt{2} \, dB_t.$$

Le processus d'Ornstein-Uhlenbeck est le plus simple des processus de diffusion gaussiens ergodiques sur $\mathbb{R}$. Il possède des propriétés remarquables, qui le rendent incontournable. Il apparaît notamment comme limite d'échelle de plusieurs chaînes de Markov à espace d'états discret, comme la chaîne d'Ehrenfest (chapitres 9 et 27), ou la file d'attente M/M/∞ (chapitre 11). Il intervient également dans la définition du processus de Langevin du chapitre 26.

© Springer-Verlag Berlin Heidelberg 2016
D. Chafaï and F. Malrieu, *Recueil de Modèles Aléatoires*,
Mathématiques et Applications 78, DOI 10.1007/978-3-662-49768-5_25

25.1 Premières propriétés

Théorème 25.1 (Changement d'échelle)**.** *Soit $\lambda > 0$ et $\sigma > 0$. Si X est un processus d'Ornstein-Uhlenbeck alors le processus Y défini par*

$$Y_t = \frac{\sigma}{\sqrt{2\lambda}} X_{\lambda t}$$

est solution de l'équation différentielle stochastique

$$Y_t = Y_0 - \lambda \int_0^t Y_s \, ds + \sigma W_t$$

où $(W_t)_{t \geqslant 0}$ est un mouvement brownien standard.

Démonstration. Pour tout $t \geqslant 0$, en notant $W_t = B_{\lambda t}/\sqrt{\lambda}$,

$$\frac{\sigma}{\sqrt{2\lambda}} X_{\lambda t} = \frac{\sigma}{\sqrt{2\lambda}} X_0 - \int_0^{\lambda t} \frac{\sigma}{\sqrt{2\lambda}} X_s \, ds + \frac{\sigma}{\sqrt{\lambda}} B_{\lambda t}$$

$$= Y_0 - \lambda \int_0^t Y_s \, ds + \sigma W_t,$$

et $(W_t)_{t \geqslant 0}$ est un mouvement brownien standard (invariance d'échelle).   □

Théorème 25.2 (Processus gaussien)**.** *Si $X_0 = x$, alors*

$$X_t \sim \mathcal{N}(xe^{-t}, 1 - e^{-2t}).$$

Plus généralement, le processus $(X_t)_{t \geqslant 0}$ est un processus gaussien de covariance donnée pour tous $0 \leqslant s \leqslant t$ par

$$\mathrm{Cov}(X_s, X_t) = (1 - e^{-2s})e^{-(t-s)}.$$

Cette propriété vient en fait de la linéarité de l'équation différentielle stochastique satisfaite par $(X_t)_{t \geqslant 0}$.

Démonstration. La formule d'Itô appliquée au processus $(e^t X_t)_{t \geqslant 0}$ avec $X_0 = x$ donne

$$X_t = xe^{-t} + \sqrt{2} \int_0^t e^{s-t} dB_s.$$

On en déduit que $X_t \sim \mathcal{N}(xe^{-t}, 1 - e^{-2t})$. Pour calculer la covariance de X_s et X_t, on écrit de même que

$$X_t = X_s e^{-(t-s)} + Y_t$$

où Y_t est une variable aléatoire centrée indépendante de X_s.   □

Soit $\mathcal{A}$ l'ensemble des fonctions de classe $\mathcal{C}^{\infty}$ sur $\mathbb{R}$ dont toutes les dérivées sont à croissance lente [1]. Le semi-groupe d'Ornstein-Uhlenbeck sur $\mathbb{R}$ est la famille $(N_t)_{t \in \mathbb{R}_+}$ d'opérateurs de $\mathcal{A}$ dans $\mathcal{A}$ définis pour tous $t \geqslant 0$, $f \in \mathcal{A}$ par

$$N_t(f)(x) = \mathbb{E}(f(X_t) \mid X_0 = x).$$

Ce qui précède donne la formule de Mehler : pour tout $t \geqslant 0$ et tout $f \in \mathcal{A}$,

$$N_t(f)(x) = \int_{\mathbb{R}} f\left(e^{-t}x + \sqrt{1 - e^{-2t}}\, y \right) \gamma(dy),$$

où γ désigne la mesure gaussienne standard sur $\mathbb{R}$. Cette formule montre que $N_t(f)(x)$ est bien défini pour tout $x \in \mathbb{R}$ et tout $f \in L^1(\mathcal{N}(xe^{-t}, 1 - e^{-2t}))$.

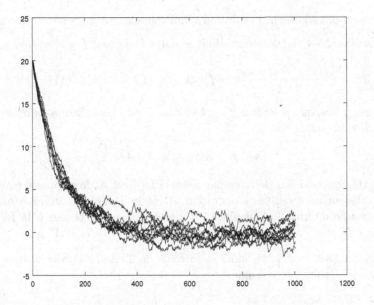

Fig. 25.1. Échantillon de trajectoires du processus d'Ornstein-Uhlenbeck partant du même point initial éloigné de l'origine. La dérive l'emporte sur la diffusion au départ, et ramène rapidement puis maintient la trajectoire près de l'origine, où la diffusion provoque des fluctuations. En temps grand la loi invariante s'impose.

Théorème 25.3 (Propriété de semi-goupe). *La famille $(N_t)_{t \geqslant 0}$ vérifie les propriétés suivantes :*

1. pour toute fonction $f \in \mathcal{A}$, $N_0 f = f$,

---

1. Une fonction $f : \mathbb{R} \to \mathbb{R}$ est à croissance lente si $|f| \leqslant P$ pour un polynôme P.

    2. pour tous $s, t \geqslant 0$ et $f \in \mathcal{A}$, $(N_s \circ N_t)(f) = N_{t+s}f$.

Démonstration. Le premier point est évident. Pour le second, notons $\sigma_t = \sqrt{1 - e^{-2t}}$. Soient X et Y deux v.a.r. indépendantes de loi γ. Par définition de N_t,

$$
\begin{aligned}
(N_s \circ N_t)(f)(x) &= \mathbb{E}\big[N_t(f)(e^{-s}x + \sigma_s X)\big] \\
&= \mathbb{E}\big[f(e^{-t}(e^{-s}x + \sigma_s X) + \sigma_t Y)\big] \\
&= \mathbb{E}\big[f(e^{-s-t}x + e^{-t}\sigma_s X + \sigma_t Y)\big].
\end{aligned}
$$

Il ne reste plus qu'à observer que

$$
e^{-t}\sigma_s X + \sigma_t Y \sim \mathcal{N}(0, \sigma_{s+t}^2)
$$

et à utiliser la formule de Mehler. $\qquad\qquad\square$

Examinons à présent l'évolution infinitésimale, sur un temps très court.

Théorème 25.4 (Générateur infinitésimal). *Pour tout $f \in \mathcal{A}$ et tout $x \in \mathbb{R}$,*

$$
\lim_{t \to 0^+} \frac{N_t f(x) - N_0 f(x)}{t} = (Af)(x) \quad \text{où} \quad (Af)(x) = f''(x) - xf'(x).
$$

Plus généralement, pour tout $f \in \mathcal{A}$ et tout $t \geqslant 0$, les équations aux dérivées partielles suivantes ont lieu :

$$
\partial_t N_t f = A(N_t f) = N_t(Af).
$$

Cette équation aux dérivées partielles (ÉDP) est parfois appelée équation de la chaleur avec dérive. L'opérateur A est le générateur infinitésimal du semi-groupe d'Ornstein-Uhlenbeck. Il est important de penser à la formule formelle $N_t = e^{tA}$, qui fait apparaître que $N_0 = I$ et $\partial_t N_t = AN_t$.

Démonstration. Si $f \in \mathcal{A}$, alors la formule de Taylor à l'ordre 2 avec reste borné au voisinage de x donne

$$
f(x + h) = f(x) + hf'(x) + \frac{h^2}{2}f''(x) + \mathcal{O}(h^3).
$$

Remarquons dans un premier temps, que pour $h = (e^{-t} - 1)x + \sigma_t y$, on a

$$
\int h \, \gamma(dy) = (e^{-t} - 1)x,
$$

$$
\int h^2 \, \gamma(dy) = (e^{-t} - 1)^2 x^2 + \sigma_t^2,
$$

$$
\int |h|^3 \, \gamma(dy) = \mathcal{O}(t^{3/2}).
$$

Le développement limité ci-dessus assure que

$$N_t f(x) = f(x) + (e^{-t} - 1)xf'(x) + \frac{1}{2}\big((e^{-t} - 1)^2 x^2 + \sigma_t^2\big)f''(x) + \mathcal{O}(t^{3/2}).$$

On a donc bien la limite annoncée :

$$\lim_{t \to 0} \frac{1}{t}(N_t f(x) - f(x)) = f''(x) - xf'(x).$$

Ce résultat s'obtient aussi avec la formule d'Itô : si $X_0 = x$ et $t \geqslant 0$, alors

$$f(X_t) = f(x) + \int_0^t Af(X_s)\,ds + \sqrt{2}\int_0^t f'(X_s)\,dB_s,$$

et comme l'intégrale stochastique est une martingale, l'espérance donne

$$N_t f(x) = f(x) + \int_0^t N_s(Af)(x)\,ds.$$

Il reste à utiliser que $N_s(Af)(x) \to Af(x)$ quand $s \to 0$ pour obtenir la première propriété du théorème. La seconde se déduit de la première en utilisant la propriété de semi-groupe. $\square$

D'après la formule de Mehler, pour tout $x \in \mathbb{R}$ et $f \in \mathcal{A}$,

$$N_t f(x) \xrightarrow[t \to \infty]{} \int f\,d\gamma.$$

De plus, grâce à la formule de Mehler, pour tous $t \geqslant 0$ et $f \in \mathcal{A}$,

$$\int N_t f\,d\gamma = \iint f(xe^{-t} + \sqrt{1 - e^{-2t}}y)\,\gamma(dy)\,\gamma(dx) = \int f\,d\gamma.$$

Autrement dit, la variable aléatoire X_t a la même loi que

$$X_0 e^{-t} + \sqrt{1 - e^{-2t}}Z$$

où $Z \sim \mathcal{N}(0,1)$ est une variable aléatoire indépendante de X_0, et donc si $X_0 \sim \gamma$ alors X_t et X_0 ont même loi $\mathcal{N}(0,1)$, et pour tous $t \geqslant 0$ et $f \in \mathcal{A}$,

$$\int N_t f\,d\gamma = \mathbb{E}[(N_t f)(X_0)] = \mathbb{E}(f(X_t)) = \mathbb{E}(f(X_0)) = \int f\,d\gamma.$$

La mesure γ est donc la loi invariante du processus d'Ornstein-Uhlenbeck. Le résultat suivant va plus loin que l'invariance.

Théorème 25.5 (Symétrie et réversibilité). *Les opérateurs $(N_t)_{t \geqslant 0}$ et A sont auto-adjoints dans $L^2(\gamma)$. En particulier, pour toutes fonctions $f, g \in \mathcal{A}$,*

$$\int Afg\,d\gamma = \int fAg\,d\gamma = -\int f'g'\,d\gamma.$$

La loi invariante γ est réversible : si X_0 suit la loi γ, alors pour tout $T \geqslant 0$, le processus renversé $(X_{T-t})_{t \in [0,T]}$ a la même loi que $(X_t)_{t \in [0,T]}$.

Démonstration. Par définition du semi-groupe d'Ornstein-Uhlenbeck,

$$\int f N_t g \, d\gamma = \mathbb{E}\big[f(X)g(e^{-t}X + \sigma_t Y)\big],$$

où X et Y sont deux variables aléatoires indépendantes de loi γ. Le couple $(X, e^{-t}X + \sigma_t Y)$ est un vecteur gaussien centré de matrice de covariance

$$\begin{pmatrix} 1 & e^{-t} \\ e^{-t} & 1 \end{pmatrix}.$$

On peut donc échanger les rôles de f et g dans l'identité précédente, ce qui assure que N_t est auto-adjoint dans $L^2(\gamma)$. Enfin, une intégration par parties fournit la formule du théorème. $\qquad\square$

Remarque 25.6 (Simulation). *Le processus d'Ornstein-Uhlenbeck a des accroissements gaussiens indépendants (non stationnaires). La simulation des trajectoires est particulièrement simple. Soit $(t_n)_{n \geqslant 0}$ une suite strictement croissante de réels positifs avec $t_0 := 0$. Le processus à temps discret $(X_{t_n})_{n \geqslant 1}$ a la même loi que le processus autorégressif $(Z_n)_{n \geqslant 0}$ défini par $Z_0 = X_0$ et*

$$Z_{t_{n+1}} = e^{-(t_{n+1}-t_n)} Z_{t_n} + \sqrt{1 - e^{-2(t_{n+1}-t_n)}} \, \varepsilon_n$$

pour tout $n \geqslant 1$, où $(\varepsilon_n)_{n \geqslant 0}$ sont des v.a.r. i.i.d. de loi $\mathcal{N}(0,1)$, indépendantes de Z_0. Ce processus est une chaîne de Markov à temps discret d'espace d'état $\mathbb{R}$, et de loi invariante $\mathcal{N}(0,1)$. Cette observation fournit une manière de simuler les trajectoires du processus d'Ornstein-Uhlenbeck, illustrée par la figure 25.1. Conditionnellement à Z_0, le vecteur aléatoire $(Z_1, \ldots, Z_n)$ est gaussien, et la décomposition de Cholesky de sa matrice de covariance fournit une autre manière efficace de simuler la trajectoire du processus.

Les propriétés ci-dessus permettent de voir que la loi de X_t est absolument continue avec une densité régulière dès que $t > 0$, quel que soit X_0.

Théorème 25.7 (Équation d'évolution de la densité de la loi). *Soit ν_t la loi de X_t. Quelle que soit ν_0, pour tout $t > 0$, la loi ν_t admet une densité de classe $\mathcal{C}^\infty$ par rapport à la mesure de Lebesgue. De plus, si ν_0 est absolument continue de densité v_0 par rapport à la mesure γ alors ν_t l'est aussi et sa densité v_t par rapport à γ est solution de l'équation aux dérivées partielles*

$$\partial_t v_t(x) = A v_t(x).$$

Démonstration. Si g est une fonction régulière, la propriété de symétrie de N_t donne

$$\mathbb{E}g(X_t) = \int \mathbb{E}(g(X_t)|X_0 = x) v_0(x) \gamma(dx)$$

$$= \int N_t g(x) v_0(x) \gamma(dx)$$

$$= \int g(x) N_t(v_0)(x) \gamma(dx).$$

Par définition $v_t = N_t(v_0)$. Par définition de N_t, $t \mapsto N_t(v_0)(x)$ est de classe $\mathcal{C}^\infty$ (même si v_0 ne l'est pas). On conclut grâce au théorème 25.4.   □

Remarque 25.8 (ÉDP de Fokker-Planck). *On peut montrer par un changement de variables que la densité u_t de la loi de X_t par rapport à la mesure de Lebesgue est solution de l'équation aux dérivées partielles suivante*

$$\partial_t u_t(x) = \partial^2_{xx} u_t(x) + \partial_x(x u_t(x)).$$

Cette équation aux dérivées partielles est parfois appelée équation de Fokker-Planck. Elle exprime l'évolution temporelle d'une densité spatiale, tout comme l'équation d'Euler en mécanique des fluides, et l'équation de Boltzmann en théorie cinétique des gaz.

25.2 Décomposition spectrale et inégalité de Poincaré

On étudie dans cette section l'action du semi-groupe $(N_t)_{t \geqslant 0}$ sur les polynômes. Les polynômes forment un sous-espace dense de $L^2(\gamma)$. En effet, soit $f \in L^2(\gamma)$. La transformée de Laplace de la mesure signée $\nu(dx) = f(x)\gamma(dx)$ est finie sur $\mathbb{R}$ puisque, pour $\lambda \in \mathbb{R}$, on a

$$\left| \int e^{\lambda x} \, \nu(dx) \right|^2 \leqslant \int f^2 \, d\gamma \int e^{2\lambda x} \, \gamma(dx) < +\infty.$$

La transformée de Laplace de ν est donc en particulier analytique au voisinage de 0. Si f est orthogonale à tous les polynômes, toutes les dérivées de cette transformée sont nulles en 0 et par suite elle est également nulle. Ceci implique que f est nulle γ-p.s. On peut donc trouver une base hilbertienne de $L^2(\gamma)$ formée de polynômes. On lira avec profit le théorème 21.7.

Les polynômes d'Hermite $(H_n)_{n \geqslant 0}$ sont définis par leur série génératrice :

$$G(s, x) = e^{sx - \frac{1}{2}s^2} = \sum_{n=0}^{\infty} \frac{s^n}{n!} H_n(x),$$

c'est-à-dire $H_n(x) = \partial_1^n G(0, x)$. On a

$$H_0(x) = 1, \quad H_1(x) = x, \quad H_2(x) = x^2 - 1, \quad \text{etc.}$$

Ils vérifient l'équation de récurrence à trois termes

$$H_{n+1}(x) = x H_n(x) - n H_{n-1}(x),$$

l'équation de récurrence différentielle

$$H'_n(x) = nH_{n-1}(x),$$

et l'équation différentielle

$$H''_n(x) - xH'_n(x) + nH_n(x) = 0.$$

L'équation de récurrence et le fait que $H_0 = 1$ et $H_1(x) = x$ font que le coefficient du terme de plus haut degré de H_n vaut 1, pour tout $n \geqslant 0$.

Les polynômes d'Hermite sont orthogonaux pour la loi gaussienne standard γ, et diagonalisent les opérateurs N_t et A du processus d'Ornstein-Uhlenbeck.

Théorème 25.9 (Polynômes d'Hermite et processus d'Ornstein-Uhlenbeck). *La suite $(H_n/\sqrt{n!})_{n \geqslant 0}$ est une base hilbertienne de $L^2(\gamma)$. De plus pour tout entier $n \geqslant 0$ et tout réel $t \geqslant 0$, le polynôme H_n est vecteur propre de N_t (respectivement de A) associé à la valeur propre e^{-nt} (respectivement $-n$).*

Démonstration. Soit $s, t \in \mathbb{R}$ fixés. Appliquons N_t à la fonction $x \mapsto G(s, x)$:

$$N_t(G(s, \cdot))(x) = \exp(se^{-t}x - s^2/2)\mathbb{E}[\exp(s\sigma_t Y)]$$

où Y suit la loi γ. La transformée de Laplace de Y vaut

$$\mathbb{E}(\exp(\lambda Y)) = \exp\left(\frac{1}{2}\lambda^2\right)$$

donc

$$N_t(G(s, \cdot))(x) = G(se^{-t}, x).$$

Par définition des polynômes d'Hermite, on obtient

$$N_t(H_n)(x) = N_t(\partial_1^n G(0, \cdot))(x) = \partial_s^n N_t(G(s, \cdot))(x)_{|s=0}$$
$$= \partial_s^n G(se^{-t}, x)_{|s=0} = e^{-nt}\partial_1^n G(se^{-t}, x)_{|s=0} = e^{-nt}H_n(x).$$

Le polynôme d'Hermite H_n est donc vecteur propre de N_t, de valeur propre e^{-nt}. En appliquant le théorème 25.4 à la fonction H_n, on obtient que H_n est vecteur propre de A associé à la valeur propre $-n$. La symétrie de N_t par rapport à γ assure que, pour tous entiers m et n et tout $t > 0$,

$$e^{-mt}\int H_m H_n \, d\gamma = \int N_t(H_m)H_n \, d\gamma = \int H_m N_t(H_n) \, d\gamma = e^{-nt}\int H_m H_n \, d\gamma.$$

En particulier, H_n et H_m sont orthogonaux dans $L^2(\gamma)$ dès que $n \neq m$. Pour voir enfin que $(H_n/\sqrt{n!})_{n \geqslant 0}$ est bien une base orthonormée de $L^2(\gamma)$, on peut utiliser la formule de Plancherel

$$\sum_{n=0}^{\infty} \frac{s^{2n}}{n!^2}\|H_n\|^2_{L^2(\gamma)} = \int G(s, x)^2 \gamma(dx) = \exp(-s^2)\int e^{2sx} \gamma(dx)$$

$$= \exp(s^2) = \sum_{n=0}^{\infty} \frac{s^{2n}}{n!},$$

qui donne la valeur de $\|H_n\|^2_{L^2(\gamma)} = n!$ en identifiant les deux séries. $\square$

Le théorème 25.9 permet d'obtenir la décomposition de $N_t f$ sur la base hilbertienne des polynômes d'Hermite à partir de celle de f, et fournit en particulier une estimation pour la convergence de $N_t(f)$ vers une fonction constante dans $L^2(\gamma)$.

Théorème 25.10 (Décomposition spectrale et convergence dans $L^2(\gamma)$). *Pour tout $f \in L^2(\gamma)$, si*

$$f = \sum_{n \geqslant 0} a_n H_n \quad \text{où} \quad n! a_n = \int f H_n \, d\gamma \quad \text{avec} \quad \sum_n n! a_n^2 < +\infty,$$

alors, pour tout $t \geqslant 0$,

$$N_t f = \sum_{n \geqslant 0} e^{-nt} a_n H_n.$$

De plus, pour tout $f \in L^2(\gamma)$, la convergence exponentielle suivante a lieu :

$$\|N_t f - \gamma(f)\|_{L^2(\gamma)} \leqslant e^{-t} \|f - \gamma(f)\|_{L^2(\gamma)} \quad \text{où} \quad \gamma(f) = \int f \, d\gamma.$$

Démonstration. La première partie découle du théorème 25.9. Pour la seconde partie, on remarque tout d'abord que $H_0(x) = 1$. Ensuite, pour tout $t \geqslant 0$, puisque γ est la mesure invariante de $(N_t)_{t \geqslant 0}$,

$$a_0 = \int f \, d\gamma = \int N_t f \, d\gamma.$$

Ainsi, pour tout $t \geqslant 0$,

$$\|N_t f - \gamma(f)\|_{L^2(\gamma)}^2 = \int (N_t f - a_0)^2 \, d\gamma = \sum_{n \geqslant 1} a_n^2 e^{-2nt} n!$$

$$\leqslant e^{-2t} \sum_{n \geqslant 1} a_n^2 n! = e^{-2t} \|f - \gamma(f)\|_{L^2(\gamma)}^2.$$

$\square$

Remarque 25.11 (*Mind the gap!*). *Le taux de convergence exponentiel (égal à 1) du théorème 25.10 correspond à l'écart entre les deux premières valeurs propres de A, à savoir 0 et -1. Cette propriété se généralise à tous les processus de Markov réversibles dont le générateur infinitésimal possède la propriété dite de* trou spectral *: 0 est valeur propre simple et isolée du reste du spectre.*

Remarque 25.12 (Lois de conservation et vitesse de convergence). *Le semigroupe préserve la décomposition spectrale. Si $f \perp \text{Vect}\{H_1, \ldots, H_{k-1}\}$ dans $L^2(\gamma)$ alors $N_t(f) \perp \text{Vect}\{H_1, \ldots, H_{k-1}\}$ pour tout $t \geqslant 0$ et*

$$\|N_t f - \gamma(f)\|_{L^2(\gamma)} \leqslant e^{-kt} \|f - \gamma(f)\|_{L^2(\gamma)} \quad \text{où} \quad \gamma(f) = \int f \, d\gamma.$$

On dit qu'une mesure de probabilité μ sur $\mathbb{R}$ vérifie une inégalité de Poincaré de constante $c > 0$ si, pour toute fonction $f : \mathbb{R} \to \mathbb{R}$ de classe $\mathcal{C}^1$ à support compact,

$$\mathrm{Var}_\mu(f) := \int f^2 \, d\mu - \left(\int f \, d\mu \right)^2 \leqslant c \int f'^2 \, d\mu.$$

La constante c optimale est la plus petite constante possible. Notons que

$$\mathrm{Var}_\mu(f) = \| f - \mathbb{E}_\mu(f) \|^2_{L^2(\mu)}.$$

Corollaire 25.13 (Inégalité de Poincaré). *La mesure gaussienne γ satisfait une inégalité de Poincaré de constante optimale 1 : pour toute fonction f de $\mathbb{R}$ dans $\mathbb{R}$ de classe $\mathcal{C}^1$ à support compact,*

$$\mathrm{Var}_\gamma(f) \leqslant \int f'^2 \, d\gamma.$$

Démonstration. Pour tout $t \geqslant 0$, on a

$$\alpha(t) := \mathrm{Var}_\gamma(N_t f) = \| N_t f - \gamma(f) \|^2_{L^2(\gamma)} = \int (N_t f)^2 \, d\gamma - \left(\int f \, d\gamma \right)^2,$$

où la seconde égalité s'obtient par invariance. Du théorème 25.10 on a l'inégalité $\alpha(t) \leqslant e^{-2t}\alpha(0)$. Le théorème 25.5 (symétrie et réversibilité) donne

$$\alpha'(t) = \int 2 N_t f A_t N_t f \, d\gamma = -2 \int (N_t f)'^2 \, d\gamma.$$

La fonction $t \in \mathbb{R}_+ \mapsto e^{-2t}\alpha(0) - \alpha(t)$ est positive et nulle en zéro. Sa dérivée à droite en zéro est donc positive :

$$0 \leqslant \frac{d}{dt}\bigg|_{t=0} (e^{-2t}\alpha(0) - \alpha(t))$$

$$= -2\alpha(0) - 2 \int f'^2 \, d\gamma$$

$$= -2\mathrm{Var}_\gamma(f) - 2 \int f'^2 \, d\gamma.$$

L'inégalité de Poincaré de constante 1 est donc établie. L'optimalité de la constante peut se vérifier sur la fonction propre $f(x) = H_1(x) = x$. Notons que réciproquement, on peut obtenir la convergence exponentielle $\alpha(t) \leqslant e^{-2t}\alpha(0)$ du théorème 25.10 à partir de cette inégalité de Poincaré, en écrivant

$$\alpha'(t) = -2 \int (N_t f)'^2 \, d\gamma \leqslant -2\mathrm{Var}(N_t) = -2\alpha(t).$$

Donnons enfin une preuve alternative de l'inégalité de Poincaré. Soit $t \geqslant 0$ et f régulière. On définit la fonction β sur $[0, t]$ en posant

$$\beta(s) = N_s(\Psi(N_{t-s}f)) \quad \text{où} \quad \Psi(x) = x^2.$$

Dans la suite, on notera $g = N_{t-s}f$. Remarquons que

$$\beta(t) - \beta(0) = N_t(\Psi(f)) - \Psi(N_t f) = \text{Var}_{N_t(\cdot)}(f).$$

D'autre part, grâce au théorème 25.4, on a, par un calcul,

$$\beta'(s) = N_s(A(\Psi(g)) - Ag\Psi'(g)).$$

Or un calcul direct montre que

$$A(\Psi(g)) - Ag\Psi'(g) = \Psi''(g)g'^2 = 2g'^2.$$

On a donc

$$\beta'(s) = 2N_s\big((N_{t-s}f)'^2\big).$$

Par la formule de Mehler, le semi-groupe vérifie la relation de commutation

$$(N_t f)' = e^{-t} N_t(f'),$$

qui fournit l'expression suivante pour $\beta'(s)$:

$$\beta'(s) = 2e^{-2(t-s)} N_s\big((N_{t-s}(f'^2))\big).$$

L'inégalité de Jensen (ou de Cauchy-Schwarz) assure que

$$(N_t|f'|)^2 \leqslant N_t(f'^2).$$

Ainsi, on obtient, grâce à la relation de semi-groupe, la majoration suivante

$$\beta'(s) \leqslant 2e^{-2(t-s)} N_t(f'^2).$$

Une intégration entre 0 et t assure que, pour tout $t \geqslant 0$ et tout $x \in \mathbb{R}$, la mesure de probabilité $N_t(\cdot)(x) = \mathcal{N}(xe^{-t}, 1 - e^{-2t})$ vérifie une inégalité de Poincaré de constante $(1 - e^{-2t})/2$. Pour conclure, on remarque que si ν vérifie une inégalité de Poincaré de constante c alors la mesure image de ν par $x \mapsto ax + b$ vérifie une inégalité de Poincaré de constante $a^2 c$. $\square$

25.3 Entropie, couplage, et temps long

On souhaite à présent étudier la convergence de la loi de X_t vers sa loi invariante quand $t \to +\infty$ en termes d'entropie relative et de distance de Wasserstein. Soit μ_1 et μ_2 deux mesures de probabilité sur $\mathbb{R}$. L'entropie relative de μ_1 par rapport à μ_2 est définie par [2]

---

2. En physique $\text{Ent}(\mu \,|\, \gamma)$ est une énergie libre si μ et γ sont des mesures de Gibbs.

$$\text{Ent}(\mu_1 \mid \mu_2) = \begin{cases} \int \dfrac{d\mu_1}{d\mu_2} \log\left(\dfrac{d\mu_1}{d\mu_2}\right) d\mu_2 & \text{si } \mu_1 \ll \mu_2, \\ +\infty & \text{sinon.} \end{cases}$$

Bien qu'il ne s'agisse pas d'une distance, elle est positive, et nulle si et seulement si $\mu = \nu$ (ceci découle de l'inégalité de Jensen pour la fonction strictement convexe $x \in \mathbb{R}_+ \mapsto u \log(u)$ avec $0 \log(0) = 0$). La distance de Wasserstein d'ordre 2 entre μ_1 et μ_2 est donnée par

$$W_2(\mu_1, \mu_2) = \inf_{\substack{X_1 \sim \mu_1 \\ X_2 \sim \mu_2}} \sqrt{\mathbb{E}\left(|X_1 - X_2|^2\right)},$$

où l'infimum porte sur les couples (X_1, X_2) de variables aléatoires dont les lois marginales sont μ_1 et μ_2. Les distances de Wasserstein de tous ordres sont définies dans le chapitre 17. Ces deux quantités $\text{Ent}(\mu_1 \mid \mu_2)$ et $W_2(\mu_1 \mid \mu_2)$ ont une expression explicite si μ_1 et μ_2 sont deux mesures gaussiennes.

Théorème 25.14 (Distances entre lois gaussiennes). *Si $\mu_1 = \mathcal{N}(m_1, \sigma_1)$ et $\mu_2 = \mathcal{N}(m_2, \sigma_2)$ sur $\mathbb{R}$ alors*

$$W_2(\mu_1, \mu_2)^2 = (m_1 - m_2)^2 + (\sigma_1 - \sigma_2)^2.$$

D'autre part, si $\sigma_1 > 0$ et $\sigma_2 > 0$ alors

$$\text{Ent}(\mu_1 \mid \mu_2) = \log\left(\frac{\sigma_2}{\sigma_1}\right) + \frac{\sigma_1^2 - \sigma_2^2 + (m_1 - m_2)^2}{2\sigma_2^2}.$$

Démonstration. Commençons par la formule pour la distance de Wasserstein. Soit (X_1, X_2) un couple de v.a.r. tel que $X_i \sim \mu_i = \mathcal{N}(m_i, \sigma_i^2)$ pour $i = 1, 2$. On a

$$\begin{aligned} \mathbb{E}(|X_1 - X_2|^2) &= \mathbb{E}(X_1^2) + \mathbb{E}(X_2)^2 - 2\mathbb{E}(X_1 X_2) \\ &= (m_1 - m_2)^2 + \sigma_1^2 + \sigma_2^2 - 2\text{Cov}(X_1, X_2). \end{aligned}$$

Cette formule ne dépend que de la moyenne et de la matrice de covariance du vecteur aléatoire (X_1, X_2). On a

$$W_2(\mu_1, \mu_2)^2 = (m_1 - m_2)^2 + \sigma_1^2 + \sigma_2^2 - 2\sup_{C \in \mathcal{C}} C_{12}$$

où $\mathcal{C}$ désigne l'ensemble des matrices de covariance 2×2 dont la diagonale est prescrite par $C_{11} = \sigma_1^2$ et $C_{22} = \sigma_2^2$. Comme l'ensemble des matrices de covariance coïncide avec l'ensemble des matrices symétriques à spectre positif ou nul, l'appartenance à C se traduit par la contrainte supplémentaire $\det(C) = \sigma_1^2 \sigma_2^2 - C_{12}^2 \geqslant 0$, d'où $C_{12} = \sigma_1 \sigma_2$, ce qui conduit au résultat.

Pour la formule pour l'entropie, on écrit

$$\text{Ent}(\mu_1 \mid \mu_2) = \int \log\left(\frac{d\mu_1}{d\mu_2}\right) d\mu_1$$

$$= \int \left(\log \left(\frac{\sigma_2}{\sigma_1} \right) - \frac{(x - m_1)^2}{2\sigma_1^2} + \frac{(x - m_2)^2}{2\sigma_2^2} \right) \mu_1(dx)$$

$$= \log \left(\frac{\sigma_2}{\sigma_1} \right) - \frac{1}{2} + \frac{\sigma_1^2 + m_1^2 - 2m_1 m_2 + m_2^2}{2\sigma_2^2}$$

$$= \log \left(\frac{\sigma_2}{\sigma_1} \right) + \frac{\sigma_1^2 - \sigma_2^2 + (m_1 - m_2)^2}{2\sigma_2^2}.$$

□

Puisque le processus d'Ornstein-Uhlenbeck est gaussien, le théorème précédent fournit une expression explicite de la distance entre les deux lois au temps t issues de deux lois gaussiennes différentes. Plus précisément, pour tous x_1, x_2 et $t \geqslant 0$, on obtient, en utilisant le théorème 25.14 avec $\mu_1 = N_t(\cdot)(x_1) = \mathcal{N}(x_1 e^{-t}, 1 - e^{-2t})$ et $\mu_2 = N_t(\cdot)(x_2) = \mathcal{N}(x_2 e^{-t}, 1 - e^{-2t})$,

$$W_2(N_t(\cdot)(x_1), N_t(\cdot)(x_2))^2 = e^{-2t}(x_1 - x_2)^2 \underset{t \to \infty}{\searrow} 0$$

et

$$\mathrm{Ent}(N_t(\cdot)(x_1), N_t(\cdot)(x_2)) = \frac{e^{-2t}(x_1 - x_2)^2}{2(1 - e^{-2t})} \underset{t \to \infty}{\searrow} 0.$$

Ces résultats s'étendent à des lois initiales plus générales. Le cas de la distance de Wasserstein est simple, celui de l'entropie fait l'objet de la section suivante.

Théorème 25.15 (Convergence en distance de Wasserstein). *Si μ_0 et μ_0' sont deux mesures de probabilité de moment d'ordre 2 fini, et si μ_t (resp. μ_t') est la loi de X_t (resp. X_t') lorsque $X_0 \sim \mu_0$ (resp. $X_0' \sim \mu_0'$), alors pour tout $t \geqslant 0$,*

$$W_2(\mu_t, \mu_t') \leqslant e^{-t} W_2(\mu_0, \mu_0').$$

En particulier, si $\mu_0' = \gamma$ alors pour tout $t \geqslant 0$,

$$W_2(\mu_t, \gamma) \leqslant e^{-t} W_2(\mu_0, \gamma).$$

Démonstration. Soit (X_0, X_0') un couplage des lois μ_0 et μ_0' indépendant du mouvement brownien $(B_t)_{t \geqslant 0}$. On construit deux processus $(X_t)_{t \geqslant 0}$ et $(X_t')_{t \geqslant 0}$ issus respectivement de X_0 et X_0' et dirigés par le même mouvement brownien B. On dit que les processus sont couplés. On a alors

$$X_t - X_t' = X_0 - X_0' - \int_0^t (X_s - X_s') \, ds.$$

On en déduit que

$$|X_t - X_t'|^2 = e^{-2t} |X_0 - X_0'|^2.$$

Par définition de $W_2(\mu_t, \mu_t')$, on obtient

$$W_2(\mu_t, \mu_t')^2 \leqslant e^{-2t} \mathbb{E}\left(|X_0 - X_0'|^2 \right).$$

Reste à prendre l'infimum sur tous les couplages de μ_0 et μ_0'.   □

25.4 Inégalité de Sobolev logarithmique

On dit qu'une mesure de probabilité μ sur $\mathbb{R}$ vérifie une inégalité de Sobolev logarithmique de constante $c > 0$ si, pour toute fonction $f : \mathbb{R} \to \mathbb{R}$ de classe $\mathcal{C}^1$ positive et à support compact,

$$\mathrm{Ent}_\mu(f) := \int f \log(f) \, d\mu - \int f \, d\mu \log\left(\int f \, d\mu\right) \leqslant c \int \frac{f'^2}{f} \, d\mu.$$

La constante c optimale est la plus petite constante possible. Notons que

$$\mathbb{E}_\mu(f) \mathrm{Ent}_\mu(f) = \mathrm{Ent}(\nu \,|\, \mu) \quad \text{où} \quad d\nu = \frac{f}{\mathbb{E}_\mu(f)} \, d\mu.$$

Théorème 25.16 (Inégalité de Sobolev logarithmique gaussienne). *La mesure gaussienne standard γ vérifie une inégalité de Sobolev logarithmique de constante optimale $1/2$.*

Démonstration. On procède comme dans la seconde preuve de l'inégalité de Poincaré du corollaire 25.13. Soit $t \geqslant 0$ et f régulière. On définit $\beta : [0, t] \to \mathbb{R}$ par

$$\beta(s) = N_s(\Phi(N_{t-s}f)) \quad \text{où} \quad \Phi(x) = x \log(x).$$

Dans la suite, on notera $g = N_{t-s}f$. Remarquons que

$$\beta(t) - \beta(0) = N_t(\Phi(f)) - \Phi(N_t f) = \mathrm{Ent}_{N_t(\cdot)}(f).$$

D'autre part, grâce au théorème 25.4, on a, par un calcul,

$$\beta'(s) = N_s(A(\Phi(g)) - Ag\Phi'(g)).$$

Un calcul direct montre que

$$A(\Phi(g)) - Ag\Phi'(g) = \Phi''(g)g'^2 = \frac{g'^2}{g}.$$

On a donc

$$\beta'(s) = N_s\left(\frac{(N_{t-s}f)'^2}{N_{t-s}f}\right).$$

Par la formule de Mehler, le semi-groupe vérifie la relation de commutation

$$(N_t f)' = e^{-t} N_t(f'),$$

qui fournit l'expression suivante pour $\beta'(s)$:

$$\beta'(s) = e^{-2(t-s)} N_s\left(\frac{(N_{t-s}(|f'|))^2}{N_{t-s}f}\right).$$

L'inégalité de Schwarz assure que

$$(N_t|f'|)^2 = \left[N_t\left(\frac{|f'|}{\sqrt{f}} \sqrt{f} \right) \right]^2 \leqslant N_t\left(\frac{f'^2}{f} \right) N_t(f).$$

Ainsi, on obtient, grâce à la relation de semi-groupe, la majoration suivante

$$\beta'(s) \leqslant e^{-2(t-s)} N_t\left(\frac{f'^2}{f} \right).$$

Une intégration entre 0 et t assure que, pour tout $t \geqslant 0$ et tout $x \in \mathbb{R}$, la mesure de probabilité $N_t(\cdot)(x) = \mathcal{N}(xe^{-t}, 1 - e^{-2t})$ vérifie une inégalité de Sobolev logarithmique de constante $(1 - e^{-2t})/2$. Pour conclure, on remarque que si ν vérifie une inégalité de Sobolev logarithmique de constante c alors la mesure image de ν par $x \mapsto ax + b$ vérifie une inégalité de Sobolev logarithmique de constance a^2c. On remarque enfin que les fonctions $x \mapsto e^{\lambda x}$ saturent l'inégalité de Sobolev logarithmique : la constante $1/2$ est optimale.   □

Remarque 25.17 (Preuve alternative). *Voici une preuve alternative unifiée de l'inégalité de Poincaré du corollaire 25.13 et de l'inégalité de Sobolev logarithmiques du théorème 25.16. Elle utilise la convexité remarquable de la fonction $(u, v) \mapsto \Psi(u, v) = \Phi''(u)v^2$, avec $\Phi(u) = u^2$ pour l'inégalité de Poincaré, et $\Phi(u) = u\log(u)$ pour l'inégalité de Sobolev logarithmique.*

$$
\begin{aligned}
N_t(\Phi(f)) - \Phi(N_t f) &= \int_0^t \frac{d}{ds} N_s(\Phi(N_{t-s}f)) \, ds \\
&= \int_0^t N_s(A(\Phi(N_{t-s}f)) - AN_{t-s}(\Phi'(N_{t-s}f))) \, ds \\
&= \int_0^t N_s(\Phi''(N_{t-s}f)(N_{t-s}f)'^2) \, ds \\
&= \int_0^t e^{-2s} N_s(\Phi''(N_{t-s}f)(N_{t-s}(f'))^2) \, ds \\
&= \int_0^t e^{-2s} N_s(\Psi(N_{t-s}f, N_{t-s}(f'))) \, ds \\
&\leqslant \int_0^t e^{-2s} N_s(N_{t-s}(\Psi(f, f'))) \, ds \\
&= N_t(\Psi(f, f')) \int_0^t e^{-2s} \, ds \\
&= \frac{1}{2} N_t(\Psi(f, f')).
\end{aligned}
$$

Voici enfin encore une autre preuve, dont les commutations sont à justifier :

$$
\begin{aligned}
\int \Phi(f) \, d\gamma - \Phi\left(\int f \, d\gamma \right) &= -\int \left(\lim_{t\to\infty} (\Phi(N_t) - \Phi(N_0 f)) \right) d\gamma \\
&= -\int \left(\lim_{t\to\infty} \int_0^t \frac{d}{ds} \Phi(N_s f) \, ds \right) d\gamma
\end{aligned}
$$

$$= -\int \left(\lim_{t\to\infty} \int_0^t \Phi'(N_s f) N_s Af \, ds \right) d\gamma$$

$$= -\lim_{t\to\infty} \int_0^t \left(\int \Phi'(N_s f) N_s Af \, d\gamma \right) ds$$

$$= \lim_{t\to\infty} \int_0^t \left(\int \Phi''(N_s f)(N_s f)'^2 \, d\gamma \right) ds$$

$$= \lim_{t\to\infty} \int_0^t e^{-2s} \left(\int \Phi''(N_s f)(N_s(f'))^2 \, d\gamma \right) ds$$

$$= \lim_{t\to\infty} \int_0^t e^{-2s} \left(\int \Psi(N_s f, N_s(f')) \, d\gamma \right) ds$$

$$\leqslant \lim_{t\to\infty} \int_0^t e^{-2s} \left(\int N_s(\Psi(f, f')) \, d\gamma \right) ds$$

$$= \left(\lim_{t\to\infty} \int_0^t e^{-2s} \, ds \right) \int \Psi(f, f') \, d\gamma$$

$$= \frac{1}{2} \int \Psi(f, f') \, d\gamma.$$

Dans les deux cas on a utilisé l'inégalité de Jensen pour la mesure de probabilité N_s et la fonction convexe Ψ.

Remarque 25.18 (Forme L^2 de l'inégalité de Sobolev logarithmique). *On préfère parfois définir l'inégalité de Sobolev logarithmique sous forme L^2 : pour toute fonction f régulière,*

$$\int f^2 \log(f^2) \, d\mu - \int f^2 \, d\mu \log \left(\int f^2 \, d\mu \right) \leqslant 4c \int f'^2 \, d\mu.$$

L'inégalité de Sobolev logarithmique du théorème 25.16 permet d'obtenir une vitesse de convergence exponentielle de l'entropie relative de la loi de X_t par rapport à la loi invariante γ.

Théorème 25.19 (Convergence exponentielle de l'entropie). *Supposons que la loi μ_0 de X_0 soit d'entropie relative finie par rapport à γ. Alors, en notant μ_t la loi de X_t, la fonction $t \in \mathbb{R}_+ \mapsto \mathrm{Ent}(\mu_t \,|\, \gamma)$ décroît et pour tout $t \geqslant 0$,*

$$\mathrm{Ent}(\mu_t \,|\, \gamma) \leqslant e^{-2t} \mathrm{Ent}(\mu_0 \,|\, \gamma).$$

Notons que réciproquement, tout comme nous l'avons fait pour l'inégalité de Poincaré (preuve du corollaire 25.13), on peut déduire l'inégalité de Sobolev logarithmique de la convergence exponentielle de l'entropie relative, en considérant la dérivée en $t = 0$ de la différence des deux membres.

Démonstration. Notons v_t la densité de μ_t par rapport à γ. On a alors

$$\mathrm{Ent}(\mu_t \,|\, \gamma) = \int v_t \log(v_t) d\gamma.$$

D'après le théorème 25.7 et le théorème 25.5, on a

$$\frac{d}{dt}\int v_t \log(v_t)d\gamma = \int \partial_t v_t(1+\log(v_t))d\gamma$$

$$= \int A v_t(1+\log(v_t))d\gamma$$

$$= \int v_t A(1+\log(v_t))d\gamma.$$

Or, pour toute fonction régulière g, un calcul direct montre que

$$A(1+\log(g)) = \frac{Ag}{g} - \frac{g'^2}{g^2}.$$

D'après la propriété d'invariance de γ, on a $\int Ag\, d\gamma = 0$. On a donc

$$\frac{d}{dt}\mathrm{Ent}(\mu_t\,|\,\gamma) = -\int \frac{(\partial_x v_t)^2}{v_t}d\gamma,$$

ce qui prouve la décroissante de $t \mapsto \mathrm{Ent}(\mu_t\,|\,\gamma)$. De plus, l'inégalité de Sobolev logarithmique appliquée à la fonction v_t assure que

$$\frac{d}{dt}\mathrm{Ent}(\mu_t\,|\,\gamma) \leqslant -2\mathrm{Ent}(\mu_t\,|\,\gamma).$$

Le lemme de Grönwall[3] fournit enfin la relation souhaitée.   □

Remarque 25.20 (Effet régularisant). *Le théorème 25.7 assure que même si la loi de X_0 n'a pas de densité, la loi de X_t a toujours une densité dès que $t > 0$. On peut donc appliquer le théorème 25.19 entre les instants $t_0 > 0$ et t pour obtenir la convergence exponentielle de l'entropie relative vers 0.*

25.5 Pour aller plus loin

Tout ce qui concerne le processus d'Ornstein-Uhlenbeck se trouve dans les premières pages du cours de Dominique Bakry [Bak94]. L'expression de la distance de Wasserstein entre deux mesures gaussiennes dans le théorème 25.14 est établie notamment dans un article [GS84] de Clark Givens et Rae Shortt.

Le processus d'Ornstein-Uhlenbeck est l'illustre représentant d'une importante classe de processus stochastiques : les diffusions de Kolmogorov. Soit

---

3. Si $t \in [a,b] \mapsto \alpha(t) \in \mathbb{R}_+$ est une fonction continue et dérivable sur $]a,b[$ et si $t \in [a,b] \mapsto \beta(t) \in \mathbb{R}_+$ est une fonction continue et si $\alpha'(t) \leqslant \beta(t)\alpha(t)$ pour tout $t \in]a,b[$ alors $\alpha(t) \leqslant \alpha(a)\exp\left(\int_a^t \beta(s)\,ds\right)$ pour tout $t \in [a,b]$.

U une fonction sur $\mathbb{R}^d$ à valeurs réelles de classe $\mathcal{C}^2$ et $(B_t)_{t \geqslant 0}$ un mouvement brownien standard à valeurs dans $\mathbb{R}^d$. On appelle équation de Langevin l'équation différentielle stochastique suivante :

$$dX_t = \sqrt{2}dB_t - \nabla U(X_t)dt.$$

La solution $(X_t)_{t \geqslant 0}$ de cette équation différentielle stochastique est appelée processus de diffusion de Kolmogorov associée au potentiel U. Comme le processus d'Ornstein-Uhlenbeck, c'est un processus de Markov. La version intégrale de l'équation différentielle stochastique s'écrit

$$X_t = X_0 + \sqrt{2}B_t - \int_0^t \nabla U(X_s)\,ds.$$

Son générateur infinitésimal L est donné pour une fonction f de classe $\mathcal{C}^2$ par

$$Lf = \Delta f - \langle \nabla U, \nabla f \rangle.$$

Si e^{-U} est intégrable alors la mesure de probabilité

$$\mu(dx) = \frac{1}{Z}e^{-U(x)}\,dx \quad \text{avec} \quad Z = \int e^{-U(x)}\,dx,$$

est la loi invariante associée à X. L'opérateur L est même auto-adjoint dans $L^2(\mu)$. La décomposition spectrale du semi-groupe associé n'est pas explicite au-delà du cas gaussien, mais il est encore possible d'obtenir des analogues des théorèmes 25.10 ou 25.19 en procédant par comparaison au cas gaussien. On peut par exemple montrer que s'il existe $\lambda > 0$ tel que

$$\forall x \in \mathbb{R}^d, \quad \text{Hess}\, U(x) \geqslant \lambda I,$$

ce qui revient à dire que μ a une densité log-concave par rapport à la mesure de probabilité gaussienne centrée de covariance $\lambda^{-1} I_d$, alors pour tout $t \geqslant 0$,

$$\text{Ent}(\mu_t \mid \mu) \leqslant e^{-2\lambda t}\text{Ent}(\mu_0 \mid \mu)$$

où μ_t est la loi de X_t. C'est un cas particulier du critère dit de Γ_2 établi par Dominique Bakry et Michel Émery [BÉ85]. Les processus de Kolmogorov sont étudiés en détail dans les livres de Gilles Royer [Roy99], de Dominique Bakry, Ivan Gentil, et Michel Ledoux [BGL14], et dans l'ouvrage collectif [ABC+00].

Signalons que le théorème 25.14 possède une extension au cas multivarié. Plus précisément, si $\mu_1 = \mathcal{N}_d(m_1, \Sigma_1)$ et $\mu_2 = \mathcal{N}_d(m_2, \Sigma_2)$ sur $\mathbb{R}^d$ alors

$$W_2(\mu_1, \mu_2)^2 = \|m_1 - m_2\|_2^2 + \text{Tr}(\Sigma_1 + \Sigma_2 - 2(\Sigma_1^{1/2}\Sigma_2\Sigma_1^{1/2})^{1/2}).$$

Lorsque Σ_1 et Σ_2 commutent le dernier membre de la formule ci-dessus se résume à $\|\sqrt{\Sigma_1} - \sqrt{\Sigma_2}\|_{\text{HS}}^2$, ce qui ressemble bien à la formule de dimension 1. D'autre part, si les matrices de covariance Σ_1 et Σ_2 sont inversibles alors

$$\text{Ent}(\mu_1 \mid \mu_2) = \frac{1}{2}\Big(\log\Big(\frac{\det \Sigma_2}{\det \Sigma_1}\Big)$$
$$+ \text{Tr}\,(\Sigma_2^{-1}\Sigma_1) - d + (m_1 - m_2)^T \Sigma_2^{-1}(m_1 - m_2)\Big).$$

26

Modèles de diffusion cinétique

Mots-clés. Diffusion ; mouvement brownien ; équation cinétique ; équation aux dérivées partielles ; équation différentielle stochastique linéaire.

Outils. Vecteur gaussien ; distance de Wasserstein ; entropie relative.

Difficulté. ***

26.1 Modèle de Langevin

On considère une particule de poussière dans un fluide comme l'eau. La particule est énorme par rapport aux molécules du fluide. L'échelle de taille de la particule est dite macroscopique : ses mouvements peuvent être observés, au moins à l'aide d'une bonne loupe, et mesurés. Les molécules qui composent le fluide sont quant à elles beaucoup trop petites et surtout beaucoup trop nombreuses pour être observées une à une. Elles se situent à une échelle dite microscopique. À chaque instant, d'innombrables chocs ont lieu entre la particule et les molécules qui l'entourent. Ces chocs se répartissent en moyenne de manière uniforme sur la surface de la particule. Pourtant à un instant donné il peut y avoir des déviations par rapport à cette répartition uniforme. On recherche un modèle pour l'évolution du couple position/vitesse (X_t, V_t) de la particule au temps t qui découle du principe fondamental de la dynamique. Les forces qui s'exercent sur la particule sont les suivantes :

— le poids de la particule ;
— la poussée d'Archimède ;
— la force de frottement qui s'oppose au déplacement de la particule ;
— la résultante des chocs de molécules d'eau.

Le poids de la particule et la poussée d'Archimède se compensent et nous négligerons leur résultante en considérant l'évolution horizontale seulement. On suppose que l'intensité de la force de frottement est proportionnelle à la

© Springer-Verlag Berlin Heidelberg 2016
D. Chafaï and F. Malrieu, *Recueil de Modèles Aléatoires*,
Mathématiques et Applications 78, DOI 10.1007/978-3-662-49768-5_26

vitesse de la particule. Elle s'écrit donc $-\lambda V_t$ puisqu'elle s'oppose au mouvement. La modélisation de l'effet des chocs des molécules d'eau demande un peu plus d'attention. Entre les instants t et $t + \alpha$ avec α grand dans l'échelle de temps microscopique, la particule subit un nombre de chocs $N\alpha$ où N, le nombre de chocs par unité de temps, est supposé très grand. On adopte une approche «statistique» ou «stochastique» et on modélise les chocs par des variables aléatoires $(\varepsilon_i)_{i \geqslant 1}$ indépendantes et identiquement distribuées centrées de variance τ^2. On pose $\sigma^2 = N\tau^2$. La force exercée pendant la durée α vaut

$$\sum_{i=1}^{N\alpha} \varepsilon_i = \sqrt{\sigma^2 \alpha} \underbrace{\frac{1}{\sqrt{\tau^2 N\alpha}} \sum_{i=1}^{N\alpha} \varepsilon_i}_{Y}.$$

Si $N\alpha$ est grand, le théorème limite central suggère que la loi de Y est proche d'une loi gaussienne centrée réduite. De plus, les forces aléatoires exercées sur les intervalles de temps disjoints sont dues à des molécules d'eau différentes car elles se déplacent beaucoup moins que la particule. On peut donc les supposer indépendantes. En conclusion, il paraît naturel de modéliser l'action des chocs par un processus à accroissements indépendants et stationnaires dont la loi d'un accroissement entre deux instants t et $t + \alpha$ est gaussienne centrée de variance $\sigma^2 \alpha$. Ce processus est le mouvement brownien $(\sigma B_t)_{t \geqslant 0}$. On retrouve ici l'idée du théorème de Donsker (voir le théorème 27.6). Comme la vitesse est la dérivée de la position, on obtient le système :

$$\begin{cases} dX_t = V_t \, dt \\ dV_t = -\lambda V_t \, dt + \sigma dB_t. \end{cases}$$

On dit qu'il s'agit d'une équation cinétique car elle fait intervenir simultanément la position et la vitesse de la particule. Dans tout le chapitre, on notera $(Z_t)_{t \geqslant 0}$ le processus complet défini par $Z_t = (X_t, V_t)$ pour $t \geqslant 0$.

Théorème 26.1 (Processus de Langevin). *Conditionnellement à l'événement* $\{(X_0, V_0) = (x_0, v_0)\}$, *le processus* $(Z_t)_{t \geqslant 0}$ *est un processus gaussien tel que*

$$\mathbb{E}(X_t) = x_0 + \frac{1 - e^{-\lambda t}}{\lambda} v_0$$

$$\mathrm{Cov}(X_t, X_s) = \frac{\sigma^2 s}{\lambda^2} + \frac{\sigma^2}{2\lambda^3} \Big(-2 + 2e^{-\lambda t} + 2e^{-\lambda s} - e^{-\lambda |t-s|} - e^{-\lambda(t+s)} \Big).$$

En particulier, la variance de X_t *est donnée par*

$$\mathrm{Var}(X_t) = \frac{\sigma^2 t}{\lambda^2} + \frac{\sigma^2}{2\lambda^3} \big(-3 + 4e^{-\lambda t} - e^{-2\lambda t} \big).$$

L'évolution de la vitesse ne dépend pas de la position.

Démonstration. Le processus $(V_t)_{t \geqslant 0}$ est un processus d'Ornstein-Uhlenbeck, étudié dans le chapitre 25. Le processus $(V_t)_{t \geqslant 0}$ est donc gaussien, de moyenne $\mathbb{E}(V_t) = e^{-\lambda t} v_0$ et de covariance

$$\mathrm{Cov}(V_t, V_s) = \frac{\sigma^2}{2\lambda} \left(e^{-\lambda |t-s|} - e^{-\lambda(t+s)} \right).$$

À présent le processus X est gaussien car image du processus V par une application linéaire : $X_t = x_0 + \int_0^t V_s \, ds$. □

Remarque 26.2 (Ordres de grandeur). *La constante $1/\lambda$, homogène à un temps, est appelée temps de relaxation. Elle est en pratique de l'ordre de 10^{-8} seconde. Ceci suggère qu'il est impossible de distinguer en pratique le processus $(X_t)_{t \geqslant 0}$ d'un mouvement brownien de variance σ^2 / λ^2.*

26.2 Processus de Langevin confiné

On modifie à présent légèrement le modèle de la section précédente. On ajoute une force $-\mu x$ qui provient de l'énergie potentielle $x \mapsto \frac{1}{2}\mu x^2$. L'évolution du couple vitesse/position est alors donnée par le système suivant :

$$\begin{cases} dX_t = V_t \, dt \\ dV_t = -\lambda V_t \, dt - \mu X_t \, dt + \sigma dB_t. \end{cases}$$

On dit que $Z = (X, V)$ est un processus de Langevin confiné[1]. On peut réécrire le système sous la forme matricielle suivante :

$$Z_t = Z_0 + \int_0^t M Z_s \, ds + \sigma W_t \quad \text{où} \quad M = \begin{pmatrix} 0 & 1 \\ -\mu & -\lambda \end{pmatrix} \quad \text{et} \quad W_t = \begin{pmatrix} 0 \\ B_t \end{pmatrix}.$$

La solution de cette équation linéaire est de la forme

$$Z_t = e^{tM} Z_0 + \sigma \int_0^t e^{(t-s)M} \, dW_s.$$

Lemme 26.3 (Loi au temps t). *Si (X_0, V_0) est un vecteur gaussien, alors il en est de même pour (X_t, V_t) pour tout $t \geqslant 0$. De plus, si on note, pour $t \geqslant 0$,*

$$x_t = \mathbb{E}(X_t), \quad v_t = \mathbb{E}(V_t), \quad a_t = \mathbb{E}(X_t^2), \quad b_t = \mathbb{E}(X_t V_t) \quad \text{et} \quad c_t = \mathbb{E}(V_t^2).$$

alors

$$(x_t)_{t \geqslant 0}, \quad (v_t)_{t \geqslant 0}, \quad (a_t)_{t \geqslant 0}, \quad (b_t)_{t \geqslant 0}, \quad \text{et} \quad (c_t)_{t \geqslant 0}$$

sont solutions des équations différentielles linéaires :

---

1. «*Damped Langevin process*» en anglais.

$$\frac{d}{dt}\begin{pmatrix} x_t \\ v_t \end{pmatrix} = M \begin{pmatrix} x_t \\ v_t \end{pmatrix} \quad et \quad \frac{d}{dt}\begin{pmatrix} a_t \\ b_t \\ c_t \end{pmatrix} = N \begin{pmatrix} a_t \\ b_t \\ c_t \end{pmatrix} + \begin{pmatrix} 0 \\ 0 \\ \sigma^2 \end{pmatrix}$$

où

$$M = \begin{pmatrix} 0 & 1 \\ -\mu & -\lambda \end{pmatrix} \quad et \quad N = \begin{pmatrix} 0 & 2 & 0 \\ -\mu & -\lambda & 1 \\ 0 & -2\mu & -2\lambda \end{pmatrix}.$$

Démonstration. Il s'agit d'une conséquence immédiate de la formule d'Itô. $\square$

Remarque 26.4 (Formules explicites). *La matrice e^{tM} peut être explicitée :*
— *si $\lambda^2 > 4\mu$, alors, en notant $\omega = \sqrt{\lambda^2 - 4\mu}$, $\alpha_1 = (-\lambda + \omega)/2$, et $\alpha_2 = (-\lambda - \omega)/2$,*

$$e^{tM} = \frac{e^{\alpha_2 t}}{\omega}\begin{pmatrix} -\alpha_1 & 1 \\ -\mu & \alpha_2 \end{pmatrix} + \frac{e^{\alpha_1 t}}{\omega}\begin{pmatrix} \alpha_2 & -1 \\ \mu & -\alpha_1 \end{pmatrix};$$

— *si $\lambda^2 = 4\mu$, alors*

$$e^{tM} = e^{-\lambda t/2}\begin{pmatrix} 1 - \lambda t/2 & t \\ -\lambda^2 t/4 & 1 + \lambda t/2 \end{pmatrix};$$

— *si $\lambda^2 - 4\mu < 0$, alors, en notant $\omega = \sqrt{\mu - \lambda^2/4}$,*

$$e^{tM} = e^{-\lambda t/2}\begin{pmatrix} \cos(\omega t) + \frac{\lambda \sin(\omega t)}{2\omega} & \frac{\sin(\omega t)}{\omega} \\ -\frac{\mu \sin(\omega t)}{\omega} & \cos(\omega t) - \frac{\lambda \sin(\omega t)}{2\omega} \end{pmatrix}.$$

L'expression explicite de e^{tN} est beaucoup plus pénible·à obtenir. On peut toutefois remarquer que les valeurs propres de N ont toutes une partie réelle strictement négative.

Les équations différentielles linéaires du lemme 26.3 sont simples à résoudre numériquement (illustration donnée par la figure 26.1).

Lemme 26.5 (Densité de la loi à tout instant). *Pour toute loi initiale et tout instant $t > 0$, la loi du processus de Langevin confiné (X_t, V_t) admet une densité strictement positive sur $\mathbb{R}^2$.*

Démonstration. Il suffit d'établir le résultat lorsque la loi initiale est une masse de Dirac en un point (x, v), le cas général s'obtenant en conditionnant par la valeur initiale. Si la loi initiale est une masse de Dirac, le couple (X_t, V_t) est un vecteur gaussien. Par suite, sa loi admet une densité strictement positive sur $\mathbb{R}^2$ si et seulement si le déterminant de sa matrice de covariance est strictement positif. Pour simplifier, on suppose que $(X_0, V_0) = (0, 0)$. Le déterminant de la matrice de covariance est alors donné par $d_t = a_t c_t - b_t^2$ avec les notations du lemme 26.3. Donc

$$d'_t = -2\lambda(a_t c_t - b_t^2) + \sigma^2 a_t = -2\lambda d_t + \sigma^2 a_t.$$

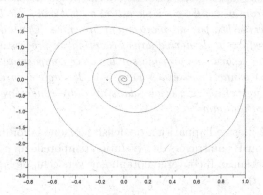

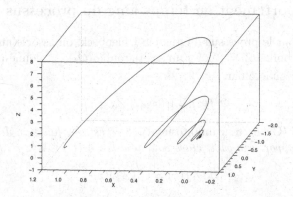

Fig. 26.1. Évolution des vecteurs moyenne (x_t, v_t) (en haut) et covariance (a_t, b_t, c_t) (en bas) pour $\sigma = 1$, $\lambda = 1$ et $\mu = 10$.

Comme $d_0 = a_0 = 0$, la dérivée de $t \mapsto d_t$ est nulle en 0. En itérant, on obtient

$$d_t'' = -2\lambda d_t' + 2\sigma^2 b_t$$
$$d_t^{(3)} = -2\lambda d_t'' + 2\sigma^2(-\mu a_t - \lambda b_t + c_t)$$
$$d_t^{(4)} = -2\lambda d_t^{(3)} + 2\sigma^2(\lambda\mu a_t + (\lambda^2 - 4\mu)b_t - 3\lambda c_t) + 2\sigma^4.$$

En particulier, les trois premières dérivées de $t \mapsto d_t$ sont nulles en 0 et $d_0^{(4)} = 2\sigma^4$. Donc le déterminant devient strictement positif pour $t > 0$ s'il est nul à l'instant initial. □

Remarque 26.6 (Hypoellipticité). *Dans la preuve du lemme 26.5, on a*

$$d_t \underset{t\sim 0}{\sim} \frac{2\sigma^4}{4!}t^4.$$

Pour une diffusion sur $\mathbb{R}^2$ avec un bruit brownien non dégénéré, le déterminant serait de l'ordre de t^2. Ce décalage est dû au fait que seule la composante des vitesses est perturbée par un mouvement brownien. Cependant, la structure subtile du coefficient de dérive dans l'équation du processus de Langevin confiné assure que ce bruit se propage sur les deux composantes et que la loi du couple (X_t, V_t) a une densité dès que $t > 0$. Il s'agit d'un cas particulier du phénomène d'hypoellipticité, étudié dans un cadre général par Hörmander puis par Malliavin notamment.

La figure 26.2 illustre l'apparition de densité lorsque la loi initiale est une mesure de Dirac sur $\mathbb{R}^2$ au travers de l'évolution temporelle du déterminant de la matrice de covariance. Il converge notamment vers celui de la loi invariante qui vaut $\sigma^4/(4\lambda^2\mu)$.

26.3 Comportement en temps long du processus confiné

Comme pour le processus d'Ornstein-Uhlenbeck, on associe au processus de Langevin confiné $Z = (X, V)$ un semi-groupe $(Q_t)_{t\geqslant 0}$, donné pour $t \geqslant 0$, $z \in \mathbb{R}^2$, et f régulière par

$$Q_t f(z) = \mathbb{E}(f(Z_t)|Z_0 = z).$$

Lemme 26.7 (Générateur infinitésimal). *Si f est une fonction de classe $\mathcal{C}^\infty$ sur $\mathbb{R}^2$ et à support compact, alors pour tout $t \geqslant 0$ et $z \in \mathbb{R}^2$,*

$$\partial_t Q_t f(z) = Q_t(Af)(z)$$

où, avec la notation $z = (x, v)$,

$$Af(x, v) = v \cdot \nabla_x f(x, v) - (\mu x + \lambda v) \cdot \nabla_v f(x, v) + \frac{\sigma^2}{2}\Delta_v f(x, v).$$

Démonstration. On applique la formule d'Itô à f avec $Z_0 = z$:

$$f(Z_t) = f(z) + \int_0^t Af(Z_s)\, ds + M_t,$$

où $(M_t)_{t\geqslant 0}$ est une martingale. Ainsi,

$$\lim_{t\to 0} \frac{Q_t f(z) - f(z)}{t} = Af(z).$$

La propriété de Markov fournit la relation à tout temps $t \geqslant 0$.   □

Théorème 26.8 (Loi invariante). *La mesure de probabilité gaussienne produit*

$$\pi = \mathcal{N}\left(0, \frac{\sigma^2}{2\lambda\mu}\right) \otimes \mathcal{N}\left(0, \frac{\sigma^2}{2\lambda}\right)$$

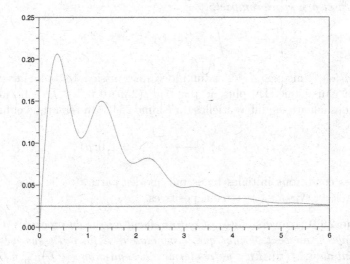

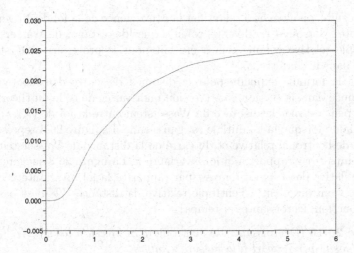

Fig. 26.2. Évolution en fonction du temps du déterminant de la matrice de covariance issu de $(x_0, v_0, a_0, b_0, c_0) = (0, 0, 1, 1, 1)$ (en haut) et $(0, 0, 0, 0, 0)$ (en bas) lorsque $\sigma = 1$, $\lambda = 1$ et $\mu = 10$.

est la loi invariante du processus (X, V). Elle vérifie, pour toute fonction f de classe $\mathcal{C}^2$ et à support compact,

$$\int A f \, d\pi = 0.$$

Démonstration. Puisque (X, V) est un processus gaussien, toute loi invariante est une loi gaussienne. De plus, le point $\sigma^2/(2\lambda\mu)(0, 0, 1, 0, \mu)$ est l'unique point fixe des équations différentielles du lemme 26.3. On remarque enfin que

$$(x_t, v_t, a_t, b_t, c_t) \xrightarrow[t \to \infty]{} \frac{\sigma^2}{2\lambda\mu}(0, 0, 1, 0, \mu)$$

pour toutes conditions initiales finies puisque les parties réelles des valeurs propres de M et N sont strictement positives. $\square$

Remarque 26.9 (Irréversibilité). *Contrairement au cas du processus d'Orn-stein-Uhlenbeck, on peut vérifier que le générateur A du processus n'est pas auto-adjoint dans $L^2(\pi)$. En d'autres termes, le semi-groupe $(Q_t)_{t \geqslant 0}$ n'est pas réversible pour la loi invariante π.*

Dans la suite, on cherche à quantifier la convergence de la loi de X_t vers la loi invariante π lorsque t tend vers $+\infty$ en termes de distance de Wasserstein ou d'entropie relative comme cela a été fait pour le processus d'Ornstein-Uhlenbeck dans le chapitre 25.

Grâce à la formule explicite pour la distance W_2 entre deux lois gaussiennes donnée dans la section 25.5 (version multivariée de celle du théorème 25.14), on peut estimer la distance de Wasserstein entre la loi de (X_t, V_t) et la loi invariante lorsque la loi initiale est gaussienne. La figure 26.3 représente l'évolution de l'entropie relative et du carré de la distance de Wasserstein de la loi au temps t par rapport à la loi invariante π. La figure 26.3 suggère que l'entropie relative de la loi au temps t par rapport à la loi invariante décroît par paliers. Contrairement à l'entropie relative, la distance W_2 n'est pas du tout une fonction décroissante du temps !

Théorème 26.10 (Décroissance de l'entropie). *Si π_t est la loi de (X_t, V_t) et h_t est sa densité par rapport à la mesure π, alors*

$$\frac{d}{dt} \mathrm{Ent}(\pi_t | \pi) = - \int \frac{|\nabla_v h_t|^2}{h_t} \, d\pi.$$

Démonstration. Pour alléger les calculs, on suppose sans perte de généralité que σ est égal à $\sqrt{2}$. En vertu du lemme 26.5, la loi π_t de (X_t, V_t) admet une densité u_t par rapport à la mesure de Lebesgue. Elle est solution de l'équation aux dérivées partielles suivante (équation de Fokker-Planck cinétique)

$$\partial_t u_t + v \cdot \nabla_x u_t - \mu x \cdot \nabla_v u_t = \Delta_v u_t + \nabla_v \cdot (\lambda v u_t),$$

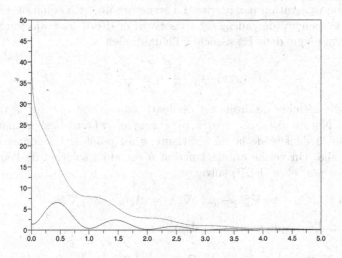

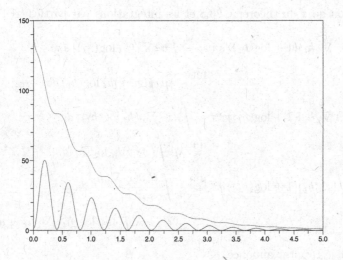

Fig. 26.3. Évolutions comparées de l'entropie relative et de la distance de Wasserstein d'ordre 2 entre la loi au temps t et la loi invariante, $\sigma = 1$, $\lambda = 1$, $\mu = 10$, $(x_0, v_0, a_0, b_0, c_0) = (1, 0, 0, 0, 0)$ (en haut) et $\mu = 60$ (en bas).

qui peut s'obtenir à partir du générateur infinitésimal (lemme 26.7) en effectuant une intégration par parties. La structure de cette équation est intéressante : le membre de gauche est conservatif et décrit les trajectoires d'un système dynamique dans $\mathbb{R}^2$ associé à l'hamiltonien

$$(x,v) \mapsto \mu\frac{|x|^2}{2} + \lambda\frac{|v|^2}{2},$$

tandis que le membre de droite est dissipatif mais n'agit que sur la variable de vitesse. Notons $h_t(x,v) = u_t(x,v)/\pi(x,v)$ où $\pi(x,v)$ désigne par abus de notation la densité de la loi invariante π au point (x,v) donnée par le théorème 26.8. On vérifie que la fonction h est alors solution de l'équation aux dérivées partielles (ÉDP) suivante :

$$\partial_t h_t + v \cdot \nabla_x h_t - \mu x \cdot \nabla_v h_t = \Delta_v h_t - \lambda v \cdot \nabla_v h_t.$$

La variation d'entropie relative est donnée par

$$\frac{d}{dt}\mathrm{Ent}(\pi_t|\pi) = \frac{d}{dt}\int h_t \log(h_t)d\pi = \int \partial_t h_t(1 + \log(h_t))\,d\pi.$$

L'expression de π du théorème 26.8 et les intégrations par parties (IPP)

$$-\int (v \cdot \nabla_x h_t)(1 + \log(h_t))\,d\pi = -\int v \cdot \nabla_x(h_t \log(h_t))\,d\pi$$
$$\overset{\mathrm{IPP}}{=} -\lambda\mu \int (x \cdot v)h_t \log(h_t)\,d\pi$$

$$\int (\mu x \cdot \nabla_v h_t)(1 + \log(h_t))\,d\pi = \int \mu x \cdot \nabla_v(h_t \log(h_t))\,d\pi$$
$$\overset{\mathrm{IPP}}{=} \lambda\mu \int (x \cdot v)h_t \log(h_t)d\pi$$

$$\int (\Delta_v h_t)(1 + \log(h_t))\,d\pi \overset{\mathrm{IPP}}{=} -\int \frac{\nabla_v h_t \cdot \nabla_v h_t}{h_t}\,d\pi$$
$$+ \lambda \int (1 + \log(h_t))\nabla_v h_t \cdot v\,d\pi$$

fournissent le résultat annoncé. □

L'obtention de bornes explicites pour la convergence exponentielle de l'entropie relative demande beaucoup plus de travail que pour le processus d'Ornstein-Uhlenbeck étudié au chapitre 25. Il est plus facile d'obtenir un résultat de convergence pour la distance de Wasserstein d'ordre 2 même si cette quantité n'est pas une fonction décroissante du temps.

Théorème 26.11 (Convergence en distance de Wasserstein). *Soit ν_0 et ν_0' deux mesures de probabilité sur $\mathbb{R}^2$ possédant un moment d'ordre 2 fini. Notons ν_t (respectivement ν_t') la loi de Z_t lorsque Z_0 suit la loi ν_0 (respectivement ν_0'). Alors il existe des constantes c et d telles que*

$$W_2(\nu_t, \nu'_t) \leqslant (c + dt)e^{-\rho t}W_2(\nu_0, \nu'_0),$$

avec

$$\begin{cases} \rho = \dfrac{\lambda - \sqrt{\lambda^2 - 4\mu}}{2} & et \quad d = 0 \quad si \ \lambda > 2\sqrt{\mu}, \\ \rho = \dfrac{\lambda}{2} & si \ \lambda \leqslant 2\sqrt{\mu}. \end{cases}$$

Démonstration. On procède par couplage. Soit (Z_0, Z'_0) un couplage des lois ν_0 et ν'_0 indépendant du mouvement brownien $(B_t)_{t \geqslant 0}$. Notons

$$Z := (X_t, V_t)_{t \geqslant 0} \quad et \quad Z' := (X'_t, V'_t)_{t \geqslant 0}$$

les processus de Langevin confinés issus respectivement de Z_0 et Z'_0, et dirigés par le même mouvement brownien $(B_t)_{t \geqslant 0}$. Notons

$$z_t := Z_t - Z'_t.$$

Par linéarité de l'équation différentielle stochastique, la fonction $t \mapsto z_t$ dépend de (Z_0, Z'_0) mais pas de $(B_t)_{t \geqslant 0}$. En effet, elle est solution de l'équation différentielle

$$\begin{cases} \dfrac{d}{dt}z_t = Mz_t \\ z_0 = Z_0 - Z'_0 \end{cases} \quad \text{avec} \quad M = \begin{pmatrix} 0 & 1 \\ -\mu & -\lambda \end{pmatrix}.$$

Ainsi, $z_t = e^{tM}z_0$. Les valeurs propres de la matrice M sont données par :

$$-\frac{\lambda \pm \sqrt{\lambda^2 - 4\mu}}{2} \quad si \quad \lambda \geqslant 2\sqrt{\mu} \quad et \quad -\frac{\lambda}{2} \pm i\frac{\sqrt{4\mu - \lambda^2}}{2} \quad si \quad \lambda < 2\sqrt{\mu}.$$

Une décomposition de Dunford de M assure qu'il existe deux constantes c et d telles que, pour tout $t \geqslant 0$

$$|z_t| \leqslant (c + dt)e^{-\rho t}|z_0|$$

où $-\rho$ est la plus grande partie réelle des valeurs propres de M. En particulier,

$$W_2(\nu_t, \nu'_t)^2 \leqslant \mathbb{E}\left(|Z_t - Z'_t|^2\right) \leqslant (c + dt)^2 e^{-2\rho t}\mathbb{E}\left(|Z_0 - Z'_0|^2\right).$$

On conclut en considérant l'infimum sur tous les couplages de ν_0 et ν'_0 :

$$\inf_{\substack{(Z_0, Z'_0) \\ Z_0 \sim \nu_0 \\ Z'_0 \sim \nu'_0}} \mathbb{E}(|Z_0 - Z'_0|^2) =: W_2(\nu_0, \nu'_0).$$

$\square$

26.4 Pour aller plus loin

En 1828, un botaniste du nom de Robert Brown [2] rend compte de ses observations : une particule de pollen, observable au microscope, plongée dans l'eau, contient des grains animés de mouvements aussi rapides qu'irréguliers. La thèse qui s'est imposée au fil du temps est la suivante : le mouvement serait lié aux chocs de la particule de pollen avec les molécules d'eau. Les travaux de Albert Einstein, en 1905, sont souvent présentés comme les premiers pas mathématiques vers ce qui va devenir la théorie du mouvement brownien, développée notamment par Norbert Wiener [3] et par Paul Lévy. Cependant, un peu avant les travaux d'Einstein, et dans un tout autre contexte, Louis Bachelier avait déjà obtenu, en 1900, la loi du mouvement brownien dans sa thèse intitulée « *Théorie de la spéculation*», qui n'a eu que peu d'impact à l'époque. Citons également les travaux de Marian Smoluchowski, contemporains de ceux d'Einstein. Le modèle étudié dans ce chapitre a été introduit par Paul Langevin et perfectionné par Leonard Ornstein et George Uhlenbeck dans les années 1930. On trouvera dans l'ouvrage de Edward Nelson [Nel67] la modélisation du début du chapitre, des perspectives historiques et des prolongements mathématiques.

On peut généraliser le processus de Langevin, en sortant du monde confortable des processus gaussiens, en considérant la solution de l'équation différentielle stochastique suivante :

$$\begin{cases} dX_t = V_t dt \\ dV_t = -\lambda V_t dt - \nabla U(X_t) dt + \sigma dB_t, \end{cases}$$

où la fonction U joue le rôle d'un potentiel de confinement (penser à une fonction convexe). Dans ce cas, la loi invariante s'écrit comme le produit de deux mesures sur les espaces de position et de vitesse. Lorsque le mouvement brownien agit sur toutes les coordonnées, on parle de processus de diffusion non dégénéré, l'équation aux dérivées partielles de Kolmogorov décrivant l'évolution de la loi du processus au temps t est dite elliptique et admet une solution de classe $\mathcal{C}^\infty$. Cependant, beaucoup d'équations d'évolution, comme les équations cinétiques décrivant la vitesse et la position d'une particule, sortent de ce cadre. Lars Hörmander dans [Hör67] classifie les diffusions dégénérées dont la loi au temps t est absolument continue de densité régulière.

Les résultats précis de convergence à l'équilibre pour ces processus sont assez récents. L'article de Denis Talay [Tal02] fournit des estimations pour la convergence de la densité de la loi au temps vers la densité de la loi invariante dans des espaces L^p à poids. Les travaux de Cédric Villani [Vil06, Vil09] proposent une autre approche via les inégalités fonctionnelles (inégalité de Poincaré, inégalité de Sobolev logarithmique) et la théorie de Lars Hörmander sur l'hypoellipticité.

---

2. Resté dans l'histoire pour cette découverte (anecdotique dans son œuvre).

3. On parle d'ailleurs également de processus de Wiener.

La décroissance au cours du temps de l'entropie relative par rapport à la loi invariante (théorème 26.10) a lieu en général pour les modèles markoviens, et peut devenir très difficile à établir au-delà de ce cadre. Pour la célèbre équation de Ludwig Boltzmann qui régit l'évolution de la densité d'un gaz de particules en interaction, cette décroissance est connue sous le nom de Théorème-H, et constitue encore aujourd'hui un objet d'étude en physique mathématique. On pourra lire à ce sujet l'article de vulgarisation de Villani [Vil08].

Des chaînes de Markov aux processus de diffusion

Mots-clés. Convergence de processus ; approximation par une diffusion ; schéma d'Euler.

Outils. Martingale ; temps d'arrêt ; chaîne d'Ehrenfest ; chaîne de Wright-Fisher ; file d'attente M/M/∞ ; processus de Yule ; processus d'Ornstein-Uhlenbeck ; mouvement brownien.

Difficulté. *

Les résultats de convergence de processus sont très utiles et assez intuitifs mais demandent un arsenal mathématique important qui dépasse le cadre de ce livre. Ce chapitre présente un petit panorama, pour ne pas dire un catalogue, des liens, résumées par le graphique 27.1, entre processus à espace discret ou continu et à temps discret ou temps continu. Certains résultats ne sont que partiellement démontrés ou même seulement énoncés mais la dernière section renvoie à des ouvrages proposant d'aller plus loin.

27.1 Paresse et échantillonnage

Soit $\mathbf{P}$ une matrice de transition sur un espace d'états fini E et $\mathbf{I}$ la matrice identité sur E. Pour tout $N \geqslant 1$,

$$\mathbf{P}_N = \left(1 - \frac{1}{N}\right)\mathbf{I} + \frac{1}{N}\mathbf{P} = \mathbf{I} + \frac{\mathbf{P} - \mathbf{I}}{N}$$

est une matrice de transition. La chaîne $(X_n^N)_{n \in \mathbb{N}}$ associée à $\mathbf{P}_N$ reste en un état $i \in E$ pendant un temps aléatoire de loi géométrique de paramètre $(1 - \mathbf{P}(i, i))/N$ puis, si cette probabilité n'est pas nulle, saute sur $E \backslash \{i\}$ avec la mesure de probabilité proportionnelle à $(\mathbf{P}_N(i, j))_{j \in E \backslash \{i\}}$. On dit que X^N pour $N \geqslant 2$ est une *chaîne paresseuse* associée à $\mathbf{P}$. Une chaîne de ce type est étudiée dans le chapitre 9 consacré au modèle d'Ehrenfest.

© Springer-Verlag Berlin Heidelberg 2016
D. Chafaï and F. Malrieu, *Recueil de Modèles Aléatoires*,
Mathématiques et Applications 78, DOI 10.1007/978-3-662-49768-5_27

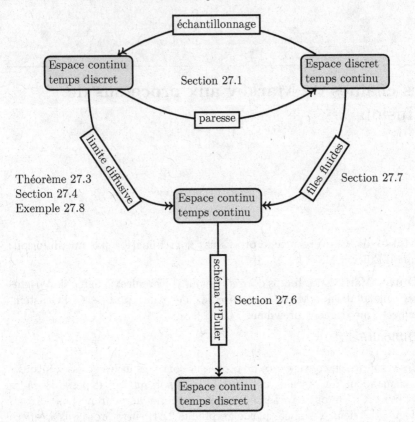

Fig. 27.1. Diverses connexions entre processus à espace et temps discrets ou continus présentées dans ce chapitre.

Posons $Y_t^N = X_{\lfloor Nt \rfloor}$ pour $t \in \mathbb{R}_+$. La suite de processus $(Y^N)_{N \geqslant 1}$ converge vers le processus de Markov à temps continu $(Y_t)_{t \geqslant 0}$ sur E de générateur $A = \mathbf{P} - \mathbf{I}$ et de *semi-groupe* $(P_t)_{t \geqslant 0}$. La convergence pour un temps donné t s'écrit simplement :

$$P_t = e^{tA} = \lim_{N \to \infty} \mathbf{P}_N^{\lfloor Nt \rfloor} = \lim_{N \to \infty} \left(\mathbf{I} + \frac{A}{N} \right)^{\lfloor Nt \rfloor}.$$

La propriété de Markov permet d'étendre cela à toutes les lois marginales.

Réciproquement, si $(Y_t)_{t \in \mathbb{R}_+}$ est une chaîne de Markov à temps continu sur E de générateur A alors

$$(Y_n^\delta)_{n \in \mathbb{N}} = (Y_{\delta n})_{n \in \mathbb{N}}$$

est une chaîne de Markov à temps discret sur E de matrice de transition $e^{\delta A}$, appelée *chaîne échantillonnée*.

Les processus de Markov $(X_n^1)_{n\in\mathbb{N}}$, $(Y_t)_{t\in\mathbb{R}_+}$ et $(Y_n^\delta)_{n\in\mathbb{N}}$ sont très liés : les propriétés de récurrence et transience coïncident et ces processus ont les mêmes lois invariantes. Cependant même si la chaîne $(X_n^1)_{n\in\mathbb{N}}$ est périodique, ce n'est pas le cas pour $(Y_t)_{t\in\mathbb{R}_+}$ et $(Y_t^\delta)_{t\in\mathbb{R}_+}$. En effet, on montre facilement s'il existe $n \in \mathbb{N}$ tel que $\mathbb{P}_{x_0}(X_n^1 = x) > 0$ alors $\mathbb{P}_{x_0}(Y_t = x) > 0$ pour tout $t \in \mathbb{R}_+$ et $\mathbb{P}_{x_0}(Y_m^\delta = x) > 0$ pour tout $m \in \mathbb{N}$.

Remarque 27.1 (Bernoulli vers Poisson). *Un processus de Bernoulli rendu de plus en plus paresseux convenablement renormalisé en temps converge vers un processus de Poisson. Ceci permet notamment de retrouver la loi des petits nombres déjà croisée au chapitre 1.*

Remarque 27.2 (Généalogie et paresse). *Dans le chapitre 13, la chaîne à temps discret décrivant le nombre de générations à remonter pour trouver l'ancêtre commun le plus récent dans une population de taille N converge, quand $N \to \infty$, vers un processus de mort pur à temps continu de manière semblable à la convergence des chaînes paresseuses.*

27.2 Convergence d'une chaîne vers une diffusion

L'objet de cette section est d'énoncer un théorème assurant la convergence en loi d'une suite de chaînes de Markov convenablement renormalisées en temps et en espace vers un processus de diffusion dont les coefficients de diffusion et de dérive sont explicites.

Théorème 27.3 (Approximation diffusive). *Soit $(\mathbf{P}_N)_{N\geqslant 1}$ une suite de noyaux de transition sur $\mathbb{R}$ et posons*

$$b_N(x) = N \int_{|y-x|\leqslant 1} (y - x)\mathbf{P}_N(x, dy)$$

et

$$a_N(x) = N \int_{|y-x|\leqslant 1} (y - x)^2 \mathbf{P}_N(x, dy).$$

Supposons qu'il existe deux fonctions a et b à valeurs dans $]0, +\infty[$ et $\mathbb{R}$ respectivement, bornées et de classe $\mathcal{C}^1$, et telles que pour tous $r > 0$ et $\varepsilon > 0$,

$$\lim_{N\to\infty} \sup_{|x|\leqslant r} |b_N(x) - b(x)| = 0, \quad et \quad \lim_{N\to\infty} \sup_{|x|\leqslant r} |a_N(x) - a(x)| = 0$$

et

$$\lim_{N\to\infty} \sup_{|x|\leqslant r} N\mathbf{P}_N(x, [x - \varepsilon, x + \varepsilon]) = 0.$$

Soit $(Y_n^N)_{n\in\mathbb{N}}$ la chaîne de Markov de noyau de transition $\mathbf{P}_N$ et $(Z_t^N)_{t\in\mathbb{R}_+}$ le processus défini par $Z_t^N = Y_{\lfloor Nt \rfloor}^N$. Si $(Y_0^N)_{N\geqslant 1}$ converge en loi vers ν alors, pour tout $T > 0$,

$$(Z_t^N)_{t \in [0,T]} \xrightarrow[N \to \infty]{\text{loi}} (X_t)_{t \in [0,T]}$$

où $(X_t)_{t \in [0,T]}$ est un processus de diffusion de loi initiale ν et de générateur A donné par

$$Af(x) = \frac{1}{2}a(x)f''(x) + b(x)f'(x),$$

pour toute fonction f de classe $\mathcal{C}^2$ à support compact.

Idée de preuve. Le semi-groupe $(P_t)_{t \in \mathbb{R}_+}$ associé au générateur infinitésimal A vérifie, pour toute fonction f de $\mathbb{R}$ dans $\mathbb{R}$ et classe $\mathcal{C}^2$ à support compact et tout $t \in \mathbb{R}_+$,

$$P_t f = f + \int_0^t P_s A f \, ds.$$

Pour tout $N \geqslant 1$, notons $\mathbf{A}_N = \mathbf{P}_N - \mathbf{I}$. Soit $t > 0$. Alors

$$\mathbf{P}_N^{\lfloor Nt \rfloor} f = f + \sum_{i=0}^{\lfloor (N-1)t \rfloor} \mathbf{P}_N^i \mathbf{A}_N f = f + \frac{1}{N} \sum_{i=0}^{\lfloor (N-1)t \rfloor} \mathbf{P}_N^i (N\mathbf{A}_N) f$$

$$= f + \sum_{i=0}^{\lfloor (N-1)t \rfloor} \int_{i/N}^{(i+1)/N} \mathbf{P}_N^i (N\mathbf{A}_N) f \, ds.$$

On obtient ainsi que, pour tout $t \in \mathbb{R}_+$,

$$\mathbf{P}_N^{\lfloor Nt \rfloor} f = f + \int_0^t \mathbf{P}_N^{\lfloor Ns \rfloor} (N\mathbf{A}_N) f \, ds.$$

Ainsi, la famille de mesures de probabilité $(\mathbf{P}_N^{\lfloor Nt \rfloor})_{t \in \mathbb{R}_+}$ est-elle liée à $N\mathbf{A}_N$ comme $(P_t)_{t \in \mathbb{R}_+}$ l'est à A. De plus, si f est de classe $\mathcal{C}^2$ à support compact,

$$N\mathbf{A}_N f(x) = N \int (f(y) - f(x)) \mathbf{P}_N(x, dy)$$

$$= b_N(x) f'(x) + \frac{1}{2} a_N(x) f''(x) + \mathcal{O}(N\mathbf{P}_N(x, [x-1, x+1])).$$

Les hypothèses du théorème assurent que $N\mathbf{A}_N f$ converge vers Af. Reste à en déduire la convergence en loi des processus associés. Cette étape dépasse le cadre de cet ouvrage. On trouvera dans la section 27.7 des références pour la preuve complète de ce résultat. □

Remarque 27.4 (Rien n'est simple). *En pratique, la chaîne de Markov Y^N est en général à valeurs dans un sous-ensemble I_N discret et souvent fini de $\mathbb{R}$. Ainsi, son noyau de transition $\mathbf{P}_N$ n'est-il pas défini sur tout $\mathbb{R}$. Il faut alors étendre sa définition à l'extérieur de I_N de manière un peu artificielle.*

Exemple 27.5 (Marche aléatoire et mouvement brownien). *Soit S^N la marche aléatoire sur $\mathbb{Z}$ définie par*

$$S_n^N = \sum_{i=1}^{n} \varepsilon_i$$

où $(\varepsilon_i^N)_{i \geqslant 1}$ est une suite de v.a. i.i.d. de loi $p_N \delta_1 + (1 - p_N) \delta_{-1}$. Dans ce cas,
- *si $p_N = 1/2$ alors $(S_{\lfloor N\cdot \rfloor}^N / \sqrt{N})_{N \geqslant 1}$ converge en loi vers le mouvement brownien issu de 0 ;*
- *si $p_N = p \neq 1/2$ alors $(S_{\lfloor N\cdot \rfloor}/N)_{N \geqslant 1}$ converge en loi vers le processus déterministe $t \mapsto (2p - 1)t$;*
- *si $p_N = 1/2 + \alpha/(2\sqrt{N})$ alors $(S_{\lfloor N\cdot \rfloor}/N)_{N \geqslant 1}$ converge en loi vers le mouvement brownien avec dérive α issu de 0.*

Le premier cas de l'exemple ci-dessous est une instance du *théorème de Donsker*, analogue du théorème limite central pour les lois de processus.

Théorème 27.6 (Principe d'invariance de Donsker). *Soit $(Y_n)_{n \geqslant 1}$ une suite de variables aléatoires i.i.d. centrées et de variance 1. Notons*

$$X_t^N = \frac{1}{\sqrt{N}} \left(\sum_{k=1}^{\lfloor Nt \rfloor} Y_k - (Nt - \lfloor Nt \rfloor) Y_{\lfloor Nt \rfloor + 1} \right).$$

La suite de processus $(X^N)_{N \geqslant 1}$ converge en loi vers le mouvement brownien.

Remarque 27.7 (Interpolation linéaire). *Dans l'énoncé du théorème de Donsker, les trajectoires de X^N sont construites par interpolation linéaire entre les points d'abscisses multiples de $1/N$. Cette précaution permet de considérer la convergence de $(X_t^N)_{0 \leqslant t \leqslant T}$ comme une variable aléatoire à valeurs dans $\mathcal{C}([0, T])$ muni de la norme infinie et de la tribu borélienne.*

Exemple 27.8 (Chaîne d'Ehrenfest et processus d'Ornstein-Uhlenbeck). *Pour $N \geqslant 1$, soit Z^N la chaîne d'Ehrenfest (voir chapitre 9) à valeurs dans $\{0, \dots, N\}$ dont la matrice de transition est donnée par*

$$\mathbb{P}(Z_1^N = j | Z_0^N = i) = \begin{cases} i/N & \text{si } j = i - 1, \\ 1 - i/N & \text{si } j = i + 1, \\ 0 & \text{sinon.} \end{cases}$$

On définit la chaîne $(Y_n^N)_{n \geqslant 0}$ à valeurs dans

$$E_N = \left\{ -(1/2)\sqrt{N} + k/\sqrt{N} : 0 \leqslant k \leqslant N \right\}$$

en posant

$$Y_n^N = \sqrt{N} \left(\frac{Z_n^N}{N} - \frac{1}{2} \right).$$

Son noyau de transition est donné par

$$\mathbf{P}_N(x,\cdot) = \left(\frac{1}{2} + \frac{x}{\sqrt{N}}\right)\delta_{x-1/\sqrt{N}}(\cdot) + \left(\frac{1}{2} - \frac{x}{\sqrt{N}}\right)\delta_{x+1/\sqrt{N}}(\cdot),$$

pour $x \in E_N$. Après avoir étendu $\mathbf{P}_N$ raisonnablement sur $\mathbb{R}$, on obtient

$$b_N(x) = N\left(\left[\frac{1}{2} + \frac{x}{\sqrt{N}}\right]\left[x - \frac{1}{\sqrt{N}}\right] + \left[\frac{1}{2} - \frac{x}{\sqrt{N}}\right]\left[x + \frac{1}{\sqrt{N}}\right] - x\right) = -2x.$$

De même, $a_N(x) = 1$. L'hypothèse de concentration du noyau $\mathbf{P}_N(x,\cdot)$ est clairement satisfaite puisque son support converge vers $\{x\}$. Ainsi, si $(Y_0^N)_{N\geqslant 1}$ converge en loi vers ν, alors la suite de processus $(Y_{\lfloor N\cdot\rfloor}^N)_{N\geqslant 1}$ converge en loi vers le processus d'Ornstein-Uhlenbeck de loi initiale ν solution de l'équation différentielle stochastique

$$dX_t = dB_t - 2X_t\, dt.$$

27.3 Diffusion sur un intervalle

Avant de détailler de nouveaux exemples importants, nous rassemblons dans cette section des résultats classiques sur les processus de diffusion à valeurs dans $\mathbb{R}$. Considérons le processus $(X_t)_{t\geqslant 0}$ solution de l'équation différentielle stochastique

$$dX_t = \sigma(X_t)\, dB_t + b(X_t)\, dt,$$

où σ et b sont des fonctions régulières sur l'intervalle $I =]l, r[$ à valeurs dans $]0, \infty[$ et $\mathbb{R}$ respectivement. Le générateur infinitésimal de X est l'opérateur agissant sur les fonctions f de classe $\mathcal{C}^2$ sur I donné par

$$Lf(x) = \frac{1}{2}\sigma^2(x)f''(x) + b(x)f'(x).$$

Soit $c \in I$. Introduisons
— la *fonction d'échelle p* :

$$p(x) = \int_c^x \exp\left(-2\int_c^y \frac{b(z)\, dz}{\sigma^2(z)}\right) dy,$$

— la *mesure de vitesse m* est définie par

$$m(dx) = \mathbb{1}_I(x)\frac{2}{p'(x)\sigma^2(x)}\, dx = \mathbb{1}_I(x)\frac{2}{\sigma^2(x)}\exp\left(2\int_c^x \frac{b(z)\, dz}{\sigma^2(z)}\right) dx,$$

— et pour $l < a < b < r$ la fonction sur $]a, b[$,

$$M_{a,b}(x) = -\int_a^x (p(x)-p(y))m(dy) + \frac{p(x)-p(a)}{p(b)-p(a)}\int_a^b (p(b)-p(y))m(dy).$$

Les fonctions p et $M_{a,b}$ vérifient les relations cruciales suivantes :

$$\begin{cases} Lp(x) = 0 & \text{pour } x \in I, \\ p(c) = 0, \\ p'(c) = 1, \end{cases} \quad \text{et} \quad \begin{cases} LM_{a,b}(x) = -1 & \text{pour } x \in {]a,b[}, \\ M_{a,b}(a) = 0, \\ M_{a,b}(b) = 0. \end{cases}$$

Théorème 27.9 (Sortie d'un intervalle). *Soit $l < a < b < r$ et*

$$T_{a,b} = \inf\left\{ t \geqslant 0 \, : \, X_t \notin [a,b] \right\}$$

le temps de sortie de l'intervalle $[a,b]$ pour X. Alors

$$\mathbb{P}_x\big(X_{T_{a,b}} = a\big) = 1 - \mathbb{P}_x\big(X_{T_{a,b}} = b\big) = \frac{p(b) - p(x)}{p(b) - p(a)},$$

et

$$\mathbb{E}_x(T_{a,b}) = M_{a,b}(x).$$

Remarque 27.10 (Mouvement brownien). *Ce résultat généralise le cas bien connu du mouvement brownien pour lequel la probabilité de sortir de l'intervalle $[a,b]$ en a partant de x vaut $(b-x)/(b-a)$.*

Démonstration. La fonction p est croissante par définition. Ceci assure que, pour $a < y < b$, les fonctions

$$x \in [y,b] \mapsto \frac{p(x) - p(y)}{p(x) - p(a)} \quad \text{et} \quad x \in [a,b] \mapsto \int_a^x \frac{p(x) - p(y)}{p(x) - p(a)} m(dy)$$

sont croissantes. En conséquence, la fonction $M_{a,b}$ est positive sur $[a,b]$. Posons, pour $n \in \mathbb{N}^*$,

$$\tau_n = \inf\left\{ t \geqslant 0 \, ; \, \int_0^t \sigma^2(X_s)\, ds \geqslant n \right\}.$$

Puisque $LM_{a,b}(x) = -1$ pour $x \in {]a,b[}$, la formule d'Itô pour $M_{a,b}(X_t)$ donne

$$M_{a,b}(X_{t \wedge \tau_n \wedge T_{a,b}}) = M_{a,b}(X_0) - (t \wedge \tau_n \wedge T_{a,b})$$
$$+ \int_0^{t \wedge \tau_n \wedge T_{a,b}} M'_{a,b}(X_s)\sigma(X_s)dB_s.$$

Grâce à l'arrêt au temps $\tau_n \wedge T_{a,b}$ l'intégrale stochastique ci-dessus est une martingale. En prenant l'espérance avec $X_0 = x$, on obtient grâce à la positivité de $M_{a,b}$,

$$\mathbb{E}_x(t \wedge \tau_n \wedge T_{a,b}) = M_{a,b}(x) - \mathbb{E}_x\big[M_{a,b}(X_{t \wedge \tau_n \wedge T_{a,b}})\big] \leqslant M_{a,b}(x) < \infty.$$

Il reste à faire tendre n puis t vers $+\infty$ pour obtenir, par convergence monotone, que $\mathbb{E}_x(T_{a,b})$ est fini. Le temps $T_{a,b}$ est donc fini p.s. et, par convergence dominée, on obtient

$$\lim_{t \to \infty} \mathbb{E}\big[M_{a,b}(X_{t \wedge T_{a,b}})\big] = \mathbb{E}\big[M_{a,b}(X_{T_{a,b}})\big] = 0,$$

puisque $M_{a,b}$ est continue bornée sur $[a, b]$ et nulle en a et b. On obtient ainsi l'expression de $\mathbb{E}_x(T_{a,b})$.

De même, la formule d'Itô appliquée à $p(X_t)$ donne

$$p(x) = \mathbb{E}_x\big[p(X_{T_{a,b}})\big] = p(a)\mathbb{P}_x\big(X_{T_{a,b}} = a\big) + p(b)\mathbb{P}_x\big(X_{T_{a,b}} = b\big).$$

On conclut en utilisant la relation $\mathbb{P}_x\big(X_{T_{a,b}} = a\big) + \mathbb{P}_x\big(X_{T_{a,b}} = b\big) = 1$.   □

27.4 Application aux processus de Wright-Fisher

Considérons le modèle de Wright-Fisher avec mutations et sélection introduit au chapitre 12. Il s'agit de la chaîne de Markov $(X_n^N)_{n \in \mathbb{N}}$ sur $\{0, \ldots, N\}$ de transition

$$\text{Loi}(X_{n+1}^N | X_n^N = x) = \text{Bin}(N, \eta_x)$$

avec

$$\eta_x = \psi_x(1 - u_A) + (1 - \psi_x)u_B \quad \text{et} \quad \psi_x = \frac{(1+s)x}{(1+s)x + N - x}.$$

Le réel s représente l'avantage sélectif de A sur B et u_A est la probabilité de mutation d'un allèle A vers un allèle B. La proportion d'allèles A dans une population de taille N à la génération n est

$$Y_n^N := \frac{X_n^N}{N}.$$

Pour tout $t \in \mathbb{R}_+$, posons

$$Z_t^N := Y_{\lfloor Nt \rfloor}^N.$$

Théorème 27.11 (Limite diffusive de Wright-Fisher). *Supposons que les taux de sélection s et de mutation u_A et u_B (qui dépendent de N) soient tels que*

$$(Ns, Nu_A, Nu_B) \xrightarrow[N \to \infty]{} (\alpha, \beta_A, \beta_B).$$

Alors la suite de processus $(Z_\cdot^N)_{N \geqslant 1}$ converge en loi vers le processus de diffusion $(Z_t)_{t \in \mathbb{R}_+}$ solution de l'équation différentielle stochastique à valeurs dans $[0, 1]$ suivante :

$$dZ_t = \sigma(Z_t)\,dB_t + b(Z_t)\,dt,$$

où

$$\sigma^2(z) = z(1 - z) \quad \text{et} \quad b(z) = \alpha z(1 - z) - \beta_A z + \beta_B(1 - z).$$

Démonstration. Soit $z \in E_N = \{0, 1/N, \ldots, 1\}$. Alors

$$
\eta_{Nz} = \psi_{Nz}(1 - u_A) + (1 - \psi_{Nz})u_B
$$
$$
= z + \frac{-\beta_A z + \beta_B(1 - z) + \alpha z(1 - z)}{N} + \mathcal{O}(1/N).
$$

Puisque la loi de NZ_1^N sachant que $Z_0^N = z$ est la loi $\mathrm{Bin}(N, \eta_{Nz})$, on a

$$
N\mathbb{E}\big[Z_1^N - z \mid Z_0^N = z\big] = N(\eta_{Nz} - z)
$$
$$
= -\beta_A z + \beta_B(1 - z) + \alpha z(1 - z) + \mathcal{O}(1/N).
$$

De même

$$
N\mathbb{E}\Big[\big(Z_1^N - z\big)^2 \mid Z_0^N = z\Big] = \eta_{Nz}(1 - \eta_{Nz})
$$
$$
= z(1 - z) + \mathcal{O}(1/N).
$$

Enfin, grâce à l'inégalité de Markov, on obtient

$$
N\mathbb{P}(Z_1^N \in [z - \varepsilon, z + \varepsilon] \mid Z_0^N = z) \leqslant \frac{N\mathbb{E}\Big[\big(Z_1^N - z\big)^4 \mid Z_0^N = z\Big]}{\varepsilon^4}.
$$

Or

$$
N\mathbb{E}\Big[\big(Z_1^N - z\big)^4 \mid Z_0^N = z\Big] = \mathcal{O}(N^{-1}),
$$

car le moment centré d'ordre 4 d'une v.a. X de loi $\mathrm{Bin}(N, p)$ est donné par

$$
\mathbb{E}\big[(X - Np)^4\big] = (3Np(1 - p) + 1 - 6p(1 - p))Np(1 - p) = \mathcal{O}(N^2).
$$

Ces estimations sont uniformes en $z \in E_N$. Reste à prendre une dernière précaution. Le coefficient de diffusion σ n'est en effet pas lipschitzien en 0 et 1. Il faut donc utiliser le théorème 27.3 pour des processus arrêtés lorsqu'ils passent sous ε ou au-dessus de $1 - \varepsilon$ pour un certain paramètre $\varepsilon > 0$ petit. $\square$

Remarque 27.12 (Échelles de temps). *Pour transférer les estimations de temps d'absorption de la diffusion à la chaîne de Markov, il faudra prendre garde à les multiplier par N. Les probabilités d'atteinte ou les profils de lois invariantes sont pour leur part insensibles à ce changement d'échelle temporel.*

Exprimons la fonction d'échelle : pour $c, x \in {]0, 1[}$

$$
S(x) = \int_c^x y^{-2\beta_B}(1 - y)^{-2\beta_A} e^{2\alpha y} \, dy,
$$

et la mesure de vitesse :

$$
m(dx) = 2x^{2\beta_B - 1}(1 - x)^{2\beta_A - 1} e^{-2\alpha x} \, dx.
$$

On peut alors décliner les exemples en fonction des paramètres du modèle.

Exemple 27.13 (Ni mutation, ni sélection). *Si* $\alpha = \beta_A = \beta_B = 0$ *alors la dérive de la diffusion est nulle : la diffusion est une martingale, on a* $\mathbb{P}_x(Z_{T_{0,1}} = 1) = x$, *et l'espérance du temps de fixation est donnée par*

$$\mathbb{E}_x(T_{0,1}) = -2[x \log(x) + (1 - x) \log(1 - x)].$$

Ceci est illustré par la figure 27.2.

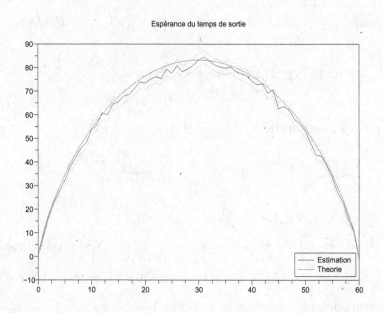

Fig. 27.2. Estimation du temps de fixation pour $N = 40$ en l'absence de sélection et de mutation.

Exemple 27.14 (Sélection sans mutation). *On choisit* $\alpha > 0$ *et* $\beta_A = \beta_B = 0$. *Alors* $T_{0,1}$ *est fini p.s. et la probabilité de disparition de l'allèle B vaut*

$$\mathbb{P}_x(Z_{T_{0,1}} = 1) = \frac{1 - e^{-2\alpha x}}{1 - e^{-2\alpha}}.$$

La figure 27.3 propose une illustration de l'estimation de la probabilité de fixation de l'allèle A. Si $N = 10^5$, $s = 10^{-4}$ *et* $x = 0,5$, *alors* $\alpha = 20$ *et la probabilité de fixation de l'allèle A vaut environ* $0,999955$. *Ce faible avantage sélectif* s, *inobservable en laboratoire ou par des mesures statistiques, est pourtant suffisant pour avoir un effet déterminant sur la fixation des allèles. Le calcul de l'espérance du temps de fixation est plus délicat. L'équation différentielle suivante :*

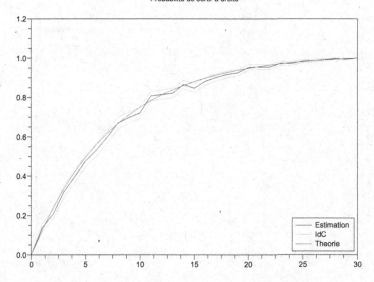

Probabilité de sortir à droite

Fig. 27.3. Probabilité de fixation de A pour $N = 30$ et $\alpha = 2$.

$$z''(x) + 2\alpha z'(x) = -\frac{1}{x(1-x)}, \quad \text{avec } z(0) = 0 \text{ et } z(1) = 0,$$

n'a pas de solution explicite. La figure 27.4 propose une estimation du temps d'absorption pour $N = 30$ et $\alpha = 10$.

Exemple 27.15 (Mutation sans sélection). *On suppose ici que $\alpha = 0$. La diffusion est solution de*

$$dX_t = \sqrt{X_t(1-X_t)}\, dB_t + (-\beta_A X_t + \beta_B(1-X_t))\, dt.$$

Cette diffusion reste dans l'intervalle $]0,1[$, c'est-à-dire que $T_{0,1}$ est infini p.s. De plus, elle admet pour loi invariante ν la loi $\mathrm{Beta}(2\beta_B, 2\beta_A)$, c'est-à-dire que

$$\nu(dy) = \frac{\Gamma(2\beta_A + 2\beta_B)}{\Gamma(2\beta_A)\Gamma(2\beta_B)} y^{2\beta_B - 1}(1-y)^{2\beta_A - 1}\, dy.$$

En particulier, si Y suit la loi ν,

$$\mathbb{E}(Y) = \frac{\beta_B}{\beta_A + \beta_B} \quad et \quad \mathrm{Var}(Y) = \frac{\beta_A \beta_B}{(\beta_A + \beta_B)^2(2(\beta_A + \beta_B) + 1)}.$$

Remarque 27.16 (Modèle multi-allèles). *Dans le modèle à k allèles distincts avec un taux de mutation total $\theta/2$ et des probabilités respectives de mutation*

Espérance du temps de sortie

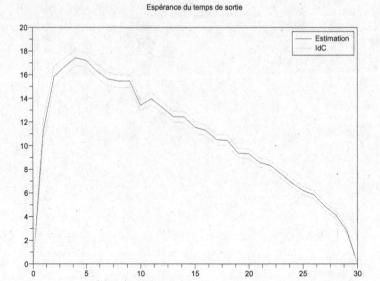

Fig. 27.4. Espérance du temps de fixation pour $N = 30$ et $\alpha = 10$.

$(\pi_i)_{1 \leqslant i \leqslant k}$, *le processus des proportions des allèles est à valeurs dans le simplexe Δ de $\mathbb{R}^k$, de dimension $k - 1$, et la densité de sa loi invariante par rapport à la mesure de Lebesgue sur Δ est*

$$\nu(y_1, \ldots, y_K) = \frac{\Gamma(\theta)}{\Gamma(\theta\pi_1)\cdots\Gamma(\theta\pi_K)} y_1^{\Gamma(\theta\pi_1)-1} \cdots y_K^{\Gamma(\theta\pi_K)-1} \mathbb{1}_\Delta(y_1, \ldots, y_k).$$

27.5 Fonction de répartition empirique

Soit $(U_n)_{n \geqslant 1}$ une suite de v.a. i.i.d. de loi uniforme sur $[0, 1]$. La fonction de répartition empirique F^N de $U_1, \ldots, U_N$ est définie par

$$F^N(x) = \frac{1}{N} \sum_{k=1}^{N} \mathbb{1}_{\{U_k \leqslant x\}} \quad \text{pour } x \in \mathbb{R}.$$

Introduisons le processus $(H_x^N)_{x \in [0,1]}$ défini par $H_x^N = \sqrt{N}(F^N(x) - x))$ pour $x \in [0, 1]$. La loi forte des grands nombres et le théorème limite central assurent que, pour tout $x \in [0, 1]$,

$$F^N(x) \xrightarrow[N \to \infty]{\text{p.s.}} x \quad \text{et} \quad H_x^N \xrightarrow[N \to \infty]{\text{loi}} \mathcal{N}(0, x(1 - x)).$$

Notons que $H_0^N = H_1^N = 0$. De plus, pour tous $0 \leqslant y \leqslant x \leqslant 1$,

$$\text{Cov}(H_y^N, H_x^N) = y(1-x)$$

puisque $\text{Cov}(\mathbb{1}_{\{U_k \leqslant y\}}, \mathbb{1}_{\{U_k \leqslant x\}}) = y(1-x)$. Ce calcul s'étend aisément à la convergence d'une marginale quelconque $(H_{x_1}^N, \ldots, H_{x_k}^N)$. On obtient alors le résultat suivant.

Théorème 27.17 (Pont brownien). *La suite de processus $(H^N)_{N \geqslant 1}$ converge vers le processus gaussien $(M_x)_{x \in [0,1]}$ qui est centré et de covariance*

$$\text{Cov}(M_y, M_x) = y(1-x)$$

pour $0 \leqslant y \leqslant x \leqslant 1$. Ce processus est appelé le pont brownien.

Ce résultat de convergence en loi du processus empirique, couplé avec des propriétés de continuité des normes du supremum et L^2 sur un espace de processus permet de retrouver les théorèmes de Kolmogorov-Smirnov et Cramér-Von Mises.

Corollaire 27.18 (Kolmogorov-Smirnov et Cramér-Von Mises).

$$\sup_{x \in [0,1]} |H_x^N| \xrightarrow[N \to \infty]{\text{loi}} \sup_{x \in [0,1]} |M_x| \quad et \quad \int_0^1 (H_x^N)^2 \, dx \xrightarrow[N \to \infty]{\text{loi}} \int_0^1 M_x^2 \, dx.$$

Les propriétés remarquables du mouvement brownien permettent de déterminer les lois des variables aléatoires intervenant dans le corollaire ci-dessus.

Remarque 27.19 (Définitions alternatives). *Le pont brownien peut être défini de plusieurs autres façons :*

— *le mouvement brownien standard sur l'intervalle de temps $[0,1]$ conditionné à être nul aux instants 0 et 1 ;*

— *le processus $(M_t)_{t \in [0,1]}$ donné par $M_t = B_t - tB_1$ où $(B_t)_{t \geqslant 0}$ est un mouvement brownien standard ;*

— *la solution de l'équation différentielle stochastique inhomogène*

$$dM_t = dB_t - \frac{M_t}{1-t} \, dt.$$

La dernière formulation, contrairement à la deuxième, montre que le pont brownien est un processus de Markov.

27.6 Schéma d'Euler

Considérons le processus de diffusion $(X_t)_{t \geq 0}$ solution de l'équation différentielle stochastique suivante :

$$dX_t = \sigma(X_t) \, dB_t + b(X_t) dt.$$

Sauf cas particulier, cette équation n'admet pas de solution explicite. On cherche donc à l'approcher par une chaîne de Markov facile à simuler. L'idée la plus simple, et la plus robuste en pratique, est de procéder comme pour les équations différentielles ordinaires en introduisant le schéma d'Euler associé à une discrétisation du temps. Soit $\alpha > 0$, le *schéma d'Euler* de pas α est la chaîne de Markov $(Y_n^\alpha)_{n \geqslant 0}$ à valeurs dans $\mathbb{R}$ associée au noyau

$$\mathbf{P}_\alpha(x, \cdot) = \mathcal{N}\left(x + \alpha b(x), \alpha \frac{\sigma(x)^2}{2}\right).$$

On peut l'étendre à un processus de diffusion $(X_t^\alpha)_{t \in \mathbb{R}_+}$ dont les coefficients sont constants entre des temps multiples de α : pour $t \in [\alpha n, \alpha(n+1)[$,

$$X_t^\alpha = X_{n\alpha}^\alpha + \int_{n\alpha}^t b(X_{n\alpha}^\alpha)\, ds + \int_{t_\alpha}^t \sigma(X_{n\alpha}^\alpha) dB_s$$

$$= X_{n\alpha}^\alpha + (t - n\alpha)b(X_{n\alpha}^\alpha) + \sigma(X_{n\alpha}^\alpha)(B_t - B_{n\alpha}).$$

On a alors $Y_n^\alpha = X_{n\alpha}^\alpha$ pour tout $n \in \mathbb{N}$.

Théorème 27.20 (Erreur faible). *Si les coefficients b et σ sont des fonctions de classe $\mathcal{C}^4$ à dérivées bornées, alors, pour toute fonction f mesurable bornée et tout $t > 0$, il existe $C > 0$ tel que*

$$|\mathbb{E}_x f(X_t) - \mathbb{E}_x f(X_t^\alpha)| \leqslant C\alpha.$$

Démonstration. Esquissons ici une idée de la preuve. Notons $(P_t)_{t \geqslant 0}$ le semi-groupe associé à $(X_t)_{t \geqslant 0}$ et L son générateur infinitésimal. On écrit

$$\mathbf{P}_\alpha^n f - P_{\alpha n} f = \sum_{k=1}^n \mathbf{P}_\alpha^{k-1}(\mathbf{P}_\alpha - P_\alpha) P_{\alpha(n-k)} f.$$

Or les développements limités des deux noyaux de probabilité P_α et $\mathbf{P}_\alpha$ coïncident jusqu'à l'ordre 2. En effet, puisque $\partial_t P_t = L P_t$,

$$P_\alpha g(x) = g(x) + \alpha L g(x) + \mathcal{O}(\alpha^2)$$

Soit Y de loi $\mathcal{N}(0,1)$. En posant $\delta(x) = \sqrt{\alpha}\sigma(x)Y + \alpha b(x)$, on a

$$\mathbf{P}_\alpha g(x) = \mathbb{E}g(x + \alpha b(x) + \sqrt{\alpha}\sigma(x)Y)$$

$$= \mathbb{E}\left(g(x) + \delta(x)g'(x) + \frac{\delta(x)^2}{2}g''(x) + \frac{\delta(x)^3}{6}g'''(x) + \mathcal{O}(\delta(x)^3)\right)$$

$$= g(x) + \alpha L g(x) + \mathcal{O}(\alpha^2)$$

puisque les moments d'ordres 1 et 3 de Y sont nuls. L'erreur entre diffusion et schéma d'Euler sur un pas de temps α est donc de l'ordre de α^2. Au bout de n itérations, l'erreur sera donc d'ordre α (puisque αn est de l'ordre de

t). Reste une difficulté de taille : montrer que l'on contrôle les dérivées de $P_{\alpha(n-k)}f$ pour que le développement limité ci-dessus soit valide. Ceci découle de propriétés de régularité de la solution de l'équation aux dérivées partielles parabolique $\partial_t u = Lu$. □

Il est également possible de contrôler l'écart trajectoriel entre les processus X et X^α supposés être construits avec le même mouvement brownien.

Théorème 27.21 (Erreur forte). *S'il existe $C > 0$ tel que pour tous $x, y \in \mathbb{R}$,*

$$|b(x) - b(y)| + |\sigma(x) - \sigma(y)| \leqslant C|x - y|,$$

alors, pour tout $p \geqslant 1$ et tout $T > 0$, il existe $K_p(T)$ tel que

$$\mathbb{E}\left(\sup_{0 \leqslant t \leqslant T} |X_t - X_t^\alpha|^p \right) \leqslant K_p(T)\alpha^{p/2}.$$

La démonstration de ce résultat est technique mais assez directe. Elle repose essentiellement sur la formule d'Itô, le lemme de Grönwall et l'inégalité de Burkholder-Davis-Gundy.

27.7 Pour aller plus loin

De nombreux ouvrages sont consacrés au calcul stochastique et aux processus de diffusion. On trouvera notamment dans le livre d'Iosif Gikhman et Anatoliy Skorokhod [GS72] l'étude des diffusions sur un intervalle de $\mathbb{R}$ et leurs comportements aux bords du domaine. Les différentes variantes et subtilités des résultats de convergence de processus sont rassemblées dans le livre [EK86] de Stewart Ethier et Thomas Kurtz. La section 7.4 de cet ouvrage très dense concerne notamment l'approximation diffusive et propose une démonstration du théorème 27.3.

Citons encore deux exemples classiques de convergence pour des processus de Markov à temps continu et espaces d'états discrets vers une diffusion.

Pour $N \in \mathbb{N}^*$, soit $Z^{N\lambda,\mu}$ la file d'attente M/M/∞, étudiée dans le chapitre 11, de taux d'arrivée $N\lambda$ et de taux de service μ. Pour tous $N \geqslant 1$ et $t \geqslant 0$, posons

$$X_t^N = \sqrt{N}\left(\frac{Z_t^{N\lambda,\mu}}{N} - \frac{\lambda}{\mu} \right) \quad \text{avec} \quad Z_0^{N\lambda,\mu} = \lfloor N\lambda/\mu + \sqrt{N}x \rfloor.$$

La suite $(X_{\lfloor N \cdot \rfloor}^N)_{N \geqslant 1}$ converge en loi vers le processus d'Ornstein-Uhlenbeck solution de

$$dX_t = \sqrt{2\lambda}\,dB_t - \mu X_t\,dt \quad \text{avec} \quad X_0 = x,$$

Cette approximation d'une file d'attente par une diffusion est très utilisée en pratique. On nomme ce modèle une file fluide. On pourra consulter à ce propos le livre de Philippe Robert [Rob00].

De même, soit une suite $(Y^N)_{N \geqslant 1}$ de processus de naissance et mort de taux respectifs $(\lambda_N n)_{n \in \mathbb{N}}$ et $(\mu_N n)_{n \in \mathbb{N}}$. On suppose que

$$N(\lambda_N - \mu_N) = b + \mathcal{O}(1/N) \quad \text{et} \quad \lambda_N + \mu_N = 2a + \mathcal{O}(1/N).$$

Alors la suite de processus $\left(Y^N_{\lfloor N \cdot \rfloor}/N\right)_{N \geqslant 1}$ converge vers la diffusion X solution de l'équation différentielle suivante :

$$dX_t = \sqrt{2aX_t}\, dB_t + bX_t\, dt.$$

Les schémas d'Euler associés à des processus de diffusion ont été très largement étudiés. Citons les ouvrages de synthèse de Peter Kloeden et Eckhard Platen [KP95], Nicolas Bouleau et Dominique Lépingle [BL94] pour la preuve du théorème 27.21. Ajoutons également le livre de Carl Graham et Denis Talay [GT13]. Il est possible d'améliorer le théorème 27.20 en obtenant un développement limité de l'erreur faible en puissances de α. Ceci permet d'accélérer la convergence : en combinant des schémas de pas 2α et α on obtient une erreur de l'ordre de α^2 ! Cette méthode, appelée extrapolation de Romberg, est également utilisée en analyse numérique des équations différentielles ordinaires. Les deux travaux fondateurs dans cette direction sont dus à Denis Talay et Luciano Tubaro [TT90], qui supposent que la fonction test est très régulière, puis à Vlad Bally et Denis Talay [BT95] qui, grâce au calcul de Malliavin, obtiennent le résultat pour des fonctions mesurables bornées si les coefficients σ et b sont réguliers. La contribution de Denis Talay [Tal96] propose également une synthèse sur les estimations de l'erreur faible.

Suggestions bibliographiques

Ce bref chapitre fournit quelques suggestions de lecture, nécessairement incomplètes et subjectives, concernant les probabilités de niveau master. Parmi les ouvrages les plus accessibles, on peut citer notamment le livre classique et incontournable de William Feller [Fel68, Fel71], celui plus récent d'Alan Gut [Gut13], ainsi que les livres de Philippe Barbe et Michel Ledoux [BL98], Jean Jacod et Philip Protter [JP02, JP03], Daniel Revuz [Rev97], Vivek Borkar [Bor95], Paul Toulouse [Tou99], David Williams [Wil91], Rick Durrett [Dur10a], Pierre Brémaud [Bré99], et Albert Shiryaev [Shi96]. Signalons enfin le traité monumental de Claude Dellacherie et Paul-André Meyer [DM80].

Les martingales à temps discret constituent le sujet principal des livres de Jacques Neveu [Nev72, Nev75], Peter Hall et Christopher Heyde [HH80] ou encore David Williams [Wil91].

Les chaînes de Markov à temps et espace discrets constituent le sujet principal des livres de Paoli Baldi, Laurent Mazliak, et Pierre Priouret [BMP08], Olle Häggström [Häg02], et David Levin, Yuval Peres, et Elizabeth Wilmer [LPW09]. Celui de James Norris [Nor98b] aborde également les processus de Markov à temps continu et espace d'états dénombrable ainsi que les martingales. Citons aussi les ouvrages de Michel Benaïm et Nicole El Karoui [BEK05], Jean-François Delmas et Benjamin Jourdain [DJ06], Étienne Pardoux [Par07], et Thierry Bodineau [Bod14] qui présentent également des applications importantes ou classiques (physique, biologie, mathématiques financières, etc). Dans cette veine, avec également un pont vers l'épreuve de modélisation de l'agrégation de mathématiques, on pourra consulter [BC07].

L'ouvrage de Christiane Cocozza-Thivent [CT97] présente des applications des probabilités à la fiabilité. La théorie des valeurs extrêmes est abordée par exemple dans le livre de Paul Embrechts, Claudia Klüppelberg, et Thomas Mikosch [EKM97], tandis que la théorie des principes de grandes déviations est abordée par exemple dans le livre de Amir Dembo et Ofer Zeitouni [DZ10].

Le calcul stochastique est abordé par exemple dans les livres de Jean-François Le Gall [LG13], Bert Øksendal [Øks03], Daniel Revuz et Marc Yor [RY99], Kai Lai Chung et David Williams [CW14], David Williams et Chris

© Springer-Verlag Berlin Heidelberg 2016
D. Chafaï and F. Malrieu, *Recueil de Modèles Aléatoires*,
Mathématiques et Applications 78, DOI 10.1007/978-3-662-49768-5

Rogers [RW00], et Ioannis Karatzas et Steven Shreve [KS91]. Citons enfin le livre de Carl Graham et Denis Talay [GT13] qui présente également des résultats d'approximation des diffusions par les schémas d'Euler.

Littérature

AB99.   R. ALBERT et A.-L. BARABÁSI – « Emergence of scaling in random networks », *Science* (1999), no. 286, p. 509–512. 212

AB02.   — , « Statistical mechanics of complex networks », *Rev. Modern Phys.* **74** (2002), no. 1, p. 47–97. 212

ABC⁺00.   C. ANÉ, S. BLACHÈRE, D. CHAFAÏ, P. FOUGÈRES, I. GENTIL, F. MAL-RIEU, C. ROBERTO et G. SCHEFFER – *Sur les inégalités de Sobolev logarithmiques*, Panoramas et Synthèses [Panoramas and Syntheses], vol. 10, Société Mathématique de France, Paris, 2000, With a preface by Dominique Bakry and Michel Ledoux. 342

ABR08.   L. ADDARIO-BERRY et B. A. REED – « Ballot theorems, old and new », Horizons of combinatorics, Bolyai Soc. Math. Stud., vol. 17, Springer, Berlin, 2008, p. 9–35. 55

ABT03.   R. ARRATIA, A. D. BARBOUR et S. TAVARÉ – *Logarithmic combinatorial structures : a probabilistic approach*, EMS Monographs in Mathematics, European Mathematical Society (EMS), Zürich, 2003. 197

ACG⁺99.   G. AUSIELLO, P. CRESCENZI, G. GAMBOSI, V. KANN, A. MARCHETTI-SPACCAMELA et M. PROTASI – *Complexity and approximation*, Springer-Verlag, Berlin, 1999, Combinatorial optimization problems and their approximability properties, With 1 CD-ROM (Windows and UNIX). 276

AF01.   D. J. ALDOUS et J. A. FILL – « Reversible Markov Chains and Random Walks on Graphs », cours non publié disponible sous forme électronique sur Internet, 1994-2001. 17, 38

AG13a.   A. ASSELAH et A. GAUDILLIÈRE – « From logarithmic to subdiffusive polynomial fluctuations for internal dla and related growth models », *The Annals of Probability* **41** (2013), no. 3A, p. 1115–1159. 91

AG13b.   — , « Sublogarithmic fluctuations for internal dla », *The Annals of Probability* **41** (2013), no. 3A, p. 1160–1179. 91

AGZ10.   G. W. ANDERSON, A. GUIONNET et O. ZEITOUNI – *An introduction to random matrices*, Cambridge Studies in Advanced Mathematics, vol. 118, Cambridge University Press, Cambridge, 2010. 294

© Springer-Verlag Berlin Heidelberg 2016
D. Chafaï and F. Malrieu, *Recueil de Modèles Aléatoires*,
Mathématiques et Applications 78, DOI 10.1007/978-3-662-49768-5

AHU75.   A. V. AHO, J. E. HOPCROFT et J. D. ULLMAN – *The design and analysis of computer algorithms*, Addison-Wesley Publishing Co., Reading, Mass.-London-Amsterdam, 1975, Second printing, Addison-Wesley Series in Computer Science and Information Processing. 276

AK90.   D. ALDOUS et W. B. KRÆBS – « The "birth-and-assassination" process », *Statist. Probab. Lett.* **10** (1990), no. 5, p. 427–430. 301

Ald85.   D. J. ALDOUS – « Exchangeability and related topics », École d'été de probabilités de Saint-Flour, XIII—1983, Lecture Notes in Math., vol. 1117, Springer, Berlin, 1985, p. 1–198. 197

Ald91.   — , « Threshold limits for cover times », *J. Theoret. Probab.* **4** (1991), no. 1, p. 197–211. 16

AN04.   K. B. ATHREYA et P. E. NEY – *Branching processes*, Dover Publications Inc., Mineola, NY, 2004, Reprint of the 1972 original [Springer, New York; MR0373040]. 54, 241

And87.   D. ANDRÉ – « Solution directe du problème résolu par M. Bertrand », *Comptes Rendus Acad. Sci. Paris* **105** (1887), p. 436–437. 37

AS80.   D. B. ARNOLD et M. R. SLEEP – « Uniform random generation of balanced parenthesis strings », *ACM Trans. Program. Lang. Syst.* **2** (1980), p. 122–128. 68

Asm00.   S. ASMUSSEN – *Ruin probabilities*, Advanced Series on Statistical Science & Applied Probability, vol. 2, World Scientific Publishing Co. Inc., River Edge, NJ, 2000. 250

Bak94.   D. BAKRY – « L'hypercontractivité et son utilisation en théorie des semigroupes », Lectures on probability theory (Saint-Flour, 1992), Lecture Notes in Math., vol. 1581, Springer, Berlin, 1994, p. 1–114. 341

Bas95.   R. F. BASS – *Probabilistic techniques in analysis*, Probability and its Applications (New York), Springer-Verlag, New York, 1995. 323

Bax82.   R. J. BAXTER – *Exactly solved models in statistical mechanics*, Academic Press, Inc. [Harcourt Brace Jovanovich, Publishers], London, 1982. 81

BB03.   F. BACCELLI et P. BRÉMAUD – *Elements of queueing theory*, second éd., Applications of Mathematics (New York), vol. 26, Springer-Verlag, Berlin, 2003, Palm martingale calculus and stochastic recurrences, Stochastic Modelling and Applied Probability. 153

BC07.   B. BERCU et D. CHAFAÏ – *Modélisation stochastique et simulation, cours et applications*, Collection Sciences Sup, Dunod, 2007, Mathématiques appliquées/SMAI. 81, 91, 103, 373

BD02.   P. J. BROCKWELL et R. A. DAVIS – *Introduction to time series and forecasting*, second éd., Springer Texts in Statistics, Springer-Verlag, New York, 2002, With 1 CD-ROM (Windows). 103

BDMT11.   V. BANSAYE, J.-F. DELMAS, L. MARSALLE et V. C. TRAN – « Limit theorems for Markov processes indexed by continuous time Galton-Watson trees », *Ann. Appl. Probab.* **21** (2011), no. 6, p. 2263–2314. 241

BÉ85.   D. BAKRY et M. ÉMERY – « Diffusions hypercontractives », Séminaire
            de probabilités, XIX, 1983/84, Lecture Notes in Math., vol. 1123, Sprin-
            ger, Berlin, 1985, p. 177–206. 342

BEK05.   M. BENAÏM et N. EL KAROUI – *Promenade aléatoire : chaînes de
            markov et simulations; martingales et stratégies*, Mathématiques ap-
            pliquées, Les éd. de l'École polytechnique, 2005. 213, 373

Ber76.   C. BERGE – *Graphs and hypergraphs*, revised éd., North-Holland Pu-
            blishing Co., Amsterdam-London; American Elsevier Publishing Co.,
            Inc., New York., 1976, Translated from the French by Edward Minieka,
            North-Holland Mathematical Library, Vol. 6. 67

Ber06.   J. BERTOIN – *Random fragmentation and coagulation processes*, Cam-
            bridge Studies in Advanced Mathematics, vol. 102, Cambridge Univer-
            sity Press, Cambridge, 2006. 183, 197, 241

Ber09.   N. BERESTYCKI – *Recent progress in coalescent theory*, Ensaios Ma-
            temáticos [Mathematical Surveys], vol. 16, Sociedade Brasileira de Ma-
            temática, Rio de Janeiro, 2009. 183, 197

BGL14.   D. BAKRY, I. GENTIL et M. LEDOUX – *Analysis and geometry of
            Markov diffusion operators*, Grundlehren der Mathematischen Wissen-
            schaften [Fundamental Principles of Mathematical Sciences], vol. 348,
            Springer, Cham, 2014. 342

Bha97.   R. BHATIA – *Matrix analysis*, Graduate Texts in Mathematics, vol.
            169, Springer-Verlag, New York, 1997. 294

BHJ92.   A. D. BARBOUR, L. HOLST et S. JANSON – *Poisson approximation*,
            Oxford Studies in Probability, vol. 2, The Clarendon Press Oxford
            University Press, New York, 1992, Oxford Science Publications. 15

BL94.   N. BOULEAU et D. LÉPINGLE – *Numerical methods for stochastic pro-
            cesses*, Wiley Series in Probability and Mathematical Statistics : Ap-
            plied Probability and Statistics, John Wiley & Sons, Inc., New York,
            1994, A Wiley-Interscience Publication. 372

BL98.   P. BARBE et M. LEDOUX – *Probabilités*, De la licence à l'agrégation,
            Belin, 1998. 373

BMP08.   P. BALDI, L. MAZLIAK et P. PRIOURET – *Martingales et chaînes de
            Markov. Théorie élémentaire et exercices corrigés*, Hermann, 2008. 373

BMR14.   S. BUBECK, E. MOSSEL et M. Z. RÁCZ – « On the influence of the
            seed graph in the preferential attachment model », arXiv :1401.4849,
            2014. 213

Bod14.   T. BODINEAU – « Promenade aléatoire : chaînes de Markov et martin-
            gales », Cours de l'École Polytechnique, Palaiseau, France, 2014. 81,
            213, 373

Bol80.   B. BOLLOBÁS – « A probabilistic proof of an asymptotic formula for
            the number of labelled regular graphs », *European J. Combin.* **1** (1980),
            no. 4, p. 311–316. 67

Bol89.   E. BOLTHAUSEN – « A note on the diffusion of directed polymers in a
            random environment », *Comm. Math. Phys.* **123** (1989), no. 4, p. 529–
            534. 263

378   Littérature

Bor95.   V. S. BORKAR – *Probability theory*, Universitext, Springer-Verlag, New York, 1995, An advanced course. 373

Bor08.   C. BORDENAVE – « On the birth-and-assassination process, with an application to scotching a rumor in a network », *Electron. J. Probab.* **13** (2008), p. no. 66, 2014–2030. 301, 302

Bor14a.   C. BORDENAVE – « Lecture notes on random graphs and probabilistic combinatorial optimization », Disponible sur la page Internet de l'auteur, 2014. 67, 227, 276

Bor14b.   — , « A short course on random matrices », Disponible sur la page Internet de l'auteur, 2014. 294

BPPC99.   C. BOUZITAT, G. PAGÈS, F. PETIT et F. CARRANCE – *En passant par hasard. . . les probabilités de tous les jours*, Vuibert, 1999. 16

BR11.   M. BENAÏM et O. RAIMOND – « Self-interacting diffusions IV : Rate of convergence », *Electron. J. Probab.* **16** (2011), p. no. 66, 1815–1843. 213

Bré99.   P. BRÉMAUD – *Markov chains*, Texts in Applied Mathematics, vol. 31, Springer-Verlag, New York, 1999, Gibbs fields, Monte Carlo simulation, and queues. 373

BRST01.   B. BOLLOBÁS, O. RIORDAN, J. SPENCER et G. TUSNÁDY – « The degree sequence of a scale-free random graph process », *Random Structures Algorithms* **18** (2001), no. 3, p. 279–290. 213

BS10.   Z. BAI et J. W. SILVERSTEIN – *Spectral analysis of large dimensional random matrices*, second éd., Springer Series in Statistics, Springer, New York, 2010. 294

BSZ11.   N. BERESTYCKI, O. SCHRAMM et O. ZEITOUNI – « Mixing times for random k-cycles and coalescence-fragmentation chains », *Ann. Probab.* **39** (2011), no. 5, p. 1815–1843. 67

BT95.   V. BALLY et D. TALAY – « The Euler scheme for stochastic differential equations : error analysis with Malliavin calculus », *Math. Comput. Simulation* **38** (1995), no. 1-3, p. 35–41, Probabilités numériques (Paris, 1992). 372

Cap12.   M. CAPITAINE – « Introduction aux grandes matrices aléatoires », Disponible sur la page Internet de l'auteur, 2012. 294

Cat99.   O. CATONI – « Simulated annealing algorithms and Markov chains with rare transitions », Séminaire de Probabilités, XXXIII, Lecture Notes in Math., vol. 1709, Springer, Berlin, 1999, p. 69–119. 81

CD04.   A. CHARPENTIER et M. DENUIT – *Mathématiques de l'assurance non-vie - concepts fondamentaux de théorie du risque, tome 1*, Economica, 2004. 250

CDKM14.   N. CURIEN, T. DUQUESNE, I. KORTCHEMSKI et I. MANOLESCU – « Scaling limits and influence of the seed graph in preferential attachment trees », prépublication arXiv:1406.1758, 2014. 213

CDM13.   D. CHAFAÏ, Y. DOUMERC et F. MALRIEU – « Processus des restaurants chinois et loi d'ewens », *RMS* **123** (2013), no. 3, p. 56–74. 196

CDPP09.   P. Caputo, P. Dai Pra et G. Posta – « Convex entropy decay via the
           Bochner-Bakry-Emery approach », *Ann. Inst. Henri Poincaré Probab.
           Stat.* **45** (2009), no. 3, p. 734–753. 153

CF51.   K. L. Chung et W. H. J. Fuchs – « On the distribution of values
           of sums of random variables », *Mem. Amer. Math. Soc.* **1951** (1951),
           no. 6, p. 12. 37

CH02.   P. Carmona et Y. Hu – « On the partition function of a directed
           polymer in a Gaussian random environment », *Probab. Theory Related
           Fields* **124** (2002), no. 3, p. 431–457. 263

Cha06.   D. Chafaï – « Binomial-Poisson entropic inequalities and the $M/M/\infty$
           queue », *ESAIM Probab. Stat.* **10** (2006), p. 317–339 (electronic). 153

Cha13.   — , « Introduction aux matrices aléatoires », Aléatoire, Ed. Éc. Poly-
           tech., Palaiseau, 2013, p. 87–122. 294

Clo13.   B. Cloez – « Comportement asymptotique de processus avec sauts et
           applications pour des modèles avec branchement », Thèse, Université
           Paris-Est, 2013. 241

CMP10.   D. Chafaï, F. Malrieu et K. Paroux – « On the long time beha-
           vior of the TCP window size process », *Stochastic Processes and their
           Applications* **8** (2010), no. 120, p. 1518–1534. 241

CSY03.   F. Comets, T. Shiga et N. Yoshida – « Directed polymers in a ran-
           dom environment : path localization and strong disorder », *Bernoulli*
           9 (2003), no. 4, p. 705–723. 263

CT97.   C. Cocozza-Thivent – *Processus stochastiques et fiabilité des sys-
           tèmes*, Mathématiques et Applications, Springer, 1997. 250, 373

CV06.   F. Comets et V. Vargas – « Majorizing multiplicative cascades for di-
           rected polymers in random media », *ALEA Lat. Am. J. Probab. Math.
           Stat.* **2** (2006), p. 267–277. 263

CW14.   K. L. Chung et R. J. Williams – *Introduction to stochastic inte-
           gration*, second éd., Modern Birkhäuser Classics, Birkhäuser/Springer,
           New York, 2014. 373

CY06.   F. Comets et N. Yoshida – « Directed polymers in random environ-
           ment are diffusive at weak disorder », *Ann. Probab.* **34** (2006), no. 5,
           p. 1746–1770. 263

Dav90.   B. Davis – « Reinforced random walk », *Probab. Theory Related Fields*
           84 (1990), no. 2, p. 203–229. 213

DCD83.   D. Dacunha-Castelle et M. Duflo – *Probabilités et statistiques.
           Tome 2*, Collection Mathématiques Appliquées pour la Maîtrise. [Col-
           lection of Applied Mathematics for the Master's Degree], Masson, Pa-
           ris, 1983, Problèmes à temps mobile. [Movable-time problems]. 102

DCS12.   H. Duminil-Copin et S. Smirnov – « The connective constant of the
           honeycomb lattice equals $\sqrt{2 + \sqrt{2}}$ », *Ann. of Math. (2)* **175** (2012),
           no. 3, p. 1653–1665. 227

Dem05.   A. Dembo – « Favorite points, cover times and fractals », Lectures on
           probability theory and statistics, Lecture Notes in Math., vol. 1869,
           Springer, Berlin, 2005, p. 1–101. 17

Dev12.   L. DEVROYE – « Simulating size-constrained Galton-Watson trees »,
            SIAM J. Comput. **41** (2012), no. 1, p. 1–11. 68

DF91.   P. DIACONIS et W. FULTON – « A growth model, a game, an alge-
            bra, Lagrange inversion, and characteristic classes », *Rend. Sem. Mat.
            Univ. Politec. Torino* **49** (1991), no. 1, p. 95–119 (1993), Commutative
            algebra and algebraic geometry, II (Italian) (Turin, 1990). 91

DGR02.   V. DUMAS, F. GUILLEMIN et P. ROBERT – « A Markovian analysis
            of additive-increase multiplicative-decrease algorithms », *Adv. in Appl.
            Probab.* **34** (2002), no. 1, p. 85–111. 241

DJ06.   J.-F. DELMAS et B. JOURDAIN – *Modèles aléatoires*, Mathématiques &
            Applications (Berlin) [Mathematics & Applications], vol. 57, Springer-
            Verlag, Berlin, 2006, Applications aux sciences de l'ingénieur et du
            vivant. [Applications to engineering and the life sciences]. 54, 102, 170,
            183, 373

DLM99.   B. DELYON, M. LAVIELLE et E. MOULINES – « Convergence of a sto-
            chastic approximation version of the EM algorithm », *Ann. Statist.* **27**
            (1999), no. 1, p. 94–128. 112

DLR77.   A. P. DEMPSTER, N. M. LAIRD et D. B. RUBIN – « Maximum like-
            lihood from incomplete data via the EM algorithm », *J. Roy. Statist.
            Soc. Ser. B* **39** (1977), no. 1, p. 1–38, With discussion. 112

DM47.   A. DVORETZKY et T. MOTZKIN – « A problem of arrangements », *Duke
            Math. J.* **14** (1947), p. 305–313. 54

DM80.   C. DELLACHERIE et P.-A. MEYER – *Probabilités et potentiel. Cha-
            pitres V à VIII*, revised éd., Actualités Scientifiques et Industrielles
            [Current Scientific and Industrial Topics], vol. 1385, Hermann, Paris,
            1980, Théorie des martingales. [Martingale theory]. 373

DMWZZ04.   P. DIACONIS, E. MAYER-WOLF, O. ZEITOUNI et M. P. W. ZERNER
            – « The Poisson-Dirichlet law is the unique invariant distribution for
            uniform split-merge transformations », *Ann. Probab.* **32** (2004), no. 1B,
            p. 915–938. 67

DP13.   A. V. DOUMAS et V. G. PAPANICOLAOU – « Asymptotics of the rising
            moments for the coupon collector's problem », *Electron. J. Probab.* **18**
            (2013), p. no. 41, 15. 16

Drm09.   M. DRMOTA – *Random trees*, SpringerWienNewYork, Vienna, 2009,
            An interplay between combinatorics and probability. 68

DS81.   P. DIACONIS et M. SHAHSHAHANI – « Generating a random permu-
            tation with random transpositions », *Z. Wahrsch. Verw. Gebiete* **57**
            (1981), no. 2, p. 159–179. 67

DS84.   P. G. DOYLE et J. L. SNELL – *Random walks and electric networks*,
            Carus Mathematical Monographs, vol. 22, Mathematical Association
            of America, Washington, DC, 1984. 37

DS87.   P. DIACONIS et M. SHAHSHAHANI – « Time to reach stationarity in the
            Bernoulli-Laplace diffusion model », *SIAM J. Math. Anal.* **18** (1987),
            no. 1, p. 208–218. 127

DST14.   M. DISERTORI, C. SABOT et P. TARRÈS – « Transience of Edge-
            Reinforced Random Walk », arXiv :1403.6079, 2014. 213

Duf97.   M. DUFLO – *Random iterative models*, Applications of Mathematics (New York), vol. 34, Springer-Verlag, Berlin, 1997, Translated from the 1990 French original by Stephen S. Wilson and revised by the author. 112

Dur64.   R. DURSTENFELD – « Algorithm 235 : Random permutation », *Communications of the ACM* **7** (1964), no. 7, p. 420. 66

Dur08.   R. DURRETT – *Probability models for DNA sequence evolution*, second éd., Probability and its Applications (New York), Springer, New York, 2008. 170, 183, 197

Dur10a.   R. DURRETT – *Probability : theory and examples*, fourth éd., Cambridge Series in Statistical and Probabilistic Mathematics, Cambridge University Press, Cambridge, 2010. 373

Dur10b.   — , *Random graph dynamics*, Cambridge Series in Statistical and Probabilistic Mathematics, Cambridge University Press, Cambridge, 2010. 213

Dwa69.   M. DWASS – « The total progeny in a branching process and a related random walk. », *J. Appl. Probability* **6** (1969), p. 682–686. 54

DZ10.   A. DEMBO et O. ZEITOUNI – *Large deviations techniques and applications*, Stochastic Modelling and Applied Probability, vol. 38, Springer-Verlag, Berlin, 2010, Corrected reprint of the second (1998) edition. 301, 373

EG60.   P. ERDŐS et T. GALLAI – « Gráfok előírt fokszámú pontokkal », *Matematikai Lapok* (1960), no. 11, p. 264–274. 67

EK86.   S. N. ETHIER et T. G. KURTZ – *Markov processes*, Wiley Series in Probability and Mathematical Statistics : Probability and Mathematical Statistics, John Wiley & Sons Inc., New York, 1986, Characterization and convergence. 371

EKM97.   P. EMBRECHTS, C. KLÜPPELBERG et T. MIKOSCH – *Modelling extremal events*, Applications of Mathematics (New York), vol. 33, Springer-Verlag, Berlin, 1997, For insurance and finance. 373

EO05.   R. ERBAN et H. G. OTHMER – « From individual to collective behavior in bacterial chemotaxis », *SIAM J. Appl. Math.* **65** (2004/05), no. 2, p. 361–391 (electronic). 311

ER59.   P. ERDŐS et A. RÉNYI – « On random graphs. I », *Publ. Math. Debrecen* **6** (1959), p. 290–297. 227

ER61a.   — , « On a classical problem of probability theory », *Magyar Tud. Akad. Mat. Kutató Int. Közl.* **6** (1961), p. 215–220. 16

ER61b.   — , « On the evolution of random graphs », *Bull. Inst. Internat. Statist.* **38** (1961), p. 343–347. 227

Ewe04.   W. J. EWENS – *Mathematical population genetics. I*, second éd., Interdisciplinary Applied Mathematics, vol. 27, Springer-Verlag, New York, 2004, Theoretical introduction. 170, 183, 197

Fel68.   W. FELLER – *An introduction to probability theory and its applications. Vol. I*, Third edition, John Wiley & Sons Inc., New York, 1968. 15, 16, 37, 137, 373

382   Littérature

Fel71.   — , *An introduction to probability theory and its applications. Vol. II.*, Second edition, John Wiley & Sons Inc., New York, 1971. 15, 16, 373

Fer89.   T. S. Ferguson – « Who solved the secretary problem ? », *Statist. Sci.* **4** (1989), no. 3, p. 282–296, With comments and a rejoinder by the author. 137

FF04.   D. Foata et A. Fuchs – *Processus stochastiques : processus de poisson, chaînes de markov et martingales*, Collection Sciences Sup, Dunod, 2004. 250

Fil98.   J. A. Fill – « An interruptible algorithm for perfect sampling via Markov chains », *Ann. Appl. Probab.* **8** (1998), no. 1, p. 131–162. 81

FKG71.   C. M. Fortuin, P. W. Kasteleyn et J. Ginibre – « Correlation inequalities on some partially ordered sets », *Comm. Math. Phys.* **22** (1971), p. 89–103. 263

Fre65.   D. A. Freedman – « Bernard Friedman's urn », *Ann. Math. Statist* **36** (1965), p. 956–970. 91

FY48.   R. A. Fisher et F. Yates – *Statistical Tables for Biological, Agricultural and Medical Research*, Oliver and Boyd, London, 1948, 3d ed. 66

Gil59.   E. N. Gilbert – « Random graphs », *Ann. Math. Statist.* **30** (1959), p. 1141–1144. 227

GJ87.   J. Glimm et A. Jaffe – *Quantum physics*, second éd., Springer-Verlag, New York, 1987, A functional integral point of view. 37

GR10.   C. Graham et P. Robert – « A multi-class mean-field model with graph structure for TCP flows », Progress in industrial mathematics at ECMI 2008, Math. Ind., vol. 15, Springer, Heidelberg, 2010, p. 125–131. 241

Gri99.   G. Grimmett – *Percolation*, second éd., Grundlehren der Mathematischen Wissenschaften [Fundamental Principles of Mathematical Sciences], vol. 321, Springer-Verlag, Berlin, 1999. 227

Gri10.   — , *Probability on graphs*, Institute of Mathematical Statistics Textbooks, vol. 1, Cambridge University Press, Cambridge, 2010, Random processes on graphs and lattices. 227

GRZ04.   F. Guillemin, P. Robert et B. Zwart – « AIMD algorithms and exponential functionals », *Ann. Appl. Probab.* **14** (2004), no. 1, p. 90–117. 241

GS72.   Ǐ. Ī. Gīhman et A. V. Skorohod – *Stochastic differential equations*, Springer-Verlag, New York, 1972, Translated from the Russian by Kenneth Wickwire, Ergebnisse der Mathematik und ihrer Grenzgebiete, Band 72. 371

GS84.   C. R. Givens et R. M. Shortt – « A class of Wasserstein metrics for probability distributions », *Michigan Math. J.* **31** (1984), no. 2, p. 231–240. 341

GS01.   G. R. Grimmett et D. R. Stirzaker – *Probability and random processes*, third éd., Oxford University Press, New York, 2001. 153

GT13.   C. GRAHAM et D. TALAY – *Stochastic simulation and Monte Carlo me-thods*, Stochastic Modelling and Applied Probability, vol. 68, Springer, Heidelberg, 2013, Mathematical foundations of stochastic simulation. 372, 374

Gut13.   A. GUT – *Probability : a graduate course*, second éd., Springer Texts in Statistics, Springer, New York, 2013. 373

Häg02.   O. HÄGGSTRÖM – *Finite markov chains and algorithmic applications*, London Mathematical Society student texts, Cambridge University Press, 2002. 81, 373

Har60.   T. E. HARRIS – « A lower bound for the critical probability in a certain percolation process », *Proc. Cambridge Philos. Soc.* **56** (1960), p. 13–20. 227

Har02.   — , *The theory of branching processes*, Dover Phoenix Editions, Dover Publications Inc., Mineola, NY, 2002, Corrected reprint of the 1963 original [Springer, Berlin; MR0163361 (29 #664)]. 54, 241

Has70.   W. K. HASTINGS – « Monte Carlo sampling methods using Markov chains and their applications », *Biometrika* (1970), no. 57, p. 97–109. 81

HH80.   P. HALL et C. C. HEYDE – *Martingale limit theory and its application*, Academic Press, Inc. [Harcourt Brace Jovanovich, Publishers], New York-London, 1980, Probability and Mathematical Statistics. 91, 373

HJ06.   O. HÄGGSTRÖM et J. JONASSON – « Uniqueness and non-uniqueness in percolation theory », *Probab. Surv.* **3** (2006), p. 289–344. 227

HJ13.   R. A. HORN et C. R. JOHNSON – *Matrix analysis*, second éd., Cambridge University Press, Cambridge, 2013. 294

HJV07.   P. HACCOU, P. JAGERS et V. A. VATUTIN – *Branching processes : variation, growth, and extinction of populations*, Cambridge Studies in Adaptive Dynamics, Cambridge University Press, Cambridge, 2007. 54

Hol01.   L. HOLST – « Extreme value distributions for random coupon collector and birthday problems », *Extremes* **4** (2001), no. 2, p. 129–145 (2002). 16

Hop84.   F. M. HOPPE – « Pólya-like urns and the Ewens' sampling formula », *J. Math. Biol.* **20** (1984), no. 1, p. 91–94. 197

Hör67.   L. HÖRMANDER – « Hypoelliptic second order differential equations », *Acta Math.* **119** (1967), p. 147–171. 354

HV10.   S. HERRMANN et P. VALLOIS – « From persistent random walk to the telegraph noise », *Stoch. Dyn.* **10** (2010), no. 2, p. 161–196. 311

IS88.   J. Z. IMBRIE et T. SPENCER – « Diffusion of directed polymers in a random environment », *J. Statist. Phys.* **52** (1988), no. 3-4, p. 609–626. 263

JK77.   N. L. JOHNSON et S. KOTZ – *Urn models and their application*, John Wiley & Sons, New York-London-Sydney, 1977, An approach to modern discrete probability theory, Wiley Series in Probability and Mathematical Statistics. 212

384   Littérature

JKB97.   N. L. Johnson, S. Kotz et N. Balakrishnan – *Discrete multivariate distributions*, Wiley Series in Probability and Statistics : Applied Probability and Statistics, John Wiley & Sons Inc., New York, 1997, A Wiley-Interscience Publication. 197

JLS12.   D. Jerison, L. Levine et S. Sheffield – « Logarithmic fluctuations for internal DLA », *J. Amer. Math. Soc.* **25** (2012), no. 1, p. 271–301. 91

JLS13.   D. Jerison, L. Levine et S. Sheffield – « Internal dla in higher dimensions », *Electron. J. Probab.* **18** (2013), p. no. 98, 1–14. 91

JP02.   J. Jacod et P. Protter – *L'essentiel en théorie des probabilités*, Enseignement des mathématiques, Cassini, 2002. 373

JP03.   — , *Probability essentials*, second éd., Universitext, Springer-Verlag, Berlin, 2003. 373

Kac47.   M. Kac – « Random walk and the theory of Brownian motion », *Amer. Math. Monthly* **54** (1947), p. 369–391. 127

Kac74.   — , « A stochastic model related to the telegrapher's equation », *Rocky Mountain J. Math.* **4** (1974), p. 497–509, Reprinting of an article published in 1956, Papers arising from a Conference on Stochastic Differential Equations (Univ. Alberta, Edmonton, Alta., 1972). 311

KB97.   S. Kotz et N. Balakrishnan – « Advances in urn models during the past two decades », Advances in combinatorial methods and applications to probability and statistics, Stat. Ind. Technol., Birkhäuser Boston, Boston, MA, 1997, p. 203–257. 212

Kes80.   H. Kesten – « The critical probability of bond percolation on the square lattice equals $\frac{1}{2}$ », *Comm. Math. Phys.* **74** (1980), no. 1, p. 41–59. 227

Kin80.   J. F. C. Kingman – *Mathematics of genetic diversity*, CBMS-NSF Regional Conference Series in Applied Mathematics, vol. 34, Society for Industrial and Applied Mathematics (SIAM), Philadelphia, Pa., 1980. 197

Kin93.   — , *Poisson processes*, Oxford Studies in Probability, vol. 3, The Clarendon Press Oxford University Press, New York, 1993, Oxford Science Publications. 183, 197

KL04.   E. Kuhn et M. Lavielle – « Coupling a stochastic approximation version of EM with an MCMC procedure », *ESAIM Probab. Stat.* **8** (2004), p. 115–131 (electronic). 112

Knu05.   D. E. Knuth – *The art of computer programming. Vol. 1–4*, Addison-Wesley, 2005. 66, 67, 68

Kor15.   I. Kortchemski – « Predator-Prey Dynamics on Infinite Trees : A Branching Random Walk Approach », Prépublication arXiv:1312.4933 à paraître dans Journal of Theoretical Probability, DOI 10.1007/s10959-015-0603-2, 2015. 301

KP95.   P. E. Kloeden et E. Platen – « Numerical methods for stochastic differential equations », Nonlinear dynamics and stochastic mechanics, CRC Math. Model. Ser., CRC, Boca Raton, FL, 1995, p. 437–461. 372

KPSC08.   A. M. KRIEGER, M. POLLAK et E. SAMUEL-CAHN – « Beat the mean :
            sequential selection by better than average rules », *J. Appl. Probab.* **45**
            (2008), no. 1, p. 244–259. 137

KS66.   H. KESTEN et B. P. STIGUM – « A limit theorem for multidimensional
            Galton-Watson processes », *Ann. Math. Statist.* **37** (1966), p. 1211–
            1223. 54

KS76.   J. G. KEMENY et J. L. SNELL – *Finite Markov chains*, Springer-Verlag,
            New York, 1976, Reprinting of the 1960 original, Undergraduate Texts
            in Mathematics. 127

KS91.   I. KARATZAS et S. E. SHREVE – *Brownian motion and stochastic cal-
            culus*, second éd., Graduate Texts in Mathematics, vol. 113, Springer-
            Verlag, New York, 1991. 374

Lac10.   H. LACOIN – « New bounds for the free energy of directed polymers in
            dimension $1 + 1$ and $1 + 2$ », *Comm. Math. Phys.* **294** (2010), no. 2,
            p. 471–503. 263

Law13.   G. F. LAWLER – *Intersections of random walks*, Modern Birkhäuser
            Classics, Birkhäuser/Springer, New York, 2013, Reprint of the 1996
            edition. 37

LBG92.   G. F. LAWLER, M. BRAMSON et D. GRIFFEATH – « Internal diffusion
            limited aggregation », *Ann. Probab.* **20** (1992), no. 4, p. 2117–2140. 91

LG13.   J.-F. LE GALL – *Mouvement brownien, martingales et calcul stochas-
            tique*, Mathématiques & Applications (Berlin) [Mathematics & Appli-
            cations], vol. 71, Springer, Heidelberg, 2013. 373

Lig85.   T. M. LIGGETT – *Interacting particle systems*, Grundlehren der Ma-
            thematischen Wissenschaften [Fundamental Principles of Mathemati-
            cal Sciences], vol. 276, Springer-Verlag, New York, 1985. 263

LL10.   G. F. LAWLER et V. LIMIC – *Random walk : a modern introduction*,
            Cambridge Studies in Advanced Mathematics, vol. 123, Cambridge
            University Press, Cambridge, 2010. 37

LP15.   R. LYONS et Y. PERES – *Probability on trees and networks*, Cambridge
            University Press, 2015. 68

LPW09.   D. A. LEVIN, Y. PERES et E. L. WILMER – *Markov chains and mixing
            times*, American Mathematical Society, Providence, RI, 2009, With a
            chapter by James G. Propp and David B. Wilson. 17, 38, 81, 127, 373

LW09.   Q. LIU et F. WATBLED – « Exponential inequalities for martingales
            and asymptotic properties of the free energy of directed polymers in a
            random environment », *Stochastic Process. Appl.* **119** (2009), no. 10,
            p. 3101–3132. 263

Lé08.   T. LÉVY – « Probabilistic methods in statistical physics », Lecture
            notes - Tsinghua University, October 2008. 227

Mah09.   H. M. MAHMOUD – *Pólya urn models*, Texts in Statistical Science
            Series, CRC Press, Boca Raton, FL, 2009. 212

Mar04.   J.-F. MARCKERT – « Structures arborescentes, algorithmes », Habili-
            tation à diriger des recherches, 2004. 54

Mau03.   A. MAURER – « A bound on the deviation probability for sums of non-negative random variables », *JIPAM. J. Inequal. Pure Appl. Math.* **4** (2003), no. 1, p. Article 15, 6 pp. (electronic). 137

McD89.   C. MCDIARMID – « On the method of bounded differences », Surveys in combinatorics, 1989 (Norwich, 1989), London Math. Soc. Lecture Note Ser., vol. 141, Cambridge Univ. Press, Cambridge, 1989, p. 148–188. 275

McD98.   — , « Concentration », Probabilistic methods for algorithmic discrete mathematics, Algorithms Combin., vol. 16, Springer, Berlin, 1998, p. 195–248. 275

Mik09.   T. MIKOSCH – *Non-life insurance mathematics*, second éd., Universitext, Springer-Verlag, Berlin, 2009, An introduction with the Poisson process. 250

MM09.   M. MÉZARD et A. MONTANARI – *Information, physics, and computation*, Oxford Graduate Texts, Oxford University Press, Oxford, 2009. 275

MP10.   P. MÖRTERS et Y. PERES – *Brownian motion*, Cambridge Series in Statistical and Probabilistic Mathematics, Cambridge University Press, Cambridge, 2010, With an appendix by Oded Schramm and Wendelin Werner. 323

MR95.   R. MOTWANI et P. RAGHAVAN – *Randomized algorithms*, Cambridge University Press, Cambridge, 1995. 16, 66

MRR+53.   N. METROPOLIS, A. ROSENBLUTH, M. ROSENBLUTH, A. TELLER et E. TELLER – « Equations of State Calculations by Fast Computing Machines », *Journal of Chemical Physics* (1953), no. 21, p. 1087–1092. 81

MV12.   S. MÉLÉARD et D. VILLEMONAIS – « Quasi-stationary distributions and population processes », *Probab. Surv.* **9** (2012), p. 340–410. 54

MW90.   B. D. MCKAY et N. C. WORMALD – « Uniform generation of random regular graphs of moderate degree », *J. Algorithms* **11** (1990), no. 1, p. 52–67. 67

Mé13.   S. MÉLÉARD – « Modèles aléatoires en ecologie et evolution », Cours de l'École Polytechnique, 2013. 170, 183, 197

Nel67.   E. NELSON – *Dynamical theories of Brownian motion*, Princeton University Press, Princeton, N.J., 1967. 354

Nev72.   J. NEVEU – *Martingales à temps discret*, Masson et Cie, éditeurs, Paris, 1972. 373

Nev75.   J. NEVEU – *Discrete-parameter martingales*, revised éd., North-Holland Publishing Co., Amsterdam-Oxford; American Elsevier Publishing Co., Inc., New York, 1975, Translated from the French by T. P. Speed, North-Holland Mathematical Library, Vol. 10. 373

Nor98a.   J. R. NORRIS – *Markov chains*, Cambridge Series in Statistical and Probabilistic Mathematics, vol. 2, Cambridge University Press, Cambridge, 1998, Reprint of 1997 original. 37, 127, 153, 250

Nor98b.   J. R. NORRIS – *Markov chains*, Cambridge University Press, 1998. 373

NS60. D. J. NEWMAN et L. SHEPP – « The double dixie cup problem », *Amer. Math. Monthly* **67** (1960), p. 58–61. 16

ODA88. H. G. OTHMER, S. R. DUNBAR et W. ALT – « Models of dispersal in biological systems », *J. Math. Biol.* **26** (1988), no. 3, p. 263–298. 311

OK08. T. J. OTT et J. H. B. KEMPERMAN – « Transient behavior of processes in the TCP paradigm », *Probab. Engrg. Inform. Sci.* **22** (2008), no. 3, p. 431–471. 241

Øks03. B. ØKSENDAL – *Stochastic differential equations*, sixth éd., Universitext, Springer-Verlag, Berlin, 2003, An introduction with applications. 373

Par07. E. PARDOUX – *Processus de Markov et applications*, Collection Sciences Sup, Dunod, 2007, Mathématiques appliquées/SMAI. 81, 102, 373

Pem07. R. PEMANTLE – « A survey of random processes with reinforcement », *Probab. Surv.* **4** (2007), p. 1–79. 212, 213

Per07. B. PERTHAME – *Transport equations in biology*, Frontiers in Mathematics, Birkhäuser Verlag, Basel, 2007. 241

Pit06. J. PITMAN – *Combinatorial stochastic processes*, Lecture Notes in Mathematics, vol. 1875, Springer-Verlag, Berlin, 2006, Lectures from the 32nd Summer School on Probability Theory held in Saint-Flour, July 7–24, 2002, With a foreword by Jean Picard. 183, 197

Pre00. J. PREATER – « Sequential selection with a better-than-average rule », *Statist. Probab. Lett.* **50** (2000), no. 2, p. 187–191. 137

PW96. J. D. PROPP et D. B. WILSON – « Exact sampling with coupled Markov chains and applications to statistical mechanics », *Random Structures Algorithms* **9** (1996), no. 1-2, p. 223–252. 81

PW98. — , « Coupling from the past : a user's guide », Microsurveys in discrete probability (Princeton, NJ, 1997), DIMACS Ser. Discrete Math. Theoret. Comput. Sci., vol. 41, Amer. Math. Soc., Providence, RI, 1998, p. 181–192. 81

RC04. C. P. ROBERT et G. CASELLA – *Monte Carlo statistical methods*, second éd., Springer Texts in Statistics, Springer-Verlag, New York, 2004. 81

Rev97. D. REVUZ – *Probabilités*, Hermann, 1997. 373

Rob00. P. ROBERT – *Réseaux et files d'attente : méthodes probabilistes*, Mathématiques & Applications (Berlin) [Mathematics & Applications], vol. 35, Springer-Verlag, Berlin, 2000. 153, 371

Rob05. — , « Réseaux de communication, algorithmes et probabilités », Cours de l'École Polytechnique, Palaiseau, France, 2005. 241

Rob10. — , « Mathématiques et réseau de communication », Dossiers pour la science (2010) hal:inria-00472217, 2010. 241

Roy99. G. ROYER – *Une initiation aux inégalités de Sobolev logarithmiques*, Cours Spécialisés [Specialized Courses], vol. 5, Société Mathématique de France, Paris, 1999. 342

RRS05. S. ROBIN, F. RODOLPHE et S. SCHBATH – *DNA, words and models*, Cambridge University Press, Cambridge, 2005, Translated from the 2003 French original. 102

Rud87.   W. RUDIN – *Real and complex analysis*, third éd., McGraw-Hill Book Co., New York, 1987. 323

Rug01.   C. RUGET (éd.) – *Mathématiques en situation*, SCOPOS, vol. 11, Springer-Verlag, Berlin, 2001, Issues de l'épreuve de modélisation de l'agrégation. [From the Examination in Modelling for the Agrégation]. 54

RW00.   L. C. G. ROGERS et D. WILLIAMS – *Diffusions, Markov processes, and martingales. Vol. 1*, Cambridge Mathematical Library, Cambridge University Press, Cambridge, 2000, Foundations, Reprint of the second (1994) edition. 374

RY99.   D. REVUZ et M. YOR – *Continuous martingales and Brownian motion*, third éd., Grundlehren der Mathematischen Wissenschaften [Fundamental Principles of Mathematical Sciences], vol. 293, Springer-Verlag, Berlin, 1999. 373

Ré85.   J.-L. RÉMY – « Un procédé itératif de dénombrement d'arbres binaires et son application à leur génération aléatoire », *R.A.I.R.O. Informatique Théorique* **19** (1985), no. 2, p. 179–195. 68

She07.   S. SHEFFIELD – « Gaussian free fields for mathematicians », *Probab. Theory Related Fields* **139** (2007), no. 3-4, p. 521–541. 37

Shi96.   A. N. SHIRYAEV – *Probability*, second éd., Graduate Texts in Mathematics, vol. 95, Springer-Verlag, New York, 1996, Translated from the first (1980) Russian edition by R. P. Boas. 373

SM02.   J. SILTANEVA et E. MÄKINEN – « A comparison of random binary tree generators », *The Computer Journal* **45** (2002), no. 6, p. 653–660. 68

Spi70.   F. SPITZER – *Principes des cheminements aléatoires*, Traduit de l'anglais par E. Baverez et J.-L. Guignard. Centre Interarmés de Recherche Opérationnelle, vol. 2, Dunod, Paris, 1970. 37

Sta83.   A. J. STAM – « Generation of a random partition of a finite set by an urn model », *J. Combin. Theory Ser. A* **35** (1983), no. 2, p. 231–240. 67

Ste94.   J. M. STEELE – « Le Cam's inequality and Poisson approximations », *Amer. Math. Monthly* **101** (1994), no. 1, p. 48–54. 15

Ste97.   — , *Probability theory and combinatorial optimization*, CBMS-NSF Regional Conference Series in Applied Mathematics, vol. 69, Society for Industrial and Applied Mathematics (SIAM), Philadelphia, PA, 1997. 15, 275

Tal96.   D. TALAY – « Probabilistic numerical methods for partial differential equations : elements of analysis », Probabilistic models for nonlinear partial differential equations (Montecatini Terme, 1995), Lecture Notes in Math., vol. 1627, Springer, Berlin, 1996, p. 148–196. 372

Tal02.   — , « Stochastic Hamiltonian systems : exponential convergence to the invariant measure, and discretization by the implicit Euler scheme », *Markov Process. Related Fields* **8** (2002), no. 2, p. 163–198, Inhomogeneous random systems (Cergy-Pontoise, 2001). 354

Tar11.   P. TARRÈS – « Localization of reinforced random walks », arXiv:1103.5536, 2011. 213

Tav04.   S. TAVARÉ – « Ancestral inference in population genetics », Lectures
           on probability theory and statistics, Lecture Notes in Math., vol. 1837,
           Springer, Berlin, 2004, p. 1–188. 170, 183, 197

Tou99.   P. TOULOUSE – *Thèmes de probabilités et statistique*, Dunod, 1999.
           373

TPH86.   J. N. TSITSIKLIS, C. H. PAPADIMITRIOU et P. HUMBLET – « The per-
           formance of a precedence-based queueing discipline », *J. Assoc. Com-
           put. Mach.* **33** (1986), no. 3, p. 593–602. 301

TT90.   D. TALAY et L. TUBARO – « Expansion of the global error for numeri-
           cal schemes solving stochastic differential equations », *Stochastic Anal.
           Appl.* **8** (1990), no. 4, p. 483–509 (1991). 372

TVW10.   A. TRIPATHI, S. VENUGOPALAN et D. B. WEST – « A short construc-
           tive proof of the Erdős-Gallai characterization of graphic lists », *Dis-
           crete Math.* **310** (2010), no. 4, p. 843–844. 67

vdH14.   R. VAN DER HOFSTAD – « Random Graphs and Complex Networks »,
           Lecture notes available on Internet, 2014. 67, 213, 227

Vil03.   C. VILLANI – *Topics in optimal transportation*, Graduate Studies in
           Mathematics, vol. 58, American Mathematical Society, Providence, RI,
           2003. 241

Vil06.   — , « Hypocoercive diffusion operators », International Congress of
           Mathematicians. Vol. III, Eur. Math. Soc., Zürich, 2006, p. 473–498.
           354

Vil08.   — , « *H*-theorem and beyond : Boltzmann's entropy in today's mathe-
           matics », Boltzmann's legacy, ESI Lect. Math. Phys., Eur. Math. Soc.,
           Zürich, 2008, p. 129–143. 355

Vil09.   — , « Hypocoercivity », *Mem. Amer. Math. Soc.* **202** (2009), no. 950,
           p. iv+141. 354

Wil91.   D. WILLIAMS – *Probability with martingales*, Cambridge Mathematical
           Textbooks, Cambridge University Press, Cambridge, 1991. 102, 373

Wil96.   D. B. WILSON – « Generating random spanning trees more quickly
           than the cover time », In Proceedings of the 28'th annual ACM sym-
           posium on Theory of computing pages 296–303, 1996. 68

WL01.   F. WANG et D. P. LANDAU – « Efficient, Multiple-Range Random
           Walk Algorithm to Calculate the Density of States », *Physical Review
           Letters* **86** (2001), p. 2050. 81

Yca02.   B. YCART – *Modèles et algorithmes markoviens*, Mathématiques &
           Applications (Berlin) [Mathematics & Applications], vol. 39, Springer-
           Verlag, Berlin, 2002. 323

Yuk98.   J. E. YUKICH – *Probability theory of classical Euclidean optimization
           problems*, Lecture Notes in Mathematics, vol. 1675, Springer-Verlag,
           Berlin, 1998. 275

Index

D. Chafaï and F. Malrieu, *Recueil de Modèles Aléatoires*,
Mathématiques et Applications 78, DOI 10.1007/978-3-662-49768-5

Principales notations et abréviations

$d_{\mathrm{VT}}\,(\mu,\nu)$	distance en variation totale
$W_p(\mu,\nu)$	distance de Wasserstein d'ordre p
$L^p(\mu)$	espace de fonctions f t.q. $|f|^p$ est μ-intégrable
$L^p(E)$	espace de fonctions f t.q. $|f|^p$ est Lebesgue intégrable sur E
L^p_{loc}	espace de fonctions f t.q. $|f|^p$ est localement intégrable
$\|f\|_p$	norme $L^p(\mu)$ de la fonction f
$\|M\|_{\mathrm{HS}}$	norme de Hilbert-Schmidt $\sqrt{\mathrm{Tr}(MM^*)}$ de la matrice M
$\mathrm{Tr}(M)$	trace de la matrice M
$|x|$	norme, module, ou valeur absolue de x
$\mathcal{S}_n$	groupe symétrique
$\lfloor x \rfloor$	plus grand entier inférieur ou égal à x (partie entière)
$\lceil x \rceil$	plus petit entier supérieur ou égal à x
$\log$	logarithme naturel
$X \stackrel{\mathrm{loi}}{=} Y$	égalité en loi
$X \sim \mu$	la variable aléatoire X suit la loi μ
$x := a$	x est défini par a
$a =: x$	x est défini par a
$a \wedge b$	$\min(a,b)$
$a \vee b$	$\max(a,b)$
$\nu \ll \mu$	ν est absolument continue par rapport à μ
$\mathrm{Ber}(p)$	loi de Bernoulli $n \mapsto p\mathbf{1}_{n=1} + (1-p)\mathbf{1}_{n=0}$
$\mathrm{Bin}(n,p)$	loi binomaile $k \mapsto \binom{n}{k}p^k(1-p)^{n-k}\mathbf{1}_{k\in\mathbb{N}\cap[0,n]}$
$\mathrm{Geo}(p)$	loi géométrique $n \mapsto (1-p)^{n-1}p\mathbf{1}_{n\in\mathbb{N}^*}$
$\mathrm{Geo}_{\mathbb{N}}(p)$	loi géométrique $n \mapsto (1-p)^n p\mathbf{1}_{n\in\mathbb{N}}$
$\mathrm{Exp}(\lambda)$	loi exponentielle $x \mapsto \lambda e^{-\lambda x}\mathbf{1}_{x\geqslant 0}$
$\mathrm{Gamma}(a,\lambda)$	loi Gamma $x \mapsto \lambda^a \Gamma(a)^{-1}x^{a-1}e^{-\lambda x}\mathbf{1}_{x\geqslant 0}$
Cauchy	loi de Cauchy $x \in \mathbb{R} \mapsto \frac{1}{\pi(1+x^2)}$
$\mathrm{Mul}(n,p)$	loi multinomiale $k \mapsto \binom{n}{k_1,\cdots,k_d}p_1^{k_1}\cdots p_d^{k_d}\mathbf{1}_{k\in\mathbb{N}^n:k_1+\cdots+k_d=n}$
$\mathrm{Poi}(\lambda)$	loi de Poisson $n \mapsto e^{-\lambda}\frac{\lambda^n}{n!}\mathbf{1}_{n\in\mathbb{N}}$
$\mathrm{Unif}(I)$	loi uniforme sur l'ensemble I
$\mathcal{N}(m,\sigma^2)$	loi gaussienne $x \mapsto (2\pi\sigma^2)^{-1/2}e^{-\frac{1}{2\sigma^2}(x-m)^2}$
$\mathcal{N}(m,\Sigma)$	loi gaussienne $x \mapsto (2\pi)^{-n/2}\det(\Sigma)^{-1/2}e^{-\frac{1}{2}\langle\Sigma^{-1}(x-m),(x-m)\rangle}$
$\chi^2(n)$	loi du chi-deux à n degrés de liberté $= \mathrm{Gamma}(n/2,1/2)$

© Springer-Verlag Berlin Heidelberg 2016

D. Chafaï and F. Malrieu, *Recueil de Modèles Aléatoires*,

Mathématiques et Applications 78, DOI 10.1007/978-3-662-49768-5

$t(n)$	loi de Student à n degrés de liberté $= \mathcal{N}(0,1)/\sqrt{\chi^2(n)/n}$
$x_n = o_{n\to\infty}(y_n)$	$x_n/y_n \to 0$ quand $n \to \infty$
$x = \mathcal{O}(y)$	$|x| \leqslant C|y|$ pour une constante $C > 0$
$a_n \sim b_n$	$a_n/b_n \to 1$ quand $n \to \infty$
i.i.d.	indépendantes et identiquement distribuées
p.s.	presque sûrement
ssi	si et seulement si
v.a.	variable(s) aléatoire(s)
v.a.r.	variable(s) aléatoire(s) réelle(s)
t.q.	telle(s) que
LGN	Loi des Grands Nombres
TLC	Théorème Limite Central

Printed in the United States
By Bookmasters